PRODROME

DE LA

FLORE CORSE

PAR

JOHN BRIQUET

continué par

RENÉ DE LITARDIÈRE

Docteur ès Sciences
Professeur de Botanique à la Faculté des Sciences
de Grenoble

Tome II

Partie 2

Avant-propos. Bibliographie (supplément).
Catalogue critique des plantes vasculaires de la Corse :
Oxalidaceae — Cactaceae

PAUL LECHEVALIER

ÉDITEUR

12, RUE DE TOURNON, 12

PARIS (VIᵉ)

—

1936

PAUL LECHEVALIER, Éditeur, 12, Rue de Tournon, PARIS (VIe)

ICONES SELECTÆ FUNGORUM

Par **P. Konrad** (de Neuchâtel) et **A. Maublanc** (de Paris)
Membres de la Société mycologique de France
Préface du Dr **René Maire**, *Professeur à la Faculté des Sciences d'Alger*
(21 × 28)

500 planches coloriées in-4°, avec une page de texte explicatif pour chaque planche, et un
volume in-4° de 300 pages de Généralités, 1924-1935. Ce recueil est publié par fasc.
annuel de 50 pl. chacune avec leur texte (1924-1935). Les fasc. I à IX sont publiés et
en vente. Ensemble... **1.200** fr.
Aucun fascicule ne se vend séparément. L'acheteur s'engage à recevoir lors de la parution
le fascicule 10, au prix de **150** francs.
Le fascicule X qui paraîtra en mars 1936 terminera cet important ouvrage. Dès qu'il sera
complet, il sera vendu, seulement, relié en 6 vol. et le prix sera fortement augmenté.

Les « **Icones selectae fungorum** » sont publiés par fascicules annuels ; chaque fascicule
comprend 50 planches accompagnées chacune d'un texte descriptif et une partie de généralités. Dans le texte descriptif des planches, entièrement *écrit en langue française*, le lecteur
trouvera pour chaque espèce figurée :
1° Une diagnose complète toujours rédigée suivant un plan uniforme, complétée par des
indications sur les caractères microscopiques essentiels ; — 2° Une synonymie avec renvoi
aux grands ouvrages mycologiques et aux principaux articles où se trouvent une description,
une figure de l'espèce ou des observations personnelles à son sujet ; — 3° L'habitat et la
répartition géographique ; — 4° Les propriétés alimentaires : — 5° Des observations sur
les caractères les plus saillants de l'espèce, ses affinités, la critique des diverses opinions des
auteurs, etc.
La partie de Généralités formera, l'ouvrage terminé, un fort volume d'environ 300 pages,
de format in-4°, également rédigé en français et constituera un ensemble qui n'a pas encore
été réalisé et qui est destiné à rendre les plus grands services aux travailleurs. Après une
bibliographie de la mycologie de la France et des pays voisins, les auteurs y exposent les
caractères généraux et la classification des Hyménomycètes, puis donnent un catalogue rai-
sonné de toutes les espèces signalées en France et dans les pays voisins ; les caractères distinctifs des familles, des tribus, des genres et de leurs sections y sont exposés avec détail, les
espèces, sous-espèces et variétés étant simplement citées avec leurs principaux synonymes,
leur habitat et leur répartition géographique.

ENCYCLOPÉDIE MYCOLOGIQUE

(26 × 17)

Vol. I. — Le genre **INOCYBE**, précédé d'une introduction générale à l'étude des **Agarics
ochrosporés**, par **Roger Heim**, docteur ès sciences, assistant au Muséum National
d'Histoire naturelle. — 1931, 430 pages, 220 fig., 35 pl. coloriées (880 figures) .. **225** fr.
Vol. II. — Les **CHAMPIGNONS PARASITES** et les **MYCOSES** de l'Homme, avec
Index glossologique et Table méthodique des Champignons parasites et infectieux par
Paul Vuillemin, correspondant de l'Institut, prof. à la Faculté des Sciences de Nancy.
— 1931, 292 p., 140 figures .... **75** fr.
Vol. III, IV et V. — **TRAITÉ DE PATHOLOGIE VÉGÉTALE**, par **Gabriel Arnaud**,
directeur-adjoint de la Station centrale de Pathologie végétale de Versailles (S.-et-O.),
et **Madeleine Arnaud**, licenciée ès sciences. — Tome I : Introduction. — Maladies de
la vigne, des arbres fruitiers, du fraisier et des cultures méditerranéennes. — 1931,
2 vol., 1.900 pages, 702 figures, avec atlas de 34 planches coloriées.......... **750** fr.
(Le tome II, formant aussi 2 volumes de texte avec Atlas de 50 planches coloriées,
paraîtra en 1936 environ ; le prix en sera fixé ultérieurement).
Vol. VI. — **LES ACTINOMYCES DU GROUPE ALBUS**, par **Jacques Duché**, Ingé-
nieur E. P. C. I., Docteur ès sciences. — 1934, 377 p., 20 figures, 4 planches. **100** fr.
Vol. VII. — Le genre **GALERA** (Fries) Quélet, par **R. Kühner**, assistant à la Faculté des
Sciences de Paris. — 1935, 239 pages, 75 figures .... **75** fr.

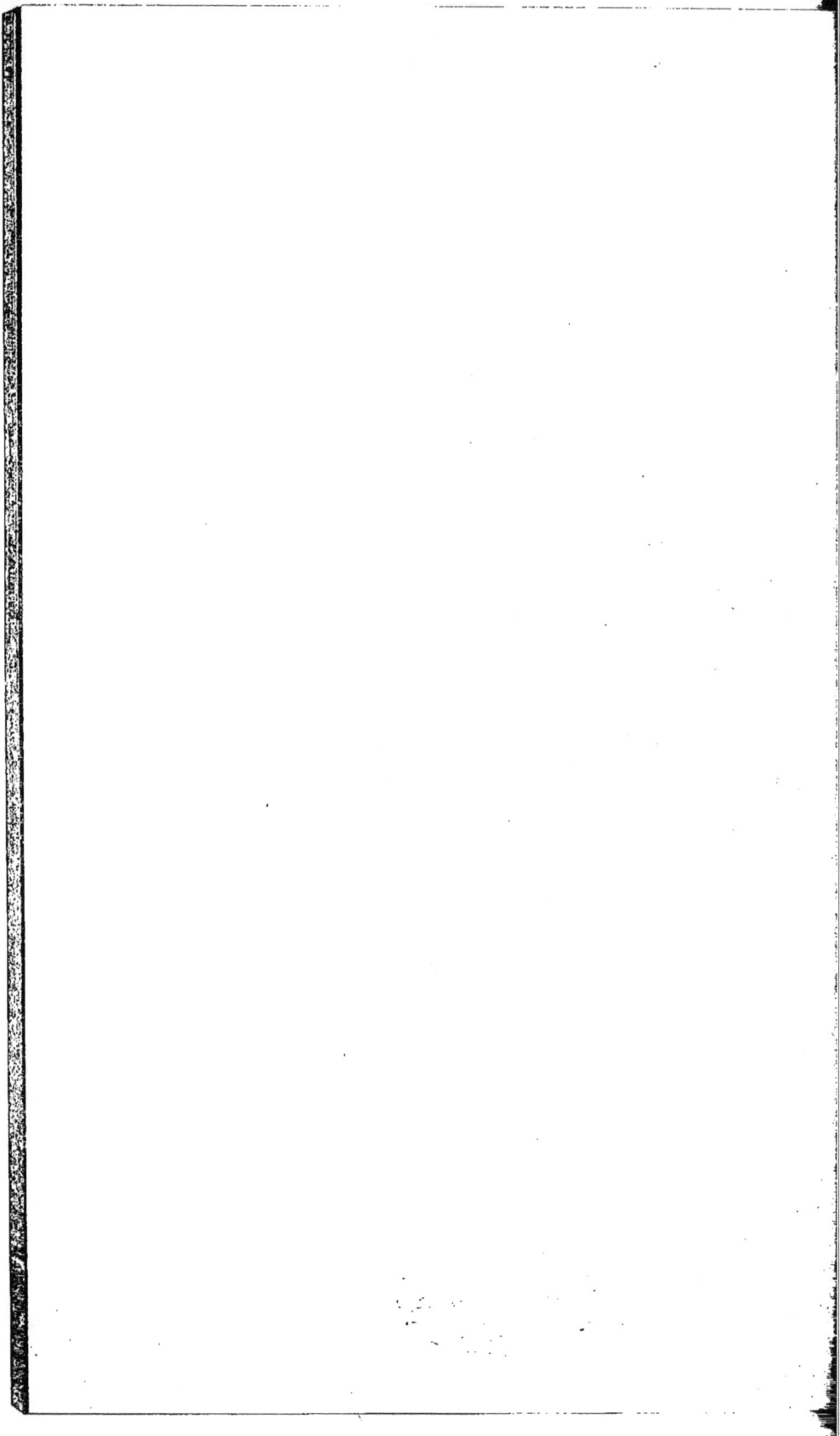

PRODROME

DE LA

FLORE CORSE

PRODROME

DE LA

FLORE CORSE

PAR .

JOHN BRIQUET

continué par

RENÉ DE LITARDIÈRE

Docteur ès Sciences
Professeur de Botanique à la Faculté des Sciences
de Grenoble

Tome II

Partie 2

Avant-propos. Bibliographie (supplément).
Catalogue critique des plantes vasculaires de la Corse :
Oxalidaceae — Cactaceae

PAUL LECHEVALIER
ÉDITEUR
12, RUE DE TOURNON, 12
PARIS (VIe)
—
1935

Avant-Propos

———

Bien des botanistes, et tout particulièrement les botanistes méditerranéens, n'ont pu que regretter l'interruption depuis 1913 de la publication du magistral ouvrage de J. Briquet, le *Prodrome de la flore corse*. Son auteur, absorbé après la guerre mondiale par de multiples occupations, n'avait cependant pas l'intention d'abandonner les études qu'il avait abordées dès 1900 sur la flore et la végétation d'un pays magnifique, pour lequel d'ailleurs il nourrissait une véritable passion. Il comptait reprendre le chemin de l'île embaumée et poursuivre l'élaboration du travail de synthèse floristique qu'il avait entrepris, lorsqu'il serait libéré de la rédaction du texte des Règles de Nomenclature adoptées au Congrès de Cambridge. Hélas ! la mort est venue interrompre — 26 octobre 1931 — tous les projets de l'illustre savant dont la féconde et inlassable activité ne paraissait pas devoir de sitôt s'affaiblir.

En avril 1932, notre grand ami le Commandant Alfred Saint-Yves, dont nous déplorons très douloureusement la mort récente, nous transmettait la proposition — si flatteuse pour nous — que Mme Briquet et les fidèles collaborateurs du Maître voulaient bien nous faire, celle d'achever la publication du « Prodrome ». Malgré l'étendue et les difficultés de la tâche, malgré nos occupations professionnelles, nous acceptâmes, surtout pour apporter un témoignage d'admiration à la mémoire de l'illustre botaniste, pour que son œuvre inédite sur la flore corse ne fût pas perdue. J. Briquet, en effet, laissait un important manuscrit relatif à diverses familles non encore publiées dans le « Prodrome ».

* * *

Le manuscrit de J. Briquet fut rédigé entre 1907 et 1909 ; depuis cette époque, l'auteur ne semble pas y avoir fait d'additions ou de modifications. Jusqu'à la famille des Hédéracées, ce manuscrit comprend l'énumération des espèces — et subdivisions d'espèces — de la flore corse, avec leur synonymie et, fréquemment, des descriptions et des notes critiques ; ceci à l'exception des plantes adventices, de celles dont la présence dans l'île demeure douteuse ou qui sont à exclure de la flore insulaire. Il manque l'indication des exsiccata et celles des stations et localités, l'auteur ne mentionnant ces dernières que pour les plantes recueillies au cours de ses voyages de 1906, 1907 et 1908. A partir des Hédéracées, le manuscrit est beaucoup plus sommaire, certains genres ou certaines espèces seulement sont traités d'une façon complète [1]. Par ailleurs le texte ne comporte que la simple énumération, sans synonymie, descriptions et notes critiques, des plantes récoltées durant son voyage de 1906.

* * *

Nous livrons aujourd'hui à l'impression la seconde partie du tome II du « Prodrome », des Oxalidacées aux Cactacées incluses. Etant donné le grand nombre de travaux parus sur la flore corse depuis 1909, nous avons jugé indispensable de

1. En particulier *Pastinaca sativa, Cynanchum Vincetoxicum, Myosotis Soleirolii, Stachys palustris, Mentha, Scrophularia aquatica, Pinguicula, Plantago lanceolata, Galium, Rubia, Knautia, Scabiosa, Eupatorium, Solidago, Bellis, Bellium, Filago, Phagnalon, Elichrysum, Santolina, Cirsium lanceolatum, Onopordum, Hypochoeris, Prenanthes.*

faire précéder la suite du Catalogue critique d'une liste biblio-graphique, complément de celle donnée au tome I.

La rédaction de l'ouvrage a été faite exactement sur le même plan que celui suivi jusqu'ici par le vénéré botaniste genevois [1]. En ce qui concerne l'indication des localités, nous n'avons toutefois pas énuméré à part celles relatives aux plantes récoltées au cours des explorations de J. Briquet et de ses collaborateurs, comme il l'avait précédemment fait.

Dans la graphie des noms géographiques, nous avons con-tinué à employer la terminaison classique en o (par exemple M[te] Cinto, M[te] Rotondo, le Golo, Asco, Porto-Vecchio, etc.), et non en u (M[te] Cintu, M[te] Rotondu, le Golu, Ascu, Portu-Vecchiu), bien que cette dernière soit plus conforme à la prononciation et à l'étymologie latine, comme l'a bien mis en relief le prof. Ambrosi.

Nous avons dû très fréquemment compléter la synonymie établie par J. Briquet ; parfois nous nous sommes trouvé obligé d'abandonner certains noms nouveaux créés par l'au-teur, mais restés inédits, d'autres vocables ayant été par la suite publiés. Nous nous sommes d'ailleurs toujours con-formé au point de vue nomenclature aux décisions du Congrès international tenu à Cambridge en 1930 [2]. Sauf à de rares exceptions, les descriptions et notes critiques que comporte le manuscrit ont été reproduites [entre guillemets et suivies de l'indication (J. B.)].

L'obligeant concours que nous recevons de nombreux confrères nous permet d'espérer mener à bonne fin la publica-tion du Catalogue critique des plantes vasculaires de la Corse. Lorsqu'elle sera achevée, et avant d'entreprendre de faire paraître l'histoire de l'exploration botanique de l'île et une

1. Nous avons employé les mêmes abréviations et signes. — Le signe ! relatif aux indications de localités que nous mentionnons *sous notre nom* signifie que des échantillons provenant de ces localités se trouvent dans notre herbier.
2. D'après le texte anglais des Règles paru dans « *The Journal of Botany* », juin 1934.

étude phytogéographique, nous comptons donner un supplément aux volumes I et II (1re partie) élaborés par J. Briquet. Ce supplément comprendra forcément aussi des additions et rectifications aux volumes que nous publierons.

Notre documentation a été basée sur des matériaux d'étude considérables. En plus de ceux provenant des 19 voyages que nous avons effectués jusqu'ici dans l'île, il nous a été donné d'étudier, grâce à l'amabilité sans borne des anciens collaborateurs du Maître, toutes les récoltes que E. Burnat et lui avaient faites en Corse et qui sont conservées dans l'herbier Burnat [1]; nous avons eu aussi entre les mains tous les autres spécimens corses de cet herbier ainsi que ceux de l'herbier Delessert, enfin une série de plantes recueillies par M. le Dr Pœverlein en 1909 et que ce dernier avait confiées pour étude à J. Briquet. D'importants matériaux provenant du Musée botanique de l'Université de Lausanne (notamment les récoltes de J. A. Borne, du prof. E. Wilczek, d'A. Saint-Yves) nous ont été également communiqués. Nous avons aussi étudié de très riches collections françaises, en particulier les herbiers Bonaparte (enrichi entre autre par Foucaud), Boreau, (plantes de Revelière), Cosson, Requien (comprenant, outre ses abondantes récoltes personnelles, des plantes de Bernard, Bourgeau, Fabre, de Forestier, Kralik, Moquin-Tandon, de Pouzolz, Romagnoli, Serafini, Sieber, Soleirol, etc.), Rouy. Enfin, plusieurs botanistes nous ont adressé très obligeamment des échantillons provenant de Corse ou des renseignements.

Ci-dessous nous donnons la liste des herbiers que nous avons consultés, avec les abréviations (indiquées en italique) sous lesquelles nous les désignons dans le Catalogue :

Herbier général du Jardin des Plantes d'Angers. [*Herb. jard. Angers*].

---

1. J. Briquet n'avait pas encore étudié les échantillons recueillis au cours de ses voyages de 1911 et 1913 ; nous les déterminons au fur et à mesure que nous élaborons les genres devant être publiés dans le Catalogue critique.

Herbier Bonaparte (Faculté des Sciences de Lyon). [*Herb. Bonaparte*].

Herbier Boreau (Angers). [*Herb. Bor.*].

Herbier Burnat (Conservatoire botanique de Genève). [*Herb. Burn.*].

Herbier de M. J. Charrier (La Châtaigneraie, Vendée). [*Herb. Charrier*].

Herbier Cosson (Muséum d'Histoire naturelle de Paris). [*Herb. Coss.*].

Herbier Cousturier (Jardin botanique de Marseille). [*Herb. Coust.*].

Herbier Delessert (Conservatoire botanique de Genève). [*Herb. Deless.*].

Herbier général de l'Institut de Botanique de la Faculté des Sciences de Grenoble. [*Herb. Fac. Sc. Grenoble*].

Herbier général du Muséum de Grenoble. [*Herb. gén. Mus. Grenoble*].

Herbier du Musée botanique de l'Université de Lausanne. [*Herb. Laus.*].

Herbier de M. R. de Litardière. [*Herb. R. Lit.*].

Herbier Mutel (Muséum de Grenoble). [*Herb. Mut.*].

Herbier Pellat (Institut de Botanique de la Faculté des Sciences de Grenoble). [*Herb. Pellat*].

Herbier du Prodromus de A.-P. de Candolle (Conservatoire botanique de Genève). [*Herb. Prodr.*].

Herbier Requien (Musée Calvet, Avignon). [*Herb. Req.*].

Herbier Nisius Roux (Faculté des Sciences de Lyon). [*Herb. N. Roux*].

Herbier Rouy (Faculté des Sciences de Lyon). [*Herb. Rouy*].

Il est pour nous un impérieux et très agréable devoir d'adresser ici l'expression de notre respectueuse gratitude et nos plus vifs remerciements à Mme J. Briquet qui nous a confié le précieux manuscrit laissé par son mari, puis à tous ceux qui nous ont aidé dans notre tâche. En première ligne nous devons citer notre excellent collègue et ami M. le professeur Dr B. P. G. Hochreutiner, Directeur du Conservatoire et du Jardin botaniques de Genève, qui très obligeamment a mis à notre disposition les richesses contenues dans les collections du Conservatoire, ceci avec le concours de ses assistants, nos très dévoués amis, M. F. Cavillier et M. le Dr A. Becherer ; l'un et l'autre ont toujours répondu avec la plus grande complaisance à nos multiples demandes de renseignements. Sans le concours de nos si aimables confrères genevois nous n'aurions certainement pu songer à exécuter le travail que nous avons entrepris. Notre reconnaissance est grande aussi pour toutes les personnes qui, à des titres divers, nous ont apporté une collaboration. M. P. Aellen (Bâle) nous a soumis tous les échantillons qu'il a recueillis durant ses séjours dans l'île en 1932 et 1933. Notre excellent ami M. J. Aylies, Inspecteur principal de l'Enregistrement (Marseille), nous a adressé, lorsqu'il était en Corse, ses magnifiques récoltes et, depuis, nous a procuré quelques matériaux d'étude provenant de Provence. Nous avons eu recours à maintes reprises à la grande obligeance de notre excellent collègue M. le professeur J. Beauverie (Lyon) qui nous a permis d'étudier les très riches collections de la Faculté des Sciences (herbiers Bonaparte, N. Roux, Rouy). Chez notre excellent ami M. J. Charrier (La Châtaigneraie, Vendée) nous avons pu examiner un certain nombre de plantes corses de son bel herbier (envois de N. Roux, exsiccata de la Société de la Seine maritime). M. J. Chevalier (Rouen) nous a adressé une liste des espèces recueillies au cours de ses divers voyages, ainsi que plusieurs échantillons. M. le Dr O. Couffon (Angers) a bien voulu mettre à notre disposition la bibliothèque et les riches collections du musée d'Angers (herbier Boreau, herbier général du Jardin des Plantes). Notre excellent ami, M. le Dr J. Coulon (Ajaccio), le très distingué malariologue, nous a grandement facilité diverses excursions dans la région de Porto-Vecchio et d'Ajaccio : grâce à lui nous avons pu notamment explorer toutes les îles de l'archipel des Cerbicale et celles des Sanguinaires. M. le professeur Dr P. Font Quer (Barcelone) nous a fourni des renseignements bibliographiques et adressé, à titre de comparaison, quelques échantillons espagnols et marocains. Notre excellent ami M. A. Fouillade (Tonnay-Charente, Charente-Inférieure) a annoté plusieurs échantillons de *Viola sylvestris* et nous a fait bénéficier de sa parfaite connaissance de ce groupe difficile. Nos excellents collègues MM. les professeurs Gain (Nancy) et Gaussen (Toulouse) nous ont communiqué des échantillons provenant des herbiers de leurs Instituts. M. P. Genty (Dijon) nous a adressé une liste de plantes corses contenues dans l'herbier G. Le Grand dont il est propriétaire. M. Girard, conservateur du Musée Calvet (Avignon) nous a permis de consulter le très précieux herbier Requien. Notre excellent ami, M. M. Guinochet (Antibes) nous a envoyé pour révision les récoltes qu'il a faites durant la session de la Société botanique de France en 1930. M. le D^r von Handel-Mazetti (Wien) nous a fourni des renseignements relatifs à un *Erodium triangulare* de provenance corse contenu dans l'herbier du Hofmuseum de Wien. Notre excellent ami M. E. Jahandiez (Carqueiranne, Var) nous a communiqué une liste de plantes recueillies par lui au cours d'un voyage qu'il effectua en 1914, ainsi que quelques échantillons. Nous devons à M. Jeanjean (Bordeaux) d'avoir pu étudier des plantes distribuées par la Société française d'échange. M. le Dr Walo Koch (Zurich) nous a adressé en communication divers spécimens contenus dans l'herbier de Salis. Notre excellent ami M. P. Le Brun (Aix-en-Provence) nous a

fourni, à plusieurs reprises, d'intéressants renseignements
et envoyé des échantillons provenant de ses belles herborisations en Corse. Le très regretté professeur Lecomte (Paris,
† 1934) et son successeur à la chaire de Phanérogamie du
Muséum d'Histoire naturelle, notre excellent ami M. le professeur H. Humbert, nous ont permis d'étudier les magnifiques collections de Cosson et nous ont communiqué des
échantillons. M. le professeur D^r Th. Loesener (Berlin) a bien
voulu revoir certains exemplaires de nos *Ilex Aquifolium.*
Notre excellent collègue et ami M. le professeur Dr R. Maire
(Alger) nous a fourni, avec son obligeance habituelle et à diverses reprises, des renseignements et a bien voulu étudier
quelques-unes de nos plantes critiques, en particulier des
Malope et des *Tamarix.* Notre très cher ami M. le professeur
G. Malcuit (Marseille), qui a souvent participé à nos campagnes
estivales en Corse, nous a envoyé divers échantillons recueillis par lui au cours d'un séjour qu'il fit dans l'île en août
1934. Nous devons à notre excellent ami M. V. Piraud, Conservateur du Muséum de Grenoble, d'avoir pu étudier les
intéressants herbiers dont il a la garde, notamment celui de
Mutel. M. le Dr C. Pau (Ségorbe) nous a adressé plusieurs
renseignements bibliographiques. M. H. G. Pugsley (Londres)
nous a envoyé une note sur un *Helianthemum* de l'herbier de
Linné. M. R. Rotgès, Conservateur des Eaux et Forêts de la
Corse (Ajaccio), a toujours répondu avec la plus grande obligeance à diverses demandes de renseignements que nous lui
avons faites et nous a adressé des échantillons de *Ricinus*
provenant d'Ajaccio. M. le professeur Dr G. Samuelsson
(Stockholm) nous a rendu le grand service d'annoter nos
Callitriche. M. P. Senay (Le Havre) nous a envoyé la liste
des plantes corses distribuées par la Société de la Seine maritime. M. le professeur Dr Senn (Bâle) nous a communiqué
des originaux provenant des récoltes de Thellung. Le frère
Sennen, professeur au Colegio de la Bonanova (Barcelone)

nous a adressé l'échantillon d'un *Cistus* qu'il a décrit. Notre excellent ami M. E. Simon (Tours) nous a communiqué diverses plantes provenant de ses voyages en Corse. Il en est de même de M. R. Simonet (Verrières-le-Buisson, Seine-et-Oise). Notre excellent collègue et ami M. le professeur Dr E. Wilczek (Lausanne) nous a très aimablement envoyé en communication toutes les plantes corses du Musée botanique de l'Université de Lausanne ; également grâce à lui et à ses collaborateurs, M. le professeur Dr A. Maillefer et M. le Dr D. Dutoit, nous avons pu consulter la bibliothèque et les riches collections du Musée (renfermant notamment l'herbier Gaudin). Enfin M. A. J. Wilmott (Londres) nous a très obligeamment donné son appréciation sur certains de nos exemplaires de *Geranium Robertianum* subsp. *purpureum*.

La Tronche (Isère), le 22 décembre 1934.

———————

PRODROME

DE LA

FLORE DE CORSE

TABLE DU TOME II

PARTIE 1

TABLE DES FAMILLES ET DES GENRES

BIBLIOGRAPHIE BOTANIQUE CORSE

I. — **ADDITIONS** (publications antérieures à février **1909**) et **CORRECTIONS** à la liste parue dans le tome I (p. **XXXIII-LIV**).

3. (p. XXXIV). **Arcangeli**. — Modifier comme suit les dates des 2 éditions du Compendio della flora italiana : Ed. 1, 1882, éd. 2, 1894.

7 *bis*. **Billiet P**. Rapport sur l'herborisation faite les 1er et 2 juin de Bastia à Saint-Florent par le mont Pigno, et de Saint-Florent à Bastia par Oletta et Olmetto di Tuda. (*Bulletin de la société botanique de France* XXIV, sess. extr. p. LXVII-LXXI. Paris 1877. In-8º). — Billiet in *Bull. soc. bot. Fr.*

11. (p. XXXVI). **Bonnet**. — Au lieu de : p. 497-512, lire : p. 415-431.

31. (p. XXXVIII). **Camus**. — Au lieu de : voyage botanique, lire : voyage bryologique.

52 *bis*. **Debeaux Odon**. *Polycnemum pumilum* Hoppe. (*Billotia* I, p. 140-141. Besançon 1864. In-8º).

52 *ter*. — *Jania rubens* Lamouroux (*Ibidem*, p. 141).

60 *bis*. **Fiori Adriano**. Sulla presenza di Carlina Fontanesii DC. in Sardegna e Corsica. (*Bulletino della societa botanica italiana* 1903, p. 61-65, fig. 1 et 2. Firenze 1903. In-8º). — Fiori in *Bull. soc. bot. it.*

60 *ter*. **Fiori Adriano** et **Paoletti Giulio**. Iconographia Florae italicae ossia Flora italiana illustrata. Padova et Udine 1895-1904. 2 part. in-8º.

L'ouvrage a été publié par Fiori et Paoletti jusqu'à la fig. 608, à partir de la fig. 609 par Fiori seul.

74. (p. XLIII). **Gillot**. — Au lieu de : LXXIII, lire : LXXXIII.

91. (p. XLV). **Lardière**.— Modifier ainsi le texte: [Excursion botanique en Corse]. (*Bulletin de la société botanique de Lyon*. Comptes rendus des séances XI, 1893, p. 58-60. Lyon 1893. In-8º).

93 *bis*. **Le Grand Antoine**. Cinquième notice sur quelques plantes critiques ou peu communes. (*Bulletin de l'association française de Botanique*, IV, p. 55-62. Le Mans 1901. In-8º). — Le Grand in *Bull. ass. fr. bot.*

110. (p. XLVII). **Maire**. — Au lieu de : Contribution, lire : Contributions.

111. (p. XLVIII). **Maire**. — Au lieu de : *Dumic*, lire : *Dumée*.

127 *bis*. **Pouzolz Pierre, Charles, Marie de**. Catalogue des plantes qui croissent spontanément en Corse, nouvelles pour la Flore française et recueillies par M. Pierre-Marie de Pouzolz. (*Mémoires de la société linnéenne de Paris* IV, p. 560-563. Paris 1826. In-8º). — Pouzolz in *Mém. soc. linn. Paris*.

Liste comprenant 44 espèces de Spermatophytes, 1 Mousse et et 4 Lichens.

131 *bis*. **Requien**. Due lettere sulla flora di Corsica e di Capraia (*Giornale botanico italiano*, anno II, tomo 1º, parte terza, p. 104-116. Firenze 1852 [1]. In-8º). — Req. in *Giorn. bot. it.*

Cette publication, très importante au point de vue de l'histoire de la Botanique corse et aussi par les indications qu'elle renferme, a complètement échappé aux botanistes de langue française — et même aux auteurs italiens récents — qui se sont occupés de la flore insulaire (nous-même l'avons ignorée jusqu'à ces derniers temps). — Dans la première lettre (p. 104-109), adressée de Corse à Parlatore, probablement entre juillet et septembre 1847, l'auteur donne un compte rendu détaillé de l'excursion qu'il a faite du 9 au 12 juillet 1847 dans la

1. C'est la date que cite Caruel (in Parl. *Fl. it.* VIII, 11) dans une liste bibliographique, alors que le volume du *Giornale botanico italiano* porte celle de 1846 ; cette dernière est certainement inexacte, car le « Bollettino bibliographico » qui termine ce volume signale la parution d'ouvrages publiés de 1847 à 1852, par exemple le *Pugillus* de Boissier et Reuter, 1852, et le *Flora italica* de Bertoloni, vol. VIII, fasc. 1, 2, 3, 1850-52.

région de Bastelica et du Monte Renoso. Suit un catalogue (p. 110-112) des plantes récoltées au cours de cette excursion ; la plus remarquable parmi celles signalées est le *Botrychium Lunaria* observé entre le vallon d'Ese et celui des Pozzi. — La seconde lettre (p. 112-116), adressée également à Parlatore, et datée de Pise 1er novembre 1847, ne contient que l'indication de quelques espèces notées aux environs de Bastia ; à la suite de cette lettre sont énumérées des plantes récoltées dans l'île de Capraja et qui ne figurent pas dans le *Florula Caprariae* de Moris et de Notaris.

142. (p. LII). **Rouy**. — Ajouter : — Les descriptions d'autres espèces ont paru comme suit dans *Le naturaliste* (Paris 1888-1890. In-4º) : 12me série, 10me année (1888), p. 30-32, 43-44, 68-70, 84-86, 131-132, 195-196, 213-215, 272-273, 285-286 ; 11me année, p. 10-11, 55-56, 82-84, 95-96, 122, 131-132, 217-219, 235-237, 256-257, 271-272, 280-282, 293-294 ; 12me année (1890), p. 7-8, 18-19, 38, 68, 84-85, 108, 119, 178-179, 205-207, 238-239, 263-264.

Ces descriptions ont sans doute été groupées en un tiré à part (fascicule II des « Suites à la Flore de France de Grenier et Godron) que nous n'avons pas trouvé dans les diverses bibliothèques que nous avons consultées.

147. (p. LII). **Sagorski**. — Au lieu de : XXVIII, lire : XXVII.

149. (p. LIII). **Salis-Marschlins**. — Ajouter :

Une analyse assez détaillée du mémoire de Salis, et accompagnée de plusieurs remarques intéressantes, a été donnée par Brongniart dans les *Annales des sciences naturelles*, 2e sér., V, ann. 1836, p. 108-117.

150 *bis*. **Sargnon J. M. Louis**. [Plantes de Corse]. (*Annales de la société botanique de Lyon* V (1876-1878), p. 192-193. Lyon 1878. In-8º).

Il s'agit de la note mentionnée par le Dr Bonnet (*Bio-bibliogr. Corse* 430), mais d'une façon erronée : « Sargnon, Observations sur quelques plantes de la Corse : Ann. soc. bot. Lyon VI, p. 192). » — Cette note de 4 lignes se rapporte à une observation de l'auteur sur une forme de *Digitalis purpurea* des env. de Corte qui lui a paru s'éloigner de celle du Lyonnais « par différents caractères, entre autres par la taille et la couleur des fleurs ».

II. — ADDITIONS (publications postérieures à février 1909).

1. **Adamović Lujo**. Die Pflanzengeographische Stellung und Gliederung Italiens. 259 p., 1 fig., 31 cartes. Jena 1933. In-8°. — Adamović *Pflanzengeogr. Ital.*

   Cet ouvrage renferme un certain nombre de données relatives à la géobotanique corse, surtout pour ce qui a trait aux éléments de la flore. Deux listes retiendront plus spécialement l'attention : celle des espèces endémiques corso-sardes (p. 173) et celle des espèces endémiques corses (p. 177). L'auteur fait preuve d'une conception très spéciale de l'espèce, énumérant comme « endemisch Arten » des plantes telles que *Sagina corsica* (corso-sarde), *Arabis corsica*, *Potentilla divaricata*, *Fragaria corsica*, *Amelanchier rhamnoides*, *Cytisus Burnatii*, *Vicia spodioides*, *Sambucus decussata*, *Pulicaria Burnatii*, etc., les unes simples races, les autres formes de peu de valeur systématique. — Les cartes de répartition de diverses espèces annexées au volume sont, en ce qui concerne la Corse, pour la plupart inexactes ou trop schématiques, notamment les n. 11 (*Abies alba*) — qui laisse supposer l'absence totale de l'espèce dans l'île !, — 13 (*Fagus silvatica*), 14 (*Alnus cordata*), 15 (*Quercus Suber*), 17 (*Pinus Pinaster*), 18 (*Pinus halepensis*), 22 (*Juniperus Oxycedrus*), 24 (*Laurus nobilis*) — où ne figurent pas les peuplements spontanés, mais seulement trois régions où la plante est cultivée, — 30 (*Castanea sativa*).

2. **Allorge Pierre**. Les Muscinées, in Histoire du peuplement de la Corse. Etude biogéographique. (*Bulletin de la société des sciences historiques et naturelles de la Corse* XLV, p. 247-250. Bastia 1926. In-8°).

3. **Andreánszky Gabor**. Adatok Korzika Flórájának Ismeretehez. (*Magyar Tudományos Akadémia Matematikai és Természettudományi Ertesitöje* XLIII, p. 597-613. 4 figs. Résumé en français : « Additions à la connaissance de la flore corse », p. 614-615. Budapest 1926. In-8°). — Andreánszky in *Mag. Tud. Akad.*

4. — A tomillares és phrygana növényformációk elöfordulása Korzika Szigetén. (*Ibidem* XLVI, p. 37-45. Résumé en français : « Les formations végétales « Tomillares » et « Phrygana » en Corse », p. 46-47. Budapest 1929. In-8°). — Même abrév.

[4]. **Ascherson Paul** et **Graebner Paul** (Continué par Graebner

pour les vol. V et VII, par Graebner père et fils à partir de 1926, vol. V-2, p. 561 ; les vol. XII-1 et 2 ont été rédigés par H. Zahn). Synopsis der mitteleuropäischen Flora. Leipzig. In-8°. (Se continue).

IV (suite) : Vorr. III p., 2 fevr. 1913 ; p. 401-480, 28 mars 1911 ; p. 481-640, 19 déc. 1911 ; p. 641-784, 3 sept. 1912 ; p. 785-885, 26 mars 1913 ; ind. 152 p. — V, Abt. 1 : Vorr. IV p., 19 janv. 1919 ; p. 1-64, 23 mai 1913 ; p. 65-144, 12 août 1913 ; p. 145-224, 19 déc. 1913 ; p. 225-304, 12 mai 1914 ; p. 305-384, 1er déc. 1914 ; p. 385-464, 4 mai 1915 ; p. 465-544, 27 juin 1916 ; p. 545-624, 4 sept. 1917 ; p. 625-704, 23 mars 1918 ; p. 705-784, 1er oct. 1918 ; p. 785-864, 17 févr. 1919 ; p. 865-948, 30 juin 1919 ; ind. 159 p., 10 août 1920. — V, Abt. 2 : Vorr. IV p., 29 juin 1929 ; p. 1-80, 30 juill. 1920 ; p. 81-160, 30 déc. 1920 ; p. 161-240, 28 févr. 1921 ; p. 241-320, 10 juill. 1921 ; p. 401-480, 28 févr. 1922 ; p. 481-560, 15 mai 1923 ; p. 561-640, 25 mai 1926 ; p. 641-720, 15 juin 1929 ; p. 721-811, 30 sept. 1929 ; ind. 131 p. ; 30 oct. 1930. — VII (en cours de publication) : p. 1-80, 12 août 1913 ; p. 81-240, 12 mai 1914 ; p. 241-320, 23 nov. 1915 ; p. 321-400, 2 févr. 1916 ; p. 401-480, 27 févr. 1917. — XII, Abt. 1 : p. 1-80, 30 sept. 1922 ; p. 81-160, 1er juill. 1924 ; p. 161-240, 15 juill. 1929 ; p. 241-400, 20 nov. 1929 ; p. 401-492, 25 mars 1930 ; ind. 93 p., 25 avril 1931. — XII, Abt. 2 (en cours de publication) : p. 1-160, 30 oct. 1930 ; p. 161-320, 25 févr. 1931 ; p. 321-480, 10 oct. 1931 ; p. 481-640, 15 août 1935.

Auflage 2. I (Ascherson et Graebner) : Vorr. XII. p., janv. 1913 ; 1-160, janv. 1912 ; p. 161-320, 27 août 1912 ; p. 321-480, 26 nov. 1912 ; p. 481-629, 26 mars 1913 ; ind. 98 p., 23 mai 1913).

5. **Bonnin Adelphe**. Observations sur les formes corses de l'*Armeria leucocephala* Koch (*Statice leucantha* Lois.). (*Bulletin de la société botanique de France* LXVII, ann. 1920, p. 258-266. Paris 1921. In-8°). — Bonnin in *Bull. soc. bot. Fr.*

6. **Braun-Blanquet Josias**. Les Phanérogames, in Histoire du peuplement de la Corse. Etude biogéographique. (*Bulletin de la société des sciences historiques et naturelles de la Corse* XLV, p. 236-245. Bastia 1926. In-8°).

7. — (et divers collaborateurs). Prodrome des groupements végétaux. Montpellier 1933 — (se continue). In-8°.

Fasc. 1 : *Ammophiletalia* et *Salicornietalia* méditerranéens, 23 p., déc. 1933. Fasc. 2 : Classe des *Asplenietales rupestres* — Groupements rupicoles, 47 p., mai 1934.

Comprend *passim* les diagnoses d'associations végétales de Corse-

avec leurs caractères synécologiques, principalement d'après les
travaux de R. de Litardière et de G. Malcuit.

8. **Briquet John**. La flore des plateaux de l'étage alpin du sud
de la Corse. (*Actes de la société helvétique des sciences naturelles,*
93e session, Bâle 1910, I, p. 266-268. 1911. In-8º. — Briq. in
Act. soc. helv. sc. nat.

9. **Camus Edmond, Gustave** et **Camus Aimée**. Un nouvel hybride
d'*Orchis*. (*Bulletin de la société botanique de France* LXXI, p. 570-
571. Paris 1924. In-8º).

> Il s'agit de l'*O. Cortesii* E. G. et A. Cam. = *O. longicornu* × *Mo-
> rio* provenant des environs de Bonifacio (leg. Stefani).

10. [**Charrel Louis**].*Silene corsica*. (*Bulletin de la société botanique
du Var et de la Corse* n. 17, p. 3-4. Toulon janv. 1920. In-8º).

11. [—] *Celsia cretica*. (*Ibidem* n. 17, p. 5. Janv. 1920).

12. — Les Prunes en Corse. (*Bulletin trimestriel de la société botanique et géologique du Var et de la Corse* n. 23, p. 3-5. Toulon
1er juill. 1921. In-8º).

13. [—] Les *Armeria* corses. (*Ibidem* n. 23, p. 5-6. 1er juill. 1921).

14. [—] Les Colchiques de Corse. (*Ibidem* n. 25, p. 2-3. 1er janv.
1922).

15. — Le coquelicot en Corse. (*Ibidem* n. 26, p. 4-5. 1er avril 1922).

16. **Chevalier Joseph**. *Teucrium Chamaedrys* L. var. *insulare*
J. Chevalier. (*Le Monde des plantes*, XXI, n. 6, p. 2. Agen janv.-
févr. 1920. In-8º). — J. Chevalier in *Le Monde des pl.*

17. — Quelques semaines d'herborisation en Corse. (*Ibidem*, p. 2-5.
Janv.-févr. 1920). — Même abrév.

18. — Quelques semaines d'herborisation en Corse. (*Société des amis
des sciences naturelles de Rouen* ann. 1927, p. 10-16. Rouen 1927.
In-8º). — J. Chevalier in *Soc. amis sc. nat. Rouen.*

19. — Herborisation en Corse (1927). (*Ibidem* ann. 1928, p. 3-9. 1928).
— Même abrév.

20. — Contribution à l'étude de la flore de Corse. (*Ibidem* ann.
1930, p. 14-18). — Même abrév.

21. **Chouard Pierre** et **Prat Henri**. Remarques sur l'évolution des cuvettes lacustres à propos de la pozzine et du lac de Nino. (*Bulletin de la société botanique de France* LXXVII, p. 438-441. 2 figs. Paris 1930. In-8°).

22. **Collingwood Ingram**. A botanical treasure hunt. (*The gardener's chronicle* LXXXVII, n. 2263, p. 369-370. Fig. 149, 150. London 1930).

   Récit d'une ascension de la Punta di Fornello effectuée le 22 mars 1932 à la recherche du *Prunus prostrata*.

23. **Comiti Simon**. La Corse du Sud : Essai de géographie physique et humaine. (*Bulletin de la société des sciences historiques et naturelles de la Corse* LI-LII, p. 1-346. Bastia 1933. In-8°).

   Cet important mémoire de géographie physique et humaine comprend un chapitre relatif à la végétation (p. 119-135) où l'on peut relever quelques données intéressantes sur la répartition de certaines essences dans le S. de l'île.

24. **Coste Hippolyte** (abbé). *Cistus corsicus* var. *Rouxii* Coste. (*Bulletin de la société française pour l'échange des plantes* 3e fasc., p. 30-31. Agen 1913. In-8°).

25. **Cousturier Paul**. La Corse [Diagnoses de variétés nouvelles]. (*Bulletin de la société botanique du Var* n. 10, p. 2-4. Toulon avril 1918. In-8°). — Coust. in *Bull. soc. bot. Var*.

26. — Une variété nouvelle pour la Corse du *Statice acutifolia* Reich. (*Bulletin de la société botanique du Var et de la Corse* n. 14, p. 6-7. Toulon 1er avril 1919. In-8°). — Coust. in *Bull. soc. bot. Var et Corse*.

27. — Le *Scilla hyacinthoides*. (*Bulletin trimestriel de la société botanique et géologique du Var et de la Corse* n. 20, p. 1-2. Toulon 1er oct. 1920. In-8°). — Coust. in *Bull. trim. soc. bot. géol. Var et Corse*.

28. [—] Les *Aquilegia* en Corse. (*Ibidem* n. 25, p. 4-6. 1er janv. 1922).

29. **Crozals André de**. Florule lichénique des environs de Vizzavona (Corse). (*Annales de la société d'histoire naturelle de Toulon* ann. 1923, p. 32-71. Toulon. In-8°).

30. **Fiori Adriano.** Iconographia Florae italicae ossia Flora italiana illustrata, 2ª Edizione. Sancasciano Val di Pesa 1921. In-8°.

31. — Nuova Flora analitica d'Italia. Firenze 1923-1929. II vol. in-8°. — Fiori *Nuov. fl. anal. It.*

> I : Fasc. 1, p. 1-160, mars 1923 ; fasc. 2, p. 161-320, juill. 1923 ; fasc. 3, p. 321-480, déc. 1923 ; fasc. 4, p. 481-640, mai 1924 , fasc. 5, p. 641-800, nov. 1924 ; fasc. 6, p. 801-944, mars 1925. — II : Fasc. 1, p. 1-160, juill. 1925 ; fasc. 2, p. 161-320, janv. 1926 ; fasc. 3, p. 321-480, juill. 1926 ; fasc. 4, p. 481-640, févr. 1927 ; fasc. 5, p. 641-800, nov. 1927 ; fasc. 6, p. 801-944, nov. 1928 ; fasc. 7, p. 945-1120, nov. 1929.

32. **Firbas Franz.** Beiträge zur Geschichte der Moorbildungen und Gebirgswälder Korsikas. (*Beihefte zum botanischen Centralblatt* XLIV. Abt. 2, p. 249-282, Taf. III. Dresden 1928. In-8°).

33. **Hermann F.** Botanische Beobachtungen auf Korsika und anderwärts. (*Verhandlungen des botanischen Vereins der Provinz Brandenburg* ann. 1919, p. 40-54. Berlin-Dahlem 1920. In-8°). — Hermann in *Verhandl. bot. Ver. Brandenb.*

34. **Houard Clodomir.** Les zoocécidies de la Corse. (*Nouvelles archives du Muséum.* Vᵉ série, VI, p. 125-182, 90 figs. Paris 1914. In-4°). — Houard in *Arch. Muséum.*

> Bien que ce mémoire se rapporte à la pathologie végétale, nous le citons dans cette bibliographie, car il contient d'intéressantes indications relatives à diverses localités de plantes sur lesquelles l'auteur a recueilli des zoocécidies. Le prof. Houard indique aussi pour ces espèces leurs stations et leur répartition dans l'île.

35. **Huber-Pestalozzi Gottfried.** Das Phytoplankton einiger Hoch. seen Korsikas. (*Veröffentlichungen des Geobotanischen Institutes Rübel in Zürich.* 3 Heft. Festschrift Carl Schröter, p. 477-493, 1 fig., 3 pl. Zürich 1925. In-8°).

36. **Jahandiez Emile.** Note sur deux Germandrées aromatiques (*Teucrium Marum* L. et *T. Massiliense* L.). (*La Parfumerie moderne* XIII, p. 119-121, 2 figs. Lyon 1920. In-4°).

37. — Plantes aromatiques de la Corse. (*Ibidem* XV, p. 43-49, 5 figs. 1922).

38. **Kükenthal Georges.** Botanische Wanderungen auf Korsika. (*Allgemeine botanische Zeitschrift für Systematik, Floristik, Pflan-*

zengeographie XXVI-XXVII, p. 37-43 et XXVIII-XXIX, p. 16-26. Karlsruhe 1925. In-8º). — Kük. in *Allg. bot. Zeitschr. Syst.*

39. **Leblond Etienne**. Algues du littoral du Golfe d'Ajaccio (Corse). (*Revue algologique* I, p. 156-167, 267-271. Paris 1924. In-8º).

40. **Le Brun Pierre**. Herborisations en Corse pendant les années 1924-1925. (*Le Monde des plantes* XXVII, n. 45 (mai-juin 1926), p. 5-7 ; n. 46 (juill.-août 1926), p. 4-6 ; n. 47 (sept.-oct. 1926), p. 5-7 ; n. 48 (nov.-déc. 1926), p. 6-8. — XXVIII, n. 51 (mai-juin 1927), p. 5-6 ; n. 52 (juill.-août 1927), p. 4-8 ; n. 53 (sept.-oct. 1927), p. 3-6. Agen. In-8º). — Le Brun in *Le Monde des pl.*

41. — Nouvelles herborisations en Corse.(*Ibidem* XXXI, n. 68 (mars-avril 1930), p. 10-14 ; n. 69 (mai-juin 1930), p. 18-20). — Même abrév.

42. — Nouvelles herborisations en Corse (3e série). (*Ibidem* XXXI, n. 71 (sept.-oct. 1930), p. 37-39 ; n. 72 (nov.-déc. 1930), p. 45-46 ; n. 73 (janv.-févr. 1931), p. 2-4). — Même abrév.

43. **Litardière René de**. Contribution à l'étude de la flore de la Corse. (*Bulletin de géographie botanique* XXIV, p. 89-108. Le Mans 1914. In-8º). — R. Lit. in *Bull. géogr. bot.*

44. — Contribution à l'étude de la flore de la Corse, II. (*Ibidem* XXVI, p. 163-167. Le Mans 1916). — Même abrév.

45. — Observations sur le *Romulea ramiflora* subsp. *Rollii*. (*Bulletin de la société botanique du Var et de la Corse* n. 15, p. 3-6. Toulon 1er juillet 1919. In-8º). — R. Lit. in *Bull. soc. bot. Var et Corse.*

46. — Contribution à l'étude de la flore de la Corse. (*Bulletin de la société des sciences historiques et naturelles de la Corse* XLII, p. 187-242. Bastia 1922. In-8º). — R. Lit. in *Bull. soc. sc. hist. et nat. Corse.*

47. — Quelques plantes recueillies en Corse par M. Aylies. (*Bulletin de la société botanique de France* LXX (1923), p. 817-823. Paris 1924. In-8º). — R. Lit. in *Bull. soc. bot. Fr.*

48. — Contributions à l'étude de la flore de la Corse. (*Ibidem* LXXI, p. 701-713. 1924). — Même abrév.

49. — Contributions à l'étude de la flore de la Corse. Notes sur quelques Filicinées du Cap, des massifs du Cinto et du San Pietro.

(*Bulletin de la société linnéenne de Lyon*, nouvelle série, LXX (1923), p. 121-133, 6 figs. Lyon 1924. In-8°). — R. Lit. in *Bull. soc. linn. Lyon.*

50. — Notes sur quelques Bryophytes de la Corse. (*Archives de Botanique* I, Bulletin mensuel n. 12, décembre 1927, p. 248-250. Caen. In-8°).

51. — Le *Botrychium simplex* Hitchc. en Corse. (*Bulletin de la société botanique de France* LXXIV (1927), p. 729-734. 1 pl. Paris 1928. In-8°). — R. Lit. in *Bull. soc. bot. Fr.*

52. — Nouvelles contributions à l'étude de la flore de la Corse. (*Archives de Botanique* II, Mémoire n. 1, 44 p. Caen février 1928. In-8°). — R. Lit. *Nouv. contrib.* fasc. 1.

53. — Le *Petasites albus* (L.) Gaertn. en Corse. (*Ibidem* II, Bulletin mensuel n. 5, p. 84-85. Caen mai 1928. In-8°). — R. Lit. in *Arch. Bot.* Bull. mens.

54. — Contributions à l'étude phytosociologique de la Corse. Les montagnes de la Corse orientale entre le Golo et le Tavignano. (*Ibidem* II, Mémoire n. 4, 184 p., 1 fig., 10 pl. Caen octobre 1928). — R. Lit. *Mont. Corse orient.*

55. — Nouvelles contributions à l'étude de la flore de la Corse (Fascicule 2). (*Ibidem* III, Mémoire n. 3, 32 p. Caen septembre 1929. In-8°). — R. Lit. *Nouv. contrib.* fasc. 2.

56. — Notes sur la végétation muscinale des pozzines du Coscione (Corse). (*Ibidem* III, Bulletin mensuel n. 3, p. 40-45. Caen mars 1929).

57. — Nouvelles contributions à l'étude de la flore de la Corse (Fascicule 3). (*Ibidem* IV, Mémoire n. 2, 16 p., 1 fig. Caen février 1930). — R. Lit. *Nouv. contrib.* fasc. 3.

58. — Nouvelles contributions à l'étude de la flore de la Corse (Fascicule 4). (*Ibidem* IV, Mémoire n. 3., 10 p. Caen juillet 1930). — R. Lit. *Nouv. contrib.* fasc. 4.

59. — La flore adventice de la Corse. (*Comptes rendus du Congrès des sociétés savantes en* 1928, *Sciences.* 10 p. Paris 1931. In-8°). — R. Lit. in *C. R. Congr. soc. sav. 1928.*

60. — Contributions à l'étude phytosociologique de la Corse. Les pozzines du massif de l'Incudine. (*Archives de Botanique* IV, Mémoire n. 4, 20 p., 4 pl. Caen août 1930. In-8º). — R. Lit. *Pozzines Incudine.*

61. — Notes sur des Ptéridophytes et Phanérogames observés en Corse au cours de la session de la Société botanique de France (août 1930). (*Bulletin de la société botanique de France* LXXIX, p. 68-77. Paris 1932. In-8º). — R. Lit. in *Bull. soc. bot. Fr.*

62. — Nouvelles contributions à l'étude de la flore de la Corse (Fascicule 5). (*Candollea* V, p. 153-160. Genève décembre 1932. In-8º). — R. Lit. *Nouv. contrib.* fasc. 5.

63. **Litardière René de** et **Malcuit Gustave.** Contributions à l'étude phytosociologique de la Corse. Le massif du Renoso. 143 p., 7 pl. Paris mai 1926. In-8º. — R. Lit. et Malcuit *Massif Renoso.*

64. — Contributions à l'étude phytosociologique de la Corse. Les Hêtraies de l'Incudine. (*Archives de Botanique* III, Mémoire n. 4, 12 p., 2 pl. Caen septembre 1919. In-8º). — R. Lit. et Malcuit *Hêtraies Incudine.*

65. — Contributions à l'étude phytosociologique de la Corse. Esquisse de la végétation de la Punta di Fornello. (*Ibidem* IV, Mémoire n. 5, 19 p., 3 pl., décembre 1931). — R. Lit. et Malcuit *Esq. végét. Fornello.*

66. **Litardière René de** et **Marchioni Toussaint.** Notes sur quelques plantes de la Corse orientale (presqu'île cap-corsine, massif du San Pedrone, plaine de la Casinca). (*Bulletin de la société botanique de France* LXXVII, p. 452-462. Paris 1930. In-8º et *Bulletin de la société des sciences historiques et naturelles de la Corse* L, 2ᵐᵉ semestre 1930, p. 302-316. Bastia 1931. In-8º). — R. Lit. et Marchioni in *Bull. soc. bot. Fr.*

67. **Litardière René de** et **Simon Eugène.** Notice sur les plantes recueillies par M. J. Aylies en Corse durant les années 1917 et 1918. (*Bulletin de la société botanique de France* LXVIII, p. 24-41, 86-116. Paris 1921. In-8º). — R. Lit. et Sim. in *Bull. soc. bot. Fr.*

68. **Lüdi Werner**. [Reise nach Korsika. Hauptzüge der Vegetations-gliederung und ihre Beziehungen zur Bodenbildung]. (*Mitteilungen der naturforschenden Gesellschaft Bern* ann. 1930, p. XLIX-LI. Bern 1931. In-8º).

69. **Maheu Jacques** et **Gillet Abel**. Les Lichens de l'ouest de la Corse. (*Mémoires de la société des sciences naturelles d'Autun* ann. 1914, p. 1-63. Autun. In-8º).

70. — Lichens de l'est de la Corse. 114 p., 3 pl. Dijon 1926. In-8º.

71. **Malcuit Gustave**. Une excursion phytosociologique à Campo di Loro près Ajaccio. (*Bulletin de la société botanique de France* LXXIII, p. 212-217. Paris 1926. In-8º).

72. — Contributions à l'étude phytosociologique de la Corse. Le littoral occidental. Environs de Calvi, Galeria, Girolata, Pointe de la Parata, Propriano. (*Archives de Botanique* IV, Mémoire n. 6, 40 p., 5 figs, 7 pl. Caen octobre 1931. In-8º). — Malcuit *Littoral occid.*

73. **Marchioni Toussaint**. Simples hypothèses sur la localisation exclusive de l'*Alyssum corsicum* Duby dans le vallon du Fango, à Bastia (Corse). (*Bulletin mensuel de la société linnéenne de la Seine maritime* XV, n. 12 bis, décembre 1929, p. 15-19. Le Havre. In-8º).

74. **Podhorsky J**. Die korsiche Kiefer, *Pinus laricio*, var. *Poiretiana* (*Schweizerische Zeitschrift für Forstwesen*. Jahrang 1921, Heft 6-8, p. 171-174, 201-205, 232-238. 1 pl., 1 fig. Bern. In-8º).

75. **Rikli Martin**. Korsika, in Von den Pyrenäen zum Nil. Natur- und Kulturbilder aus den Mittelmeerländern. Bern et Leipzig 1926. In-8º. P. 35-91, figs 6-23.
    Les p. 40-57 sont consacrées à la Botanique.

76. **Rikli Martin** et **Rübel Eduard**. Über die Sommervegetation von Korsika. (*Verhandlungen der naturforschenden Gesellschaft in Basel* [*Festband Hermann Christ*] XXXV, 1 Teil, p. 186-207, t. V-VIII et 3 figs. Basel 1923. In-8º). — Rikli et Rübel in *Verhandl. nat. Ges. Basel*.

77. — Korsika in G. Karsten et H. Schenk Vegetationsbilder. Reihe 15, Hefte 2. 17 p. Taf. 7-12. Jena 1923. In-4º.

78. **Ronniger Karl.** Aus der Pflanzenwelt Korsikas. (*Verhandlungen der zoologisch-botanischen Gesellschaft in Wien* LXVIII, p. 210-236. Wien 1918. In-8º). — Ronn. in *Verhandl. zool.-bot. Ges. Wien.*

79. **Roux Nisius.** [Plantes de Corse]. (*Annales de la société botanique de Lyon* XXXVII, comptes rendus des séances, p. XXXVII-XXXVIII. Lyon 1912. In-8º). — N. Roux in *Ann. soc. bot. Lyon.*

80. — [Remarques sur le *Brassica insularis*]. (*Ibidem* XXXVII, comptes rendus des séances, p. XXXV. Lyon 1912).

[145] **Rouy G.** et **Foucaud J., Rouy** et **Camus E. G., Rouy.** Flore de France ou description des plantes qui croissent spontanément en France, en Corse et en Alsace-Lorraine. Paris. In-8º.

Suite : XII (Rouy) : novembre 1910, 505 p. ; XIII (Rouy) : mai 1912, 548 p. ; XIV (Rouy) : avril 1913, 562 p.

81. **Rübel Eduard.** Pflanzengesellschaften der Erde. Bern, Berlin 1930. 464 p., 224 figs, 1 carte. In-8º. — Rübel *Pflanzengesellsch. d. Erde.*

Ouvrage important contenant *passim* des données sur la Corse. Les fig. 33-39, 42, 49, 50, 72, 73, 109, 222 et 223 sont relatives à des paysages botaniques corses.

82. **Ruppert Josef.** *Orchis longicornu* Poir. × *Orchis picta* Lois. nov. hybr. × *Orchis Litardierei* Ruppt. et Le Brun. (*Fedde Repertorium specierum novarum regni vegetabilis* XXXV, p. 104-106. Berlin-Dahlem 1934. In-8º). — Ruppert in Fedde *Repert.*

83. **Sarrassat Claude.** Quelques Muscinées nouvelles pour la Corse (*Revue bryologique.* Nouvelle série, IV, fasc. 1, p. 37-38. Paris 1931. In-8º).

84. — Muscinées récoltées en Corse au cours de la Session de la Société botanique de France du 4 au 14 août 1930. (*Bulletin de la société botanique de France* LXXVIII (1931), p. 689-692. Paris 1932. In-8º).

85. **Sommier Stephen.** *Linaria pseudolaxiflora* Lojac., *L. corsica* et *L. sardoa.* (*Bulletino della societa botanica italiana* ann. 1910, p. 14-16. Firenze 1910. In-8º).

86. **Thellung Albert**. Note sur quelques plantes vivaces ou frutes-
centes subspontanées ou naturalisées sur le littoral de la Provence et en Corse. (*Bulletin de géographie botanique* XXI, p. 214-
215. Le Mans 1911. In-8°). — Thell. in *Bull. géogr. bot.*

87. — Un *Sagina* inédit de la flore corse. (*Ibidem* XXIV, p. 2-12.
1915). — Même abrév.

88. **Verront P**. Note sur les papilionacées des environs de Calvi en
fleurs en avril. (*Bulletin de la société des sciences historiques et naturelles de la Corse* XLVI-XLIX, p. 168-169. Bastia 1929. In-8°).

89. **Viviand-Morel Victor**. [Sur le *Brassica insularis* Moris]. (*Annales de la société botanique de Lyon* XXXVII, comptes rendus
des séances, p. XXXIII-XXXIV. Lyon 1912. In-8°).

90. **Zschacke Hermann**. Korsische Flechten gesammelt in den
Jahren 1914-16. (*Verhandlungen der botanischen Vereins der Provinz Brandenburg* LXIX, p. 1-29. Berlin-Dahlem 1927. In-8°).

ADDENDA

P. XVI. Dans les additions et corrections à la liste parue dans le
tome I, ajouter :

79. (p. XLIII). **Grenier** et **Godron**. Flore de France. — *Au lieu
de* : II : 760 p., 1852. — III : p. 1-669, 1er déc. 1855 ; ind. p. 661-
779, *lire* : II : p. 1-392, 1850 ; p. 393-760, 1852. — III : p. 1-663,
1er déc. 1855 ; ind. 661 (sic)-779, 1856.

CATALOGUE CRITIQUE

DES

PLANTES VASCULAIRES

DE LA

CORSE

(Suite)

OXALIDACEAE

OXALIS L.

1064. **O. corniculata** L. *Sp.* ed. 1, 435 (1753), emend. Rouy *Fl. Fr.*
IV, 124 ; Paol. in Fiori et Paol. *Fl. anal. It.* II, 246 ; Fiori *Nuov. fl.*
anal. It. II, 120. — Deux sous-espèces.

I. Subsp. **eu-corniculata** Briq., nov. nom. = *O. corniculata* L.
l. c., sensu stricto ; Godr. in Gren. et Godr. *Fl. Fr.* I, 326 ; Rouy l. c.,
sensu stricto ; Coste *Fl. Fr.* I, 267 ; Graebn. *Syn.* VII, 151 ; Knuth
Oxalid. 146 (Engler *Pflanzenreich* IV, 130) = *Oxys corniculata* Scop.
Fl. carn. ed. 2, I, 327 (1772) = *Oxys lutea* Lamk *Fl. fr.* III, 60 (1778)
= *Acetosella corniculata* O. Kuntze *Rev. gen.* I, 90 (1891) = *Xan-*
thoxalis corniculata J. K. Small *Fl. South-east Un. St.* 667 (1903) et
in Underw. et Britt. *North Amer. Fl.* XXV, 1, 52. — Exsicc. Soleirol
n. 522 b ! (Calvi) [Herb. Coss.] ; Reverch. ann. 1878, sub. : *O. stricta* !
(Bastelica) [Herb. Burn.].

Hab. — Cultures, friches, murs, clairières des maquis dans les
étages inférieur et montagnard. Févr.-oct. ①-②-♃. Répandu dans
l'île entière.

« Tiges procombantes, radicantes à la base ; pas de stolons. Feuilles
pourvues de stipules adhérentes au pétiole. Pédicelles réfléchis à la maturité. Capsule brièvement et fortement pubescente. » (J. B.).
La plante corse appartient au var. **corniculata** Zucc. [*Nachtr. z. d.*
Mon. amerik. Oxalis-Arten in *Denkschr. Akad. Wiss. München* ann. 1831,
54 ; Knuth l. c. = *O. corniculata* L. l. c., sensu stricto = *O. corniculata*
var. *typica* Paol. in Fiori et Paol. *Fl. anal. It.* II, 246 (1901), excl. forma
c. adscendens]. — Les exemplaires à tiges pubescentes-grisâtres, à folioles densément et mollement velues-pubescentes, cendrées, souvent plus
petites (ne mesurant parfois que 3 mm. de long sur 4 mm. de large)
peuvent être distingués comme forma **pubescens** Batt. [in Batt. et Trab.
Fl. Alg. (Dicotyl.) 173 (1888) = *O. villosa* Marsch.-Bieb. *Fl. taur.-cauc.*
I, 355 (1826) = *O. corniculata* var. *villosa* Duby *Bot. gall.* I, 107 (1828) ;
Hohenack. *Enum. pl. prov. Talysch* 159 ; Griseb. *Spic. fl. Rum. Bith.* I,
128 ; Goir. *Piante faner. agr. veron.* 163 ; Rouy *Fl. Fr.* IV, 125 ; Graebn.
Syn. VII, 153 ; Fiori *Nuov. fl. anal. It.* II, 140 = *Acetosella corniculata*
var. *villosa* O. Kuntze *Rev. gen.* I, 90 (1891) = *O. corniculata* var. *typica*
forma *villosa* Fiori in Fiori et Paol. *Fl. anal. It.* IV, 158 (1907) ; Hayek

1

Prodr. fl. penins. balc. I, 1087 ; Knuth *Oxalid.* 150 (Engler *Pflanzenreich* IV, 130)] : — Exsicc. Soleirol n. 805 ! (Bastia) [Herb. Coss., Mutel]. Cette forme, qui passe au type par des états insensibles, n'est pas très rare dans l'île : Bastia (Soleirol ! exsicc. cit. et ex Duby *Bot. gall.* I, 107 ; Vanucci !, 1836, in herb. jard. Angers) ; Lucciana (Houard !, 10-IV-1909, in herb. Deless.) ; Biguglia (Coust. !, V-1910, in herb.) ; Ostriconi, garigues (Briq. !, 20-IV-1907, in herb. Burn.) ; Corte (Kralik !, in herb. Rouy) ; Ota (Aellen !, 28-VII-1932) ; Ghisoni (Rotgès !, 5-IV-1898, notes manuscr.) ; Grosseto (Borne !, 12-VI-1847, in herb. Laus.) ; embouchure de la Solenzara, aulnaies (Briq. !, 7-V-1907, in herb. Burn.) ; vallée de la Solenzara, rive gauche, près des fours à chaux (R. Lit. !, 26-III-1934).

†† II. Subsp. **stricta** Briq., nov. nom. = *O. stricta* L. *Sp.* ed. 1, 435 (1753) ; Godr. in Gren. et Godr. *Fl. Fr.* I, 326 ; Coste *Fl. Fr.* I 267 ; Graebn. *Syn.* VII, 149 ; Knuth *Oxalid.* 143 (Engler *Pflanzenreich* IV, 130) = *Oxys stricta* All. *Fl. ped.* II, 89 (1785) = *Oxalis corniculata* var. *stricta* Savign. in Lamk *Encycl. méth.* IV, 663 (1796) ; Paol. in Fiori et Paol. *Fl. anal. It.* II, 243 = *O. europaea* Jord. in Bill. *Arch. fl. Fr. et All.* 309 et 311 (1855) = *Acetosella stricta* O. Kuntze *Rev. gen.* I, 91 (1891) = *O. corniculata* forme *O. stricta* Rouy *Fl. Fr.* IV, 120 (1897) = *Xanthoxalis stricta* J. K. Small *Fl. South-east Un. St.* 667 (1893) et in Underw. et Britt. *North Amer. Fl.* XXV, 1, 51.

Mentionné dans l'île sans précision de localités (Rouy *Fl. Fr.* IV, 126 ; Coste *Fl. Fr.* I, 267 ; Fiori *Nuov. fl. anal. It.* II, 140) ; nous n'en avons pas vu d'échantillons. La plante distribuée par Reverchon Pl. Corse ann. 1878 — sans nº — sous le nom d'*O. stricta*, et provenant de Bastelica, appartient au subsp. *eu-corniculata*.

« Tige dressée, non radicante à la base, émettant de nombreux stolons hypogés. Feuilles à pétioles exstipulés. Pédicelles fructifères dressés ou étalés, non réfléchis. Capsule munie de quelques poils ténus. » (J. B.).

† 1065. **O. Acetosella** L. *Sp.* ed. 1, 433 (1753) ; Godr. in Gren. et Godr. *Fl. Fr.* I, 325 ; Rouy *Fl. Fr.* IV, 127 ; Coste *Fl. Fr.* I, 266 ; Graebn. *Syn.* VII, 140 ; Knuth *Oxalid.* 231 (Engler *Pflanzenreich* IV, 130) = *Oxys Acetosella* Scop. *Fl. carn.* ed. 2, I, 326 (1772) = *Oxys alba* Lamk *Fl. fr.* III, 60 (1778) ; Gilib. *Fl. lituan.* ser. 1, I, 62 = *Oxalis nemoralis* Salisb. *Prodr.* 321 (1796) = *O. vulgaris* S. F. Gray *Nat. arr. brit. pl.* II, 630 (1821) = *O. alba* Steud. *Nom. bot.* ed. 1, 578 (1821), ed. 2, II, 238 ; Dulac *Fl. Hautes-Pyr.* 228 = *Oxys vulgaris* Rupr. *Fl. Cauc.* 264 (1869) = *Acetosella alba* O. Kuntze *Rev. gen.* I, 90 (1891). — Exsicc. Soleirol n. 800 ! (Orezza) [Herb. Coss., Req.].

Hab. — Lieux ombragés et frais de l'horizon supérieur de l'étage inférieur. Avril-mai. ♃. Très rare. Uniquement aux environs d'Orezza (Soleirol ! exsicc. cit. et ex Bertol. *Fl. it.* IV, 727).

D'après Knuth (l. c. 232) existe dans l'herbier de Bubani. Nous en avons vu dans l'herbier Requien un échantillon provenant de l'herbier Serafini, mais dont l'étiquette ne porte pas de précision de localité. Cette espèce est mentionnée déjà dans Robiquet — sans précision de localités — [*Rech. hist. et stat. Corse* 50 (1835)].

O. cernua Thunb. *Diss. Oxal.* n° 12, t. 2 (1781) ; Jacq. *Oxal.* 37, t. 6 ; Sond. in Harv. et Sond. *Fl. cap.* I, 348 ; Rouy *Fl. Fr.* IV, 128 ; Coste *Fl. Fr.* 1, 266 ; Graebn. *Syn.* VII, 145 ; Knuth *Oxalid.* 297 (Engler *Pflanzenreich* IV, 130) = ? *O. Pes-Caprae* L. *Sp.* ed. 1, 434 (1753) ; Savign. in Lamk *Encycl. méth.* IV, 685 = *O. Burmanni* Jacq. *Oxal.* 41 (1794) = *O. concinna* Salisb. *Prodr.* 322 (1796) = *O. libyca* Viv. *Fl. lib. sp.* 24, t. 13, f. 1 (1824) ; Godr. in Gren. et Godr. *Fl. Fr.* I, 226 ; Mars. *Cat.* 38 = *O. Ehrenbergii* Schlechtd. in Otto et Dietr. *Allg. Gartenz.* VI, 313 (1838) = *C. sericea* L. f. var. *pilosa* Ball. *Spic. fl. marocc.* in *Journ. Linn. soc.* XVI, 388 (1877-78) = *Acetosella cernua* O. Kuntze *Rev. gen.* I, 90 (1891) = *Acetosella Ehrenbergii* O. Kuntze l. c. 92 (1891) = *Bolboxalis cernua* J. K. Small in Underw. et Britt. *North Amer. Fl.* XXV, 1, 28 (1907). — Exsicc. Mab. n. 76 !, sub : *O. libyca* (Casavecchie, près Bastia) [Herb. Bor., Bonaparte, Burn., Coss.] ; Deb. ann. 1866, sub : *O. libyca* ! (Casavecchie, près Bastia) [Herb. Bonaparte] ; Deb. ann. 1867, sub : *O. libyca* ! (Bastia) [Herb. Burn.] ; Reverch. ann. 1882, n. 401 !, sub : *O. libyca* (Ajaccio) [Herb. Deless.] ; Soc. fr. n. 1216 ! sub : *O. libyca*, leg. N. Roux (Ajaccio, route de la Parata). [Herb. R. Lit.].

Hab. — Naturalisé dans les champs cultivés, les prairies, les talus herbeux, les murs de l'étage inférieur. Déc.-avril. ♃. Très abondant à Bastia et environs jusque dans le Cap à Mandriale et à Luri (Mab. *Rech.* I, 15 et exsicc. cit. ; Mars. *Cat.* 38 ; et nombreux autres observateurs) ; Corbara (N. Roux !, III-1913, in herb.) ; très abondant à Ajaccio et aux alentours, surtout entre la plaine des Cannes et le Scudo sur la route de la Parata (Bernard ex Godr. in Gren. et Godr. *Fl. Fr.* I, 226 ; Mars. l. c. ; Reverch. exsicc. cit. ; et nombreux autres observateurs).

Espèce originaire du Cap de Bonne-Espérance, largement naturalisée dans une grande partie de la région méditerranéenne — surtout au voisinage du littoral, — en Macaronésie (Madère, Canaries), en Amérique (Bermudes, Mexique, Uruguay, Pérou), signalée aussi dans l'Inde et en Australie où elle serait plus rare.

L'*O. cernua* aurait été observé pour la première fois dans l'île en 1837, à la Batterie d'Ajaccio, sur la route de la Parata, « peut-être échappé de l'ancien jardin botanique de l'hôpital militaire » (cf. Boullu in *Bull. soc. bot. Fr.* XXIV, sess. extr. XC). Nous ignorons depuis quelle époque la plante s'est répandue aux environs de Bastia ; en 1867, date de la publication des *Recherches sur les plantes de la Corse* de Mabille, elle était déjà commune.

Comme dans les autres parties de la région méditerranéenne, l'*O. cernua* existe uniquement en Corse sous l'état microstyle et se multiplie abondamment par des bulbilles formés surtout sur la tige souterraine. Nous ne savons si la plante produit parfois des graines, ainsi qu'il a été observé depuis une vingtaine d'années, notamment à Sassari, à Naples, à Palerme [1], en Algérie et en Tunisie. L'*O. cernua* se présente presque constamment avec des fleurs simples. La forme à fleurs doubles, forma **pleniflora** Coutinho [*Fl. Port.* 375 (1913) = var. *pleniflora* Lowe *Man. fl. Mad.* I, 100 (1868) ; Ces., Pass. et Gib. *Comp. fl. it.* 749] paraît beaucoup plus rare [2] ; personnellement nous ne l'avons jamais observée, mais elle a été notée à Bastia (IV-1911) par K. Knetsch (sec. Thellung, notes manuscr.).

D'après Rappa (l. supr. cit., 146 et 151), l'*Oxalis* décrit sous le nom de *libyca* Viv. par Godron in Grenier et Godron (*Fl. Fr.* I, 226) et récolté par Bernard à la Chapelle des Grecs, près Ajaccio, doit plutôt se rapporter à l'*O. compressa* L. f. qu'au vrai *libyca* Viv. (= *O. cernua* Thunb.), à en juger d'après la description. Notre excellent collègue M. le professeur Gain a bien voulu nous communiquer l'*O.* « *libyca* » corse existant dans l'herbier Godron (Fac. Sc. Nancy). L'étiquette, qui est de l'écriture de Bernard, porte seulement la mention « Ajaccio, 1843 ». Les exemplaires sont de petite taille (10 cm. de haut), à petites folioles, à pédoncule biflore ; sans aucun doute la plante appartient à l'*O. cernua*, mais sous une forme réduite. D'ailleurs tous les échantillons que nous avons observés aux environs d'Ajaccio — dans la région de la Chapelle des Grecs notamment — ou étudiés de cette provenance se rapportent à l'*O. cernua*. L'*O. compressa*, espèce originaire également du Cap de Bonne-Espérance, plus rarement naturalisée dans la région méditerranéenne (Algérie occidentale — où elle paraît s'étendre depuis un certain nombre d'années [3], — Maroc oriental), diffère de l'*O. cernua*, dont il est d'ailleurs voisin, par ses pétioles comprimés largement ailés (et non cylindriques) [4].

O. variabilis Jacq. *Oxal.* 89 (1794), emend. Lindl. in *Bot. reg.* t. 1505 (1832) ; Sond. in Harv. et Sond. *Fl. cap.* I, 331 ; Graebn. *Syn.* VII, 142 ; Knuth *Oxalid.* 344 (Engler *Pflanzenreich* IV, 130). Se présente en Corse sous la race suivante.

Var. **rubra** Jacq. *Oxal.* 90, t. 53 (1794) ; Curtis in *Bot. mag.* t. 1712 ; Sond. in Harv. et Sond. *Fl. cap.* I, 331 ; Knuth *Oxalid.* 345 = *O. violacea*

---

1. Rappa, auquel on doit de très intéressantes observations sur l'*Oxalis cernua* [in *Boll. del R. Ort. bot. Palermo* X, 142-185 (1911)] suppose que la forme microstyle qui s'est répandue depuis son introduction par voie agame a acquis, après un long isolement, la faculté de l'autofécondation qui lui manquait au début.

2. Dans certaines régions, par exemple dans les îles de Malte et de Lampédouse, la forme à fleurs doubles est très répandue, parfois plus abondante que le type (cf. Sommier *Le Isole Pelagie* 82 ; Sommier et Caruana Gatto *Fl. melit. nov.* 117).

3. Cf. Ducellier et Maire in *Bull. soc. hist. nat. Afr. N.* XVI (1925), 128.

4. C'est à tort que Battandier [in Batt. et Trab. *Fl. Alg.* (Dicotyl.) 173] décrit les pétioles de l'*O. cernua* comme très glabres et ceux de l'*O. compressa* comme ciliés sur les bords. Chez l'une et l'autre espèce les pétioles sont ciliés, mais plus fortement chez l'*O. compressa*.

Thunb. *Diss. Oxal.* 13, n° 10 (1781) = *O. purpurea* Jacq. *Oxal.* 93, t. 56 (1794) ; non Thunb. = *O. speciosa* Jacq. *Oxal.* 97, t. 60 (1794) = *O. humilis* Eckl. et Zeyh. *Enum.* I, 90, n° 705 (1836) ; non Thunb.

Hab. — Naturalisé dans l'étage inférieur. Févr.-mars. ♃. Pelouses près du Scudo, entre la route d'Ajaccio à la Parata et la mer (R. Lit. !, 9-III-1930, *Nouv. contrib.* fasc. 4, 8).

Bien que se trouvant à une certaine distance des habitations, la colonie que nous avons découverte dans la localité ci-dessus et qui comprenait une vingtaine d'individus, provient vraisemblablement de cultures d'une propriété. Cette plante est en effet assez communément cultivée pour la beauté de ses fleurs [Thellung l'avait observée — 13-II-1909 (specim. in herb. Deless.) — dans le jardin de l'hôtel Schweizerhof à Ajaccio].

L'*O. variabilis* var. *rubra*, originaire du Cap de Bonne-Espérance, est naturalisé plus ou moins abondamment en quelques points du secteur ibéro-atlantique (Portugal), de la région méditerranéenne (Sicile à Palerme, Maroc à Tanger) et de Macaronésie (Madère, Ténérife) ; il a été signalé aussi dans l'Uruguay [1].

GERANIACEAE

GERANIUM L. emend. L'Hérit.

1066. **G. pusillum** L. *Syst.* ed. 10, 1144 (juin 1759); Burm. f. *Sp. Geran.* 27 (août 1859) ; Godr. in Gren. et Godr. *Fl. Fr.* I, 304 ; Rouy *Fl. Fr.* IV, 92 ; Coste *Fl. Fr.* 1, 246 ; Knuth *Geran.* 48 (Engler *Pflanzenreich* IV, 129) ; Graebn. *Syn.* VII, 40 = *G. malvaefolium* Scop. *Fl. carn.* ed. 2, II, 37 (1772) = *G. dubium* Chaix in Vill. *Hist. pl. Dauph.* I, 327 (1786). — Exsicc. Burn. ann. 1904, n. 115 ! (Omessa) [Herb. Burn.].

Hab. — Maquis, garigues, rochers, friches, champs cultivés, bord des chemins dans les étages inférieur et montagnard. Avril-sept. ① ②. Disséminé. Environs de Bastia (Salis in *Flora* XVII, Beibl. II, 64 ; Romagnoli !, 1-V-1851, in herb. Req. ; Mab. in Mars. *Cat.* 35 ; Gillot in *Bull. soc. bot. Fr.* XXIV, sess. extr. XCVIII) ; rochers calcaires au-dessus d'Omessa, 400-500 m. (Burn. ! exsicc. cit. et ex Briq. *Spic.* 147) ; pentes S.-W. de la Punta Alta, N. d'Erbajolo, vers 930 m. (R. Lit. *Mont. Corse orient.* 58) ; Ghisoni, au hameau de Rosse (Rotgès, 25-V-1900, notes manuscr.) ; environs d'Ajaccio (Mars. l. c. ; Boullu in *Bull. soc. bot. Fr.* XXIV, sess. extr. XCVIII).

1. Cf. Knuth l. c.

La plante corse appartient au var. **typicum** Pɑol. [in Fiori et Paol. *Fl. anal. It.* II, 257 (1901) = var. *normale* Terrac. in *Malpighia* IV, 212 (1890), p. p.], à pétales à peine émarginés, égalant les sépales ou un peu plus longs qu'eux.

1067. **G. columbinum** L. *Sp.* ed. 1, 682 (1753) ; Godr. in Gren. et Godr. *Fl. Fr.* I, 302 ; Rouy *Fl. Fr.* IV, 89 ; Coste *Fl. Fr.* I, 245 ; Knuth *Geran.* 50 (Engler *Pflanzenreich* IV, 129) ; Graebn. *Syn.* VII, 46 = *G. malvaceum* Burm. f. *Sp. Geran.* 54 (1759) = *G. roseo-coeruleum* Gilib. *Fl. lituan.* ser. 2, V, 176 (1782) = *G. pallidum* Salisb. *Prodr.* 310 (1796). — Exsicc. Soleirol n. 775 ! (Balagne) [Herb. Req.] ; Kralik n. 518 ! (Bonifacio) [Herb. Coss., Deless.].

Hab. — Garigues, maquis, forêts, pelouses dans les étages inférieur et montagnard ; s'élève parfois dans l'étage subalpin. 1-1400 m. Mars-juill. ①. Assez répandu. Bastia (Req. !, 20-IV-1851, in herb. ; Romagnoli !, 1-V-1851, in herb. Req. ; N. Roux !, VI-1894, in herb.) ; Serra di Pigno, versant du col du Teghime, vers 750 m. (R. Lit. !, 4-VI-1933) ; marine d'Albo (R. Lit. ! in *Bull. géogr. bot.* XXIV, 100) ; bord du ruisseau de Mulinaccio, près de la marine de Farinole (R. Lit. !, 2-VI-1933) ; défilé des Strette près St-Florent, base de la Pointe de Fortino (R. Lit., 3-VI-1933) ; « Balagne » (Soleirol ! exsicc. cit. et ex Bertol. *Fl. it.* VII, 238) ; Monte Pollino, *Quercetum Ilicis* du versant N.-W., 450 m. (R. Lit. !, 28-VII-1932) ; vallée de la Restonica, *Pinetum Pinastri* près du pont du Dragon, 1000-1100 m. (R. Lit., 30-VII et 2-VIII-1932) ; pelouses au sommet de la Punta di Gianfena, S. de Corte, 1409 m. (Aylies !, 26-V-1918, ex R. Lit. et Sim. in *Bull. soc. bot. Fr.* LXVIII, 98) ; forêt d'Aitone, en montant au col de Salto (Guinochet !, 6-VIII-1930) ; Evisa (Aellen !, 23-VII et 6-VIII-1932) ; près de la cabane de la forêt de Cervello (Aylies !, 2-VI-1917, ex R. Lit. et Sim. l. c.) ; Vico (Fliche in *Bull. soc. bot. Fr.* XXXVI, 359) ; Cargese (Coust. !, IV-1912, in herb.) ; Ghisoni, au hameau de Rosse (Rotgès !, 29-VI-1899, in herb. Bonaparte) ; environs d'Ajaccio (Léveillé !, 1842, in herb. Req. ; Req. !, V-1847 et IV-1849, in herb. ; Fabre !, IV-1850, in herb. Req. ; Mars. *Cat.* 34 ; Boullu in *Bull. soc. bot. Fr.* XXIV, sess. extr. XCVIII ; Wilcz. !, IV-1899, in herb. Laus.), notamment à Aspreto (Fouc. et Sim. *Trois sem. herb. Corse* 120, Fouc. ! in herb. Bonaparte), au Scudo (Thell., IV-1911, notes manuscr.) et à la montagne de Pozzo di Borgo (Coste in *Bull.*

soc. bot. Fr. XLVIII, sess. extr. CIX et CXI) ; Grosseto (Borne !, 13-VI-1847, in herb. Laus.) ; bords du Rizzanese, près du pont de Rena Bianca, route de Sartène à Propriano (R. Lit., 15-V-1932) ; entre Ste-Lucie de Porto-Vecchio et la Trinité, marécages desséchés (Briq. !, 7-V-1907, in herb. Burn.) ; Porto-Vecchio, oliveraies entre la ville et la marine (R. Lit. !, 14-V-1932) ; massif de Cagna, Vignalella, rochers en face du village (Coust. !, VI-1917, in herb.) ; Santa Manza, maquis près de la plage (R. Lit. !, 14-V-1932) ; Bonifacio (Seraf. ex Bertol. *Fl. it.* VII, 238 ; Kralik ! exsicc. cit.).

1068. **G. dissectum** L. *Cent.* I, 21, n° 62 (1755), *Amoen. acad.* IV, 282 et *Sp.* ed. 2, 956 ; Burm. f. *Sp. Geran.* 21 ; Godr. in Gren. et Godr. *Fl. Fr.* I, 303 ; Rouy *Fl. Fr.* IV, 90 ; Coste *Fl. Fr.* I, 246 ; Knuth *Geran.* 51 (Engler *Pflanzenreich* IV, 129) ; Graebn. *Syn.* VII, 43 = *G. angustifolium* Gilib. *Fl. lituan.* ser. 2, V, 176 (1782). — Exsicc. Burn. ann. 1904, n. 114 ! (Vizzavona) [Herb. Burn.].

Hab. — Bord des chemins, friches, champs cultivés, prairies humides, fossés desséchés dans les étages inférieur et montagnard, 1-900 m. Avril-juill. ①-②. Répandu.

1069. **G. rotundifolium** L. *Sp.* ed. 1, 683 (1753) ; Godr. in Gren. et Godr. *Fl. Fr.* I, 305 ; Rouy *Fl. Fr.* IV, 91 ; Coste *Fl. Fr.* I, 246 ; Knuth *Geran.* 55 (Engler *Pflanzenreich* IV, 129) ; Graebn. *Syn.* VII, 48 = *G. viscosum* Gilib. *Fl. lituan.* ser. 2, V, 177 (1782) ; non Mill. = *G. propinquum* Salisb. *Prodr.* 310 (1796) = *G. viscidulum* Fries *Novit. fl. suec.* ed. 2, 216 (1828) = *G. malvaceum* Wahlb. *Fl. suec.* 452 (1833) ; non Burm. f.

Hab. — Bord des chemins, friches, garigues, rochers, murs, forêts dans les étages inférieur et montagnard jusque vers 850 m. (Morosaglia, châtaigneraies, leg. R. Lit.). Avril-août. ①. Répandu.

La plante corse appartient au var. **genuinum** Rouy [*Fl. Fr.* IV, 91 (1897) ; Graebn. *Syn.* VII, 49], race la plus commune dans l'aire de l'espèce, à feuilles, même les supérieures, palmatifides, à lobes larges, peu écartés, dentés, pubescentes, à carpelles pubescents et à graines glabres. On rencontre parfois une forme à fleurs blanches (forma *albiflora* = subvar. *albiflora* Rouy l. c.) ; nous en avons vu des exemplaires récoltés à Bastia par Kesselmeyer, 1869 (ex herb. Alioth in herb. Deless.) et à Bonifacio par Requien, V-1849 (herb. Req.).

1070. **G. lanuginosum** Lamk *Encycl. méth.* II, 655 (1786-88) ;

Desf. *Fl. atl.* II, 101 ; Bonn. et Barr. *Cat. pl. Tun.* 82 ; Burn. *Fl. Alp. mar.* II, 14 et V, 44 ; Rouy *Fl. Fr.* IV, 87 ; Coste *Fl. Fr.* I, 245 ; Graebn. *Syn.* VII, 46 ; non Jacq. (1797), nec Knuth (1907) = *G. villosum* Viv. *Fl. cors. diagn.* 11 (1824) ; non Ten ! = *G. bohemicum* Moris *Stirp. sard. elench.* I, 10 (1827) ; Salis in *Flora* XVII, Beibl. II, 64 ; Moris *Fl. sard.* I, 338 ; Godr. in Gren. et Godr. *Fl. Fr.* I, 299 ; Batt. in Batt. et Trab. *Fl. Alg.* (Dicotyl.) 119 ; Knuth *Geran.* 56 (Engler *Pflanzenreich* IV, 129), p. p. ; non L. = *G. divaricatum* Lois. *Fl. gall.* ed. 2, II, 91 (1828), p. p. ; non Ehrh. = *G. Perreymondii* Shuttl. et Huet ap. Roux *Cat. pl. Prov.* in *Bull. soc. bot. hort. Prov.* 139 (1880), nom. nud. ; Burn. in *Bull. soc. dauph.* 1re sér., 323 (1881), cum descr. ; Rouy *Suites* in *Le naturaliste* X, 68 = *G. bohemicum* var. *lanuginosum* Fiori *Nuov. fl. anal. It.* II, 132 (1925). — Exsicc. Soleirol n. 565 !, ann. 1824, sub : *G. bohemicum* (Calvi) [Herb. Coss., Req.] ; Deb. sub : *G. bohemicum* ! (le Pigno) [Herb. Burn.] ; Mab. n. 345 !, sub : *G. bohemicum* (le Pigno) [Herb. Bonaparte, Bor., Burn.].

Hab. — Maquis, forêts, rochers, terrains sablonneux dans les étages inférieur et montagnard. Mars-juin. ①. Disséminé. Rogliano (Revel. in Mars. *Cat.* 34) ; au-dessus de Mandriale et de Ste-Lucie (Salis in *Flora* XVII, Beibl. II, 64) ; de Mandriale à Bocca Rezza, maquis, ancienne charbonnière, 600-700 m. (Briq. !, 16-VII-1910, in herb. Burn.); le Pigno au-dessus de Cardo, 900-1000 m. (Mab. ! exsicc. cit. et in Mars. l. c. ; Deb. ! exsicc. cit. ; Billiet in *Bull. soc. bot. Fr.* XXIV, sess. extr. LXVIII et LXIX ; Shuttl. *Enum.* 7) ; au-dessus d'Oletta (Chab. in *Bull. soc. bot. Fr.* XXIX, sess. extr. LIV) ; Calvi (Soleirol ! exsicc. cit. et ex Mut. *Fl. fr.* I, 206, Bertol. *Fl. it.* VII, 219 et Parl. *Fl. it.* V, 193) ; Serriera, bois au-dessous de Bocca al Verghiolo, 600 m. (J. Chevalier, 30-V-1925, notes manuscr.) et sur le versant S. du col de Melza, 800 m. (J. Chevalier, 1-VI-1928, notes manuscr.) ; forêt de Bazeri, N.-W. de Corte (Aylies !, 2-VI-1917, in herb. R. Lit., et ex R. Lit. et Sim. in *Bull. soc. bot. Fr.* LXVIII, 98) ; coteaux des environs de Corte (Burnouf ex Rouy *Suites* in *Le naturaliste* X, 69, specim. in herb. Laus. !, Rouy !) ; Ajaccio (Jord., 1850, ex Parl. *Fl. it.* V, 193 et Knuth *Geran.* 56) ; Solenzara, terrain sablonneux au bord de la rivière (J. Chevalier, 1-V-1917, in *Le Monde des pl.* XXI, n. 6, 4) ; Porto-Vecchio, surtout au bord de l'Oso (Revel.

in Mars. l. c.) ; Sartène (Jord. !, 1845, in herb. Bor., Laus.) ; massif de Cagna (Seraf. ex Bertol. *Fl. it.* VII, 219 et ex Parl. *Fl. it.* V, 193) ; « Bonifacio » (Seraf. !, in herb. Req. ; Barnéoud ex Rouy l. c., specim. — leg. 1845 — in herb. Rouy !).

Cette espèce, créée par Lamarck d'après un spécimen recueilli à la Calle (Algérie) par Poiret, a été souvent confondue avec le *G. bohemicum* L. Ses caractères ont été mis en évidence d'abord par Shuttleworth — qui, ignorant la plante de Lamarck, pensait avoir affaire à une espèce nou- velle, *G. Perreymondii,* — puis par Burnat et plus récemment par M. Ca- villier (in Burn. *Fl. Alp. mar.* V, 42-46). Elle se distingue facilement du *G. bohemicum* surtout par ses cotylédons entiers ou presque entiers, sans lobes latéraux (et non pourvus latéralement et au-dessus de la base de deux lobes séparés du reste du cotylédon par des sinus profonds de 1-2 mm.) et par ses graines d'un rouge rougeâtre, très finement et nette- ment alvéolées, mesurant env. 3 mm. de longueur à la maturité (et non d'un brun grisâtre, presque lisses, ponctuées-tachées, plus grosses, mesu- rant 3-5 mm. de longueur).
L'aire du *G. lanuginosum* comprend dans l'archipel tyrrhénien — outre la Corse — la Sardaigne et le Monte Argentaro, puis la Provence (Maures, massif du Tanneron), l'Italie moyenne et méridionale, la Sicile, l'Albanie et la Thessalie, le N. de la Tunisie, l'Algérie orientale et l'Atlas rifain.— La plante a été tout d'abord récoltée en Corse dans la région de Bonifacio (il s'agit probablement du massif de Cagna) par Serafini (1822) ; il l'avait confondue avec le *G. villosum* Ten. [c'est sous ce nom qu'elle figure dans Viviani (l. c.)], ainsi que l'a indiqué Salis et comme nous avons pu nous en rendre compte lors de l'examen que nous avons fait de l'herbier Re- quien qui contient un échantillon recueilli par Serafini. Cette espèce a été retrouvée ensuite aux environs de Calvi par Soleirol (1824) et con- fondue tout d'abord par lui avec le *G. sylvaticum* L. (Sched. in herb. Req.).

+ 1071. **G. molle** L. *Sp.* ed. 1, 682 ; Godr. in Gren. et Godr. *Fl. Fr.* I, 304 ; Rouy *Fl. Fr.* IV, 93 ; Coste *Fl. Fr.* I, 246 ; Knuth *Geran.* 57 (Engler *Pflanzenreich* IV, 129) ; Graebn. *Syn.* VII, 51.

Hab. — Bord des chemins, friches, garigues, maquis, forêts, pe- louses dans les étages inférieur et montagnard, s'élevant jusque dans l'étage subalpin (p. ex. au Monte Asto, dans le massif de Tenda, gazons du sommet, 1533 m., leg. Briq. !, 1-VII-1908, in herb. Burn.). Mars-août. ①-②. Répandu dans l'île entière.

On est étonné de ne pas voir figurer dans le *Catalogue* de de Marsilly une espèce aussi commune en Corse que le *G. molle*. Elle a été mentionnée tout d'abord par Salis (in *Flora* XVII, Beibl. 11, 64) — environs de Bas- tia, — puis par Bertoloni (*Fl. it.* VII, 232) — Bonifacio, leg. Serafini. Bur- nouf (in *Bull. soc. bot. Fr.* XXIV, sess. extr. XXXI) l'indique parmi les

« plantes trouvées aux environs de Corte et qui ne figurent pas dans le Catalogue de M. de Marsilly ».

1072. **G. lucidum** L. *Sp.* ed. 1, 682 « *locidum* », sphalm. (1753) ; Godr. in Gren. et Godr. *Fl. Fr.* I, 306 ; Rouy *Fl. Fr.* IV, 94 ; Coste *Fl. Fr.* I, 244 ; Knuth *Geran.* 63 (Engler *Pflanzenreich* IV, 129) ; Graebn. *Syn.* VII, 58 = *Robertium lucidum* Picard in *Mém. soc. agric. Boulogne* sér. 2, I, 99 (1837). — Exsicc. Burn. ann. 1900, n. 197 ! (vallée de la Restonica) [Herb. Burn.].

Hab. — Lieux frais et ombragés (forêts, rochers, murs, rocailles, berges des ruisseaux) dans les étages inférieur, montagnard et subalpin, 1-1500 m. Avril-août. ①. Répandu dans l'île entière.

Nous avons vu de Corte — chemin longeant la Restonica — (leg. Sim. ! 24-V-1933) une forme à feuilles tronquées à la base, sans sinus marqué et arrondi.

1073. **G. Robertianum** L. (« *robertianum* ») *Sp.* ed. 1, 681 (1753) ; Godr. in Gren. et Godr. *Fl. Fr.* I, 306 ; Rouy *Fl. Fr.* IV, 95 ; Coste *Fl. Fr.* I, 245 ; Knuth *Geran.* 64 (Engler *Pflanzenreich* IV, 129) ; Graebn. *Syn.* VII, 59 = *Robertiella Robertianum* Hanks in Underw. et Britt. *North Amer. Fl.* XXV, I, 3 (1907). — En Corse les sous-espèces et variétés suivantes.

I. Subsp. **eu-Robertianum** Briq. (« *eu-robertianum* ») ex Knuth *Geran.* 64 (Engler *Pflanzenreich* IV, 129, ann. 1912) ; Graebn. *Syn.* VII, 61 ; Gams in Hegi *Ill. Fl. M.-Eur.* IV-3, 1714 = *Robertium vulgare* Picard in *Mém. soc. agric. Boulogne* sér. 2, I, 134 (1837) = *G. Robertianum* var. *genuinum* Godr. in Gren. et Godr. *Fl. Fr.* I, 306 (1847) ; Knuth l. c. 65 = *G. Robertianum* forma *genuinum* Batt. in Batt. et Trab. *Fl. Alg.* (Dicotyl.) 121 (1888) = *G. Robertianum* var. *typicum* Paol. in Fiori et Paol. *Fl. anal. It.* II, 234 (1901) ; Gortani *Fl. friul.* II, 299 ; Fiori *Nuov. fl. anal. It.* II, 128.

Hab. — Stations ombragées, forêts, rochers, murs. Avril-août ①-②.

« Fleurs relativement grandes. Pétales atteignant environ le double de la longueur des sépales, à limbe ± brusquement contracté en onglet, généralement d'un rose plus pâle que dans la sous-espèce suivante. » (J. B.). Anthères rougeâtres-orangées, exceptionnellement jaunes. Valves du fruit pourvues sur leur face externe de rides saillantes seulement dans le tiers supérieur, à réticulations de la partie inférieure peu saillantes.

++ α. Var. **macropetalum** Briq. ex Knuth *Geran.* 87 (Engler *Pflan-zenreich* IV, 129, ann. 1912) = *G. Robertianum* subsp. *eu-Robertia-num* forma *macropetalum* Gams in Hegi *Ill. Fl. M.-Eur.* IV-3, 1714 (1924).

Hab. — Monte Pollino, gorges rocailleuses calc. du versant N., 450-650 m. (Briq. !, 11-V-1907, in herb. Burn.).

« Flores pro specie maximi. Sepala (cum arista) 7-8 mm., extus patule pilosa. Petala fere 1,5 cm. longa, limbo amplissimo 6-7 mm. lato, palli-dissime roseo. Fructus valvae cum rostro glabrae. Herba mediocris vel robusta, caulis petiolisque molliter patule pilosis, foliis flaccidis lobis nunc angustis, nunc latioribus.

« Race saillante par les grandes fleurs d'un rose très pâle, la longueur et l'ampleur des pétales. » (J. B.).

β. Var. **genuinum** Godr. in Gren. et Godr. *Fl. Fr.* I, 306 (1847) = *G. Robertianum* var. *typicum* et var. *dasycarpum* Beck *Fl. Nieder-Öst.* II, 1. Abt., 561 (1892).

Hab. — Depuis l'étage inférieur — où il est plus rare que la sous-espèce suivante — jusque dans l'étage subalpin, 1-1700 m. Assez répandu dans l'île entière.

« Fleurs plus petites que dans la variété précédente. Sépales longs de 5-7 mm. (arête comprise), hérissés, lisses. Pétales longs d'environ 1,3 mm., à limbe large de 3-5 mm., roses, exceptionnellement blancs. » (J. B.). Fruit à valves glabres ou pubescentes.

La présence d'un indument sur les valves du fruit paraît un caractère assez variable et de faible importance (dans le subsp. *purpureum* il n'est d'aucune valeur ![1]). Nous pensons qu'il n'y a pas lieu de retenir comme races distinctes le var. *typicum* Beck (l. c.), caractérisé par les valves glabres, et le var. *dasycarpum* Beck (l. c.), à valves pubescentes. Il existe en effet toutes les transitions entre les fruits à valves pubescentes sur toute leur surface et ceux à valves glabrescentes ou glabres [2].

II. Subsp. **purpureum** Velen. *Fl. bulg.* 114 (1891) ; Murb. *Contr. fl. nord-ouest Afr.* I, 52 (1897) ; Graebn. *Syn.* VII, 62, p. p., excl. var.

---

1. Très fréquemment nous avons trouvé en effet sur un même individu des fruits, les uns à valves glabres, les autres à valves pubescentes, confirmant en cela les observations de Rouy (*Fl. Fr.* IV, 98), de Durand et Barratte (*Fl. lib. prodr.* 54), ainsi que de M. Wilmott (in *Journ. of bot.* LIX, 94).
2. Notre excellent ami M. Fouillade, le distingué botaniste de Tonnay-Cha-rente, nous faisait part récemment à ce propos des observations qu'il avait faites en Charente-Inférieure, notamment dans les carrières de Sèche-Bec où il a observé sur le même pied des fruits pubescents au sommet des valves et d'autres presque tout à fait glabres.

littorale Rouy ; Gams in Hegi *Ill. Fl. M.-Eur.* IV-3, 1714 = *G. pur-pureum* Vill. *Fl. delph.* 72 (1785) et *Hist. pl. Dauph.* I, 272, III, 374, t. 40 ; Boiss. *Fl. Or.* I, 883 ; Halacsy *Consp. fl. graec.* I, 301 ; Hayek *Prodr. fl. penins. balc.* I, 576 = *G. Robertianum* var. *purpureum* DC. *Fl. fr.* IV, 853 (1805) ; Pers. *Syn.* II, 236 ; Salis in *Flora* XVII, Beibl. II, 64 ; Paol. in Fiori et Paol. *Fl. anal. It.* I, 234 ; Knuth *Geran.* 66 (Engler *Pflanzenreich* IV, 129) = *G. Robertianum* var. *parviflorum* Viv. *Fl. lib.* 39 (1824) ; Godr. in Gren. et Godr. *Fl. Fr.* I, 306 ; Lange in Willk. et Lange *Prodr. fl. hisp.* III, 531 = *G. Robertianum* var. *eriocarpum* Guss. *Fl. sic. syn.* II, 217 (1844) = *G. Robertianum* forma *purpureum* Batt. in Batt. et Trab. *Fl. Alg.* (Dicotyl.) 121 (1888) = *G. Robertianum* forme *G. purpureum* Rouy *Fl. Fr.* IV, 96 (1897) p. p., excl. var. *littorale* Rouy.—Exsicc. Kralik sub : *G. robertianum* ! (Zicavo) [Herb. Coss.].

Hab. — Friches, haies, garigues, maquis, forêts, rocailles, rochers, murs dans l'étage inférieur, s'élevant parfois dans l'étage montagnard [près Evisa, 870 m. (Aellen !) ; environs d'Asco, pineraie près de la cascade de Grotella, 1050 m. env. (R. Lit. !) ; ravin du Bravino, au-dessous des bergeries de Formicuccia, pineraie, 990 m. env. (R. Lit. !)]. Mars-juill. ①-②. Répandu.

« Fleurs relativement petites. Pétales atteignant moins du double de la longueur des sépales, à limbe étroitement obové-oblong, insensible-ment atténué en onglet, le plus souvent d'un rose très vif. » (J. B.). Anthè-res jaunes. Valves du fruit généralement pourvues sur presque toute leur face externe de rides très saillantes.

L'existence incontestable de formes ambiguës entre les *G. Robertia-num* L. et *purpureum* Vill. nous empêche absolument d'envisager ces deux types comme spécifiquement distincts. Notre attention a été particuliè-rement attirée par les variations du *G. Robertianum* (s. lat.) en Dauphiné et en Savoie. Nous avons constaté d'une part toute une gradation entre les corolles grandes d'un rose pâle du subsp. *eu-Robertianum* et celles petites d'un rose beaucoup plus vif du subsp. *purpureum*; d'autre part l'existence de *Robertianum*, par ailleurs absolument typiques, possédant des anthères jaunes comme celles du *purpureum* [1], enfin celle d'individus montrant dans une même fleur des anthères les unes franchement jaunes, les autres rougeâtres-orangées ou encore jaunes lavées de rouge. Ces formes de passage existent aussi en Corse : dans le vallon du Fango, près Bastia, nous avons observé (22-VII-1934) des *G. Robertianum* subsp. *eu-*

1. Par exemple sur les talus de la route entre le pont de Séchilienne et Saint-Barthélemy (Isère), en mélange avec le type à anthères rougeâtres-orangées — localité où le subsp. *purpureum* est absent.

Robertianum tendant au subsp. *purpureum* par leur corolle nettement plus petite que dans le type — mais d'un rose pâle — et à anthères jaunes.

En Corse les deux variétés suivantes.

γ. Var. **genuinum** Rouy *Fl. Fr.* IV, 97 (1897) = *G. purpureum* Vill. emend. Jord. in *Bull. soc. bot. Fr.* VII, 605 (1860) ; Wilm. in *Journ. of bot.* LIX, 73, p. p., excl. *G. modestum* Jord.

Pédoncules dressés, les inférieurs plus courts que les feuilles ; pétales à limbe oblong plus court que l'onglet ; valves du fruit à crêtes espacées, étroites, à sommet aigu.

δ. Var. **Villarsianum** Rouy *Fl. Fr.* IV, 97 (1897), emend. = *G. Villarsianum* Jord. *Adnot. Cat. jard. bot. Grenoble* 1849, p. 3 (1849) et *Pug.* 38, ampl.

Valves du fruit à crêtes épaisses, arrondies, plus rapprochées.
Se présente sous le subvar. **modestum** R. Lit., nov. comb. [= *G. modestum* Jord. *Adnot. cat. jard. bot. Grenoble* 1849, p. 3 (1849) = *G. purpureum* var. *modestum* Hausskn. in *Mitt. thür. bot. Ver.* Neue Folge V, 66 (1894) = *G. Robertianum* forme *G. purpureum* var. *modestum* Rouy *Fl. Fr.* IV, 97 (1897) = *G. purpureum* forma *modestum* Hayek *Prodr. fl. penins. balc.* I, 576 (1925) = *G. Villarsianum* Jord. emend. Wilm. l. c. 94 var. *modestum* Wilm. in litt. 1932] possédant, comme le var. *genuinum*, des pédoncules dressés, les inférieurs plus courts que les feuilles, mais à pétales dont le limbe oblong-spatulé est plus long que l'onglet, à valves du fruit généralement pruineuses, présentant des côtes épaisses, rapprochées.
Au var. *Villarsianum* nous rattacherons à titre de sous-variété (subvar. **mediterraneum** R. Lit., nov. comb.) le *G. mediterraneum* Jord. [*Pug.* 40 (1852) = *G. Robertianum* forme *G. purpureum* var. *mediterraneum* Rouy *Fl. Fr.* IV, 98 (1897)] qui a été indiqué dans l'île aux localités suivantes : Monte Corbo, près Corte (Sargnon in *Ann. soc. bot. Lyon* VI, 76), Zicavo et Bonifacio (Kralik ex Rouy l. c.), mais dont nous n'avons pas vu d'échantillons de provenance corse. La plante récoltée à Zicavo par Kralik se rapporte, d'après M. Wilmott (in litt.), non pas au *G. mediterraneum* Jord., mais au *purpureum* type de Villars. Le subvar. *mediterraneum* (que nous connaissons seulement par l'exsicc. Billot n. 3550 — plante cultivée par Jordan provenant de graines récoltées à Toulon) — ne se distingue du subvar. *modestum* que par des caractères assez peu importants : pédoncules ± étalés (et non dressés), les inférieurs plus longs que les feuilles (et non plus courts), le limbe des pétales égalant environ l'onglet, les crêtes des valves du fruit un peu plus épaisses et — selon Jordan et Rouy — une odeur fétide beaucoup plus marquée.

G. tuberosum L. *Sp.* ed. 1, 680 (1753) ; Godr. in Gren. et Godr. *Fl. Fr.* I, 297 ; Rouy *Fl. Fr.* IV, 78 ; Coste *Fr. Fr.* I, 248 ; Knuth *Geran.* 96 (Engler *Pflanzenreich* IV, 129) ; Graebn. *Syn.* VII, 38 = *G. radicatum* Marsch.-Bieb. *Fl. taur.-cauc.* II, 134 (1808).

Espèce à rechercher dans l'île, principalement aux environs de Bonifacio. Elle est mentionnée sans précision de localité par Robiquet (*Rech. hist. et stat. sur la Corse* 50), d'après Serafini. Parmi les plantes corses de l'herbier Requien nous avons trouvé un exemplaire du *G. tuberosum* provenant de Serafini (« Herbarium Doctoris Seraphinii Bonifaciensis » , mais sans indication de localité.

† 1074. **G. sanguineum** L. *Sp.* ed. 1, 683 (1753) ; Godr. in Gren. et Godr. *Fl. Fr.* I, 302 ; Rouy *Fl. Fr.* IV, 85 ; Coste *Fl. Fr.* I, 247 ; Knuth *Geran.* 138 (Engler *Pflanzenreich* IV, 129) ; Graebn. *Syn.* VII, 27 = *G. grandiflorum* Gilib. *Fl. lituan.* ser. 2, V, 174 (1782).

Hab. — Garigues, maquis de l'étage inférieur. Mai-juill. ♃. Très rare. Signalé uniquement dans la région montagneuse inférieure du Cap Corse, peu commun (Salis in *Flora* XVII, Beibl. II, 64) [1]. A rechercher.

1075. **G. pyrenaicum** Burm. f. *Sp. Geran.* 27 (1759) ; L. *Mant.* I, 97 (1767) ; Godr. in Gren. et Godr. *Fl. Fr.* I, 303 ; Fritsch in Kern. *Sched. fl. exsicc. austro-hung.* IX, 65 ; Rouy *Fl. Fr.* IV, 86 ; Coste *Fl. Fr.* I, 247 ; Knuth *Geran.* 152 (Engler *Pflanzenreich* IV, 129) ; Graebn. *Syn.* VII, 32 = *G. perenne* Huds. *Fl. angl.* ed. 1, 265 (1762).

Hab. — Rochers dans les étages montagnard et subalpin. Juill.-août. ♃. Très rare. Cime du Monte San Pedrone, dans les rochers de schistes amphiboliques, 1760-1766 m. (R. Lit. ! *Voy.* I, 8 — leg. 6-VII-1908 — et *Mont. Corse orient.* 121 ; Houard !, 28-VIII-1909, in herb. Deless.) ; vallée de Bastelica (Req. in *Giorn. bot. it.* II, 110).

Cette espèce est mentionnée en Corse sans précision de localité par de Marsilly (*Cat.* 35), d'après l'herbier du Dr Montepagano, de Bonifacio.

La plante du Monte San Pedrone, généralement de taille réduite (8 cm. de haut) et à petites feuilles, appartient au var. **typicum** Voronow [in Kuznez. *Fl. cauc. crit.* III, 7, 56 (1908) ; Knuth l. c. 154 ; Graebn. l. c. 33 = var. *typicum* et var. *mutilum* Beck *Fl. Nieder-Öst.* II, 1 Abt., 563 (1892) = var. *normale* Terrac. in *Malpighia* IV, 211 (1890), p. p.].

1076. **G. nodosum** L. *Sp.* ed. 1, 681 (1753) ; Godr. in Gren. et Godr. *Fl. Fr.* I, 299 ; Rouy *Fl. Fr.* IV, 85 ; Knuth *Geran.* 189 (Engler *Pflanzenreich* IV, 129) ; Graebn. *Syn.* VII, 25. — Exsicc. Soleirol

1. La plante n'est pas représentée dans l'herbier de Salis, renseignement qu'a bien voulu nous communiquer le Dr W. Koch.

n. 763 ! (Orezza) [Herb. Coss., Req.] ; Kralik n. 519 ! (vallée de
Furiani) [Herb. Bor., Coss., Deless., Rouy] ; Reverch. ann. 1878
sub : *G. nodosum* ! (Bastelica) [Herb. Burn.].

Hab. — Forêts (surtout dans les points humides), bord des eaux,
rochers ombragés. Mai-sept. ♃. Assez répandu dans les étages montagnard et subalpin — jusque vers 1600 m. — d'une grande partie de
l'île. Descend parfois dans l'horizon inférieur de l'étage inférieur,
p. ex. sur les rives du Fiume Alto près de l'usine de Champlan, 120 m.
(R. Lit. *Nouv. contrib.* fasc. 1, 27 et *Mont. Corse orient.* 152).

ERODIUM L'Hérit.

†† 1077. **E. triangulare** Muschl. *Man. fl. Egypt* I, 588 (1912)
ampl. Maire in Jah. et Maire *Cat. pl. Maroc* II, 446 (1932) = *Geranium triangulare* Forsk. *Fl. aegypt.-arab.* 123 (1775) = *Geranium
laciniatum* Cav. *Diss.* IV, 228, t. 113, f. 3 (1787) = *E. laciniatum*
Willd. *Sp. pl.* III, 633 (1801) ; Brumh. *Mon. Übers. Erod.* 43 ; Knuth
Geran. 241 (Engler *Pflanzenreich* IV, 129) ; Graebn. *Syn.* VII, 69 ;
Vierh. in *Verhandl. zool.-bot. Ges. Wien* LXIX, 123 (et *E. pulveru-
lentum* Willd.). — En Corse la sous-espèce et race suivantes.

†† Subsp. **laciniatum** Maire in Jah. et Maire *Cat. pl. Maroc* II,
446 (1932) = *Geranium laciniatum* Cav. l. c., sensu stricto = *E. laciniatum* Willd. l. c., sensu stricto.

†† Var. **dissectum** Jah. et Maire *Cat. pl. Maroc* II, 446 (1932) =
Geranium laciniatum Cav. l. c., sensu stricto = *E. laciniatum* Willd.
l. c., sensu stricto = *E. laciniatum* var. *dissectum* Lojac. *Fl. sic.* I,
211 (1888) ; Vierh. l. c. ; Hayek *Prodr. fl. penins. balc.* I, 578 =
E. laciniatum var. *genuinum* Boiss. ex Post *Fl. Syr. Palaest.* 194
(1896) — non in *Fl. Or.* ; — Knuth *Geran.* 242 (Engler *Pflanzenreich*
IV, 129) p. p. et var. *affine* Knuth l. c. 243, quoad descr. [vix *E.
affine* Ten. *Ind. sem. hort. neap.* ann. 1830, 13] = *E. chium* var. *laciniatum* Paol. in Fiori et Paol. *Fl. anal. It.* II, 243 (1901).

Hab. — Sables maritimes, garigues de l'étage inférieur. Avril-mai.
①-②. Très rare. Bastia, « in maritimis » (Specim. in Herb. bot. Abt.
Naturhist. Hofmuseums, sec. Vierhapper l. c. 124) [1].

1. D'après les renseignements que nous a obligeamment donnés le D[r] von

1078. **E. chium** Willd. *Phyt.* I, 10 (1794) et *Sp. pl.* III,634; Godr. in Gren. et Godr. *Fl. Fr.* I, 308 ; Rouy *Fl. Fr.* IV, 119 (incl. formes *E. cuneatum, E. Murcicum* et *E. littoreum*) ; Coste *Fl. Fr.* I, 252 ; Brumh. *Mon. Übers. Erod.* 44, incl. var. *murcicum* ; Knuth *Geran.* 244 (Engler *Pflanzenreich* IV, 129), incl. var. *murcicum* Rouy ; Graebn. *Syn.* VII, 71 ; Vierh. in *Verhandl. zool.-bot. Ges. Wien* LXIX, 115-122 = *Geranium chium* L. *Syst.* ed. 10, 1143 (juin 1759) ; Burm. f. *Sp. Geran.* 32 (août 1759) = *Geranium murcicum* Cav. *Diss.* V, 272, t. 126, f. 1 (1788) = *E. murcicum* Willd. *Sp. pl.* III, 636 (1801) = *E. littoreum* Lém. in DC. *Fl. fr.* IV, 843 (1805) ; DC. *Prodr.* I, 648 ; Godr. in Gren. et Godr. *Fl. Fr.* I, 308, cum syn. *E. cuneati* Viv. ; Brumh. l. c. 45, cum syn. *E. cuneati* Viv. ; Knuth l. c. 249, cum syn. *E. cuneati* Viv. ; Graebn. *Syn.* VII, 75, incl. var. *cuneatum* = *Geranium littoreum* Poir. in Lamk *Encycl. méth. Suppl.* II, 744 (1811) ; non Cav. = *E. cuneatum* Viv. *App. ad fl. cors. prodr.* 5 (1825) = *E. chium* var. *typicum* Paol. in Fiori et Paol. *Fl. anal. It.* II, 242 (1901), cum forma *cuneato* et forma *murcico*. — Exsicc. Soleirol n. 790 ! (Calvi) [Herb. Coss.] ; Kük. *It. cors.* n. 1172 ! (Corbara) [Herb. Deless.].

Hab. — Garigues, cultures et friches de l'étage inférieur. Mars-juin. ①-②-♃. Rare. Calvi (Soleirol ! exsicc. cit. ; sec. Godr. in Gren. et Godr. l. c. ; Fouc. et Sim. *Trois sem. herb. Corse* 8, Fouc. ! in herb. Bonaparte ; Mlle M. Guéraud !, 5-IV-1934, in herb. R. Lit.) ; Corbara, jardins du cloître (Kük. ! exsicc. cit. ; Hermann in *Verhandl. bot. Ver. Brandenb.* ann. 1919, 50) ; Ajaccio (Seraf. ex Viv. l. c., sub : *E. cuneatum* Viv. ; R, Lit. !, 17-V-1932) ; la Chapelle des Grecs (Boullu in *Bull. soc. bot. Fr.* XXIV, sess. extr. XC, sub : *E. littoreum*) ; bergerie de Lamuccio, près Ajaccio (Thell., IV-1911, notes manuscr.).

L'*E. chium*, ainsi que l'a fait ressortir Vierhapper (l. c.) et comme nous avons pu nous en rendre compte par l'examen de très nombreux échantillons de provenances diverses, est une espèce des plus variables, notamment quant à la taille des individus (suivant les stations !), à leur durée — annuelle, bisannuelle ou pérennante, — au développement et à la découpure des feuilles, à la glandulosité qui peut affecter les parties supérieures de la plante, à la longueur du mucron des sépales, à la gla-

Handel-Mazetti, l'étiquette ne porte pas de nom de collecteur, mais, en comparant l'écriture, il s'agit de Thomas.

bréité ou à la pilosité des staminodes, à la longueur du bec du fruit. Les espèces, sous-espèces ou variétés que l'on a voulu distinguer d'après la combinaison de certains de ces caractères sont certainement dépourvues de toute valeur systématique ! — L'*E. littoreum* Lém. [in DC. l. c. (1805) = *Geranium littoreum* Poir. l. c. (1811) ; non Cav. = *E. chium* subsp. *E. litoreum* Ball *Spic. fl. marocc.* in *Journ. Linn. soc.* XVI, 387 (1877-78) = *E. Chium* forme *E. littoreum* Rouy l. c. (1897) = *E. chium* var. *littoreum* Knoche *Fl. balear.* II, 130 (1922)] que Léman (l. c.) compare surtout à l'*E. maritimum*, doit être, d'après Rouy (l. c.), une plante vivace assez grêle, relativement peu élevée (10-40 cm.), à feuilles tripartites dont le lobe médian, incisé-denté, ovale-cunéiforme, est plus grand que les latéraux, ceux-ci bifides, crénelés, le plus souvent écartés presque à angle droit, à staminodes glabres (et non ciliés comme chez l'*E. chium*) [1]. Nous ferons remarquer que les 3 caractères les plus saillants de l'*E. littoreum* par rapport à l'*E. chium* : pérennité, glandulosité de la partie supérieure de la plante [2], staminodes glabres, n'ont aucune valeur distinctive. Il n'y a pas toujours concomitance entre la présence de staminodes glabres et de glandes sur les parties supérieures de la plante. Nous avons vu d'assez nombreux exemplaires d'*E. chium* à pédicelles glanduleux et à staminodes ciliés, par exemple des plantes provenant d'Ajaccio (leg. R. Lit.), de Montredon, près Marseille (leg. H. Roux, in herb. Burn., sub : *E. littoreum* ; R. Lit. ; Aylies), de l'Ile Ste-Lucie, Aude (leg. Burle, in herb. Burn., sub : *E. littoreum* ; leg. Sennen, Soc. ét. fl. fr.-helv. n. 1171, sub : *E. littoreum*, in herb. Burn.). On trouve tous les passages entre des staminodes franchement ciliés et des staminodes tout à fait glabres (des échantillons provenant de Catalogne, leg. Tremols, in herb. Deless., sub : *E. littoreum*, sont très instructifs à cet égard, leurs staminodes peuvent présenter de très rares cils ou en être complètement dépourvus). D'autre part, on observe assez fréquemment dans une même localité, par exemple à Montredon près Marseille, ou sur le môle de Cassis — d'après une très belle série d'échantillons que M. Aylies a bien voulu nous adresser — des plantes absolument semblables entre elles quant à leur taille, à la découpure de leurs feuilles, etc., les unes glanduleuses supérieurement, les autres églanduleuses ; bien plus, certains individus possèdent, parfois dans une même inflorescence, des pédicelles et des calices les uns églanduleux, les autres glanduleux ! Les exemplaires originaux de l'*E. littoreum* que nous avons vus dans l'herbier du Prodromus se rapportent à un simple état réduit de l'*E. chium* (± pérennant ?), à feuilles petites. — Viviani [*App. ad fl. cors. prodr.* 5 (1825)] a décrit brièvement sous le nom d'*E. cuneatum* une plante recueillie par Serafini à Ajaccio, « in ruderatis ». Godron [in Gren. et Godr. (l. c.)] a envisagé l'*E. cuneatum* comme synonyme de l'*E. littoreum* Lém., de même Brumhard (l. c.) et Knuth (l. c.). D'après Parlatore (*Fl. it.* V, 241) qui a étudié l'échantillon unique de Viviani, cette plante n'appartient pas à l'*E. littoreum*, mais constitue une simple variété de

---

1. Godron (in Grenier et Godron *Fl. Fr.* I, 508) mentionne aussi la présence de staminodes glabres chez l'*E. littoreum* et ciliés chez l'*E. chium*, alors que d'après Parlatore (*Fl. it.* V, 235) ils seraient glabres chez ce dernier.
2. Brumhard (l. c.), à ce propos, est en désaccord avec Rouy ; il décrit l'*E. chium* comme « totum subglandulosum » et l'*E. littoreum* comme « totum villosum ».

2

l'*E. chium* (var. *cuneatum* Parl. l. c.,239)[1], s'en distinguant par la glandulosité de ses parties supérieures, par ses feuilles à lobes plus étroits, le médian cunéiforme à la base. Delile (sched. in herb. Deless.) a nommé aussi *E. cuneatum* Viv. une plante de Narbonne (leg. 1838) à souche assez grosse, portant des tiges plutôt grêles, à feuilles petites, les supérieures tripartites dont le lobe médian est cunéiforme à la base et dont les latéraux sont écartés presque à angle droit, à pédicelles ± abondamment glanduleux, à staminodes ciliés. L'*A. cuneatum* Viv. rentre certainement dans le cycle des variations de l'*E. chium* et doit être envisagé comme un simple synonyme de cette espèce. — Il en est probablement de même de l'*E. murcicum* Willd. [l. c. (1801) = *Geranium murcicum* Cav. l. c. (1788) = *E. chium* var. *murcicum* Rouy ex Willk. *Suppl. Prodr. fl. hisp.* 266 (1893) ; Rouy *Fl. Fr.* IV, 120, pro « forme » ; Brumh. *Mon. Übers. Erod.* 44 ; Knuth *Geran.* 245 ; Asch. *Syn.* VII, 72 ; Fiori *Nuov. fl. anal. It.* II, 135 = *E. chium* var. *typicum* forma *murcicum* Paol. in Fiori et Paol. *Fl. anal. It.* II, 242 (1901)], plante que nous connaissons d'ailleurs mal et qui présenterait, comme l'*F. littoreum*, un indument glanduleux dans ses parties supérieures, et des staminodes glabres [2], mais serait de grande taille, avec des feuilles profondément 5-partites, des pétales plus grands.

1079. **E. malacoides** Willd. *Phyt.* I, 10 (1794) et *Sp. pl.* III, 639 (1801); Godr. in Gren. et Godr. *Fl. Fr.* I, 308 ; Rouy *Fl. Fr.* IV, 117 ; Coste *Fl. Fr.* I, 251 ; Brumh. *Mon. Übers. Erod.* 45 ; Knuth *Geran.* 245 (Engler *Pflanzenreich* IV, 129) ; Graebn. *Syn.* VII, 72 = *Geranium malacoides* L. *Sp.* ed. 1, 680 (1753). — En Corse seulement la sous-espèce suivante.

Subsp. **eu-malacoides** Maire in *Bull. soc. hist. nat. Afr. N.* XX, 177 (1929) = *E. malacoides* Willd. l. c., sensu stricto ; Vierh. in *Verhandl. zool.-bot. Ges. Wien* XLIX, 145-146. — Exsicc. Kralik n. 520 a ! (Bonifacio) [Herb. Coss., Deless.] ; Soc. fr. n. 1609 ! (d'Ajaccio à la Parata, leg. N. Roux) [Herb. Coust.].

Hab. — Garigues, friches, rocailles, rochers, bord des chemins dans l'étage inférieur. Mars-nov. ①-②. Assez répandu. Ersa (Houard !, 7-IV-1909, in herb. Deless.) ; environs de Bastia (Salis in *Flora* XVII, Beibl. II, 65 ; Gillot in *Bull. soc. bot. Fr.* XXIV, sess. extr. XLIII) ; Nonza (R. Lit. !, 16-VII-1921) ; Patrimonio (Rotgès, 20-V-1907, notes manuscr.) ; Calvi (Mars. *Cat.* 35 ; Fouc. et Sim. *Trois sem. herb. Corse* 7) ; près Pietralba, friches, 450 m. (Briq. !, 4-V-1907, in herb.

1. L'*E. cuneatum* a été rattaché également à l'*E. chium* à titre de race par Rouy (*Fl. Fr.* IV, 120, pro « forme ») et Fiori (*Nuov. fl. anal. It.* II, 135) ; Graebner (*Syn.* VII, 76, ann. 1913)l'envisage comme variété de l'*E. littoreum*.
2. Les échantillons distribués par la Soc. roch. n. 4560 (Aude : voie ferrée entre Leucate et la Palme, leg. Sennen) possèdent des staminodes ciliés !

Burn.) ; rocher de Petraccia, rive dr. du ruisseau de Vignola, entre
Francardo et Caporalino, 359 m. (R. Lit. *Mont. Corse orient.* 126) ;
Corte (Borne !, 30-III-1844, in herb. Laus. ; Aylies !, 15-V-1918 —
quartier des Lubbiacce, — in herb. R. Lit.) ; vallée du Tavignano,
vers 450 m. (Sim. !, 23-V-1933) ; vallée de la Restonica (Fouc: et Sim.
l. c., 91) ; Ajaccio et environs, commun (Borne ! 16-VI-1843, sub :
E. maritimum, in herb. Laus. ; Mars. l. c. ; Boullu in *Bull. soc. bot.
Fr.* XXIV, sess. extr. XC ; Coste in *Bull. soc. bot. Fr.* XLVIII, sess.
extr. CIV, CVI ; N. Roux ! in Soc. fr. exsicc. cit. ; R. Lit. !) ; île Mezzomare (R. Lit., 16-V-1932) ; Bonifacio (Seraf. ex Bertol. *Fl. it.* VII,
198 ; Kralik ! exsicc. cit. ; Mars. l. c. ; Houard !, 15-IV-1909, in herb.
Deless.).

Feuilles cordées-ovales, entières ou peu profondément lobées, crénclées-
dentées. Valves du fruit à fossette apicale entourée d'un large sillon —
la fossette et le sillon sont ordinairement glanduleux, exceptionnellement
églanduleux[1] ; — rostre relativement court, atteignant au plus 35 mm.
de long.

Les *E. althacoides* Jord. et *malvaceum* Jord. [*Pug.* 41 et 42 (1852)],
basés sur le degré de découpure des feuilles et la longueur du rostre du
fruit et admis à titre de variétés par Rouy (*Fl. Fr.* IV, 117 et 118) — avec
les subvar. *platyphyllum* et *microphyllum* Rouy — et par Graebner
(*Syn.* VII, 73 et 74), ne paraissent constituer que de très faibles sous-
variétés.

1080. **E. maritimum** L'Hérit. in Ait. *Hort. kew.* ed. 1, II, 416
(1789) ; Sm. *Engl. bot.* IX, t. 646 (1799) ; Willd. *Sp. pl.* III, 639 ; Godr.
in Gren. et Godr. *Fl. Fr.* I, 307 ; Rouy *Fl. Fr.* IV, 121 ; Coste *Fl. Fr.*
I, 251 ; Brumh. *Mon. Übers. Erod.* 46 ; Knuth *Geran.* 250 (Engler
Pflanzenreich IV, 129) = *Geranium maritimum* L. *Syst.* ed. 10,
1143 (juin 1759) ; Burm. f. *Sp. Geran.* 46 (août 1759) = *Geranium
littoreum* Cav. *Diss.* IV, 222 (1787) ; non Poir. — Exsicc. Soleirol
sub : *E. maritimum* β *Bocconi* ! (« in montibus Corsicae ») [Herb.
Mut.] ; Soleirol n. 23 ! (Coscione, leg. 1822) [Herb. Req.] ; Soleirol
n. 33 ! (Monte Grosso) [Herb. Req.] ; Req. sub : *E. Bocconi* ! (Monte
Cinto, val de Stagno) [Herb. Coss., Deless.] ; Deb. ann 1869 sub :
E. Bocconi ! (Ospedale) [Herb. Bonaparte) ; Burn. ann. 1904, n. 116 !
(col de Verghio) et n. 117 ! (Monte d'Oro) [Herb. Burn.] ; Soc.

1. Dans le var. *subangulatum* Maire et Wilcz. [ap. Maire in *Bull. soc. hist.
nat. Afr. N.* XX, 177 (1929)], du Maroc.

cénom. n. 1072 ! (sous le plateau de Corbara, leg. N. Roux) [Herb. Bonaparte, Coust.].

Hab. — Pelouses graveleuses, rocailles, rochers, depuis le littoral où il est rare, jusque dans l'horizon supérieur de l'étage subalpin ; surtout répandu dans les étages montagnard et subalpin, 1-1700 m. Silicicole. Mars-août, suivant l'altitude. ①-② [1]. Cap Corse (Bernard ex Rouy *Fl. Fr.* IV, 122) ; Bastia, vallée du Fango (Coust. !, V-1919, in herb.) ; rochers du phare d'Ile-Rousse (N. Roux !, III-1913, in herb. Charrier et in herb. R. Lit.) ; sous le plateau de Corbara (N. Roux ! exsicc. cit.) ; Monte Grosso (Soleirol ! exsicc. cit.) ; montagnes du Niolo — « pays du Nolo » — (Bernard !, VI-1841, in herb. jard. Angers, Req.) ; val de Stagno (Req. !, VIII-1847, in herb. et herb. Deless.) ; alluvions du Fango, près Galeria (Ellman et Jah., 20-V-1911, notes manuscr.) ; forêt de Valdoniello (Ellman et Jah., 8-VI-1911, notes manuscr.) ; col de Verghio (Burn. ! exsicc. cit. et ex Briq. *Spic.* 147 ; R. Lit. ! in *Bull. acad. géogr. bot.* XVIII, 54) ; graviers du Capo di Cocavera, 1445 m. (R. Lit. ! ibid.) ; pelouses rases à la bergerie d'Astenica, versant N.-E. du Capo al Cielo (J. Chevalier !, 3-VI-1929, in herb. R. Lit., sub : « *E. corsicum* forme réduite ») ; terrains vagues à Serriera, 150 m. et bord du sentier allant à Bocca al Verghiolo, vers 300 m. (J. Chevalier !, VI-1925, in herb. R. Lit.) ; forêt d'Aitone (Mars. *Cat.* 35), notamment dans les pelouses près de la maison cantonnière de Catagnone, 1145 m. (R. Lit. !, 6-VIII-1930) ; l'Inscinosa, près du col de Sevi, 1450 m. (Aellen !, 26-VII-1932) ; col de Sevi (N. Roux !, 27-V-1901, in herb.) ; Calanche de Piana (Lutz in *Bull. soc. bot. Fr.* XLVIII, sess. extr. CXXXIII) ; pâturages de Padule, N.-W. de Corte, 1600-1700 m. (Aylies !, 20-VI-1919 et 7-VIII-1919, in herb. R. Lit.) ; Corte (Bernard ex Rouy *Fl. Fr.* IV, 122) ; [environs du lac de] Nino (Salis in *Flora* XVII, Beibl. II, 65) ; col de San Pietro, rocailles (Aellen !, 3-VIII-1932) ; Vivario (Seraf. ! in herb. Req.) ; rive gauche du Manganello, au-dessous du col de Tripoli, pierrailles, 1200 m. (Briq. ! in herb. Burn., St-Y. ! in herb. Laus.) ; Monte Rotondo (Soleirol !, in herb. Deless.) ; entre Soccia et le lac de Creno, 1150 m. (R. Lit. ! *Voy.* II, 23) ; Monte Trittore (Clément !, VI-1842, in herb. gén. Mus. Grenoble et Fac. Sc. Gre-

---

1. Moris (*Fl. sard.* I, 354) indique l'*E. maritimum* comme vivace, ce qui paraît inexact.

noble) ; de Ghisoni au col de Sorba, clairières des châtaigneraies,
900 m. (Briq. !, 10-V-1907, in herb. Burn.) ; Foce de Vizzavona (Soleirol !, in herb. Req. ; Gillot ! *Souv.* 5, et in herb. Rouy) ; Monte
d'Oro (Salis l. c. ; Lutz in *Bull. soc. bot. Fr.* XLVIII, sess. extr.
CXXVII ; Burn. ! exsicc. cit. et ex Briq. *Spic.* 147 ; Briq. !, 12-VIII-
1906, in herb. Burn.); maquis de la vallée de la Pruniccia, près Bocognano (Mars. l. c.) ; graviers de l'Abatesco dans la plaine (Salis l. c.);
forêt de Verde (Mars. l. c.) ; forêt de Marmano, non loin des Pozzi,
1400 m. (Rotgès !, 24-VII-1901, in herb. Bonaparte) ; environs de
Bastelica (Thomas !, in herb. Prodr., in herb. Laus. sub : *E. corsicum*;
Moq. !, 15-IX-1852, in herb. Req. ; Revel. !, 11-VI-1856, in herb.
Bor.) ; « environs d'Ajaccio » (Boullu — d'après de vieux souvenirs —
in *Bull. soc. bot. Fr.* XXIV, sess. extr. XCVIII) ; île Mezzomare,
garigues (Lutz in *Bull. soc. bot. Fr.* XLVIII, sess. extr. CXXXVII ;
N. Roux !, 31-V-1901, in herb.; R. Lit ! !, 16-V-1932); Coscione (Solei-
rol ! exsicc. cit. ; Salis l. c. ; de Forestier !, 1837, in herb. Coss. et
Req.) ; vallée d'Asinao, reposoir à troupeaux non loin des bergeries
(Le Brun in *Le Monde des pl.* XXXI, n. 72, 45, specim. in herb.
R. Lit. !) ; Quenza (Seraf. !, in herb. Req.; Soleirol !, in herb. Req. ;
Revel. in Mars. l. c.) ; « Aullene » (Revel. in Mars. l. c., specim. in
herb. Bor. !, leg. 21-VII-1857 [1]) ; L'Ospedale (Revel. !, 26-27-V-1869,
in Deb. exsicc. cit.) ; Porto-Vecchio (Revel. in Mars. l. c.) ; Sartène
(Jord. ex Parl. *Fl. it.* V, 251) ; Uomo di Cagna, rocailles (Briq. !, 21-
VII-1910, in herb. Burn.) ; rochers du cap de Feno, près Bonifacio
(Stefani !, in herb. R. Lit. et herb. Coust.).

L'étude de très nombreux échantillons de l'*E. maritimum* nous a montré qu'il est impossible de séparer les plantes des montagnes corses de
celles croissant sur le littoral — inséparables d'ailleurs de l'*E. maritimum*
du domaine atlantique ou des autres régions du bassin méditerranéen
occidental. Nous ne pouvons attribuer la valeur de race [2] à l'*Erodium*

1. Dans une forêt de Hêtres, à 3 h. de marche d'Aullene (lettre de Revelière
à Boreau, 16-VIII-1857).
2. Telle était au contraire l'opinion de J. Briquet qui avait fait figurer la
note ci-après dans le manuscrit du *Prodrome de la flore corse* :
« En Corse seulement la race suivante, uniquement dans les étages montagnard et subalpin.
Var. *Bocconi* DC...
Plante naine, gazonnante, à tiges très courtes ; feuilles très petites, à lobes
et créneaux moins nombreux que dans le type (var. *typicum* Briq.), serrés, ovées-
arrondies, canescentes ainsi que toute la plante. D'après Salzmann (in DC.
Prodr. I, 649) la var. *Bocconi* atteindrait parfois un pied. Il doit y avoir confu-

Bocconi Viv. [*App. ad fl. cors. prodr.* 5 (1815), excl. syn. Bocc. ? ; Lois.
Fl. gall. ed. 2, II, 89 ; Salis in *Flora* XVII, Beibl. II, 65 = *E. maritimum*
var. *Bocconi* DC. *Prodr.* I, 649 (1824) ; Dub. *Bot. gall.* I, 104 ; Rouy *Fl.
Fr.* IV, 122 ; Knuth *Geran.* 250 = *E. maritimum* β Bertol. *Fl. it.* VII,
203 (1847) =*E. chamaedryoides* Parl. *Fl. it.* V, 250 (1873); non L'Hérit.=
E. maritimum forma *Bocconi* Paol. in Fiori et Paol. *Fl. anal. It.* II, 241
(1901)], simple forme stationnelle réduite, à tiges courtes, à feuilles plus
petites, peu divisées, à pédoncules uniflores ; sur ce point nous partageons
entièrement l'opinion de Paoletti (l. c.). Le développement des tiges [1] et
des feuilles — ainsi que leur découpure — est très variable ; il en est de
même de l'indument, beaucoup plus développé chez les plantes littorales
abondamment hérissées-blanchâtres (par ex. les exemplaires d'Ile-Rousse,
de Mezzomare, du cap de Feno) que chez celles croissant sur les hauteurs
(le plus souvent à feuilles munies de poils épars).

Thellung [in *Bull. géogr. bot.* XXIV, 11 (janv. 1915)] a noté que l'*E.
maritimum* observé par lui à l'île Mezzomare en avril 1911 « apparaît sous
une forme très rabougrie, haute de 2-3 cent. seulement et rappelant la
f. *glomeratum* Brumh. ; elle est intermédiaire, par la forme des feuilles,
entre les variétés *genuinum* Rouy (occupant la zone littorale de l'aire
de l'espèce) et *Bocconi* DC. (propre à l'étage montagnard de la Corse, de
la Sardaigne [2] et de la Sicile) et correspond peut-être, d'une manière plus
exacte, à la f. *praecox* Sommier ». Lors de notre excursion de mai 1932,
nous avons constaté la grande abondance de l'*E. maritimum* dans les
garigues de Mezzomare et avons vu des plantes réduites, telles que les
décrit Thellung, avec d'autres normalement développées (dont les tiges
atteignent parfois 17 cm. de long).

M. J. Chevalier (in *Soc. amis sc. nat. Rouen*, ann. 1930, 16) a signalé
aux bergeries d'Astenica, vers 1200 m., sur le versant N.-E. du Capo al
Cielo — N.-E. de Serriera — une variété naine de l'*E. corsicum* qui « semble correspondre » pour cette espèce « à la var. *Bocconi* de l'*E. maritimum* ».
Il s'agit en réalité, d'après les échantillons que nous a aimablement
adressés notre excellent confrère de Rouen, de l'*E. maritimum* se présentant avec des pétales assez développés [3], peu plus longs que les sépales
(sépales 2,5 × 1 mm., pétales 3,5 × 2 mm.) ; la plante, qui offre notamment des carpelles à fossette églanduleuse munie d'un pli concentrique,
ne peut être confondue avec l'*E. corsicum* — espèce de l'étage inférieur
ne s'éloignant que très rarement du littoral ! — dont les carpelles sont
pourvus d'une fossette glanduleuse sans pli concentrique.

La répartition géographique de l'*E. maritimum*, type atlantico-médi-

---

sion avec quelque autre *Erodium*, nous n'avons jamais vu l'*E. Bocconi* que nain
et orophile, jamais sur le littoral. Cependant des formes ambiguës existent ail-
eurs (p. ex. à l'île d'Elbe. »

[1]. Atteignant 7 cm. dans les exemplaires que nous avons observés dans la
forêt d'Aitone et jusqu'à 17 cm. à l'île Mezzomare.

[2]. Nous ferons remarquer que la plante distribuée par Reverchon du Monte
Limbardo (*Pl. Sard.* 1882, sub : *E. maritimum* Sm., in herb. R. Lit.), à tiges
bien développées, à feuilles très découpées, appartient à la forme typique de
l'espèce.

[3]. L'*E. maritimum* est tantôt apétale, tantôt pourvu de pétales un peu plus
courts que les sépales ou les dépassant légèrement.

terranéen, est fort curieuse et n'a jamais été indiquée d'une façon complète dans les flores et les monographies. L'aire atlantique comprend les
côtes W. et S. de l'Angleterre — depuis le S. de l'Ecosse, — celles d'Ir-
lande, les îles anglo-normandes, les côtes de Picardie, de Normandie
(Manche), de Bretagne — des Côtes-du-Nord au Morbihan (dans ce dernier département la plante se retrouve en une localité éloignée d'environ
50 km. de la mer, à Josselin), — l'île de Noirmoutier et l'îlot du Pillier
en Vendée ; un avant-poste existe en Galice, près la Guardia[1], un autre
à Ténérife (Bufadero)[2]. L'aire méditerranéenne occidentale comprend
les environs de Cadix — où la plante n'a pas été revue récemment[3], —
le littoral de l'Aude (îles de la Planasse, des Oullous, de Ste-Lucie, rochers
de Conilhac)[4], la Corse, l'île de la Maddalena et la Sardaigne, l'archipel
toscan (îles de Capraja, Gorgona, Elbe, Giannutri), la Toscane (Selva
Pisana et Orbetello),les environs d'Ostie, l'île Ponza, l'île Marettimo dans
l'archipel des Egades[5], l'île Djammour au N.-E. du cap Bon[6].

1081. **E. corsicum** Lém. in DC. *Fl. fr.* IV, 842 (1805) ; Godr. in
Gren. et Godr. *Fl. Fr.* I, 307 ; Rouy *Fl. Fr.* IV, 122 ; Coste *Fl. Fr.*
I, 252 ; Brumh. *Mon. Übers. Erod.* 46 ; Knuth *Geran.* 252 (Engler
Pflanzenreich IV, 129) = *Geranium corsicum* Poir. *Encycl. méth.*
Suppl. II, 743 (1811) = *E. malopoides* var. *Corsicum* DC. *Prodr.* I,
648 (1824) = *E. malopoides* Lois. *Fl. gall.* ed. 2, II, 88 (1828) ; Duby
Bot. gall. I, 104 ; Salis in *Flora* XVII, Beibl. II, 65 ; non Willd. =
E. malopoides var. *subbiflorum* Moris *Fl. sard.* I, 351 (1837), excl.
syn. *E. crassifolii* Cav. — Exsicc. Sieber sub : *E. corsicum* !(Ajaccio)
[Herb. Coss., Req.] ; Soleirol sub : *E. Corsicum* ! (Corsica) [Herb.
Mut.] ; Soleirol n. 791 ! (Calvi) [Herb. Coss., Mut., Req.] ; Req. sub :
E. corsicum ! (Bonifacio) [Herb. Coss.] ; Bourg. n. 80 ! (Bonifacio,
leg. Req.) [Herb. Coss.] ; Billot n. 1236 ! (Bonifacio, leg. Req.) [Herb.
Bonaparte] ; Kralik n. 520 ! (Bonifacio) [Herb. Bor., Coss., Deless.] ;
Mab. n. 218 ! (pointe Revellata) [Herb. Bonaparte, Bor., Burn.;
Coss.] ; Deb. ann. 1868, sub : *E. corsicum* « Viv. » (sic) ! (pointe
Revellata) [Herb. Burn.] ; Reverch. ann. 1880, n. 227 ! (cap de Feno)
[Herb. Bonaparte, Burn., Laus., R. Lit., Rouy] ; Baenitz Herb.
eur. sub : *E. corsicum* ! (Bonifacio, leg. Reverch.) [Herb. Bona-

1. Cf. Merino *Fl. descr. é ilustr. de Galicia* I, 289 (1905).
2. Cf. Pitard et Proust *Les îles Canaries. Fl. de l'archip.* 142 (1908).
3. Cf. Perez Lara *Fl. gadit.* 537 (1896).
4. Cf. Gautier *Cat. fl. Corbières* 60.
5. La plante manque à la Sicile.
6. Doum., Letourn., Mission 1888, in herb. Coss. ! et Bonn. et Barr. *Cat. pl.
Tun.* 86 (1896). — Cette indication a échappé à Battandier et Trabut [*Fl. anal.
et syn. Alg. et Tun.* (1902)] qui ne signalent pas cette espèce en Tunisie.

parte] ; Soc. roch. n. 3745 ! (cap de Feno, leg. Stefani) [Herb. Bonaparte, R. Lit., N. Roux] ; Soc. cénom. n. 2187 ! (marine de Bussagna, leg. J. Chevalier) ; Soc. fr. n. 5660 ! (Sperone, près Bonifacio, leg. Gabriel) [Herb. R. Lit.].

Hab. — Rochers et garigues littoraux — parfois jusqu'à environ 130-140 m. au-dessus du niveau de la mer (rochers d'Aja-Campana, près Porto) [1] — sur la côte occidentale, entre Calvi et Ajaccio, et sur celle de l'extrême S. Manque dans le Cap. Avril-oct. ♃. Environs de Calvi, rochers au voisinage de la ville (Req. !, VI-1822, in herb. et ex Parl. *Fl. it.* V, 248 ; Soleirol ! exsicc. cit. ; Salis in *Flora* XXII, Beibl. II, 65 ; Moq. !, 25-IX-1892, in herb. Req. ; Fouc. et Sim. *Trois sem. herb. Corse* 14, Fouc. ! in herb. Bonaparte ; R. Lit. ! in *Bull. acad. géogr. bot.* XVIII, 41[; Malcuit *Littoral occid.* 10) et jusqu'à la pointe Revellata (Mab. ! exsicc. cit. ; Deb. ! exsicc. cit. ; R. Lit. ! l. c. ; Briq. !, 18-VIII-1910, in herb. Burn.) ; côte du golfe de Porto, notamment près de la marine de Bussagna (J. Chevalier ! exsicc. cit. et in *Soc. amis sc. nat. Rouen* ann. 1930, 16), dans les rochers d'Aja-Campana (R. Lit. ! in *Bull. acad. géogr. bot.* XVIII, 51 ; Le Brun in *Le Monde des pl.* XXVIII, n. 52, 6) et sous la tour de Porto (Mars. *Cat.* 35 ; R. Lit. ! *Voy.* II, 16; Le Brun l. c.); Ajaccio (Sieber ! exsicc. cit. ; Req. ex Parl. *Fl. it.* V, 248 ; Boullu — d'après de vieux souvenirs — in *Bull. soc. bot. Fr.* XXIV, sess. extr. XCVIII; Reverch. !, 15-IV-1896, in herb. Bonaparte ; la Parata (Boullu in *Bull. soc. bot. Fr.* XXVI, 82 ; îles Sanguinaires (N. Roux !, 31-V-1902, in herb.) ; « rocher de Porto-Vecchio du côté de la mer (Revel. !, 13-IV-1866, in herb. Bonaparte) ; Bonifacio, très abondant (Salzm. in *Flora* IV, 105, specim. in herb. jard. Angers et herb. Prodr. !; de Pouzolz !, 1821, in herb. gén. Mus. Grenoble, Mut., Req. ; Scraf. !, in herb. Req. et ex Bertol. *Fl. it.* VII, 205 ; Soleirol !, 1824, in herb. Prodr. ; Salis in *Flora* XVII, Beibl. II, 65; de Forestier !, ann. 1837, in herb. Coss., Laus., Req. ; Bernard !, VIII-1841, in herb. jard. Angers, Req. ; Clément !, V-1842, in herb. gén. Mus. Grenoble ; Jord. !, ann. 1842, in herb. Bor., Coss., Laus. ; Req. ! exsicc. ann. 1847, in Bourg. exsicc. cit. et in Billot exsicc. cit. ; Kral. ! exsicc. cit. ; Moq. !, 25-IX-1852,

---

1. En Sardaigne, l'*E. corsicum* croît jusqu'à 200 m. d'altitude — rochers calc. à P. Cristallo près Porto Conte (cf. E. Schmid in *Vierteljarhsschr. naturf. Ges. Zürich* LXXVIII, 251).

in herb. Req. ; Revel. !, 30-VI-1856, in herb. Bor. ; Mars. *Cat.* 35 ;
Reverch. ! exsicc. cit. ; Briq. !, 5-V-1907, in herb. Burn. ; et nombreux
autres observateurs), de la pointe de Sperone au cap de Feno (Reverch. ! exsicc. cit. ; Stefani ! in Soc. roch.).

Ce magnifique endémique corso-sarde est une plante à développement
très variable. Les individus offrent de grandes dimensions — avec tiges
atteignant 40 cm. de long — dans les anfractuosités humides des falaises,
tandis que dans les stations sèches, ils peuvent être très réduits, acaules,
pourvus de très petites feuilles — limbe mesurant 4 mm. de long sur
3 mm. de large — (par exemple sur les calcaires secs entre le sémaphore
et le phare de Pertusato, leg. Brugère, X-1913, in herb. Burn.). Les fleurs
sont tantôt roses, tantôt blanches.

$\dagger$ 1082. **E. Reichardi** DC. *Prodr.* I, 649 (1824) ; Graebn. *Syn.*
VII, 67 = *Geranium Reichardi* Murr. in *Comm. goett.* 11, t. 3 (1780)
et in *Bot. mag.* I, t. 18 = *Geranium chamaedryoides* Cav. *Diss.* IV,
197, t. 76, f. 2 (1787) = *E. chamaedryoides* L'Hérit. *Geran.* t. 6 (1787-
88) ; Brumh. *Mon. Übers. Erod.* 46 ; Knuth *Geran.* 253 (Engler
Pflanzenreich IV, 129) = *E. dryadifolium* Salisb. *Prodr.* 311 (1796).

Espèce des Baléares (Majorque, Minorque, où elle croît dans les rocailles
et les rochers plus ou moins humides, tantôt ombragés, tantôt battus
par le vent salin du large, depuis le voisinage de la mer jusque vers
1300 m. d'altitude) [1] dont la présence en Corse demeure assez incertaine,
mais non invraisemblable, comme le prétend Mlle Chodat (l. c.) ; nous ne
possédons en effet aucun renseignement précis sur les localités où elle a
été récoltée et elle n'a pas été revue depuis près d'un siècle. Toutefois
nous n'osons pas exclure l'*E. Reichardi* de la flore de l'île, étant données
les affinités floristiques qui existent entre l'archipel tyrrhénien et l'archipel baléarique.

D'après Brumhard (l. c.) et le prof. Fiori [in *Nuov. giorn. bot. it.* nuov.
ser. XIII, 170 (1906)], c'est à l'*Erodium Reichardi* que l'on doit rapporter
le « *Geranium aestivum minimum, supinum alpinum Chamaedryoides
flore albo variegato* » de Boccone [*Mus.* 160, t. 128 (1697)] trouvé par
l'auteur à la « Montagna di S. Michele in Corsica » [2] ; cette opinion est
également partagée par Saccardo [*Cronologia della fl. it.* 196 (1909)].
Nous n'osons nous prononcer d'une façon certaine en faveur de cette
interprétation, d'après la lecture de la description de Boccone et le vu
de la figure qu'il donne de la plante — une rosette stérile, dont cependant

1. Cf. Knoche *Fl. balear.* II, 133 (1922) et L. Chodat *Contrib. Géo-Bot. Majorque* in *Bull. soc. bot. Genève* XV, 219 (1923).
2. Nous ignorons où se trouve cette montagne et n'avons pu obtenir de renseignements à ce sujet auprès de diverses personnes connaissant bien l'île,
notamment M. Rotgès.

les feuilles ont une assez grande analogie avec celles de l'*E. Reichardi*. D'après le prof. Fiori (l. c.), il existerait dans l'herbier central de Florence un exemplaire d'un *Erodium* correspondant tout à fait à la plante des Baléares et récolté en Corse — sans précision de localité — par de Lens (1845). De notre côté, nous avons trouvé dans l'herbier Pellat, appartenant à l'Institut de Botanique de l'Université de Grenoble, deux échantillons recueillis par Billard (« Corse, 1827 ») — étiquetés par Pellat «*Erodium corsicum* Lém. in DC. » — et qui se rapportent également sans aucun doute possible à l'*E. Reichardi*.

L'*E. Reichardi* ressemble un peu à l'*E. maritimum* sous sa forme *Bocconi* ; il en diffère essentiellement par sa souche vivace « se divisant au ras du sol pour former une rosette de petits troncs » (L. Chodat l. c.), sa corolle beaucoup plus grande, atteignant 12-14 mm. de diamètre, les valves du fruit à fossette glanduleuse sans pli concentrique (et non à fossette églanduleuse, avec pli concentrique).

1083. **E. Botrys** Bertol. *Amoen. ital.* 35 (1819) ; Godr. in Gren. et Godr. *Fl. Fr.* I, 309 ; Rouy *Fl. Fr.* IV, 116; Coste *Fl. Fr.* I, 252 ; Brumh. *Mon. Übers. Erod.* 48 ; Knuth *Geran.* 256 (Engler *Pflanzenreich* IV, 129) ; Graebn. *Syn.* VII, 79 = *Geranium Botrys* Cav. *Diss.* IV, 218, t. 90, f. 2 (1787) = *E. gruinum* β Willd. *Sp. pl.* III, 634 (1801) = *E. gruinum* subsp. *Botrys* Pers. *Syn.* II, 224 (1807). — Exsicc. Sieber sub : *E. Botrys* ! (Ajaccio) [Herb. Coss., Req.] ; Soleirol n. 789 ! (Calvi) [Herb. Coss.] ; Kralik sub : *E. Botrys* ! (Bonifacio) [Herb. Coss., Deless.] ; Deb. ann. 1868, sub : *E. Botrys* ! (La Renella, près Bastia) [Herb. Burn., Rouy] ; Reverch. ann. 1878, sub : *E. Botrys* ! (Bastelica) [Herb. Burn.] ; Kük. It. cors. n. 1832 ! (Monte Sant' Angelo, près Corbara) [Herb. Deless.].

Hab. — Sables maritimes, garigues, cultures de l'étage inférieur, s'élevant parfois dans l'étage montagnard. Avril-juill., suivant l'altitude. ①-②. Assez répandu. Entre le promontoire de Minervio et la marine de Giottani (Briq. !, 26-IV-1907, in herb. Burn.) ; marine d'Albo (Briq. !, 26-IV-1907, in herb. Burn.) ; environs de Bastia et montagnes du Cap (Salzm. !, 1821, in herb. Prodr., sub : *E. littoreum* — « e maritimis circ. Bastiam » ; — Salis in *Flora* XVII, Beibl. II, 65 ; Mab. in Mars. *Cat.* 35 ; Deb. ! exsicc. cit. — La Renella ; — Lardière !, V-1893, sub : *E. ciconium*, in herb. Laus. — bords des chemins à Bastia ; — St-Y. !, 17-IV-1902, in herb. Laus. — cote 503 à l'W. de Cardo ; — Serra di Pigno (Mab. ex Deb. *Not.* 2me sér., 192 ; R. Lit. !, 4-VI-1933) ; Biguglia (Req. !, 17-IV-1851, in herb.) ; Monte Sant' Angelo, près Corbara (Kük. ! exsicc. cit.) ; Calvi (Soleirol !

exsicc. cit. et ex Bertol. *Fl. it.* VII-189 ; Req. !, V-1851, in herb. ;
Fliche in *Bull. soc. bot. Fr.* XXXVI, 359; Fouc. et Sim. *Trois sem.*
herb. Corse 23, Fouc. ! in herb. Rouy; Rotgès !, 4-V-1907, in herb.
Genève ; St-Y. !, 1-V-1911, in herb. Laus.) ; Corte (Req. ex Parl. *Fl.*
it. V, 229 ; Thévenon !, in herb. Req. ; Aylies ! ex R. Lit. et Sim. in
Bull. soc. bot. Fr. LXVII, 98) ; près Evisa, 870 m. (Aellen !, 22-VII-
1932) ; Bastelica (Reverch. ! exsicc. cit.) ; environs d'Ajaccio (Sieber !
exsicc. cit. ; de Forestier !, 1841, sub : *E. maritimum*, in herb. Req. ;
Bernard !, IV-1841 et 1842, in herb. Req. ; Clément !, VI-1841, in herb.
gén. Mus. Grenoble ; Borne !, 22-V-1845, in herb. Laus. ; Req. !
V-1847, in herb., et ex Parl. l. c. ; Fabre !, V-1850, in herb. Req. ;
Mars. l. c. ; Boullu in *Bull. soc. bot. Fr.* XXIV, sess. extr. XCVII ;
Coste in *Bull. soc. bot. Fr.* XLVIII, sess. extr. CX, CXI — montagne
de Pozzo di Borgo; — Fouc. et Sim. l. c. — route de Pozzo di Borgo ;
— R. Lit. !, 17-VII-1907 — Campo di l'Oro; — Pœverlein !, 5-V-1909,
in herb. — Campo di l'Oro ; — et nombreux autres observateurs) ;
Solenzara (Briq. !, 3-V-1907, in herb. Burn. et herb. Laus. ; Aellen !,
21-VII-1933) ; « Tallano » (Borne !, 1-VI-1847, in herb. Laus.) ; Pia-
notolli (Thell., 1909, notes manuscr.) ; Porto-Vecchio (Revel. in
Mars. l. c., specim. in herb. Bor. ! leg. 22-V-1857) ; Santa Manza
(Stefani !, V-1911, in herb. Coust. ; R. Lit. !, 14-V-1932 — plage et
vigne de Gurgazzo —) ; Bonifacio et environs (Seraf. ex Bertol. l. c. ;
Req. !, IV et V-1849, in herb. ; Kralik ! exsicc. cit. ; Revel. in Mars.
l. c., specim. in herb. Bor. ! leg. 8-IV-1856 — la Trinité ; — et nombreux autres observateurs).

« L'*Erodium Gasparrini* Guss. [*Fl. sic. prodr.* II, 301 (1828) = *E. Bo-*
trys var. *luxurians* Guss. *Fl. sic. syn.* II, 208 (1844) ; Rouy *Fl. Fr.* IV,
117 ; Knuth *Geran.* 256 = *E. Botrys* var. *Gasparrinii* Graebn. *Syn.* VII,
80 (1913)] représente les grands échantillons à feuilles supérieures plus
découpées. C'est là une forme individuelle extrême que l'on trouve sou-
vent pêle-mêle avec |des échantillons réduits, à tige courte ou presque
nulle (*E. Botrys* var. *brevicaule* Rouy l. c.) unis à tous les intermédiaires possibles. » (J. B.).

E. gruinum L'Hérit. in Ait. *Hort. kew.* ed. 1, II, 415 (1789) ; Brumh.
Mon. Übers. Erod. 48 ; Knuth *Geran.* 258 (Engler *Pflanzenreich* IV, 129)
= *Geranium gruinum* L. *Sp.* ed. 1, 680 (1753).
Espèce méditerranéenne orientale — dont l'aire s'étend à l'W. jusqu'à
la Sicile — signalée en Corse par Valle (*Fl. Cors.* 211) et Burmann (*Fl.*
Cors. 228), certainement étrangère à la flore de l'île. Peut-être cette indi-

cation provient-elle d'une confusion avec l'*E. Botrys* dont il est voisin, mais qui en diffère surtout par les valves du fruit à fossette entourée de deux plis (et non d'un seul). Dans l'herbier Requien, nous avons vu des exemplaires étiquetés « *E. gruinum ?* » qui furent récoltés par Bernard à Ajaccio (IV-1841) ; ils appartiennent indubitablement à l'*E. Botrys*.

† 1084. **E. ciconium** Ait. *Hort. kew.* ed. 1, II, 415 (1789); Willd. *Sp. pl.* III, 629 ; Godr. in Gren. et Godr. *Fl. Fr.* I, 310; Rouy *Fl. Fr.* IV, 114 ; Coste *Fl. Fr.* I, 253 ; Brumh. *Mon. Übers. Erod.* 49; Knuth *Geran.* 260 (Engler *Pflanzenreich* IV, 129) ; Graebn. *Syn.* VII, 83 = *Geranium ciconium* L. *Cent.* I, 21 (1755) et *Syst.* ed. 10, 1143.

Hab. — Champs, sables littoraux, garigues de l'étage inférieur. Avril-juin. ①. Rare. Entre Sagone et l'embouchure du Liamone, champs (N. Roux in *Bull. soc. bot. Fr.* XLVIII, sess. extr. CXXXV); chapelle St-Joseph, près Ajaccio (Le Grand in *Bull. ass. fr. bot.* II, 66) ; Campo di l'Oro (Ivolas, sec. Rotgès, notes manuscr.); Bonifacio (Seraf. ex Bertol. *Fl. it.* VII, 194 et Rouy *Fl. Fr.* IV, 116).

1085. **E. cicutarium** L'Hérit. in Ait. *Hort. kew.* ed. 1, II, 414 (1789), ampl. ; Gams in Hegi *Ill. Fl. M.-Eur.* IV-3, 1721, excl. subsp. *romanum* = *Geranium cicutarium* L. *Sp.* ed. 1, 680 (1753).

Espèce extrêmement polymorphe, dont les subdivisions suivantes [1] existent ou ont été signalées en Corse.

I. Subsp. **aethiopicum** R. Lit., nov. comb. = *Geranium aethiopicum* Lamk *Encycl. méth.* II, 662 (1786-88) = *Geranium numidicum* Poir. *Voy. Barb.* II, 201 (1789) = *E. hirtum* Jacq. *Eclog.* I, 85, t. 58 (1811-16) ; non Willd. = *E. viscosum* Salzm. *Pl. hisp.-tingit. exsicc.* (1825), nom. nud. = *E. Jacquinianum* Fisch., Mey. et Avé.-Lall. in *Suppl. ind. non. sem. hort. petrop.* 11 (1842); Boiss. et Reut. *Pug.* 25, p. p. ; Rouy *Ill. pl. Eur. rar.* fasc. VI, 44, p. p., et *Fl. Fr.* IV, 112, p. p. ; Brumh. *Mon. Übers. Erod.* 53 ; Knuth *Geran.* 274 (Engler *Pflanzenreich* IV, 129) ; non Lange in Willk. et Lange *Prodr. fl. hisp.* III, 537, nec Batt. in Batt. et Trab. *Fl. Alg.* (Dicotyl.) 122 et auct. plur. = *E. chaerophyllum* Coss. *Not. pl. crit.* II, 32 (1849), p. p. = *E. numidicum* Boiss. et Reut. *Pug.* 26 (1852) = *E. Salzmanni*

---

1. Nous avons modifié plusieurs parties du texte de J. Briquet relatives à certaines de ces subdivisions, car l'auteur confondait les *E. aethiopicum* et *bipinnatum.*

Boiss. et Reut. *Pug.* 26 et 27 (1852); Lange in Willk. et Lange *Prodr. fl. hisp.* III, 537 ; non Del.[1] = *E. scandicinum* Del. ex Godr. *Fl. juv.* 13 (1863), ed. 2, 67 = *E. cicutarium* var. *bipinnatum* Ball *Spic. fl. marocc.* in *Journ. Linn. soc.* XVI, 385 (1877-78), p. p. = *E. cicutarium* subsp. *E. Salzmanni* Batt. in Batt. et Trab. *Fl. Alg.* (Dicotyl.) 123 (1888) ; non Del. = *E. aethiopicum* Brumh. et Thell. in Thell. *Fl. adv. Montp.* 352 (1912) ; Graebn. *Syn.* VII, 89 ; Coutinho *Fl. Port.* 372 = *E. cicutarium* var. *aethiopicum* Fiori *Nuov. fl. anal. It.* II, 138 (1925), p. p.

Plante généralement robuste, atteignant 50 cm. de haut, à racine annuelle ou bisannuelle. Feuilles 2-3 fois pinnatiséquées, à divisions ultimes linéaires-lancéolées, aiguës, plus ou moins densément couvertes de poils pour la plupart glanduleux. Pédoncules multiflores, le plus souvent 5-7 fl. (parfois jusqu'à 9). Sépales ovales ± acuminés, ± manifestement nerviés, mucronés avec mucron de 0,75-1 mm. de long. Pétales égalant environ les sépales, immaculés à l'onglet. Valves du fruit portant de petites verrucosités noirâtres surmontées de soies rigides d'un blanc-jaunâtre ± étalées ; fossettes apicales entourées d'un sillon net. Rostre beaucoup plus allongé que dans les sous-espèces suivantes, mesurant jusqu'à 7 cm. de long.

Sous-espèce de la péninsule ibérique et de l'Afrique du Nord, signalée à tort en Corse. N'existe probablement pas aussi en Sardaigne et dans l'archipel toscan (île d'Elbe) où la plante est indiquée par Fiori (l. c.) ; mentionnée en Orient par Boissier (*Fl. Or.* I, 891), mais par confusion certaine avec le subsp. *bipinnatum.*

L'*Erodium tenuisectum* Gren. et Godr. (*Fl. Fr.* I, 311), indiqué sur le littoral de la Corse par les auteurs de la *Flore de France* est donné comme synonyme de l'*E. Jacquinianum* Fisch. et Mey. [= *E. aethiopicum* (Lamk) Brumh. et Thell.] par Brumhard (l. c.) et par Knuth (l. c.)[2], de l'*E. aethiopicum* par Thellung (l. c.) et par Graebner (l. c.), enfin de l'*E. cicutarium* var. *aethiopicum* Fiori par Fiori (l. c.). Toutefois un certain nombre de caractères assignés à la plante corse par Grenier et Godron ne s'appliquent pas au vrai *aethiopicum*, par exemple « pédoncules bi-quadriflores » et surtout fossettes des valves du fruit « sans pli au-dessous d'elles » (mots soulignés dans le texte) ; ce sont là des caractères du subsp. *bipinnatum.* Nous avons étudié les échantillons d'*E. tenuisectum* distribués de Saint-Florent par Kralik (Pl. corses n. 519 ª, in herb. Coss., Req., Rouy) et avons pu nous rendre compte que cette plante n'appartient pas à l'*E. aethiopicum*, mais bien au subsp. *bipinnatum* (var. *pilosum*) dont elle possède le rostre du fruit court (3-3,5 cm.) et la fossette des valves dépour-

---

1. Selon Brumhard (*Mon. Übers. Erod.* 57), Brumhard et Thellung (in Thell. *Fl. adv. Montp.* 356), l'*E. Salzmanni* Del. *Ind. sem. hort. Monsp.* 6 (1838) est un hybride entre les *E. aethiopicum* et *cicutarium* sensu stricto.
2. Rouy (*Ill. pl. Eur. rar.* fasc. VI, 44, t. CXXXII, f. 1 et *Fl. Fr.* IV, 112) rattache l'*E. tenuisectum* à l'*E. Jacquinianum* à titre de « forme ».

vue de pli concentrique. Certains de nos exemplaires provenant de l'W. de la France (Oiron dans les Deux-Sèvres, par exemple) présentent des feuilles et des fruits absolument identiques ; il s'agit d'individus simplement plus développés, à racine annuelle et non bisannuelle.

L'*E. Jacquinianum* Fisch. et Mey. a été signalé par le Dr Kükenthal (in *Allg. bot. Zeitschr. Syst.* XXVI-XXVII, 43) à Calacuccia, mais la plante qu'il a récoltée et que nous avons vue dans l'herbier Delessert (Kük. It. cors. n. 196) se rapporte en réalité à l'*E. cicutarium* subsp. *eu-cicutarium* var. *pimpinellifolium*.

Le rang de sous-espèce que nous attribuons à l'*E. aethiopicum* nous paraît donner une idée exacte de sa valeur systématique, étant donnés les caractères relativement peu saillants qui le séparent des autres groupes de l'*E. cicutarium*. Le nom de subsp. *Jacquinianum* Rouy (*Ill. pl. Eur. rar.* fasc. VI, 44, t. CXXXII, f. 2) cité par l'auteur dans sa *Flore de France* (l. c.) n'a pas en réalité été formé par Rouy ; nous ne pouvions d'ailleurs pas le reprendre, car la description de Rouy ne s'applique qu'en faible partie à l'*E. aethiopicum* qu'il a confondu avec l'*E. bipinnatum*, notamment en appliquant à la plante un « fovea sine plica concentrica ».

II. Subsp. **bipinnatum** Tourlet *Cat. pl. Indre-et-Loire* 103 (1908) ; Gams in Hegi *Ill. Fl. M.-Eur.* IV-3, 1722 ; Maire *Contr. ét. fl. Afr. N.* fasc. 15, in *Mém. soc. sc. nat. Maroc* XXI-XXII, 7 = *Geranium bipinnatum* Cav. *Diss.* V, 273, t. CXXVI, f. 1 (1788) = *E. bipinnatum* Willd. *Sp. pl.* III, 628 (1801) ; Brumh. *Mon. Übers. Erod.* 55 ; Thell. *Fl. adv. Montp.* 358 ; Knuth *Geran.* 273 (Engler *Pflanzenreich* IV, 129) ; Graebn. *Syn.* VII, 87 ; Coutinho *Fl. Port.* 374 = *E. cicutarium* forme *E. bipinnatum* Rouy *Fl. Fr.* IV, 110 (1897), et etiam *E. Jacquinianum*, p. p., cum forme *E. tenuisecto*.

Racine annuelle ou bisannuelle. Feuilles 2-3 fois pinnatiséquées à divisions ultimes soit linéaires ou lancéolées soit ovales ou oblongues, acutiuscules, aiguës ou ± obtuses, à indument variable. Pédoncules pauciflores (2-6 fl.). Sépales ovales, peu manifestement nerviés, mutiques ou brièvement mucronés. Pétales immaculés à l'onglet, dépassant le plus souvent les sépales de la moitié de leur longueur. Valves du fruit non verruqueuses, à fossette apicale dépourvue de sillon. Rostre de 2-4 cm. de long.

α. Var. **bipinnatum** DC. *Prodr.* I, 647 (1824) = *Geranium bipinnatum* Cav. *Diss.* V, 273, t. CXXVI, f. 1 (1788) = *E. bipinnatum* Willd. *Sp. pl.* III, 628 (1801) = *E. Petroselinum* L'Hérit. ex DC. *Prodr.* I, 647 (1824) = *E. staphylinum* β Bertol. *Fl. it.* VII, 186 (1847) = *E. Jacquinianum* var. *bipinnatum* Parl. *Fl. it.* V, 206 (1873) ≐ *E. cicutarium* B *fossum* a *arenarium* c *subglabrum* Clav.

Fl. Gir. 1er fasc., 202 (1882) = *E. Jacquinianum* Dav. in *Bull. soc. bot. Fr.* XXXVII, 221 (1890) ; non Fisch., Mey. et Avé.-Lall. = *E. papillare* Porta et Rigo *It. IV hisp.* n. 604 (1895), nom. nud. = *E. cicutarium* var. *lucidum* Luiz. in *Soc. ét. fl. fr.-helv.* n. 476, ann. 1895, nom. nud. = *E. cicutarium* forme *E. bipinnatum* var. *glabrescens* Rouy *Fl. Fr.* IV, 111 (1897) = *E. praecox* (Cav.) Willd. var. *bipinnatum* Sennen et Pau in Sennen *Pl. Esp.* n. 50 (1906) = *E. cicutarium* subsp. *bipinnatum* var. *glabrescens* Tourlet *Cat. pl. Indre-et-Loire* 103 (1908) = *E. bipinnatum* var. *Petroselinum* Coutinho *Fl. Port.* 374 (1913).

Hab. — Non encore signalé en Corse, à rechercher. Croît dans les terrains sablonneux (surtout littoraux) de l'Ouest de la France, de la péninsule ibérique et des îles Canaries.

Tiges et feuilles à poils rares, parfois presque glabres, souvent rougeâtres.

β. Var. **pilosum** DC. *Prodr.* I, 646 (1824) ; Tourlet l. c. = *Geranium pilosum* Thuill. *Fl. env. Paris* 346 (1798-99) = *E. cicutarium* δ Lém. in DC. *Fl. fr.* IV, 840 (1805) = *E. cicutarium* var. *hirtum* Moris *Fl. sard.* I, 342 (1837) = *E. hirtum* Boiss. *Voy. midi Esp.* II, 122 (1839-45) ; non Willd. = *E. staphylinum* Bertol. *Fl. it.* VII, 185 (1847), excl. var. β ; Willk. *Suppl. Prodr. fl. hisp.* 265 = *E. tenuisectum* Gren. et Godr. *Fl. Fr.* I, 311 (1848) = *E. pilosum* Jord. *Pug.* 45 (1852) ; Bor. *Fl. Centre* éd. 3, 133 = *E. Jacquinianum* Boiss. et Reut. *Pug.* 25 et 26 (1852), pro maj. p. ; Boiss. *Fl. Or.* I, 890 ; Ball *Spic. fl. marocc.* in *Journ. linn. soc.* XVI, 386 ; Lange in Willk. et Lange *Prodr. fl. hisp.* III, 537 ; Rouy *Ill. pl. Eur. rar.* fasc. VI, 44, t. CXXXII f. 2, p. p. ; Coste *Fl. Fr.* I, 254; non Fisch., Mey. et Avé.-Lall. = *E. sabulicola* Jord. ex Billot *Fl. Gall. et Germ. exs.* n. 1843 (1855) ; Lange in Willk. et Lange *Prodr. fl. hisp.* III, 537, cum var. *acaule* = *E. glutinosum* Dumort. in *Bull. soc. bot. Belg.* IV, 345 (1865) = *E. Jacquinianum* et *E. Marcucci* Parl. *Fl. it.* V, 208 (1873) = *E. microphyllum* Pomel *Nouv. mat. fl. atl.* fasc. 2, 339 (1874) [1] = *E. tenuisectum* et *E. malacitanum* Amo *Fl. faner. iber.* VI, 65 (1878) = *E. cicutarium* B

---

1. La plante de Pomel dont nous devons un échantillon authentique à la grande obligeance de notre excellent collègue le Dr R. Maire paraît inséparable du var. *pilosum* et ne constitue certainement pas une sous-espèce spéciale de l'*E. cicutarium*, comme l'a envisagé le prof. Murbeck.

fossum a *arenarium* a *glutinosum* et b *vestitum* Clav. *Fl. Gir.* 1ᵉʳ fasc.
202 (1882) = *E. cicutarium* var. *pilosum*, var. *Jacquinianum* et forma
microphyllum Batt. in Batt. et Trab. *Fl. Alg.* (Dicotyl.) 123 (1888) =
E. cicutarium forme *E. bipinnatum* var. *pilosum,* var. *Marcucci* et var.
sabulicola, E. Jacquinianum, p. p. et forme *E. tenuisectum* Rouy *Fl.
Fr.* IV, 110, 111, 112 (1897) = *E. cicutarium* subsp. *E. microphyllum*
Murb. *Contrib. fl. nord-ouest Afr.* I, 52 (1897) = *E. cicutarium* var.
glutinosum et var. *pilosum* Th. Dur. in De Wild. et Th. Dur. *Prodr. fl.
belg.* III, 377 (1899) = *E. cicutarium* var. *Jacquinianum* et var. *subacaule* Hochr. in *Ann. Conserv. et Jard. bot.* Genève VII-VIII, 175
(1904) [1] = *E. bipinnatum* subsp. *sabulicolum* Br.-Bl. *Orig. et dév.
fl. Massif Central* 113 (1923) = *E. cicutarium* var. *aethiopicum*, var.
bipinnatum et var. *subacaule* Fiori *Nuov. fl. anal. It.* II, 138 (1925). —
Exsicc. Kralik n. 519ᵃ !, sub : *E. tenuisectum* Gren. et Godr. (Sᵗ-Florent) [Herb. Coss., Rouy, Req.].

Hab. — Sables maritimes. Signalé par Grenier et Godron (*Fl. Fr.*
1, 311, sub : *E. tenuisectum* Gr. et Godr.) sur le littoral de la Corse sans
précision de localité. Sᵗ-Florent (Kralik exsicc. cit. ! et ex Rouy *Fl.
Fr.* IV, 112) ; Solenzara (Aellen !, 12-VII-1932). Probablement plus
répandu.

« Tiges et feuilles ± hérissées-poilues, souvent grisâtres, à poils mêlés
de glandes stipitées ± abondantes rendant l'épiderme un peu visqueux.
« Cette race présente tous les passages entre les formes à poils moins
abondants, à divisions foliaires ultimes ± obtuses (*E. glutinosum, E. sabulicola*) ou à poils très abondants, à divisions foliaires ultimes moins
obtuses (*E. pilosum*) ; on pourrait envisager les formes extrêmes comme
sous-variétés, si les caractères en question ne semblaient être fortement
in luencés par le milieu (humidité ou aridité relative du sol).
« L'*E. tenuisectum* a été décrit par Grenier et Godron comme vivace,
caractère qui a été reproduit par Rouy et par Fiori et Paoletti ; cette
indication empruntée à des exemplaires desséchés ne nous paraît pas
exacte. Bertoloni a dit de l'*E. staphylinum*: « Radix nunc gracilis simplex,
nunc crassa et ramosa, ramis quoque crassiusculis ». La dernière partie
de la phrase se rapporte aux échantillons bisannuels, à base des tiges ±
indurée, tels que nous les avons vus de l'île d'Elbe (leg. Marcucci), de

---

1. Excl. syn. *E. Jacquiniani* Fisch. et Mey. et *E. hirti* Jacq. — C'est à tort que
Graebner (*Syn.* VII, 90) mentionne l'*E. cicutarium* var. *Jacquinianum* Hochr.
comme synonyme de l'*E. aethiopicum* Brumh. et Thell. ; les plantes du *Voy.
bot. Alg.* de M. Hochreutiner (n. 473 et 665) dont nous avons vu les originaux
dans l'herbier Delessert se rapportent à l'*E. cicutarium* subsp. *bipinnatum* var.
pilosum.

Sardaigne et d'Algérie, tels aussi que Rouy en a donné une reproduction photographique dans ses *Illustrationes*. » (J. B.).

D'après Knuth (*Geran.* 277) et Graebner (*Syn.* VII, 93) le *Geranium pilosum* Thüill., l'*Erodium cicutarium* δ *pilosum* DC. se rapportent non pas à l'*E. bipinnatum* mais à l'*E. cicutarium* var. *chaerophyllum*. Cette interprétation est inexacte. Nous avons étudié les échantillons de l'herbier du Prodromus (originaux de Thuillier) classés sous le nom d'*Erodium cicutarium* δ *pilosum* et nous sommes rendu compte qu'ils appartiennent bien au subsp. *bipinnatum* par l'absence de pli sous la fossette apicale des valves du fruit. C'est également à tort que Graebner (op. cit. 90) donne comme synonyme de l'*E. aethiopicum* Brumh. et Thell. l' « *E. cicutarium* subsp. I *Jacquinianum* var. β *pilosum* Briq. » ex Knuth, la plante envisagée sous ce nom par J. Briquet étant le var. *pilosum* DC., ainsi qu'il est bien indiqué dans la monographie de Knuth. — L'*E. arenarium* Jord. [*Pug.* 44 (1852)], devenu par la suite l'*E. cicutarium* forme *E. dissectum* var. *arenarium* Rouy [*Fl. Fr.* IV, 110 (1897)] est mentionné par Briquet (in Knuth *Geran.* 281) dans la synonymie du var. *pilosum*. Cette forme ne rentre pas dans le subsp. *bipinnatum*, mais bien dans le subsp. *eu-cicutarium*, car Jordan lui attribue un pli très étroit sous la fossette apicale des valves du fruit.

L'existence de formes ambiguës entre l'*E. bipinnatum* et l'*E. cicutarium* (sensu stricto), présentant un sillon sous-fovéolaire peu manifeste, ne permet pas d'envisager ces plantes comme spécifiquement distinctes, ainsi que l'ont fait Thellung, Knuth, Graebner, Coutinho. Nous avons observé de telles formes dans la N. et dans l'W. de la France ; en Corse les échantillons que nous avons récoltés sur la plage de Porto (8-VII-1907, *Voy.* II, 19, sub : *E. dissectum* var. *arenarium*) se rapportent également à une forme de passage entre les subsp. *bipinnatum* var. *pilosum* et subsp *eu-cicutarium* var *chaerophyllum*.

II. Subsp. **eu-cicutarium** Briq. ex Knuth *Geran.* 281 (Engler *Pflanzenreich* IV, 129, ann. 1912); Gams in Hegi *Ill. Fl. M.-Eur.* IV-3, 1721 = *Geranium cicutarium* L. *Sp.* ed. 1, 680 (1753), sensu stricto = *E. cicutarium* L'Hérit. in Ait. *Hort. kew.* ed. 1, II, 414 (1789), sensu stricto ; Godr. in Gren. et Godr. *Fl. Fr.* I, 311 ; Burn. *Fl. Alp. mar.* II, 23 ; Brumh. *Mon. Übers. Erod.* 56 ; Knuth l. c., 274 ; Graebn. *Syn.* VII, 90 = *E. cicutarium* A *cinctum* Clav. *Fl. Gir.* 1er fasc., 202 (1882).

Hab. — Sables, rocailles, garigues, pelouses, cultures dans les étages inférieur, montagnard et parfois subalpin. Mars-août.

Racine annuelle ou bisannuelle. Feuilles 1-2 fois pinnatiséquées. Pédoncules 4-10 fl. Sépales ovales, ± manifestement nerviés, mucronés avec mucron d'environ 1 mm de long. Pétales immaculés à l'onglet ou maculés, de dimension variable, tantôt dépassant peu les sépales, tantôt une fois plus longs. Valves du fruit non verruqueuses, à fossette apicale cernée d'un sillon net. Rostre de 2-4 cm. de long.

3

†† γ. Var. **chaerophyllum** DC. *Prodr.* I, 646 (1824); Godr. in Gren. et Godr. *Fl. Fr.* I, 311 ; Paol. in Fiori et Paol. *Fl. anal. It.* II, 245, excl. i. *pilosum* = *Geranium chaerophyllum* Cav. *Diss.* IV, 226, t. XCV, f. 1 (1787) = *E. chaerophyllum* Steud. *Nom. bot.* ed. 1, I, 314 (1821) ; non Coss. *Not. pl. crit.* II, 32 (1849) = *E. cicutarium* forme *E. dissectum* Rouy *Fl. Fr.* IV, 108 (1897) = *E. cicutarium* subsp. *chaerophyllum* Tourlet *Cat. pl. Indre-et-Loire* 103 (1908) ; Coutinho *Fl. Port.* 374 = *E. cicutarium* var. *pimpinellifolium* forma *chaerophyllum* Gams in Hegi *Ill. Fl. M.-Eur.* IV-3, 1722 (1924).

Hab. — Dunes d'Ostriconi (Coust. !, V-1919, in herb. et herb. R. Lit.) ; entre Lozzi et la bergerie du Monte Cinto, pelouses sèches, 1100 m. (R. Lit. ! *Voy.* II, sub : *E. dissectum* var. *acaule*); près Evisa, 870 m. (Aellen !, 23-VII-1932) ; Santa Manza, vigne de Gurgazzo (R. Lit. !, 14-V-1932). Probablement plus répandu. A rechercher.

« Feuilles à segments elliptiques-lancéolés, profondément pinnatipartites, souvent bipinnatiséquées ou -partites à la base. » (J. B.).

Les plantes d'Evisa et de Santa Manza rappellent un peu le subsp. *aethiopicum* par leur taille élevée et leurs feuilles assez larges.

ε. Var. **pimpinellifolium** Sm. *Fl. brit.* II, 727 (1804) ; DC. *Fl. fr.* IV, 840 ; DC. *Prodr.* I, 646 ; Coss. et Germ. *Fl. env. Par.* éd. 2, 64 ; Godr. in Gren. et Godr. *Fl. Fr.* I, 311; Gams in Hegi *Ill. Fl. M.-Eur.* IV-3, 1722, excl. forma *chaerophyllum* = *Geranium pimpinellaefolium* Cav. *Diss.* IV, 226, t. XCIII, f. 1 (1787) = *E. pimpinellifolium* Sibth. *Fl. oxon.* 211 (1794) ; Willd. *Sp. pl.* III, 630 = *E. cicutarium* forme *E. pimpinellifolium* Rouy *Fl. Fr.* IV, 106 (1897), incl. var. α-η = *E. cicutarium* var. *typicum* Posp. *Fl. oesterr. Küstenl.* II, 35 (1898) ; Paol. in Fiori et Paol. *Fl. anal. It.* II, 245 = *E. cicutarium* subsp. *pimpinellifolium* Tourlet *Cat. pl. Indre-et-Loire* 102 (1908). — Exsicc. Kük. It. cors. n. 196 !, sub : *E. Jacquinianum* (Calacuccia) [Herb. Deless.].

Hab. — Répandu dans les étages inférieur et montagnard ; s'élève parfois jusque dans l'étage subalpin (sommet du Monte Asto, dans la chaîne de Tenda, gazons, 1533 m., Briq. !, 1-VII-1908, in herb. Burn.).

« Segments foliaires à pourtour ± ové-elliptique, ± profondément incisés ou incisés-pennatifides.

« On peut distinguer à l'intérieur de cette race (reliée d'ailleurs avec la précédente par de fréquents intermédiaires) un certain nombre de formes subordonnées, dont les unes paraissent être sous la dépendance du milieu (dimensions, degré de villosité, etc.), tandis que les autres sont des micromorphes — le plus souvent indéterminables avec précision dans les herbiers, — à caractères peut-être héréditaires. Parmi ces dernières, il convient de signaler le var. *praecox* DC. [*Prodr.* I, 646 (1824) ; Reichb. *Fl. germ. exc.* 776 ; non *E. praecox* Cav. = *E. cicutarium* forme *E. pimpinellifolium* η *praecox* Rouy l. c. (1897)] caractérisé par l'acaulie et signalé à Ile-Rousse (N. Roux in *Bull. soc. bot. Fr.* XLVIII, sess. extr. CXLIV). Selon Clos [in *Bull. soc. bot. Fr.* XLIII, 606 (1894)], il faudrait distinguer entre cette variété constamment acaule et l'état acaule d'échantillons vernaux devenant ultérieurement caulescents. Une semblable distinction ne peut naturellement se faire qu'en suivant la plante sur le vif, car il arrive fréquemment que l'allongement des tiges s'effectue après le développement des premiers fruits quand la floraison est très précoce. D'ailleurs des états ou variations analogues se retrouvent dans toutes les autres races de l'*E. cicutarium* et chez d'autres espèces du genre. » (J. B.).

1086. **E. acaule** Becherer et Thell. in Fedde *Repert.* XXV, 215 (1928) = *Geranium acaule* L. *Syst.* ed. 10, 1143 (juin 1759) = *Geranium romanum* Burm. f. *Sp. Geran.* 30 (août 1759) = *E. romanum* L'Hérit. in Ait. *Hort. kew.* ed. 1, II, 414 (1789) ; Godr. in Gren. et Godr. *Fl. Fr.* I, 311 ; Coste *Fl. Fr.* I, 254 ; Brumh. *Mon. Ubers. Erod.* 56 ; Knuth *Geran.* 284 (Engler *Pflanzenreich* IV, 129); Graebn. *Syn.* VII, 103 = *E. cicutarium* var. *romanum* O. Kuntze in *Act. hort. petrop.* X, 1, 176 (1887); Paol. in Fiori et Paol. *Fl. anal. It.* II, 245 ; Fiori *Nuov. fl. anal. It.* II, 139 = *E. cicutarium* forme *E. Romanum* Rouy *Fl. Fr.* IV, 103 (1897) = *E. cicutarium* subsp. *romanum* Briq. ex Knuth l. c., 281 (1912); Gams in Hegi *Ill. Fl. M.-Eur.* IV-3, 1723. — Exsicc. Bourgeau n. 82 bis (Campo di l'Oro).

Hab. — Sables, garigues de l'étage inférieur. Avril-mai. ♃. Très rare. Campo di l'Oro, près Ajaccio (Bourgeau exsicc. cit., sec. Briq. mss. [1]). Signalé en Corse sans précision de localité par Grenier et Godr. (l. c.), puis aux environs d'Ajaccio par Boullu (in *Bull. soc. bot. Fr.* XXIV, sess. extr. XCVIII), d'après de vieux souvenirs.

L'*E. acaule* nous paraît suffisamment distinct de l'*E. cicutarium* pour être envisagé comme espèce autonome. Il diffère surtout de ce dernier par sa racine persistante, passant au sommet à une souche ± ramifiée, courte, épaisse, indurée, d'où naissent tous les pédoncules et toutes les feuilles.

1. Bourgeau a dû distribuer sous le même n. 82 *bis* des plantes différentes, car les échantillons que nous avons vus dans l'herbier Cosson appartiennent à l'*E. cicutarium* subsp. *eu-cicutarium* var. *pimpinellifolium*.

La plante est souvent confondue avec l'*E. cicutarium*. C'est ainsi que nous avons vu de provenance corse sous le nom d'*E. romanum* des échantillons appartenant à l'*E. cicutarium* (var. *pimpinellifolium*) : Bastia, leg. Borne, 26-II-1844, in herb. Laus. ; Bonifacio, leg. Stefani, 9-IV 1895, ex herb. N. Roux, in herb. R. Lit. — Signalé par erreur par M. Malcuit (*Littoral occid.* 30) à la plage de Baracci ; il s'agit en réalité de l'*E. moschatum* L'Hérit. forma *cicutarioides* (Del.) R. Lit., sous un état acaule (herb. R. Lit. !).

1087. E. moschatum L'Hérit. in Ait. *Hort. kew.* ed.1, II, 414 (1789) ; Godr. in Gren. et Godr. *Fl. Fr.* I, 310 ; Rouy *Fl. Fr.* IV, 113, cum var. *minore* Rouy ; Coste *Fl. Fr.* I, 254 ; Brumh. *Mon. Übers. Erod.* 54 ; Knuth *Geran.* (Engler *Pflanzenreich* IV, 129) ; Graebn. *Syn.* VII, 100 = *Geranium cicutarium* var. *moschatum* L. *Sp.* ed. 1, 680 (1753) = *Geranium moschatum* L. *Syst.* ed. 10, 1143 (juin 1759) ; Burm. f. *Sp. Geran.* 29 (août 1759). — Exsicc. Soleirol n. 788 ! (Calvi) [Herb. Coss.] ; Soleirol n. 790 ! (Calvi) [Herb. Req.] ; Kük. It. cors. n. 1234 ! (Corbara) [Herb. Deless.].

Hab. — Lieux sablonneux, pelouses, clairières des maquis, bord des chemins. Mars-juin et souvent jusqu'en sept. ①-②. Répandu dans l'étage inférieur de l'île entière jusque vers 500 m. d'altitude (p. ex. à la montagne de Pedana, au pied de la falaise, 500 m., leg. Briq. !, 14-V-1907 ; Monte Pollino, au-dessus de la voie ferrée, 380-425 m., R. Lit. *Mont. Corse orient.* 51). — Cette espèce a été observée aussi par M. Aellen (3-VIII-1932) dans les rochers du Monte Tozzo au bord du sentier du lac de Nino, à l'altitude d'environ 1700 m. ; il s'agit certainement ici d'une introduction par les troupeaux, soit endozoïque, soit plutôt épizoïque.

Certains échantillons (par exemple du vallon du Fango près Bastia, leg. R. Lit. !, 2-VII-1907, d'Ota, leg. Aellen !, 28-VII-1932, et d'Ajaccio, leg. N. Roux !, 31-V-1894, in herb. sub : *E. laciniatum* Willd.) présentant des feuilles à segments laciniés ou pinnatiséqués se rapportent au forma **cicutarioides** R. Lit., nov. comb. [= *E. moschatum* var. *cicutarioides* Del. ex Godr. *Fl. juven.* 16 (1853), ed. 2, 71 : Thell. *Fl. adv. Montp.* 358 ; Graebn. *Syn.* VII, 101 = *E. moschatum* var. *praecox* Lange *Pug. pl. hisp.* in *Vidensk. Meddel. Kjöb.* ann. 1865, 132 (1866) ; Lange in Willk. et Lange *Prodr. fl. hisp.* III, 538 ; Brumh. *Mon. Übers. Erod.* 55 ; Knuth *Geran.* 283 (Engler *Pflanzenreich* IV, 129) = *E. moschatum* var. *dissectum* Ball *Spic. fl. marocc.* in *Journ. Linn. soc.* XVI, 387 (1877-78)].

PELARGONIUM L'Hérit.

P. Radula L'Hérit. *Geran.* t. 16 (1797-98) = *Geranium Radula* Cav. *Diss.* IV, 262, t. 101, f. 1 (1787) = *P. multifidum* Salisb. *Prodr.* 313 (1796) = *P. roseum* Willd. *Sp. pl.* III, 679 (1801) ; non Ait.

C'est à ce type et sans doute aussi à des hybrides (*P. graveolens* × *Radula*) que se rapporte le Géranium Rosat dont la culture autrefois prospère dans certaines parties du Cap Corse et du Nebbio — surtout dans les communes de Brando, de Sisco et de San Pietro di Tenda, — est à l'heure actuelle complètement abandonnée. Des pieds de Géranium Rosat persistent encore, comme nous l'avons vu (VII-1932) au N. d'Erbalonga, vers le Capo di Rupe, dans les champs envahis maintenant par une foule d'espèces provenant des maquis voisins.

TROPAEOLACEAE

TROPAEOLUM L.

T. majus L. *Sp.* ed. 1, 345 (1753) ; Buch. *Tropaeol.* 21 (Engler *Pflan - zenreich* IV, 131) ; Graebn. *Syn.* VII, 159 ; Hegi *Ill. Fl. M.-Eur.* IV-3, 1729 = *T. elatum* Salisb. *Prodr.* 275 (1796) = *T. repandifolium* Stokes *Bot. mat. med.* II, 346 (1842).

Espèce originaire de l'Amérique du S. fréquemment cultivée dans les jardins et parfois subspontanée (observée par Thellung, 1909 — notes manuscr. — dans des décombres à Ajaccio, près de la plage).

LINACEAE

RADIOLA Hill.

1088. **R. Linoides** Roth *Tent. fl. germ.* II, 199 (1789) ;Gren. in Gren. et Godr. *Fl. Fr.* I, 284 ; Rouy *Fl. Fr.* IV, 54 ; Coste *Fl. Fr.* I, 232 = *Linum Radiola* L. *Sp.* ed. 1, 281 (1753) = *Linum multiflorum* Lamk *Fl. fr.* III, 70 (1778) = *Linum tetrapetalum* Gilib. *Fl. lituan.* ser. 2, V, 144 (1782) = *R. dichotoma* Moench *Meth.* 288 (1794) = *Linum Millegrana* Sm. *Fl. brit.* I, 202 (1800) ; Bertol. *Amoen. it.* 339 et *Fl. it.* II, 249 = *R. multiflora* Asch. *Fl. prov. Brandenb.* II *Sp.-Fl. Berlin* 28 (1859) = *R. Radiola* Karst. *Deutsche Fl.* Lief. 6, 606

1882) ; Graebn. *Syn.* VII, 167 ; Druce *Brit. pl. list* ed. 2, 21 = *Lino-des Radiola* O. Kuntze *Rev. gen.* I, 87 (1891) = *Millegrana Radiola* Druce *Fl. Berkshire* 114 (1897) ; Hayek *Fl. Steierm.* I, 617. — Exsicc. Soleirol n. 1040 ! (Calvi) [Herb. Rouy].

Hab. — Points sablonneux, prairies, pelouses et rochers surtout humides, châtaigneraies dans les étages inférieur et montagnard, s'élevant même dans l'étage subalpin, 1-1400 m. Avril-août, suivant l'altitude. ①. Assez répandu. Luri (Fouc. et Sim. *Trois sem. herb. Corse* 73, Fouc. ! in herb. N. Roux et herb. Bonaparte) ; Bastia (Salis in *Flora* XVII, Beibl. II, 68) ; Serra di Pigno (Mab. in Mars. *Cat.* 33; R. Lit. !, 4-VI-1933) ; Biguglia (Pœverlein !, 28-IV-1909, in herb.) ; Ponte di Golo (Salis l. c.) ; Calvi (Soleirol ! exsicc. cit. et ex Bertol. *Fl. it.* II, 250, Parl. *Fl. it.* V, 320 ; R. Lit. ! in *Bull. acad. géogr. bot.* XVIII, 40) ; Albertacce, rochers humides au bord du torrent de Viro, 1000 m. (J. Chevalier, 25-VII-1919, in litt.) ; vallée du Fiume Alto en aval et en amont du pont d'Orezza (Gillot in *Bull. soc. bot. Fr.* XXIV, sess. extr. LXXV ; R. Lit. ! *Mont. Corse orient.* 76) ; Ajaccio (Salis l. c. ; Clément !, VI-1842, in herb. gén. Mus. Grenoble ; Req. !, VI-1848, in herb. et ex Bertol. *Fl. it* X, 471, Parl. *Fl. it.* V, 320 ; Fabre !, V-1850, in herb. Req. ; Mars. l. c.), notamment près de la chapelle St-Joseph (Boullu in *Bull. soc. bot. Fr.* XXIV, sess. extr. XCII) et à la chapelle des Grecs (Fouc. et Sim. l. c., Fouc. !, in herb. Bonaparte) ; Coscione, pelouses à *Nardus* du *Juniperetum nanae* entre la chapelle de San Pietro et la pozzine de Veragulongo, 1410 m. (R. Lit.! *Nouv. contrib.* fasc. 2, 20); Coscione, versant S., au bord des ruisseaux près des bergeries de la Finosa, vers 1200 m. (Maire in Rouy *Rev. bot. syst.* II, 23) ; environs de Quenza (Maire in *Bull. soc. bot. Fr.* XLVIII, sess. extr. CXLVI ; R. Lit. *Nouv. contrib.* fasc. 3, 9) ; entre Ste-Lucie de Porto-Vecchio et la Trinité, prairies maréca-geuses (Briq. !, 4-VII-1911, in herb. Burn.) ; Porto-Vecchio (Rikli *Bot. Reisest. Kors.* 61), notamment dans les lieux herbeux derrière la pinède (R. Lit. !, 12-V-1932) ; Sotta, berges sableuses du Stabiacco (Briq. !, 4-VII-1911, in herb. Burn.) ; massif de Cagna (Bubani ex Bertol. l. c.) ; Santa Manza, maquis au-dessus de la vigne de Gur gazzo (R. Lit., 14-V-1932) ; Bonifacio (Seraf. ex Bertol. l. c. et ex Parl. l. c. ; de Pouzolz !, 1824, in herb. Req. ; Salis l. c.) ; maquis un peu tourbeux au N.-W. de la Trinité, près Bonifacio (Brugère !,

5-V-1914, in herb. Burn.) ; pelouses au bord de l'étang de Ventilegne, près du pont (R. Lit., 14-V-1932).

LINUM L.

1089. **L. catharticum** L. *Sp.* ed. 1, 281 (1753); Gren. in Gren. et Godr. *Fl. Fr.* I, 284 ; Rouy *Fl. Fr.* IV, 56 ; Coste *Fl. Fr.* I, 230 : Graebn. *Syn.* VII, 169 = *L. diversifolium* Gilib. *Fl. lituan.* ser. 2, V, 143 (1782) = *Cathartolinum pratense* Reichb. *Handb.* 307 (1837) = *Cathartolinum catharticum* J. K. Small in Underw. et Britt. *North Amer. Fl.* XXV, 1, 74 (1907). — Exsicc. Soleirol n. 1041 ! (Orezza) [Herb. Coss.] ; Soleirol n. 1041 !, ann. 1824 (Rostino) [Herb. Req.] ; Reverch. ann. 1885 sub : *L. catharticum* ! (Evisa) [Herb. Deless.].

Hab. — Châtaigneraies, pelouses surtout humides, rochers humides, bord des ruisseaux dans l'étage inférieur, l'étage montagnard et jusque dans l'horizon inférieur de l'étage subalpin, 1-1200 m. Mai-août. ④. Assez répandu dans le Cap et dans les montagnes de la Corse orientale, plus rare dans l'W. ; paraît manquer dans tout le S. de l'île. Montagnes du Cap (Salis in *Flora* XVII, Beibl. II, 68), notamment à Bocca Rezza au-dessus de Mandriale, rochers ombragés 900-1000 m. (Briq. !, 16-VII-1910, in herb. Burn.) et au Pigno (Soleirol, Kralik ex Rouy *Fl. Fr.* IV, 57) ; Erbalonga (Gillot in *Bull. soc. bot. Fr.* XXIV, sess. extr. L) et entre Erbalonga et Sisco (Fouc. et Sim. *Trois sem. herb. Corse* 70) ; Bastia (Mab. in Mars. *Cat.* 33) ; entre Casamozza et Prunelli-di-Casacconi, rochers humides au bord de la voie ferrée (Aylies !, 23-V-1919, in herb. R. Lit.) ; la Casinca, répandu dans les châtaigneraies, de 500 à 1100 m. (Rotgès, VI-1907, notes manuscr.) ; près de la Bocca a u Pruno, N. de Morosaglia, pelouses humides, 1040 m. (R. Lit. *Mont. Corse orient.* 165) ; Morosaglia, châtaigneraies, 820-950 m. (R. Lit. l. c., 76) ; le Rostino (Soleirol ! exsicc. cit. et ex Bertol. *Fl. it.* III, 559) ; près Croce, châtaigneraie, 750 m. (R. Lit. l. c., 76) ; Orezza (Soleirol ! exsicc. cit.), dans les châtaigneraies de la rive droite du Fiume Alto, en amont du pont, 380-390 m. (R. Lit. l. c., 76) ; Pedi Mozzo, au-dessus de Felce, pelouses près du sommet, 1190 m. (R. Lit., 20-VIII-1930) ; Cima Tonda, bord des ruis.eaux, 1050-1070 m. (R. Lit. l. c., 165) ; Punta d'Ernella, près de la fontaine de Furcilli, tache tourbeuse à *Erica terminalis*, 1150 m.

(R. Lit. l. c., 103) ; châtaigneraie près de la fontaine de San Cervone, N.-E. d'Erbajolo, 900 m. (R. Lit. l. c., 76) ; environs de Corte (Mand. et Fouc. ex Fouc. in *Bull. soc. bot. Fr.* XLVII, 88), notamment près du séminaire (Fouc. !, VII-1898, in herb. Bonaparte) et dans le vallon d'Asti Corbi, vers la source du ruisseau de Badello, rive gauche du Tavignano, 750-800 m. (Aylies !, 28-VI-1918, ex R. Lit. et Sim. in *Bull. soc. bot. Fr.* LXVIII, 99) ; Evisa (Reverch. ! exsicc. cit.).

La plante corse appartient au subsp. **catharticum** Hayek [*Fl. Steicrm.* I, 621 (1909)], annuelle, à tige simple à la base, à feuilles distantes, à cotylédons souvent persistants au moment de la floraison. Certains échantillons (par ex. ceux récoltés par Foucaud près du séminaire de Corte) atteignent jusqu'à 38 cm. de haut.

1090. **L. maritimum** L. *Sp.* ed. 1, 280 (1753) ; Gren. in Gren. et Godr. *Fl. Fr.* I, 281 ; Rouy *Fl. Fr.* IV, 57 ; Coste *Fl. Fr.* I, 229 ; Graebn. *Syn.* VII, 172. — Exsicc. Soleirol n. 1047 ! (Biguglia) [Herb. Coss.] ; Kralik n. 509 ! (Biguglia) [Herb. Bor., Coss., Deless., Rouy] ; Mab. n. 42 ! (Biguglia) [Herb. Bonaparte, Bor., Burn., Coss.] ; Kük. It. cors. n. 375 ! (St-Florent) [Herb. Deless.].

Hab. — Prairies humides littorales, plus rarement rochers. Mai-oct. ♃. Disséminé. Cap Corse (Mab. *Rech.* I, 14) ; « Bastia » (Soleirol ex Bertol. *Fl. it.* III, 554 ; Bernard !, VII-1841, in herb. jard. Angers) ; étang de Biguglia (Soleirol ! exsicc. cit. ; Salis in *Flora* XVII, Beibl. II, 68 ; Clément !, VII-1842, in herb. gén. Mus. Grenoble ; Kralik ! exsicc. cit. ; Mab. ! exsicc. cit. et in Mars. *Cat.* 32; et nombreux autres observateurs) ; St-Florent (Moq. !, 22-X-1852, in herb. Req. ; Mars. l. c. ; Kük. ! exsicc. cit. et in *Allg. bot. Zeitschr. Syst.* XXVIII-XXIX, 25; R. Lit., VIII-1930); marais de Calvi (Mab. in Mars. l. c.) ; Aleria (Mab. l. c.); Propriano (N. Roux in *Bull. soc. bot. Fr.* XLVIII, sess. extr. CXLIII) ; Santa Manza (Brugère !, VI-1914, in herb. Burn.) ; Bonifacio (Seraf. ex Bertol. l. c. et ex Parl. *Fl. it.* V, 285) ; entre Bonifacio et Campolongo (Pœverlein !, 1-V-1909, in herb.).

1091. **L. gallicum** L. *Sp.* ed. 2, 401 (1762); Gren. in Gren. et Godr. *Fl. Fr.* I, 280 ; Rouy *Fl. Fr.* IV, 58 ; Coste *Fl. Fr.* I, 230 ; Graebn. *Syn.* VII, 173 = ? *L. trigynum* L. *Sp.* ed. 1, 279 (1753) = *L. aureum* Waldst. et Kit. *Descr. et ic. pl. rar. Hung.* II, 193, t. 177 (1805) = *Cathartolinum gallicum* Reichb. *Handb.* 307 (1837). — Exsicc. Sieber

sub : *L. gallicum* ! (Bonifacio) [Herb. Deless.] ; Soleirol n. 1036 !
(île de « Lavezio ») [Herb. Coss.] ; Kralik n. 506 ! (Porto-Vecchio)
[Herb. Bor., Coss., Deless., Rouy] ; Reverch. ann. 1878, sub : *L. gal-
licum* ! (Bastelica) [Herb. Burn.] ; Reverch. ann. 1879, n. 172 !
(Serra di Scopamene) [Herb. Coss., Laus.] ; Reverch. ann. 1885,
n. 172 ! (Ota) [Herb. Deless.] ; Burn. ann. 1904, n. 106 ! (défilé de
Lancone), n. 107 ! (Calanche de Piana ¹) et n. 108 ! (la Pentica, près
Bocognano) [Herb. Burn.] ; Kük. It. cors. n. 1059 ! (le Pigno)
[Herb. Deless.].

Hab. — Friches, garigues, maquis, rocailles des étages inférieur et
montagnard, 1-1200 m. Mars-juill., suivant l'altitude. ⚥. Répandu
et fréquent dans l'île entière.

1092. **L. strictum** L. *Sp*. ed. 1, 279 (1753) ; Gren. in Gren. et
Godr. *Fl. Fr*. I, 281 ; Rouy *Fl. Fr*. IV, 58 ; Coste *Fl. Fr*. I, 229.

Hab. — Friches, garigues, rocailles de l'étage inférieur, s'élevant
parfois dans l'étage montagnard. Mai-juill. ⚥. — Espèce polymorphe
représentée en Corse par les subdivisions suivantes.

†† I. Subsp. **corymbulosum** Rouy *Fl. Fr*. IV, 60 (1897) =
L. gallicum Sibth. et Sm. *Fl. graec. prodr*. I, 216 (1806) et *Fl. graec*.
IV, 3, t. 303 (1823) ; non L. = *L. aureum* DC. *Prodr*. I, 423 (1824) ;
non Waldst. et Kit. = *L. corymbulosum* Reichb. *Fl. germ. exc*. 834
(1832) ; Koch *Syn*. ed. 2, 158 ; Vis. *Fl. dalm*. III, 218 ; Boiss. *Fl. Or*.
I, 852 ; Burn. *Fl. Alp. mar*. I, 277 ; Graebn. *Syn*. VII, 174 = *Cathartolinum corymbulosum* Reichb. *Handb*. 307 (1837) = *L. strictum* var.
corymbulosum Planch. in Hook. *Lond. Journ. of bot*. VII, 476 (1848) ;
Paol. in Fiori et Paol. *Fl. anal. It*. II, 251 = *L. liburnicum* Parl. *Fl.
it*. V, 290 (1873), an Scop. ?

Hab. — Uniquement jusqu'ici au Monte Felce, près Corte (Mand.
et Fouc. ex Fouc. in *Bull. soc. bot. Fr*. XLVII, 83, Fouc. !, VII-1898,
in herb. Bonaparte).

« Port du *L. gallicum*. Tige grêle, souvent ramifiée plus bas, à rameaux
filiformes. Pédicelles capillaires, tous ou du moins les inférieurs égalant
ou dépassant la longueur du calice. » (J. B.).

II. Subsp. **eu-strictum** Briq., nov. nom. = *L. strictum* L. l. c.,

---

1. Mélangé à *L. usitatissimum* subsp. *angustifolium* var. *imperforatum*.

sensu stricto ; Burn. *Fl. Alp. mar.* I, 276 ; Rouy *Fl. Fr.* IV, 58 ;
Graebn. *Syn.* VII, 175 = *Cathartolinum strictum* Reichb. *Handb.* 307
(1837) = *L. strictum* var. *typicum* Paol. in Fiori et Paol. *Fl. anal. It.*
II, 250 (1901).

« Tiges plus raides, moins ramifiées, à fleurs le plus souvent réunies en
cymes spiciformes ou corymbiformes, rarement disposées en inflorescences lâches. Fleurs sessiles ou subsessiles; les pédicelles dans ce dernier
cas sont plus épais, l'alaire inférieur seulement atteignant ou dépassant
rarement la longueur de la capsule ou du calice. » (J. B.). — Trois variétés.

† α. Var. **alternum** Pers. *Syn.* I, 336 (1805) ; Rouy l. c. ; Graebn.
l. c. 177 = *L. sessiliflorum* β Lamk *Encycl. méth.* III, 523 (1789-?) =
Cathartolinum alternum Reichb. *Handb.* 307 (1837) = *L. strictum*
var. *laxiflorum* Gren. in Gren. et Godr. *Fl. Fr.* I, 281 (1847), p. p. ;
Burn. l. c., p. p. = *L. strictum* var. *typicum* forma *alternum* Paol. in
Fiori et Paol. l. c. (1901).

Hab. — Corse, sans indication de localité (DC. *Fl. fr.* V, 615).
Entre le Capo di Rupe et Erbalonga, champ en friche (R. Lit. !,
29-VII-1932) ; Bastia (Mand. et Fouc. ex Fouc. in *Bull. soc. bot. Fr.*
XLVII, 88, Fouc. !, VII-1898, in herb. Bonaparte et in herb. N.
Roux).

« Fleurs disposées en dichotomies irrégulières, formant une inflorescence lâche, l'alaire inférieur égalant ou dépassant rarement la longueur
de la capsule. Pétales d'un jaune foncé. — Variété établissant le passage
entre la sous-espèce 1 et les races suivantes. » (J. B.).

β. Var. **cymosum** Gren. in Gren. et Godr. *Fl. Fr.* I, 281 (1847),
emend. Burn. *Fl. Alp. mar.* I, 177 ; Rouy *Fl. Fr.* IV, 58 ; Graebn.
Syn. VII, 176 = *L. sessiliflorum* α Lamk *Encycl. méth.* III, 523
(1789-?) = *L. strictum* var. *typicum* forma *cymosum* Paol. in Fiori et
Paol. *Fl. anal. It.* II, 250 (1901) = *L. strictum* var. *typicum* Halacsy
Consp. fl. graec. I, 255 (1901) = *L. strictum* subsp. *L. cymosum* Lindb. f.
Itin. medit. in *Act. soc. scient. fenn.* nov. sér. B, I, n. 2, 95 (1932). —
Exsicc. Sieber sub : *L. strictum* ! (Bonifacio) [Herb. Req.] ; Soleirol
n. 1037 !, sub : *L. strictum* (Ostriconi) [Herb. Coss.] ; Kralik n. 507 !,
sub : *L. strictum* (Bonifacio) [Herb. Bor., Coss., Deless., Rouy] ;
Soc. Sud-Est, ann. 1895, n. 514 !, sub : *L. strictum* (Bonifacio, leg.

Stefani) [Herb. Bonaparte] ; Burn. ann. 1904, n. 109 ! (La Parata)
[Herb. Burn.].

Hab. — Assez répandu. Rogliano (Revel. !, 30-V-1854, in herb.
Bor.) ; Ortale (Fouc. et Sim. *Trois sem. herb. Corse* 69) ; Erbalonga
(Gillot in *Bull. soc. bot. Fr.* XXIV, sess. extr. L) ; Bastia (Mab. in
Mars. *Cat.* 32 ; Ronn. in *Verhandl. zool.-bot. Ges. Wien* LXVIII, 229),
notamment dans le vallon du Fango (R. Lit. *Voy.* II, 2) ; env. de
Farinole, près de la tour, au bord du ruisseau de Mulinaccio, près de
l'embouchure de la rivière de Saraggio et près du pont de Patrimonio
(R. Lit. !, 2-VI-1933) ; base du Monte Silla Morta, près St-Florent
(Aylies !, 20-V-1920, in herb. R. Lit. ; R. Lit., 1-VI-1933) ; Ostriconi
(Soleirol ! exsicc. cit. et ex Bertol. *Fl. it.* III, 552) ; vallée du Fiume
Alto, en aval du pont d'Orezza (Gillot l. c., LXXV) ; pentes S. de la
cote 754, près Corte (R. Lit. *Mont. Corse orient.* 65) ; environs d'Ajac-
cio (Fabre !, V-1850, in herb. Req.), notamment à Aspreto (Fouc. et
Sim. l. c. 121, Fouc. ! in herb. Bonaparte), à la chapelle des Grecs
(Mars. l. c. ; Fouc. et Sim. l. c. 117, Fouc. ! in herb. Bonaparte), au
Scudo (R. Lit. !, 17-V-1932), à la Parata (Lardière !, V-1893, in herb.
Laus. ; Burn. ! exsicc. cit. et ex Briq. *Spic.* 147) ; Zonza, maquis ro-
cheux vers 750 m. (Sim. !, 20-V-1933) ; Bonifacio (Seraf. !, in herb.
Req. ; Sieber ! exsicc. cit. ; Fabre !, V-1850, in herb. Req. ; Stefani !,
18-V-1896, in Soc. S.-Est exsicc. cit. ; Brugère !, V-1914, in herb.
Burn.), quartier de Sperone (Coust. !, V-1917, in herb.) ; Ventilegne
(Brugère !, V-1914, in herb. Burn.).

« Fleurs disposées en cymes compactes au sommet des rameaux. Pétales d'un jaune moins vif. » (J. B.). — Dans les échantillons réduits
croissant dans les stations très sèches, l'inflorescence devient très pauciflore.

γ. Var. **spicatum** Pers. *Syn.* I, 336 (1805) ; Boiss. *Fl. Or.* I, 872 ;
Rouy l. c. 59 ; Graebn. l. c. = *L. sessiliflorum* γ Lamk l. c. (1789-?) =
L. inaequale J. et C. Presl *Del. prag.* 58 (1822) et *Fl. sic.* 170 =
L. strictum Sibth. et Sm. *Fl. graec. prodr.* I, 316 (1806) et *Fl. graec.*
IV, 4, t. 304 (1823) = *L. strictum* var. *axillare* Gren. in Gren. et Godr.
Fl. Fr. I, 281 (1847) = *L. strictum* var. *typicum* forma *spicatum* Paol.
in Fiori et Paol. l. c. (1901) = *L. strictum* subsp. *L. spicatum* Lindb. f.
It. austr.-hung. in *Öfvers. Finsk. Vet. Soc. Förh.* XLVIII, 63 (1906) ;
Holmboe *Stud. veget. Cypr.* 117 ; Lindb. f. *Itin. medit.* 95.— Exsicc.

Soleirol n. 1038 !, sub : *L. strictum* β *attenuatum* (sic !) DC. *Prodr.* 7
(cap St-François près Calvi) [Herb. Coss.] ; Kral k n. 507ᵃ ! (Bonifacio) [Herb. Coss., Rouy].

Hab. — Bastia (Bernard in herb. mus. Paris, sec. Rouy *Fl. Fr.*
IV, 59) ; entre Bastia et Cardo (Mand. et Fouc. ex Fouc. in *Bull.
soc. bot. Fr.* XLVII, 88) ; Calvi (Mand. et Fouc. ex Fouc. l. c., Fouc. !,
VII-1898, in herb. Bonaparte), au cap St-François (Soleirol ! exsicc.
cit.) ; Piedicorte-di-Gaggio (Rotgès ex Fouc. l. c., specim. in herb. Bonaparte !) ; Bonifacio (Req. !, VI-1847 et V-1849, in herb. ; Kralik ! exsicc.
cit.), à la Piantarella (Revel. ex Bor. *Not.* I, 6, specim. in herb. Bor. !).

« Fleurs disposées en glomérules axillaires formant une grappe spici-
forme allongée et ± interrompue. » (J. B.).

L. nodiflorum L. *Sp.* ed. 1, 281 (1753) ; Gren. in Gren. et Godr. *Fl. Fr.*
I, 279 ; Rouy *Fl. Fr.* IV, 60 ; Coste *Fl. Fr.* I, 229 ; Graebn. *Syn.* VII, 179
= *L. luteolum* Marsch.-Bieb. *Fl. taur.-cauc.* I, 256 (1808) = *Xantholinum
nodiflorum* Reichb. *Handb.* 306 (1837).

Espèce mentionnée d'une façon vague en Corse par Mutel (*Fl. fr.* I,
184), d'après Soleirol ; cette indication a été reproduite par Grenier (l. c.),
Nyman (*Consp.* 124), Coste (l. c.), Paoletti (in Fiori et Paol. *Fl. anal. It.*
II, 251), Fiori (*Nuov. fl. anal. It.* II, 145). L'aire du *L. nodiflorum* comprend une grande partie de la région méditerranéenne, à l'exception de
la péninsule ibérique, de l'archipel toscan, de la Sardaigne, de la Sicile et
de l'Afrique du Nord. Sa présence en Corse n'a rien d'impossible, mais, à
l'exemple de Rouy (l. c.), nous n'osons l'admettre parmi les représentants
de la flore de l'île, car elle n'est pas citée par Bertoloni qui a eu entre les
mains la presque totalité des plantes récoltées en Corse par Soleirol ;
d'ailleurs nous n'avons pas trouvé dans l'herbier Mutel d'exemplaire du
L. nodiflorum de provenance corse. La plante n'a été revue dans l'île par
aucun botaniste.

1093. **L. tenuifolium** L. *Sp.* ed. 1, 278 (1753) ; Gren. in Gren. et
Godr. *Fl. Fr.* I, 282 ; Rouy *Fl. Fr.* IV, 71 ; Coste *Fl. Fr.* I, 231 ;
Graebn. *Syn.* VII, 191.

Hab. — Garigues, rochers de l'étage inférieur. Juin-juill. ♃. Très
rare. Soveria, parois argilo-schisteuses des tranchées précédant le
tunnel de San Quilico, côté Soveria, 560 m. (Aylies !, 7-VII-1918,
ex R. Lit. et Sim. in *Bull. soc. bot. Fr.* LXVIII, 99) ; Bonifacio (Seraf.
ex Bertol. *Fl. it.* III, 544 ; Boy. *Fl. Sud Corse* 58).

La plante corse appartient au var. **typicum** Paol. in Fiori et Paol. [*Fl.
anal. It.* II, 249 (1901) ; Graebn. *Syn.* l. c. 193], à tige glabre ou glabres-

cente, à feuilles étroitement linéaires, à sépales ciliés-glanduleux à la marge.

Les *L. tenuifolium* L., *salsoloides* Lamk et *suffruticosum* L. doivent certainement être considérés comme appartenant à un même type spécifique, — nous partageons entièrement à ce sujet l'opinion du D\ Chassagne (in *Bull. soc. hist. nat. Auvergne* ann. 1929, 29-32) : — les formes d'attribution douteuse entre ces groupes ne sont pas rares dans certaines parties de leur aire. Nous distinguerons à l'intérieur du *L. tenuifolium* les trois sous-espèces suivantes :

Subsp. *suffruticosum* R. Lit., nov. comb. = *L. suffruticosum* L. *Sp.* ed. 1, 279 (1753).

Subsp. *salsoloides* R. Lit., nov. comb. = *L. salsoloides* Lamk *Encycl. méth.* III, 521 (1789-?); *Coste Fl. Fr.* I, 230; Graebn. *Syn.* VII, 190 = *L. suffruticosum* DC. *Fl. fr.* V, 616 (1815) ; Gren. in Gren. et Godr. *Fl. Fr.* I, 282 ; non L. = *L. suffruticosum* subsp. *L. salsoloides* Rouy *Fl. Fr.* IV, 71 (1897) = *L. tenuifolium* var. *salsoloides* Paol. in Fiori et Paol. *Fl. anal. It.* II, 250 (1901).

Subsp. *eu-tenuifolium* R. Lit., nov. nom. = *L. tenuifolium* L. *Sp.* ed. 1, 278 (1753).

1094. **L. narbonense** L. *Sp.* ed. 1, 398 (1753) ; Gren. in Gren. et Godr. *Fl. Fr.* I, 282 ; Rouy *Fl. Fr.* IV, 65 ; Coste *Fl. Fr.* I, 231 ; Graebn. *Syn.* VII, 212.

Hab. — Garigues et prairies de l'étage inférieur. Avril-mai. ♃. Signalé en Corse sans précision de localité par Grenier (l. c.) et Rouy (l. c.). Marine d'Albo, prairies (S\-Y. !, 26-IV-1907, in herb. Laus.) ; Ajaccio au Salario (Wilcz. !, IV-1899, in herb. Laus.).

1095. **L. usitatissimum** L. *Sp.* ed. 1, 277 (1753).

En Corse, les subdivisions suivantes.

I. Subsp. **angustifolium** Thell. *Fl. adv. Montp.* 361 (1912) = *L. bienne* Mill. *Gard. dict.* ed. 8, n. 8 (1768) = *L. angustifolium* Huds. *Fl. angl.* ed. 2, 134 (1778) ; Gren. in Gren. et Godr. *Fl. Fr.* I, 283 ; Burn. *Fl. Alp. mar.* I, 281 ; Rouy *Fl. Fr.* IV, 63 ; Coste *Fl. Fr.* I, 231 ; Graebn. *Syn.* VII, 214 ; Hegi *Ill. Fl. M.-Eur.* V-1, 22 = *L. pyrenaicum* Pourr. in *Mém. acad. Toulouse* VI, 322 (1788) = *L. agreste* Brot. *Fl. lusit.* I, 481 (1804) = *L. marginatum* Poir. *Encycl. méth.* Suppl. III, 443 (1813) = *L. hispanicum* F. N. Williams *Prodr. fl. brit.* IX, 484 (1912) ; non Mill. = *L. usitatissimum* subsp. *hispanicum* Thell. in Fedde *Repert.* XI, 75 (1912) = *L. usitatissimum* subsp. *bienne* Thell. l. c., 129 (1912).

Hab. — Friches, garigues, clairières des maquis, rocailles, prairies dans les étages inférieur et montagnard, 1-1100 m. Avril-juill. ①-②-⅄.

« Tige ramifiée à la base, à rameaux arqués, à feuilles linéaires ou linéaires-lancéolées. Pétales environ 2 fois aussi longs que les sépales. Anthères longues de 1,25-1,5 mm. Capsules larges de 5-6,5 mm., à replis intérieurs ± ciliés. Graines longues de 2,5-4 mm., non ou faiblement rostrées. » (J. B.).

Représenté par les 3 races ci-dessous.

α. Var. **imperforatum** Strobl in *Österr. bot. Zeitschr.* XXXVI, 161 (1886) ; Graebn. *Syn.* VII, 216 (cum var. *Siculo*) = *L. angustifolium* var. *genuinum* et var. *Siculum* Rouy *Fl. Fr.* IV, 63 (1897) = *L. angustifolium* var. *typicum* Posp. *Fl. oesterr. Küstenl.* II, 8 (1898) = *L. usitatissimum* var. *angustifolium* et var. *siculum* Paol. in Fiori et Paol. *Fl. anal. It.* II, 248, 249 (1901). — Exsicc. Kralik n. 508 ! (Bonifacio) [Herb. Deless.] ; Soc. fr. n. 1603 !, sub : *L. angustifolium* var. *genuinum* Rouy et Fouc., leg. N. Roux (Ajaccio) [Herb. Jeanjean] ; Kük. It. cors. n. 17 ! (Bastia, vers le col du Teghime) [Herb. Deless.].

Hab. — Répandu et abondant dans l'île entière.

« Racine généralement pérennante. Capsule large de 5-6 mm., à replis intérieurs ciliés de long poils blancs, à graines longues de 2,5-3 mm., non ou à peine rostrées. » (J. B.). Feuilles toutes linéaires ou linéaires-lancéolées, acuminées, sans points pellucides ou n'en présentant que dans les feuilles supérieures.
« Le *L. siculum* Presl [*Fl. sic.* I, 171 (1826)] que Rouy, Fiori et Paoletti, Ascherson et Graebner ont conservé à titre de variété, doit se distinguer par des rameaux densément feuillés jusque près du sommet et des pédicelles plus courts. Nous voyons ces caractères varier d'un individu à l'autre, parfois sur les rameaux d'un même individu. » (J. B.).

†† β. Var. **cribrosum** Lecoq et Lamotte *Cat. pl. pl. vasc. Plat. centr.* 110 (1847) ; Freyn in *Verhandl. zool.-bot. Ges. Wien* XXVII, 294 (1877) ; Rouy *Fl. Fr.* IV, 64 ; Graebn. *Syn.* VII, 216 = *L. cribrosum* Reichb. *Ic. fl. germ. et helv.* VI, 63, t. CCCXXX, f. 5158 β (1844) = *L. usitatissimum* var. *cribrosum* Paol. in Fiori et Paol. *Fl. anal. It.* II, 249 (1901). — Exsicc. Kük. It. cors. n. 881 ! (Mᵗᵉ Sant'Angelo, près Corbara) [Herb. Deless.].

Hab. — Jusqu'ici seulement sur les pentes pierreuses du Mᵗᵉ Sant'Angelo, près Corbara, 400 m. (Kük. ! exsicc. cit., 6-V-1915). Probablement plus répandu.

Se distingue de la race précédente par ses feuilles inférieures lancéolées-obtuses, les supérieures linéaires-lancéolées, toutes présentant des points pellucides.

γ. Var. **ambiguum** Gaut. *Cat. fl. Pyr.-Or.* 117 (1898) ; Paol. in Fiori et Paol. *Fl. anal. It.* II, 249 = *L. ambiguum* Jord. *Adnot.* in *Cat. jard. bot. Dijon* ann. 1848, 27 ; Burn. *Fl. Alp. mar.* I, 281 = *L. angustifolium* forme *L. ambiguum* Rouy *Fl. Fr.* IV, 64 (1897) = *L. angustifolium* var. *ambiguum* Fouc. et Sim. *Trois sem. herb. Corse* 137 (1898) ; Graebn. *Syn.* VII, 216.

Hab. — Rogliano (Revel. ex Bor. *Not.* I, 6 et in Mars. *Cat.* 32) ; Calvi (Fouc. et Sim. l. c. 11, 30, 137) ; Solenzara, pré humide (Briq. !, 3-V-1907, in herb. Burn.).

« Racine annuelle. Capsule large de 6,5 mm., à replis intérieurs peu ciliés, à graines longues de 4 mm., brièvement rostrées. — Plante se rapprochant par les caractères du fruit de la sous-espèce suivante, mais souvent plus grêle et à feuilles plus étroitement linéaires que dans le var. α. » (J. B.).

La plante récoltée à Zicavo par Kralik et qui est rattachée par Rouy (l. c.) au *L. ambiguum* — dont nous avons vu les exemplaires dans l'herbier Rouy (échantillons en fruits) — ne se rapporte certainement pas à cette variété; ses capsules à replis longuement ciliés, ses graines petites, mesurant 2,25-2,75 mm. de long, non rostrées, l'en éloignent tout à fait. Le var. *ambiguum* a été signalé aussi à Calvi (Fouc. et Sim. l. c. 11, 30, 137) [1]; les exemplaires récoltés par Foucaud et qui existent dans l'herbier Bonaparte, de même que ceux qu'a bien voulu nous communiquer M. Simon, nous ont paru appartenir au *L. angustifolium* typique, les capsules et les graines, longues d'environ 3 mm., présentant les mêmes caractères que dans la plante de Kralik.

II. Subsp. **usitatissimum** Briq., nov. comb. = *L. usitatissimum* L. l. c., sensu stricto ; Gren. in Gren. et Godr. *Fl. Fr.* I, 283 ; Coste *Fl. Fr.* 1, 232 ; Graebn. *Syn.* VII, 217 ; Hegi *Ill. Fl. M.-Eur.* V-1, 20 = *L. angustifolium* subsp. *L. usitatissimum* Rouy *Fl. Fr.* IV, 64 (1897) = *L. usitatissimum* var. *typicum* Paol. in Fiori et Paol. *Fl. anal. It.* II, 248 (1901).

Autrefois abondamment cultivé dans les étages inférieur et montagnard ; à l'heure actuelle la culture du Lin est presque partout abandonnée.

« Racine annuelle », — plus rarement bisannuelle. « Tiges généralement solitaires et dressées. Pétales 2 à 3 fois plus longs que les sépales. Anthères longues de 2-2,5 mm. Capsule large de 7-8 mm., à replis intérieurs glabres

1. Mentionné p. 11 et 30 sous le nom erroné de « *L. perenne* var. *ambiguum* Jord. ».

— ou ciliés [1]. Graines longues de 4-6 mm., surmontées d'un bec courbé et arrondi. — Plante généralement plus élancée et à feuilles plus larges que dans la sous-espèce précédente. » (J. B.).

ZYGOPHYLLACEAE

TRIBULUS L.

1096. **T. terrestris** L. *Sp.* ed. 1, 587 (1753) ; Godr. in Gren. et Godr. *Fl. Fr.* I, 327 ; Rouy *Fl. Fr.* IV, 131 ; Coste *Fl. Fr.* I, 267 ; Graebn. *Syn.* VII, 229. — Exsicc. Soleirol n. 812 ! (Calvi) [Herb. Coss.].

Hab. — Lieux sablonneux, champs, décombres dans l'étage inférieur sur le littoral et dans l'intérieur de l'île (p. ex. à Ponte Leccia). Avril-sept. ①. Répandu dans l'île entière.

Les plantes que nous avons vues de Corse se rapportent au var. **typicus** Beck [*Fl. Nieder-Öst.* II, 1. Abt., 575 (1892) ; Graebn. l. c. 230 : Fiori *Nuov. fl. anal. It.* II, 147 = *T. terrestris* var. *genuinus, macrocarpus, brevispinosus* Rouy l. c. 132 (1897)], à pétales ovales ou oblongs, à aiguillons des fruits assez épais, plus courts ou plus longs que la largeur de la coque, mais n'en atteignant jamais le double, à coques ordinairement 4-spermes.

Rouy (l. c.) a indiqué à Bonifacio (leg. Reverchon) un var. *longispinosus* Rouy, auquel il donne comme synonyme le *T. orientalis* Kern. [in *Ber. Nat. med. Ver. Innsbr.* III, 71 (1872) et in *Sched. fl. exsicc. austro-hung.* I, 7 (1881)] — race qui doit prendre le nom de var. **orientalis** Beck [l. c. (1892) ; Graebn. l. c. ; Fiori l. c.]. Elle est caractérisée par des pétales cunéiformes-oblongs, des fruits à aiguillons grêles, allongés, atteignant presque le double de la largeur de la coque, généralement glabres, à coques paucispermes (1-3-spermes). Nous n'avons pas vu d'échantillon de cette plante qui ne se trouve notamment ni dans les herbiers de la Faculté des Sciences de Lyon, ni dans ceux du Conservatoire botanique de Genève.

CNEORACEAE

CNEORUM L.

C. tricoccum L. *Sp.* ed. 1, 49 (1753) ; Godr. in Gren. et Godr. *Fl. Fr.* I, 340 ; Rouy *Fl. Fr.* IV, 173 ; Coste *Fl. Fr.* I, 276 ; Graebn. *Syn.* VII,

1. Cf. Tammes *The genetics of the genus Linum* in *Bibl. genetica* IV, 15 (1928).

234 = *Chamaelea tricoccos* Gaertn. *De fruct. et sem.* I, 342, t. 70 ; Lamk *Fl. fr.* II, 682.

Espèce méditerranéenne occidentale mentionnée en Corse par Burmann (*Fl. Cors.* 219), d'après Jaussin, près d'Ajaccio (*Mém. hist.* II, 459, 575, sub : *Chamaelea* Dod.), puis par Robiquet (*Rech. hist. et statist. sur la Corse* 50), d'après l'herbier Clarion, mais qui n'a jamais été retrouvée. Sa présence en Provence, en Ligurie, dans l'archipel toscan et en Sardaigne rend vraisemblables les indications précédentes ; toutefois, nous n'osons pas admettre le *C. tricoccum* parmi les représentants de la flore corse, étant données les erreurs dont fourmillent les ouvrages de Jaussin et Robiquet.

RUTACEAE

RUTA L.

1097. **R. chalepensis** L. *Mant.* I, 69 (1767) ; Bertol. *Fl. it.* IV, 414 ; Boiss. *Fl. Or.* I, 922 ; Rouy *Fl. Fr.* IV, 134 ; Graebn. *Syn.* VII, 246.

Deux sous-espèces.

I. Subsp. **angustifolia** Coutinho *Fl. Port.* 378 (1913) ; Lindb. f. *Itin. medit.* in *Act. soc. scient. fenn.* nov. ser. B, I, n. 2, 96 = *R. chalepensis* β L. l. c. (1767) = *R. angustifolia* Pers. *Syn.* I, 464 (1805) ; Godr. in Gren. et Godr. *Fl. Fr.* I, 328 ; Coste *Fl. Fr.* I, 269 = *R. chalepensis* var. *angustifolia* Willk. in Willk. et Lange *Prodr. fl. hisp.* III, 516 (1878) ; Fiori *Nuov. fl. anal. It.* II, 150 = *R. chalepensis* var. *typica* Paol. in Fiori et Paol. *Fl. anal. It.* II, 255 (1901) ; Halacsy *Consp. fl. graec.* I, 312. — Exsicc. Kralik n. 521 ª !, sub : *R. angustifolia* (Bonifacio) [Herb. Coss., Deless.] ; Reverch. ann. 1885 sub : *R. angustifolia* ! (Porto) [Herb. Deless.] ; Kük. It. cors. n. 1100 ! (Mte di Santa-Reparata, près Corbara) [Herb. Deless.].

Hab. — Garigues, maquis, rochers dans l'étage inférieur, s'élève jusque vers 700-750 m. Avril-juin. ♃. Disséminé. Rogliano (H. Jaccard !, 23-V-1923, in herb. Laus.) ; près de la tour de Farinole (R. Lit. !, 2-VI-1933) ; environs de Bastia (Salis in *Flora* XVII, Beibl. II, 64 ; Req. *Cat.* 5 ; Ronn. in *Verhandl. zool.-bot. Ges. Wien* LXVIII, 233), notamment entre Erbalonga et Lavasina (Gillot in *Bull. soc. bot. Fr.* XXIV, sess. extr. XLVII) ; colline à l'W. du Mte Silla Morta, près St-Florent (R. Lit. !, 1-VI-1933) ; Mte di Santa-Reparata, près Cor-

4

bara (Kük.! exsicc. cit.); Corte (Clément!, VII-1842, in herb. gén. Mus. et Fac. Sc. Grenoble ; Kralik !, 11-VIII-1849, in herb. Rouy), notamment dans la vallée du Tavignano, 450-600 m. (Aylies !, 20-VI-1919, in herb. R. Lit. ; Sim. !, 23-V-1933) ; versant S. de la Culla a Gaggio, près Piedicorte-di-Gaggio, rochers de gabbro, 710-730 m. (R. Lit. ! *Mont. Corse orient.* 106) ; Porto (Reverch. ! exsicc. cit.) ; environs d'Ajaccio (Fabre !, V-1849, in herb. Req. ; Mars. *Cat.* 39 ; Boullu in *Bull. soc. bot. Fr.* XXXV, sess. extr. XCVIII) ; environs de Bonifacio (Kralik ! exsicc. cit. ; Req. !, VI-1852 — La Trinité, — in herb., et in *Cat.* 5 ; Boy. *Fl. Sud Corse* 58 ; R. Lit. ! *Voy.* II, 23 — maquis de Rotonda).

« Rachis des feuilles moyennes égalant presque le calibre de la tige. Bractées lancéolées, réduites, en général plus étroites que le rameau qui les porte. Pédoncules pubérulents-glanduleux. Pétales à franges fines égalant environ la largeur du limbe. » (J. B.).

II. Subsp. **bracteosa** Batt. in Batt. et Trab. *Fl. Alg.* (Dicotyl.) 180 (1888) ; Rouy *Fl. Fr.* IV, 135 ; Coutinho *Fl. Port.* 378 ; Graebn. *Syn.* VII, 246 = *R. latifolia* Salisb. *Prodr.* 320 (1796) = *R. macrophylla* Sol. in *Bot. mag.* t. 2018 (1818) ; Moris *Stirp. sard. elench.* I, 11 = *R. bracteosa* DC. *Prodr.* I, 710 (1824) ; Godr. in Gren. et Godr. *Fl. Fr.* I, 328 ; Coste *Fl. Fr.* I, 269 ; Burn. *Fl. Alp. mar.* II, 41 = *R. angustifolia* var. *bracteosa* Boiss. *Voy. midi Esp.* II, 125 (1839-45) = *R. chalepensis* var. *bracteosa* Boiss. *Fl. Or.* I, 922 (1867) ; Willk. in Willk. et Lange *Prodr. fl. hisp.* III, 516 ; Paol. in Fiori et Paol. *Fl. anal. It.* II, 255 ; Halacsy *Consp. fl. graec.* I, 312 = *R. chalepensis* var. *latifolia* Fiori *Fl. anal. It.* II, 150 (1925) = *R. chalepensis* subsp. *latifolia* Bég. in *Arch. bot.* V, 82 (1929) ; Lindb. f. *Itin. medit.* in *Act. soc. scient. fenn.* nov. ser. B, I, n. 2, 96 (1932). — Exsicc. Soleirol n. 822 ! (Calvi) [Herb. Coss.] ; Kralik n. 522 ! (Bonifacio) [Herb. Bor., Coss., Deless., Rouy] ; Mab. n. 108 ! (Bastia, leg. Deb.) [Herb. Bor., Burn., Coss., jard. Angers] ; Deb. ann. 1866 sub : *R. bracteosa* ! (vallon du Fango, près Bastia) [Herb. Bonaparte].

Hab. — Garigues, maquis, rochers, oliveraies dans l'étage inférieur. Mars-juin. ⚥. Assez répandu. Rogliano (Revel. !, 16-V et 20-VII-1854, in herb. Bor. ; H. Jaccard !, 23-V-1903, in herb. Laus.) ; environs de Bastia (Salis in *Flora* XVII, Beibl. II, 64 ; Bernard !, V-1841,

in herb. Req.; Clément!, IV-1842, in herb. gén. Mus.[Grenoble; Mab.!
exsicc. cit., leg. Deb., et in Mars. *Cat.* 39), notamment entre Erbalonga et Bastia (Gillot in *Bull. soc. bot. Fr.* XXIV, sess. extr. XLV,
LI ; Rotgès !, 10-IV-1899, in herb. Bonaparte ; Briq. !, 4-VII-1906,
in herb. Burn.), dans le vallon du Fango (Deb. ! exsicc. cit.) ; Nonza
(Aylies !, 22-V-1920, in herb. R. Lit.) ; St-Florent (Mab. in Mars. l.
c.) ; Ile-Rousse (Briq. !, 21-IV-1907, in herb. Burn.) ; Calvi (Fouc. et
Sim. *Trois sem. herb. Corse* 13, Fouc. ! in herb. Bonaparte) ; Corte
(ex Gren. et Godr. *Fl. Fr.* I, 329) ; Cargèse (N. Roux in *Bull. soc. bot.
Fr.* XLVIII, sess. extr. CXXXIV ; Le Brun in *Le Monde des pl.*
XXVII, n. 46, 6) ; Sagone (N. Roux l. c. CXXXV, specim. in herb. !) ;
environs d'Ajaccio (Fabre !, IV-1851, in herb. Req. ; Req. *Cat.* 5),
notamment au Salario (Wilcz. !, IV-1899, in herb. Laus.) et près de la
chapelle de N.-D. de Lorette (Boullu in *Bull. soc. bot. Fr.* XXIV,
sess. extr. XCVI) ; îles Sanguinaires — Mezzomare — (Léveillé !,
1842, in herb. Bor. et herb. Req. ; Fabre !, IV-1851, in herb. Req. ;
Mars. l. c. ; Marty !, 31-V-1901, in herb. Bonaparte ; Thell. in *Bull.
géogr. bot.* XXIV, 11 ; R. Lit. !, 16-V-1932) ; bains de Baracci (Lutz
in *Bull. soc. bot. Fr.* XLVIII, 53) ; Sartène (R. Lit. ! *Voy.* I, 18) ;
Porto-Vecchio (Mars. l. c. ; Le Brun in *Le Monde des pl.* XXVII,
n. 45, 6 ; R. Lit. !, III-1930) ; environs de Bonifacio (Req. *Cat.* 5 ;
Kralik ! exsicc. cit. ; Jord. !, 1840, in herb. Bonaparte ; Mars. l. c. ;
Lutz in *Bull. soc. bot. Fr.* XLVIII, 53 et sess. extr. CXXXIX, CXL),
notamment à St-Julien (Stefani !, 15-V-1903, in herb. Burn. et herb.
R. Lit. ; R. Lit. !, 21-VII-1906, *Voy.* I, 21).

Observ. — La plante mentionnée par J. Briquet (*Spic.* 147) comme
provenant des rochers calcaires au-dessus d'Omessa n'appartient pas
au *R. chalepensis* subsp. *bracteosa*, mais au *R. graveolens* subsp.
divaricata.

« Rachis des feuilles moyennes sensiblement plus grêle que la tige.
Bractées ovées ou ovées-lancéolées, souvent cordées à la base, plus larges
que les rameaux qui les portent. Pédoncules glabres ou presque glabres.
Pétales à franges moins ténues, égalant environ la moitié de la largeur
du limbe.
« L'existence de variations intermédiaires entre les *R. angustifolia* et
bracteosa, rares il est vrai, dont l'une a été signalée par Burnat (l. c. = var.
intermedia Rouy l. c.), montre que ces deux groupes sont encore étroitement reliés actuellement. D'autre part, leur valeur est certainement

supérieure à celle de simples variétés. Battandier et Rouy, suivis par quelques autres auteurs, paraissent donc avoir raison lorsqu'ils attribuent au *R. bracteosa* DC. le rang de sous-espèce. » (J. B.).

†† 1098. **R. graveolens** L. *Sp.* ed. 1, 383 (1753), excl. β ; Gams in Hegi *Ill. Fl. M.-Eur.* V-1, 70.

En Corse la sous-espèce suivante.

†† Subsp. **divaricata** Gams in Hegi *Ill. Fl. M.-Eur.* V-1, 70 (1924) = *R. divaricata* Ten. *Prodr. fl. nap.* p. XXIV (1811) et *Fl. nap.* I, 222, t. 36 ; Parl. *Fl. it.* V, 351 ; Bég. in *Fl. it. exsicc.* n. 1326, *Nuov. giorn. bot. it.* nuov. ser. XVII, 629 ; Graebn. *Syn.* VII, 244 = *R. graveolens* var. *divaricata* Willk. *Führ. deutsch. Pflanzen* 566 (1863) ; Bald. in *Nuov. giorn. bot. it.* nuov. ser. IV, 405 ; Halacsy *Consp. fl. graec.* I, 311 ; Fiori *Nuov. fl. anal. It.* II, 150 ; Hayek *Prodr. fl. penins. balc.* I, 586 = *R. graveolens* Vis. *Fl. dalm.* III, 236 (1852) ; Burnouf in *Bull. soc. bot. Fr.* XXIV, sess. extr. XXXI ; Gillot ibid. LXXXIII. — Exsicc. Burn. ann. 1900, n. 37 !, sub : *R. bracteosa* (col du Teghime) [Herb. Burn.] ; Burn. ann. 1904, n. 118 !, sub : *R. graveolens* (Omessa) [Herb. Burn.].

Hab. — Rochers calcaires, maquis rocheux de l'étage inférieur. Avril-juin. ♃. Localisé dans le Cap et dans la partie occidentale du massif du San Pedrone. Rochers près du pont de Patrimonio, rive gauche de la rivière de Serragio, 60 m. env. (R. Lit. !, 2-VI-1933) ; près du col du Teghime, versant de Bastia, maquis rocheux vers 535 m. (Burn. ! exsicc. cit. et ex Briq. *Spic.* 42, sub : « *R. bracteosa* DC. » ; Marchioni !, 9-VI-1928, ex R. Lit. et Marchioni in *Bull. soc. bot. Fr.* LXXVII, 457 ; R. Lit. et Marchioni !, 18-VIII-1930) ; défilé des Strette, rochers du versant N. de la Punta di Fortino, 20-40 m. (R. Lit. !, 13-VIII-1930, in *Bull. soc. bot. Fr.* LXXIX, 76 ; R. Lit. !, 3-VI-1933) ; rochers de Sambugello, à l'E. de Francardo, rive droite du Golo, 290 m. (R. Lit. !, 22-VII-1927, *Nouv. contrib.* fasc. 1, 27, 28) ; rocher de Petraccia, rive droite du ruisseau de Vignolo, entre Francardo et Caporalino, 359 m. env. (R. Lit. !, 3-IV-1928, *Mont. Corse orient.* 124) ; Monte Pollino, depuis les rochers bordant la voie ferrée entre le tunnel du Monte Pollino et la halte d'Omessa, 375 m. jusqu'au col sur Caporalino et dans la falaise du versant W., 450 m. (Burnouf !, 21-V-1876, sub : *R. graveolens*, in herb. Bonaparte, ex reliq.

herb. Jord. et in *Bull. soc. bot. Fr.* XXIV, sess. extr. XXXI, sub :
R. graveolens ; Gillot ibid., sess. extr. LXXXIII, sub : *R. graveolens* ;
Burn. ! exsicc. cit., sub : *R. graveolens* ; Houard !, 29-VII-1909, in
herb. Deless. ; Aylies !, 15-IV-1917, 29-V-1919 et 10-VIII-1919, in
herb. R. Lit. et ex R. Lit. et Sim. in *Bull. soc. bot. Fr.* LXVIII, 99 ;
R. Lit. !, 30-VIII-1919, 16-VII-1927, *Mont. Corse orient.* 123, 124).

Se distingue du subsp. **hortensis** Gams [in Hegi l. c. = *R. graveolens* L.
Sp. ed. 1, 383 (1753) ; Koch *Syn.* ed. 2, 159 ; Godr. in Gren. et Godr. *Fl.*
Fr. I, 329 ; Rouy *Fl. Fr.* IV, 136, excl. « Corse » ; Coste *Fl. Fr.* I, 269,
excl. « Corse » = *R. graveolens* γ L. *Sp.* ed. 2, 548 (1762) = *R. hortensis*
Mill. *Gard. dict.* ed. 8, n. 1 (1768); Graebn. *Syn.* VII, 243 = *R. graveolens*
var. *vulgaris* Willk. *Führ. deutsch. Pflanzen* 566 (1864) = *R. graveolens*
var. *typica* Fiori *Nuov. fl. anal. It.* II, 150 (1925)] par son odeur moins
accentuée, ses feuilles à divisions terminales divariquées, plus longues
et plus étroites, linéaires ou étroitement cunéiformes-oblongues, mesurant
1-2,5 cm. de long sur 1,5-4 mm. de large (et non oblongues, atteignant au
plus 1,5 cm. de long sur 2,5-5 mm. de large), ses pétales assez courtement
onguiculés, sa capsule à lobes moins profonds.

La valeur systématique du *R. divaricata* Ten. n'est certainement pas
supérieure à celle d'une sous-espèce, ainsi que nous avons pu nous en
rendre compte par l'examen de très nombreux échantillons sur le vivant
et dans les collections ; ses caractères ne sont pas, en effet, extrêmement
tranchés et il existe des formes de passage entre le *R. graveolens* typique
(= subsp. *hortensis*) et le *R. divaricata* [cf. Halacsy *Consp. fl. graec.* I,
311].

La forme et la dimension des divisions terminales des feuilles est assez
variable chez le subsp. *divaricata* suivant les stations où croît la plante
et parfois sur un même individu. Dans les rochers très secs — par exemple dans le bassin de St-Florent — les échantillons présentent des divisions plus courtes et beaucoup plus étroites : c'est là le *R. crithmifolia*
Moric. [ex DC. *Prodr.* I, 710 (1824) = *R. graveolens* var. *crithmifolia*
Bartl. *Beitr.* II, 69 (1825) = *R. divaricata* var. *crithmifolia* Wohlf. in
Hall. et Wohlf. Koch's *Syn.* 465 (1891) = *R. divaricata* forma *crithmifolia*
Posp. *Fl. oesterr. Küstenl.* II, 43 (1899)], dont la valeur systématique est
nulle.

L'aire du subsp. *divaricata* comprend la Crimée, la péninsule balkanique (jusque dans les Cyclades et en Crète), d'où il s'étend jusque dans
la partie orientale de l'Italie et dans le Napolitain ; la Corse constitue
son extrême limite occidentale. — La plante a été découverte dans l'île
par Mabille en mars 1867 — d'après un échantillon conservé dans l'herbier Boreau et provenant de « Saint-Florent, calc. ». Le savant auteur de
la Flore du Centre l'avait correctement identifiée à l'espèce de Tenore !

1099. **R. corsica** DC. *Prodr.* I, 710 (1824) ; Godr. in Gren. et
Godr. *Fl. Fr.* I, 329 ; Rouy *Fl. Fr.* IV, 139 ; Coste *Fl. Fr.* I, 270 ; non

Munby *Fl. Alg.* 42 (1847) = *R. divaricata* Salzm. in *Flora* IV, 109 (1821) ; non Ten. (1811). — Exsicc. Soleirol n. 824 ! (M^te Grosso et M^te « Perticato ») [Herb. Coss.] ; Soleirol n. 824 ! (Niolo) [Herb. Deless.] ; Req. sub : *R. corsica* ! (Bastelica) [Herb. Bor., Deless.] ; Bourg. n. 85 ! (Bastelica, « Basterica », leg. Req.) [Herb. Coss.] ; Kralik n. 521 ! (au-dessus de Bastelica) [Herb. Coss., Deless., Rouy) ; Kralik n. 521 ! (M^te Rotondo, bergeries de Rivisecco) [Herb. Bonaparte, Bor., Coss., Deless.] ; Mab. n. 109 ! (vallée de Rivisecco) [Herb. Bor., Burn., jard. Angers] ; Deb. sub : *R. corsica* ! (Bastelica, leg. Revelière) [Herb. Burn.] ; Deb. ann. 1866 sub : *R. corsica* ! (vallée du Rivisecco, leg. Mab.) [Herb. Bonaparte] ; Reverch. ann. 1878, n. 103 ! (M^te Renoso) [Herb. Bonaparte, Burn., Coss., Laus., R. Lit., Rouy] ; Soc. dauph. n. 2413 ! (M^te Renoso, leg. Reverch.) [Herb. Bonaparte, Burn., Coss., Fac. Sc. Grenoble, Mus. Grenoble, Pellat] ; Magn. fl. select. n. 503 ! (M^te Renoso, leg. Reverch.) [Herb. Bonaparte, Burn., Coss.] ; Magn. fl. select. n. 503 bis ! (vallée de la Restonica, leg. Burnouf) [Herb. Bonaparte, Burn., Coss.] ; Burn. ann. 1900, n. 146 ! (M^te Cinto) [Herb. Burn.] ; Soc. roch. n. 4052 ! (massif de Cagna) [Herb. Bonaparte] ; Soc. fr. n. 390 ! (Sidossi, leg. Coust.) [Herb. Coust.] ; Soc. cénom. n. 1259 (M^te Cinto, leg. J. Chevalier) ; Soc. linn. Seine mar. n. 641 ! (vallée de la Restonica, leg. Gabriel) [Herb. Charrier].

Hab. — Espèce caractéristique des garigues subalpines ; plus rarement dans les groupements silvatiques. Apparaît parfois dans l'horizon supérieur de l'étage montagnard, par exemple dans les châtaigneraies en amont de Bastelica, rive gauche du Prunelli vers 900 m. (R. Lit. et Malcuit *Massif Renoso*, 25) et se trouve entraînée accidentellement par les rivières jusque dans l'étage inférieur — observée dans le Golo aux environs de Ponte-Leccia, entre l'embranchement de la route de Piedigriggio et le moulin de Stretta Tinella, 180 m. (R. Lit. ! in *Bull. soc. sc. hist. et nat. Corse* XLII, 226) et au bord du torrent de Taita, 300 m. (R. Lit. in *Bull. acad. géogr. bot.* XVIII, 48). Juin-août. ⚲. — Rare dans le Cap : Monte Capra,1200 m. (Briq. !, 16-VII-1910, in herb. Burn. et herb. Laus.), pentes W. du Monte Corvo, 1160 m. (R. Lit. !, 18-VII-1921) ; signalée par Salis (in *Flora* XVII, Beibl. II, 64) sans précision de localité. Paraît manquer aux massifs de Tenda et du San Pedrone. Assez abondante dans les grands massifs centraux (Cinto, Rotondo, Renoso, Incudine) jusque dans le massif de Cagna.

Cette belle espèce, endémique en Corse, a été découverte par Boccone en 1677 au Monte Rotondo et au Coscione; il l'a décrite sous le nom de *Ruta montana spinosa, Coriandri folio, flore albo* (*Mus.* 70, t. 59).

CITRUS L.

Diverses sortes de *Citrus* sont fréquemment cultivées dans l'étage inférieur, elles se rapportent aux espèces suivantes :

C. medica L. *Sp.* ed. 1, 782 (1753).
C. Limon Burm. f. *Fl. ind.* 173 (1768).
C. Aurantium L. *Sp.* ed. 1, 783 (1753).
C. sinensis Osbeck *Reise Ostind. China* 250 (1765).
C. deliciosa Ten. in *Att. istit. incorrag. Napoli* VII, 11 (1847).

SIMARUBACEAE

AILANTHUS Desf.

A. altissima Swingle in *Journ. Wash. Acad. Sc.* VI, 995 (1916) ; Schinz et Kell. *Fl. Schw.* ed. 4, I, 432 ; Hayek *Prodr. fl. penins. balc.* I, 591 = *Toxicodendron altissimum* Mill. *Gard. dict.* ed. 8, n. 10 (1768) = *Rhus Cacodendron* Ehrh. in *Hannov. Mag.* 227 (1783) et *Beitr.* III, 20 (1788) = *Ailanthus glandulosa* Desf. in *Mém. acad. sc. Paris* ann. 1786, 265, t. 8 (1788) ; Thell. *Fl. adv. Montp.* 362 ; Graebn. *Syn.* VII, 300 ; Fiori *Nuov. fl. anal. It.* II, 153 = *A. Cacodendron* Schinz et Thell. in Thell. *Fl. adv. Montp.* 679 (1912).

Arbre de l'Asie orientale très fréquemment planté dans l'étage inférieur le long des routes et des voies ferrées ; se répand aux alentours par drageonnement et par semis.

POLYGALACEAE

POLYGALA L.

P. myrtifolia L. *Sp.* ed. 1, 703 (1753) ; Harv. in Harv. et Sond. *Fl. cap.* I, 83 ; Chod. *Mon. Polyg.* II, 421 (in *Mém. soc. phys. et hist. nat. Genève* XXXI, 2me part., n. 2) ; Graebn. *Syn.* VII, 316.

Espèce originaire de la région du Cap de Bonne-Espérance, cultivée et parfois naturalisée dans la région méditerranéenne. Signalée par Thellung (in *Bull. géogr. bot.* XXI, 214 — specim. coll. 9-III-1909, in herb. Conserv. Genève !) comme subspontanée et abondamment naturalisée parmi les Lentisques de la plage du Scudo, près Ajaccio, localité où nous l'avons nous-même observée en mai 1932 ; elle existe également dans les maquis près du pavillon de l'Ariadne (J. Chevalier in litt. ; R. Lit. !, V-1932)[1]. La plante est cultivée dans le parc du Scudo et dans celui de l'Ariadne.

†† 1100. **P. serpyllifolia** Hose in *Annalen d. Bot.* XXI, 39 (1797) ; Graebn. *Syn.* VII, 370 = *P. serpyllacea* Weihe in *Flora* IX, 745 (1826) ; Burn. *Fl. Alp. mar.* I, 191 ; Chod. *Mon. Polyg.* II, 444 ; Coste *Fl. Fr.* I, 163 =. *P. mutabilis* Dumort. *Fl. belg.* 31 (1827) = *P. depressa* Wender. in *Schrift. Ges. Förd. ges. Naturw. Marb.* II, 239 et in *Berl. Jahrb. Pharm.* XXXII, 109 (1831) ; Gren. in Gren. et Godr. *Fl. Fr.* I, 196 ; Chod. in *Bull. soc. bot. Genève* V, 155 = *P. prostrata* F. Sch. *Fl. Pfalz* 72 (1846), in synon. ; non Willd. = *P. vulgaris* subsp. *depressa* Syme *Engl. bot.* ed. 3, II, 35 (1864) = *P. vulgare* subsp. *serpillaceum* Rouy et Fouc. *Fl. Fr.* III, 74 (1896) = *P. vulgaris* var. *serpyllacea* Paol. in Fiori et Paol. *Fl. anal. It.* II, 229 (1901) = *P. vulgaris* subsp. *serpyllifolia* Freiberg in *Verhandl. Natur. hist. Ver. preuss. Rheinl. Westf.* LXVII, ann. 1910, 419 (1911).

Hab. — Tourbières, pozzines de l'étage subalpin, 1300-1600 m. Juin-août. ♃. Localisé dans les massifs du Rotondo et de l'Incudine. *Massif du Rotondo*, rare. Vallée supérieure du Tavignano, pozzine près des bergeries de Ceppo, 1500 m. (Briq. !, 26-VI-1908, in herb. Burn. ; haute vallée de la Restonica, pozzines entre les bergeries de Grotello et le lac Melo, 1500 m. (R. Lit. !, 31-VII-1932) ; berges tourbeuses du lac de Creno, 1298 m. (Briq. !, 27-VI-1908, in herb. Burn.). — *Massif de l'Incudine.* Assez répandu dans l'*Udo-Nardetum* des pozzines du Coscione où il a été récolté pour la première fois en juillet 1919 par Cousturier (herb. Marseille !, avec l'indication vague « Coscione »). Nous l'avons observé par la suite (19-24-VII-1928, cf. *Nouv. contrib.* fasc. 2, 20 et *Pozzines Incudine* 6) dans les localités suivantes : Veragulongo entre les bergeries de San Pietro et d'Alluccia, 1410 m. ; au-dessous des bergeries d'Alluccia, 1460-1480 m. ; rive droite du Travo au lieu dit Erbajolo, 1540 m. ; pozzine de Cavallara, 1500 m. ; au-dessous des bergeries de Croci, 1500 m. ; pozzine au pied de la Punta di Renuccio, versant E., au bord d'un canal, 1530 m. Existe

---

1. Déjà mentionnée (*Bull. trim. soc. bot. Lyon* XI, ann. 1893, 60) comme ayant été récoltée aux environs d'Ajaccio par Lardière, mais il n'est pas dit s'il s'agit d'une plante cultivée ou subspontanée.

aussi dans les pozzines de la région du col d'Asinao : vallée supérieure de l'Asinao, 1600 m. (Briq. !, 24-VII-1910, in herb. Burn.) ; vallon supérieur de Tova, 1600 m. (Briq. et Wilcz. !, 10-VII-1913, in herb. Burn.).

1101. **P. vulgaris** L. *Sp.* ed. 1, 702 (1753) ; Chod. in *Bull. soc. bot. Genève* V, 132 et *Mon. Polyg.* II, 448 ; Rouy et Fouc. *Fl. Fr.* III, 61 et suiv., p. p. — excl. subsp. *Pedemontanum, Nicaeense, alpestre, serpillaceum* ; Coste *Fl. Fr.* I, 164 — excl. *P. nicaeensis.*

Hab. — Garigues, maquis, forêts, pelouses, rochers dans les étages inférieur, montagnard et subalpin. Mars-août. ♃. — En Corse jusqu'ici seulement la sous-espèce suivante.

Subsp. **eu-vulgaris** Syme *Engl. bot.* ed. 3, II, 35 (1864) = *P. vulgaris* Gren. in Gren. et Godr. *Fl. Fr.* I, 196 ; Graebn. *Syn.* VII, 350 = *P. vulgaris* subsp. *vulgaris* J. D. Hooker *Student's fl. Brit. Isl.* 47 (1870) ; Chod. in Schinz et Kell. *Fl. Schw.* 312 (1900) ; Vollm. *Fl. Bayern* 499 = *P. vulgaris* subsp. *genuina* Chod. *Mon. Polyg.* II, 448 (1893) = *P. vulgaris* var. *typica* Paol. in Fiori et Paol. *Fl. anal. It.* II, 229 (1901).

Bractée médiane égalant le pédicelle ou le dépassant, mais non proéminente sur la grappe et dépassant le jeune bouton.

Sous-espèce très polymorphe dont les diverses races ci-après ont été signalées dans l'île.

†† α. Var. **calliptera** Le Grand (« caliptera ») in *Bull. soc. bot. Fr.* XXVIII, 54 (1881) ; Graebn. *Syn.* VII, 352 = *P. vulgare* forme *P. callipterum* Rouy et Fouc. *Fl. Fr.* III, 63 (1896).

Plante à port du *P. nicaeensis*, à tiges dressées de 30-40 cm. Bractées ordinairement ciliées, la médiane dépassant le pédicelle. Fleurs grandes, roses ou bleues, en grappes lâches ; ailes atteignant 10 mm. de long. Capsule environ de la largeur des ailes, mais moins longue que celles-ci.

†† α 1. Subvar. **calliptera** R. Lit., nov. comb. = *P. vulgare* forme *P. callipterum* var. *genuinum* Rouy et Fouc. *Fl. Fr.* III, 63 (1896) = *P. vulgaris* var. *typica* forma *calliptera* (« calyptera ») Paol. in Fiori et Paol. *Fl. anal. It.* II, 229 (1901) = *P. vulgaris* subsp. *eu-vulgaris* 1.*genuina* ΔΔ *calliptera* subf. *venusta* Freiberg in *Verhandl. Naturhist. Ver. preuss. Rheinl. Westf.* LXVII, ann. 1910, 415 (1911).

Hab. — Signalé par M. Ronniger (in *Verhandl. zool.-bot. Ges. Wien* LXVIII, 232) dans les localités suivantes : Forêt de Valdoniello ; Evisa ; Corte, vallée de la Restonica ; entre Vizzavona et Bocognano.

Graines roussâtres à poils roux courts non appliqués ; lobes de l'arille non acuminés.

†† α². Subvar. **amaurocarpa** R. Lit., nov. comb. = *P.* (« *Polygalon* ») *amaurocarpum* Timb. *Fl. Corb.* in *Rev. Bot.* X, 88 (1892) = *P. vulgare* forme *P. callipterum* var. *amaurocarpum* Rouy et Fouc. *Fl. Fr.* III, 63 (1896) = *P. vulgaris* var. *typica* forma *amaurocarpa* Paol. in Fiori et Paol. *Fl. anal. It.* II, 229 (1901) = *P. vulgaris* subsp. *eu-vulgaris* 1. *genuina* ΔΔ *calliptera P. amaurocarpa* Freiberg in *Verhandl. Naturhist. Ver. preuss. Rheinl. Westf.* LXVII, ann. 1910, 415 (1911).

Hab. — Signalé par M. Ronniger (loc. supr. cit.) à Bastia, montée du col du Teghime.

Graines noires à poils blancs appliqués ; lobes de l'arille acuminés.

β. Var. **major** Koch in Mert. et Koch *Deutschl. Fl.* V, 171 (1839) ; Chod. *Mon. Polyg.* II, 449, p. p. = *P. vulgaris* var. *vera* DC. *Prodr.* I, 325 (1824), p. p. = *P. vulgaris* var. *typica* Beck *Fl. Nieder-Öst.* II, 1. Abt., 586 (1892) =]*P. vulgare* var. *genuinum* Rouy et Fouc. *Fl. Fr.* III, 61 (1896) ; Posp. *Fl. oesterr. Küstenl.* II, 39. — Exsicc. Burn. ann. 1904 n. 70 ! (Calanche de Piana) et n. 71 ! (Bocognano) [Herb. Burn.].

Hab. — Répandu et fréquent jusque vers 1700 m. d'altitude.

Bractée médiane environ de la longueur du pédicelle à l'anthèse. Fleurs médiocres ; ailes de 4-6 mm. de long, non ciliées sur les bords, ovales ou elliptiques, arrondies au sommet qui est souvent mucroné ; capsule ne dépassant pas latéralement les ailes à la maturité.

†† γ. Var. **dubia** Th. Dur. in De Wild. et Th. Dur. *Prodr. fl. belg.* III, 386 (1899) ; Graebn. *Syn.* VII, 361 = *P. dubia* Bellynck *Fl. Namur* 27 (1855) ; Pérard in *Bull. soc. bot. Fr.* XVI, 396 ; Corb. *Fl. Norm.* 84 = *P. Lejeunei* Michal. *Hist. nat. Jura* 361 (1864) ; non Bor. = *P. oxyptera* Gren. *Fl. ch. jurass.* 99 (1865) ; non Reichb. = *P. Michaleti* Gren. *Rev. fl. Jura* 31 (1875), p. p. = *P. vulgaris* subsp. *genuina* var. *intermedia* subvar. *Michaleti* Chod. *Mon. Polyg.* II,

451 (1893) = *P. vulgaris* var. *versicolor* Claire in Magnier *Scrinia fl. select.* XIII, 314 (1894) = *P. scutellata* Chaten. ex Rouy et Fouc. *Fl. Fr.* III, 65 (1896) = *P. vulgare* forme *P. dubium* Rouy et Fouc. *Fl. Fr.* III, 65 (1896) = *P. vulgaris* var. *typica* forma *dubia* Paol. in Fiori et Paol. *Fl. anal. It.* II, 229 (1901).

Hab. — Avec certitude jusqu'ici dans les localités suivantes : châtaigneraies des bords du Fiume Alto, près Piedicroce, 550 m. env. (R. Lit. !, 5-VII-1906) ; pentes du Cricche au-dessus du col de Verghio, garigues vers 1650 m. (R. Lit. !, in *Bull. soc. bot. Fr.* LXXIX, 76) ; Pedi Mozzo, au-dessus de Felce, pelouses du sommet, 1190 m. (R. Lit. !, 20-VIII-1930) ; Zonza, châtaigneraie vers 700 m. (Sim. !, 21-V-1933). — La plante a été signalée aussi dans la vallée de la Restonica, près Corte (Fouc. et Sim. *Trois sem. herb. Corse* 90), au-dessus de Venaco (Fouc. et Sim. l. c. 88), à Tattone (Mand. et Fouc. ex Fouc. in *Bull. soc. bot. Fr.* XLVII, 87), au Coscione (Gysperger in Rouy *Rev. bot. syst.* II, 119), au Monte Bianco, près Sari di Porto-Vecchio (Fouc. et Sim. l. c. 102).

Tiges grêles, diffuses. Fleurs assez petites, le plus souvent d'un blanc verdâtre, peu nombreuses et disposées en grappes lâches. Bractée médiane au plus aussi longue que le pédicelle à l'anthèse. Ailes ne dépassant pas 6 mm. de long, lancéolées subaiguës. Capsule un peu plus large et un peu plus courte que les ailes. — Race subatlantique voisine du var. **oxyptera** Dethard, qui en diffère surtout par les fleurs disposées en grappes courtes densiuscules, la bractée médiane plus longue que le pédicelle, les ailes un peu plus grandes, la capsule débordant latéralement plus largement les ailes. Cette dernière variété est à rechercher dans l'île.

Les exemplaires de « *P. dubia* » que notre excellent ami M. E. Simon a bien voulu nous communiquer pour étude, exemplaires provenant de ses excursions en Corse de 1896 (vallée de la Restonica et sans doute Venaco[1] ; maquis de Togna en montant au Mte Bianco), nous paraissent devoir se rapporter, non au véritable *dubia*, mais à des formes de passage entre les var. *major* et *oxyptera*. Les plantes que nous avons recueillies, en particulier celle du Pedi Mezzo — bien typique, — de même celle que M. Simon a récoltée à Zonza, sont fort semblables aux échantillons distribués de l'Isère par la Société dauphinoise (n. 3220 et 4470, sub : *P. Michaleti* Gren.).

1102. **P. nicaeensis** Risso ex Steud. *Nom. bot.* 642 (1821), nom. nud., et in Reichb. *Pl. crit.* I, 26 (1823), pro synon. ; Koch *Syn.* ed. 1, 92, pro synon., ed. 2, I, 98 (1843) ; Boiss. *Fl. Or.* I, 475 ; Burn. *Fl.*

1. D'après ce que nous écrit M. Simon, il semble qu'il y ait eu mélange des échantillons provenant de ces deux localités.

Alp. mar. I, 184 ; Chod. in *Bull. soc. bot. Genève* V, 179 et *Mon. Polyg.* II, 456 ; Graebn. *Syn.* VII, 330 = *P. rosea* Bertol. *Fl. it.* VII, 318 (1847) ; Gren. in Gren. et Godr. *Fl. Fr.* I, 194 ; non Desf. = *P. vulgare* subsp. *P. Nicaeense* Rouy et Fouc. *Fl. Fr.* III, 70 (1896) = *P. vulgaris* var. *nicaeensis* Paol. in Fiori et Paol. *Fl. anal. It.* II, 230 (1901).

Espèce grandiflore, très voisine du *P. vulgaris* L. (surtout de la sous-espèce *comosa* Chod.), mais distincte par l'arille de la graine manifestement plus long, égalant environ la moitié de la longueur de la graine, parfois jusqu'aux 3/4 (et non environ le quart ou le tiers).

Plante très polymorphe représentée en Corse par la sous-espèce suivante.

Subsp. **corsica** Graebn. in Asch. et Graebn. *Syn.* VII, 337 (1916) ; Hegi *Ill. Fl. M.-Eur.* V-1, 98 = *P. vulgaris* var. *grandiflora* Salis in *Flora* XVII, Beibl. II, 73 (1834) ; non DC., nec Bab. = *P. rosea* Bertol. *Fl. it.* VII, 318 (1847), quoad pl. cors. ; Arc. *Comp. fl. it.* ed. 2, 289, quoad pl. cors. = *P. corsica* (Sieber exsicc., nom. nud.) Bor. *Not. pl. Cors.* I, 5 (1857) = *P. nicaeensis* subsp. *mediterranea* var. *corsica* Chod. in *Bul . soc. bot. Genève* V, 179 (1889) et *Mon. Polyg.* II, 459, t. XXXIII, f. 34-36 ; Burn. *Fl. Alp. mar.* I, 187 (*P. nicaeensis* var. *corsica*), p. p. = *P. nicaeensis* Parl. *Fl. it.* IX, 102 (1890), quoad pl. cors. = *P. vulgare* subsp. *P. Nicaeense* forme *P. corsicum* Rouy et Fouc. *Fl. Fr.* III, 72 (1896) = *P. vulgaris* var. *nicaeensis* forma *corsica* Paol. in Fiori et Paol. *Fl. anal. It.* II, 230 (1901) = *P. vulgaris* var. *corsica* Fiori *Nuov. fl. anal. It.* II, 123 (1925). — Exsicc. Sieber sub : *P. corsica* Sieber ! [Herb. Coss.] ; Soleirol n. 3340 !, sub : *P. vulgaris* (Bastia) [Herb. Coss.] ; Deb. ann. 1866 n. 34 ! (Cardo, près Bastia) [Herb. Burn., Laus.] ; F. Sch. Herb. norm. Cent. 11, n. 228 bis ! (de Bastia à Ste-Lucie, leg. Deb.) [Herb. Bonaparte, Coss., Deless., Rouy] ; Mab. n. 212 ! (Bastia) [Herb. Bonaparte, Bor., Burn., Coss.] ; Deb. ann. 1868, sub : *P. corsica* ! (Cardo, près Bastia) [Herb. Burn.] ; Reverch. ann. 1885, sub. : *P. vulgaris* ! (Ota) [Herb. Deless.] ; Burn. ann. 1900, n. 11 ! (col du Teghime) [Herb. Burn.] ; Burn. ann. 1904, n. 68 ! (entre Oletta et le col du Teghime) [Herb. Burn.] et n. 69 ! (forêt d'Aitone) [Herb. Burn.].

Hab. — Maquis, garigues, forêts, rocailles, prairies humides dans les étages inférieur, montagnard et subalpin (horizon inférieur), 1-1250 m. Avril-juill. ⚣. Répandu dans le Cap Corse, depuis le bord de la mer jusque sur les sommets de la chaîne. Disséminé dans le reste de l'île. Entre St-Florent et le col de Cerchio (Fouc. et Sim. *Trois sem. herb. Corse* 55) : forêt de Valdoniello (Coust. !, VI-1910, in herb.) ; forêt d'Aitone (Burn. ! exsicc. cit. et ex Briq. *Spic.* 148) ; Ota (Reverch. ! exsicc. cit.) ; pentes N.-E. du Capo al Cielo, au-dessus de Serriera, 1200 m. (J. Chevalier !, 3-VI-1928) ; Corte (herb. Webb ex Parl. *Fl. it.* IX, 104) ; vallée du Tavignano, près Corte, berges des sources, 500-700 m. (Briq. !, 26-VI-1908, in herb. Burn.) ; entre le col de Sorba et Ghisoni, clairières des châtaigneraies, 900 m. (Briq. !, 10-V-1907, in herb. Burn.) ; vallée inférieure de la Solenzara, sables au bord de la rivière (Briq. !, 3-V-1907, in herb. Burn.) ; Monte Bianco, près Sari di Porto-Vecchio (Fouc. et Sim. l. c. 102, Fouc. ! in herb. Bonaparte) ; entre Sainte-Lucie de Porto-Vecchio et la Trinité, prairie humide (Briq. !, 4-V-1907, in herb. Burn.) ; Uomo di Cagna (Coust. !, V-1910, in herb.).

Diffère du subsp. **mediterranea** Choa. emend. Graebn. [in Asch. et Graebn. *Syn.* VII, 332 (1916)] par la nervure médiane des ailes qui est presque toujours dépourvue de ramifications depuis sa base jusqu'à sa réunion avec les nervures latérales vers le sommet de l'aile, celles-ci faiblement anastomosées (et non à nervure médiane ramifiée bien avant sa jonction avec les nervures latérales abondamment anastomosées) et par ses graines ovoïdes (et non oblongues). — « Se présente tantôt à fleurs roses (forma **roseiflora** Briq.) — cas le plus fréquent, — tantôt à fleurs d'un beau bleu (forma **coerulea** Briq.) » (J. B.), beaucoup plus rarement à fleurs blanches (forma **albiflora** R. Lit. : maquis près de la plage de Tamarone, N. de Macinaggio, leg. R. Lit. !, 18-V-1913) .
Au subsp. *corsica* on peut rattacher, avec Graebner [in Asch. et Graebn. *Syn.* VII, 338], le var. **italiana** Chod. (*Mon. Polyg.* 458) distinct du type corse (var. **corsica** Chod.) par les ailes devenant accrescentes (et non peu accrescentes), la capsule stipitée plus cunéiforme, la graine oblongue. les lobes latéraux de l'arille pendants, droits, très allongés et très aigus, atteignant les 3/4 de la longueur de la graine (et non à graine ovoïde, avec lobes latéraux de l'arille incurvés-falciformes, obtus ou tronqués au sommet, atteignant la moitié de la longueur de la graine). Cette race des Alpes Cottiennes et de Toscane constitue en quelque sorte une forme de passage entre le subsp. *corsica* et le subsp. *mediterranea*.

1. Variat floribus roseis (forma *roseiflora* Briq.), coeruleis (forma *coerulea* Briq.) aut albis (forma *albiflora* R. Lit.).

1103. **P. monspeliaca** L. *Sp.* ed. 1, 702(1753); Gren. in Gren. et Godr. *Fl. Fr.* I, 198 ; Chod. *Mon. Polyg.* II, 480 ; Rouy et Fouc. *Fl. Fr.* III, 83 ; Coste *Fl. Fr.* I, 163 ; Graebn. *Syn.* VII, 318 = *P. glumacea* Sibth. et Sm. *Fl. graec. prodr.* II, 52 (1813) = *P. sicula* Tin. in Tornab. *Bot. sic.* 135 (1846). — Exsicc. Magn. fl. select. n. 1101 ! (Corte, leg. Burnouf) [Herb. Bonaparte, Burn., Coss., Deless., R. Lit.].

Hab. — Garigues, pelouses rocailleuses, friches de l'étage inférieur. Avril-mai. ①. Rare. Près St-Florent (Thomas !, in herb. Deless.) ; base de la colline à l'W. du Monte Silla Morta, entre St-Florent et Olctta (R. Lit. !, 1-VI-1933) ; col de San Quilico (Fouc. et Sim. *Trois sem. herb. Corse* 83, Fouc. ! in herb. Bonaparte) ; environs de Corte (Salis in *Flora* XVII, Beibl. II, 73 ; Gillot *Souv.* ; Burnouf ! exsicc. cit. et ex Le Grand in *Bull. soc. bot. Fr.* XXXVII, 19 ; Sargnon in *Ann. soc. bot. Lyon* VI, 76 ; Briq. !, 11-V-1905, in herb. Burn., et St-Y. !, in herb. Laus.; Ellman et Jah., 11-VI-1911, notes manuscr.; J. Chevalier, 22-V-1927, in litt.), notamment dans la vallée de l'Orta, sur la rive droite du Tavignano, aux environs du séminaire et au Monte Corbo ; Solaro, garigues vers 500 m. (Briq. et Wilcz. !, 8-VII-1913, in herb. Laus.).

Observé pour la première fois dans l'île par Vanucci en 1828 (d'après des exemplaires conservés dans l'herbier général du jardin des plantes d'Angers).

EUPHORBIACEAE

CHROZOPHORA Neck.

1104. **C. tinctoria** Raf. *Chlor. Aetn.* 4 (1813).; Juss. *Euph. gen. tent.* 28, t. 7, f. 25 (1824) ; Godr. in Gren. et Godr. *Fl. Fr.* III, 101 ; Coste *Fl. Fr.* III, 243 ; Rouy *Fl. Fr.* XII, 132; Pax *Euphorb.-Acalyph.-Chrozoph.* 22 (Engler *Pflanzenreich* IV, 147, VI) ; Graebn. *Syn.* VII, 402 = *Croton tinctorium* L. *Sp.* ed. 1, 1004 (1753) = *Ricinoides tinctoria* Moench *Meth.* 286 (1794) = *Chrozophora tinctoria* var. *genuina* Müll. Arg. in DC. *Prodr.* XV, 2, 749 (1866) = *Tournesolia tinctoria* Baill. *Hist. pl.* V, 181, 182 (1874). — Exsicc. Soleirol n. 3761 !, sub : *Croton tinctorium* (St-Florent et Bastia) [Herb. Coss., Req.] ; Mab. n. 270 ! (St-Florent) [Herb. Bor., Burn., Coss.].

Hab. — Champs cultivés, friches, lieux sablonneux dans l'étage inférieur. Juin-juill. ④. Rare. Localisé dans le N. et l'E. de l'île. Rogliano (Mab. in Mars. *Cat.* 130) ; Bastia (Soleirol ! exsicc. cit. et ex Godr. l. c.) ; Biguglia (Mab. in Mars. l. c. ; Deb. !, VI-1868, in herb. Bonaparte) ; St-Florent (Soleirol ! exsicc. cit. et ex Bertol. *Fl. it.* X, 278 ; Clément !, VII-1842, in herb. Fac. Sc. Grenoble et herb. gén. Mus. Grenoble ; Mab. ! exsicc. cit. et in Mars. l. c.) ; vallée du Golo en aval de Francardo (Mars. l. c.) ; près de l'embouchure du Tavignano (Aellen !, 4-VIII-1933) ; Aleria (Soulié ex Coste in *Bull. soc. bot. Fr.* XLVIII, sess. extr. CXXIII).

MERCURIALIS L.

M. elliptica Lamk *Encycl. méth.* IV, 119 (1796) ; Müll. Arg. in DC. *Prodr.* XV, 2, 795 ; Pax *Euphorb.-Acalyph.-Mercurial.* 273 (Engler *Pflanzenreich* IV, 147, VII).
Espèce du S. de la péninsule ibérique — indiquée aussi à Minorque[1] — et du Maroc (Grand Atlas)[2], signalée en Corse par Duby (*Bot. gall.* I, 417), Loiseleur (*Fl. gall.* ed. 2, II, 35), Salis (in *Flora* XVII, Beibl. II, 7), Mutel (*Fl. fr.* III, 170) et plus récemment par E. Roth [*Add. Consp. fl. eur. edit. Nyman* 36 (1886)], par confusion avec le *M. corsica* Coss.

1105. **M. corsica** Coss. *Not. pl. crit.* 1re sér., III, 63 (1850); Godr. in Gren. et Godr. *Fl. Fr.* III, 100 ; Moris *Fl. sard.* III, 470, t. 110 ; Müll. Arg. in DC. *Prodr.* XV, 2, 795 ; Coste *Fl. Fr.* III, 244 ; Rouy *Fl. Fr.* XII, 133 ; Pax *Euphorb.-Acalyph.-Mercurial.* 273 (Engler *Pflanzenreich* IV, 147, VII) = *M. elliptica* Duby *Bot. gall.* I, 417 (1828) ; Lois. *Fl. gall.* ed. 2, II, 35 ; Salis in *Flora* XVII, Beibl. II, 7 ; Mut. *Fl. fr.* III, 170 ; non Lamk. — Exsicc. Soleirol n. 3829 !, sub : *M. elliptica* (Bocognano, « Bogoniano ») [Herb. Coss., Req.] ; Soleirol n. 3829 ! (Galeria) [Herb. Coss., Req.] ; Soleirol n. 3829 ! (Ota, « Otto ») [Herb. Deless., Req.] ; Req. sub : *M. elliptica* ! (Vico, pont — « port » — du Liamone) [Herb. Bor., Coss., Deless.] ; Bourg. n. 350 !, sub : *M. elliptica* (Vico, leg. Req.) [Herb. Coss.] ; Mab. n. 375 ! (vallée de Luri) [Herb. Bor., Burn.] ; Deb. ann. 1867, sub :

---

1. D'après Lamarck, mais n'a pas été retrouvé récemment dans cette île.
2. Un spécimen de cette espèce existe dans l'herbier du Prodromus comme ayant été récolté à Ténérife par Broussonnet. On sait que ce botaniste a herborisé aussi au Maroc et en Espagne ; il est fort probable que la plante provient de la péninsule ibérique et non de Ténérife où aucun auteur ne l'a revue.

M. corsica ! (vallée de Luri) [Herb. Bonaparte] ; Magn. fl. select.
n. 1540 ! (Corte, leg. Burnouf) [Herb. Bonaparte, Burn.] ; Reverch.
ann. 1879, n. 174 ! (Serra di Scopamene) [Herb. Burn., Laus., Rouy] ;
Soc. dauph. n. 2613 ! (Serra di Scopamene, leg. Reverch.) [Herb.
Bonaparte, Burn., Coss., Fac. Sc. Grenoble, Mus. Grenoble, Pellat] ;
Reverch. ann. 1885, n. 174 ! (Ota) [Herb. Deless., Laus.] ; Soc. roch.
n. 3142 ! (Ota, leg. Reverch.) [Herb. Bonaparte, Pellat, N. Roux,
Rouy] ; Baenitz Herb. eur. sub : *M. corsica* ! (Ota, leg. Reverch.)
[Herb. Bonaparte] ; Burn. ann. 1900, n. 314 ! (vallée de la Restonica)
[Herb. Burn., Deless.] ; Burn. ann. 1904, n. 617 ! (entre Biguglia et
Oletta) [Herb. Burn.].

Hab. — Rochers, vieux murs, rocailles, garigues, pineraies, bord
des torrents dans les étages inférieur et montagnard, jusque vers
1200 m. [1]. Mars-sept. ♃. Assez répandu. Vallée de Luri (Mab. in
Feuille jeun. nat. VII, 111 et exsicc. cit. ! ; Briq. !, 27-IV-1907, in
herb. Burn. et St-Y. !, in herb. Laus.) ; Monte Fosco (Gillot in *Bull.
soc. bot. Fr.* XXIV, sess. extr. LIX) ; Nonza (Bernard !, VI-1841, in
herb. Bor. ; Ellman et Jah., 4-VI-1914, notes manuscr.) ; environs
de Bastia (Salis in *Flora* XVII, Beibl. II, 7 ; Req. !, 1837, in herb.
Rouy) ; entre Biguglia et Oletta (Salis l. c. ; Burn. ! exsicc. cit. et
ex Briq. *Spic.* 148 ; R. Lit. !, VIII-1930) ; Cervione (Req. !, VI-1822,
in herb. ; Salis l. c. ; Jah., 12-VII-1914, notes manuscr.) ; Sant'An-
drea di Cotone (Thibesard !, 1-VI-1872, in herb. Bonaparte) ; Galeria
(Solcirol ! exsicc. cit.) ; Calasima (Soulié ex Coste in *Bull. soc. bot. Fr.*
XLVIII, sess. extr. CXXIII, specim. in herb. Bonaparte !) ; Niolo,
au bord du Golo (Thomas !, in herb. Prodr. ; Salis l. c.), à Sidossi
(Coust. !, VII-1912 et 1917, in herb. ; Le Brun in *Le Monde des pl.*
XXVII, n. 52, 6) ; Serriera, bord du ruisseau de Taragna, 200 m.
(J. Chevalier, VII-1926 et VI-1929, in litt.) ; au-dessous d'Evisa
(Sagorski in *Mitt. thür. bot. Ver.* XXVII, 47 ; Le Brun l. c. — descente
d'Evisa à Porto près du pont de Tavolella) ; Ota (Solcirol ! exsicc. cit.
et ex Bertol. *Fl. it.* X, 373 ; Req. ! in herb. Bor. et in herb. Prodr. ;
Reverch. ! exsicc. cit. et in Soc. roch. et Baenitz) ; près de Cristinacce,
rochers (Ronn. in *Verhandl. zool.-bot. Ges. Wien* XLVIII, 226) ;

1. Le libellé d'une étiquette de Requien (in herb. Prodr.) — Quenza à 1800 m.
— laisserait supposer que cette espèce croît jusqu'à la limite supérieure de
l'étage subalpin, mais il y a certainement là une erreur.

montagnes de Corte (Salzm. !, 1821, in herb. Req.), notamment dans
la vallée de la Restonica, 900-1200 m. (Burnouf in *Bull. soc. bot. Fr.*
XXIV, sess. extr. LXXXIV ; Gillot !, 7-VI-1877, in herb. Rouy ;
Bernoulli !, 5-VI-1889, in herb. Burn. ; Fouc. !, VII-1898, in herb.
Bonaparte; Burn. ! exsicc. cit.) et dans la haute vallée du Tavignano
(Mars. *Cat.* 129) ; vallée du Liamone aux environs de Vico (Req. !
exsicc. cit. et ap. Bourg. exsicc. cit. et *Cat.* 3; Clément !, VI-1842, in
herb. gén. Fac. Sc. Grenoble ; Léveillé !, in herb. Bor. ; Mouillefarine !,
22-IX-1863, in herb. R. Lit. ; Mars. l. c.) ; Guagno (Léveillé !, 1842,
in herb. Req.) ; Ghisoni (Rotgès, 15-VI-1898, notes manuscr.) ; Monte
d'Oro (Soleirol !, in herb. Deless.) ; Bocognano (Soleirol ! exsicc. cit.) ;
Fiumorbo (Req. !, VI-1822, in herb.) ; Ajaccio (Retzdorff ex Pax in
Engler *Pflanzenreich* IV, 147, VII, p. 273) ; entre Grosseto et le col
de St-Georges (Le Brun in *Le Monde des pl.* XXVII, n. 45, 7 ; R. Lit. !,
21-III-1930) ; Ste-Marie Siché, vieilles murailles (Le Brun l. c., n. 68,
10) ; Zicavo, bords de la route d'Aullene, 730-750 m. (Briq.!, 27-VII-
1910, in herb. Burn., et St-Y. !, in herb. Laus. ; R. Lit. ! *Voy.* I, 16) ;
Incudine (de Pouzolz !, 1824, in herb. Req.) ; ravins entre Solenzara
et le col de Larone (Aylies !, 20-VI-1917, ex R. Lit. et Sim. in *Bull.
soc. bot. Fr.* LXVIII, 100; Le Brun in *Le Monde des pl.* XXXI, n. 73,
2) ; environs de Quenza (Req. !, in herb. Prodr.) ; Serra di Scopamene
(Reverch. ! exsicc. cit.) ; Tallano (Jord. ex Parl. *Fl. it.* IV, 548) ;
Porto-Vecchio, rochers de l'Oso (Revel. in Mars. l. c., specim. in
herb. Bor. ! — 1-VI-1857) ; île Lavezzi (Coust. !, 1919, in herb. Charrier).

Espèce corso-sarde, très affine au *M·elliptica* Lamk et à port semblable;
elle diffère surtout de ce dernier par ses épis ♂ dépassant les feuilles, ses
capsules plus petites, 3 mm. de long sur 4 mm. de large (et non 4 × 6 mm.),
souvent poilues-scabres sur le dos (et non toujours glabres et lisses), par
ses graines rugueuses-alvéolées, pius petites, mesurant 1,5 mm. de long
(et non lisses, plus grosses, mesurant 3 mm. de long).

1006. **M. annua** L. *Sp.* ed. 1, 1035 (1753) ; Müll. Arg. in DC.
Prodr. XV, 2, 797 ; Coste *Fl. Fr.* III, 245 ; Rouy *Fl. Fr.* XII, 134 ;
Pax *Euphorb.-Acalyph.-Mercurial.* 274 (Engler *Pflanzenreich* IV,
147, VII).

Hab. — Lieux cultivés, bord des chemins, décombres, murs, rochers dans l'étage inférieur ; espèce nitrophile. Fl. presque toute

l'année. ⓘ. Répandu dans l'île entière. — En Corse jusqu'ici seulement la variété suivante.

Var. **genuina** Müll. Arg. in DC. *Prodr.* XV, 2, 797 (1866) = *M. annua* forma *ciliata* Pax et K. Hoffm. in Pax l. c. (1914).

Feuilles toujours plus ou moins ciliées aux marges.

Se présente sous deux sous-variétés, reliées par de nombreux intermédiaires.

α¹. Subvar. **eu-annua** R. Lit., nov. nom. = *M. annua* L. *Sp.* ed. 2, 1463 (1763) ; Godr. in Gren. et Godr. *Fl. Fr.* III, 99 = *M. annua* var. *dioica* Moris *Fl. sard.* III, 478 (1858-59), p. p. ? = *M. annua* var. *typica* Fiori in Fiori et Paol. *Fl. anal. It.* II, 291 (1901), p. p. ?

Feuilles peu profondément dentées — serrature consistant en créneaux assez réguliers formant des arcs le plus souvent légèrement convexes en dehors, à sommet obtus, hauts de 0,5-0,75 mm. — et munies aux marges de poils courts, mesurant en moyenne 0,25 mm. de long.

α². Subvar. **serrata** R. Lit., nov. nom. = *M. ambigua* L. f. *Dec. prim. pl. rar. hort. upsal.* 15, t. 8 ! (1762) ; L. *Sp.* ed. 2, 1465 (1763) ; Godr. in Gren. et Godr. *Fl. Fr.* III, 99 = *M. annua* var. *ambigua* Duby *Bot. gall.* I, 417 (1828), p. p. ? ; Rouy *Fl. Fr.* XII, 135, p. p. ; Fiori in Fiori et Paol. *Fl. anal. It.* II, 291, p. p. = *M. annua* var. *monoica* Moris *Fl. sard.* III, 478 (1858-59), p. p. ? = *M. pinnatifida* Sennen in *Bol. soc. arag. cienc. nat.* VIII, 146 (1909) = *M. annua* var. *urticiformis* Sennen et Pau ap. Sennen in *Bull. géogr. bot.* XXI, 128 (1911) ; Sennen *Pl. Esp.* n. 798 ! = *M. annua* subsp. *ambigua* Maire in *Mém. soc. sc. nat. Maroc* n. VII, 178 (1924), p. p. ¹. — Exsicc. Soleirol n. 3825 ! (Calvi) [Herb. Deless.] ; Req. sub : *M. ambigua* ! (Ajaccio) [Herb. Deless.], forme à feuilles pourvues de poils marginaux rares tendant légèrement vers le var. *Huetii* ; Billot n. 642 ! (Ajaccio, leg. Req.) [Herb. Deless.], forme à feuilles petites, pourvues de poils marginaux assez rares, tendant vers le var. *Huetii* ; Kralik sub : *M. ambigua* ! (Bonifacio) [Herb. Coss.] ; Mab. n. 376 ! (Bastia, leg. Deb. et Mab.) [Herb. Bor., Burn.] ; Deb. ann. 1868, sub : *M. ambi-*

1. A cette synonymie, il y aurait sans doute lieu d'ajouter le *M. ciliata* J. et C. Presl [*Del. prag.* 56 (1822)], décrit d'après des échantillons provenant de Sicile et de Dalmatie. Bien que la plante soit mentionnée comme dioïque, les caractères assignés aux feuilles (« margine obtuse serratis ciliatis ») font présumer qu'elle doit se rapporter au subvar. *serrata*.

gua ! (Bastia) [Herb. Burn.] ; Deb. ann. 1869, sub : *M. ambigua* !
(Toga, près Bastia) [Herb. Burn.].

Feuilles plus profondément dentées que dans α[1], munies de dents pouvant atteindre jusqu'à 3-4 mm. de haut et formant des triangles à sommet obtus ou subaigu , poils marginaux plus serrés et plus allongés, mesurant en moyenne 0,50 mm. de long et atteignant 0,85 mm.

Le subvar. *eu-annua* peut se présenter sous une forme dioïque — la plus fréquente dans l'aire septentrionale de l'espèce [1] — ou sous une forme monoïque.

Le subvar. *serrata* [2], que nous ne connaissons que de la région méditerranéenne, est le plus souvent monoïque, parfois androdioïque.

L'examen d'un matériel abondant de *M. annua* (sensu lato), tant dans la nature que dans les herbiers, nous a conduit à abandonner la distinction classique entre les *M. annua* (sensu stricto) dioïque, — exceptionnellement monoïque — et *ambigua*, normalement monoïque. Nous nous sommes en effet trouvé maintes fois dans l'impossibilité de séparer des formes dioïques banales beaucoup d'échantillons méditerranéens qui n'en différaient que par la monoecie, tout en possédant les mêmes caractères végétatifs (dentelure peu profonde des feuilles, poils marginaux courts et assez rares). Etant donné qu'il existe tous les intermédiaires entre les inflorescences monoïques et dioïques typiques des Mercuriales annuelles, nous pensons qu'on ne doit attacher qu'une faible importance systématique aux caractères sexuels, comme l'ont fait d'ailleurs Müller Arg. (l. c.) et Pax (l. c.).Les caractères — mentionnés par plusieurs auteurs — relatifs à la forme des feuilles (atténuées à la base chez le *M. ambigua*, largement arrondies chez le *M. annua* type), ainsi qu'à leur coloration (qui serait plus foncée chez le *M. ambigua* [3]), nous ont paru ne présenter aucune valeur constante. En ce qui concerne la forme des feuilles, Wirtgen (in *Flora* XXXIII, 82) en particulier, a bien montré leur variabilité.

Dans la région méditerranéenne, le *M. annua* se présente surtout sous l'état monoïque. Selon l'hypothèse très vraisemblable émise par notre excellent ami M. Burollet [4] et par M. P. Gillot [5], la forme monoïque cons-

1. Nous avons vu le subvar. *eu-annua* dioïque des provenances corses suivantes : Macinaggio, vigne en arrière de la plage (R. Lit. !, 23-VII-1934) ; Pino, oliveraies (Briq. !, 26-IV-1907, in herb. Burn.) ; entre la gare de Furiani et l'étang de Biguglia, champs humides (R. Lit. !, 26-VII-1932).
2. La plante décrite et figurée par Linné fils (l. c.), d'après des exemplaires provenant de l'Espagne méridionale (Cadix, Gibraltar et montagnes voisines) correspond bien au type méditerranéen monoïque, à feuilles profondément dentées et manifestement ciliées (« foliis... serraturis magis acutis et ciliatis » L. f. l. c.) ; le doute émis à ce sujet par M. Burollet (*Sahel de Sousse* 61) n'est pas fondé. — Nous n'avons pas cru devoir conserver le nom d'*ambigua*, car, après Linné, la majorité des auteurs ont compris sous ce nom tous les états monoïques du *M. annua*, se rapportant aussi bien à notre subvar. *eu-annua* qu'à l'*ambigua* L. f. sensu stricto.
3. Cf. notamment Queney in *Bull. mens. soc. linn. Lyon* 2e ann., n. 6 (juin 1933), 89.
4. In *Bull. soc. bot. Fr.* LXX, 259.
5. In *Bull. soc. bot. Fr.* LXXI, 690 et *Recherches chimiques et biologiques sur le genre Mercurialis* (Thèse Paris, 1925). — M. Gillot a montré que le *M. annua*

tituerait le type normal de l'espèce, « type dont la forme strictement dioïque serait un dérivé plus adapté aux contrées septentrionales »[1] ; les échantillons monoïques trouvés en dehors de la région méditerranéenne représenteraient des témoins de la monoecie primitive. — Aux localités extraméditerranéennes citées du *M. annua* monoïque, par exemple à Locon (Pas-de-Calais), à Bellevue (Seine-et-Oise), au Plessis-Macé (Maine-et-Loire) par le prof. Blaringhem[2], en Haute-Marne par M. P. Gillot[3], nous ajouterons celles de Mazières-en-Gâtine (Deux-Sèvres) et de Tonnay-Charente (Charente-Inférieure) où nous avons observé (IX-1933) le subvar. *eu-annua* sous un état monoïque à prédominance femelle identique à celui qu'a décrit et figuré M. Gillot. De plus, nous avons trouvé à Tonnay-Charente des *M. annua* dioïques tendant légèrement au subvar. *serrata* par leurs feuilles plus manifestement dentées et munies aux marges de poils un peu plus allongés (en moyenne 0,35 mm., quelques-uns atteignant 0,47 mm. et même 0,51 mm.).

Chabert (in *Bull. soc. bot. Fr.* XXIX, sess. extr. LV) a signalé autour de Cardo, çà et là dans les cultures et les lieux vagues, le *M. annua* var. *camberiensis* Chab. [in *Bull. soc. bot. Fr.* XXVIII, 300 (1881)] dont les fleurs femelles sont plus ou moins longuement pédonculées, — les pédoncules s'allongeant après la fécondation jusqu'à 8 cm. — et le plus souvent verticillées. C'est là un état extrême — et non une véritable variété — que nous n'avons pas observé dans l'île. Assez fréquemment, dans l'W. de la France par exemple, nous avons constaté l'allongement du pédoncule des fleurs femelles, mais d'une façon très inégale dans les divers verticilles de l'inflorescence et dans un même verticille d'un individu donné.

Il y aura lieu de rechercher en Corse sous sa forme typique le var. **Huetii** Müll. Arg. [in DC. *Prodr.* XV, 2, 798 (1866) ; Loret et Barr. *Fl. Montp.* II, 596 ; Rouy *Fl. Fr.* XII, 135 (pro « race ») = *M. Huetii* Hanry in *Billotia* 21 (1864) = *M. annua* subsp. *Huetii* Lange in Willk. et Lange *Prodr. fl. hisp.* III, 509 (1877) ; Willk. *Suppl.* 263 = *M. annua* forma *Huetii* Pax *Euphorb.-Acalyph.-Mercurial.* 275 (Engler *Pflanzenreich* IV, 147, VII, ann. 1914)], race rupicole non nitrophile, distincte du var. *genuina* par ses proportions plus réduites, ses feuilles petites entièrement glabres même à l'état jeune, ses capsules toujours lisses en dehors des côtes munies d'aspérités pilifères moins nombreuses. — Des formes de passage relient le var. *genuina* au var. *Huetii*. Certains exemplaires distribués sous le n. 642 (sub : *M. annua* β *ambigua* Dub.) du *Fl. Gall. et Germ. exsicc.* de Billot [in herb. Deless. !] et provenant d'Ajaccio, leg. Req., constituent des *M. annua* subvar. *serrata* assez proches du var. *Huetii* par leurs feuilles petites à poils marginaux peu abondants[4]. —

se classait parmi les plantes indigènes qui exigent le plus de chaleur pour germer, le minimum étant de 12-13°, l'optimum de 26-28°.

1. Burollet l. c.
2. In *Bull. soc. bot. Fr.* LXIX, 84.
3. L. c.
4. De semblables formes de passage ont été signalées dans l'Hérault par Loret et Barrandon (*Fl. Montp.* II, 596) et en Provence par Reynier — *M. annua* forme *pseudo-Huetii* Reyn. in *Le Monde des pl.* XXII, n. 14, 2 (1921) ; — nous avons vu aussi un type intermédiaire provenant d'Andalousie (Grazalema, leg. Reverch., 23-V-1890, in herb. R. Lit.).

Ainsi que l'a indiqué Müller Arg. (l. c.), le var. *Huetii* peut, comme le var. *genuina*, se présenter sous un état dioïque ou sous un état monoïque ; les individus monoïques paraissent toutefois beaucoup plus rares et jusqu'ici nous n'en avons vu que du Maroc occidental (Rabat, leg. Burollet !). — Le var. *Huetii*, à ce que nous sachions, n'a pas été signalé dans la péninsule italique et dans l'archipel tyrrhénien ; il croît dans la France méridionale, en Espagne, au Maroc et dans l'Algérie occidentale [1].

1007. **M. perennis** L. *Sp.* ed. 1, 1035 (1753) ; Godr. in Gren. et Godr. *Fl. Fr.* III, 99 ; Müll. Arg. in DC. *Prodr.* XV, 2, 796 ; Coste *Fl. Fr.* III, 244 ; Rouy *Fl. Fr.* XII, 139 ; Pax *Euphorb.-Acalyph.-Mercurial.* 277 (Engler *Pflanzenreich* IV, 147, VII). — Exsicc. Burn. ann. 1904, n. 618 ! sub : *M. annua* (entre le col de Sevi et Vico) [Herb. Burn.].

Hab. — Lieux ombragés frais, berges des torrents, rochers, depuis l'étage inférieur jusque dans les hêtraies et les vernaies de l'étage subalpin, 100-1750 m. Avril-juill. ♃. Assez répandu. Olcani, châtaigneraie (R. Lit. ! in *Bull. géogr. bot.* XXIV, 101) ; environs de Bastia (Salis in *Flora* XVII, Beibl. II, 7), notamment à Pietranera (N. Roux !, IV-1912, in herb.), entre Bastia et le col du Teghime (Pœverlein !, 26-IV-1909, in herb.) et à la Serra di Pigno (Req. !, 15-V-1851, in herb. ; R. Lit. !, 4-VI-1933) ; Barchetta, rive gauche de la Casacconi, 120-130 m. (R. Lit. ! *Nouv. contrib.* II, 20) ; Monte Sant'Angelo de la Casinca, ravin de Caracuto, 820-850 m. (R. Lit., 15-VIII-1930) ; bords de la rivière de Polveroso, au-dessous de Poggio, 550 m. (R. Lit. *Nouv. contrib.* I, 28) ; hêtraie du Monte San Pedrone (Gillot in *Bull. soc. bot. Fr.* XXIV, sess. extr. LXXX ; Gysperger !, 3-VII-1905 et 2-VII-1906, in herb. Deless. ; Houard !, 28-VIII-1909, in herb. Deless.) ; Cime de la chapelle de Sant'Angelo, rochers calcaires, 1184 m. (Briq. !, 15-VII-1906, in herb. Burn.) ; Casamaccioli (Req. !, VIII-1847, in herb.) ; forêt d'Aitone (Req. !, 18-VIII-1847, in herb.) ; près Pancheraccia, maquis vers 650 m. (R. Lit. *Nouv. contrib.* I, 28 et *Mont. Corse orient.* 64) ; entre le col de Sevi et Vico (Burn. ! exsicc. cit.) ; environs de Vico (Req. !, IX-1847, in herb. ; Mars. *Cat.* 129 ; Coste in *Bull. soc. bot. Fr.* XLVIII, sess. extr. CXIV) ; Corte (Req. !, 20-V-1848, in herb. ; Burnouf !, in herb. Req. ; Salle !, in herb. Rouy) ; au-dessus de

1. Cf. Braun-Blanquet in *Prodr. groupements végétaux* fasc. 2, 33 (1934).

Venaco (Fouc. et Sim. *Trois sem. herb. Corse* 88, Fouc. ! in herb.
Bonaparte) ; forêt de Vizzavona (Mars. l. c. ; Lutz in *Bull. soc.
bot. Fr.* XLVIII, sess. extr. CXXVI ; N. Roux ibid. CXXVIII) ;
entre le col de Sorba et Ghisoni, châtaigneraies, 900-1000 m.
(Briq. !, 10-V-1907, in herb. Burn.) ; Ghisoni (Rotgès, 16-IV-1898,
notes manuscr.) ; bords du Prunelli, un peu en aval de Bastelica,
720 m. (R. Lit. et Malcuit *Massif Renoso* 85) ; Zonza, châtaigneraie
près du village (Sim. !, 25-V-1933) ; vallée d'Asinao (Briq. !, 24-VII-
1910, in herb. Burn.), au bord du ruisseau descendant du Fornello
en aval des bergeries, 1420 m. (R. Lit., 27-VII-1929, *Nouv. contrib.*
III, 14) ; vallon supérieur de Tova, vernaies, 1500-1600 m. (Briq.
et Wilcz. !, 10-VII-1913, in herb. Burn.) ; Petreto-Bicchisano (Mars.
l. c.) ; Monte Calva, versant W., berges d'un torrent, 1000 m. (Briq. !,
10-VII-1911, in herb. Burn. et herb. R. Lit.) ; forêt de l'Ospedale
(Lutz in *Bull. soc. bot. Fr.* XLVIII, 56 ; R. Lit., 22-VII-1929).

La plante corse appartient au forma **genuina** Pax [*Euphorb.-Acalyph.-
Mercurial.* 277 (Engler *Pflanzenreich* IV, 147, VII, ann. 1914) = *M. perennis* var. *genuina* Müll. Arg. in DC. *Prodr.* XV, 2, 796 (1866) = *M. perennis* var. *subalpina* Schur *Enum. pl. Transsilv.* 600 (1866) = *M. perennis*
var. *glabra* Beck *Fl. Nieder-Öst.* II, 1. Abt., 554 (1892)], à tige glabre ou
glabrescente dans sa partie supérieure, sauf à l'état jeune.

RICINUS L.

R. communis L. *Sp.* ed. 1, 1007 (1753) ; Müll. Arg. in DC. *Prodr.* XV,
2, 1017 ; Pax et Hoffm. *Euphorb.-Acalyph.-Ricin.* 119 (Engler *Pflanzenreich* IV, 147, IX-XI) ; Graebn. *Syn.* VII, 415.

Cultivé dans les jardins de l'étage inférieur et fréquemment naturalisé
(décombres, bord des chemins, etc.), par exemple à Ajaccio ! et à Bonifacio [Salis in *Flora* XVII, Beibl. II, 4 ; Req. *Cat.* 2 ; Bertol. *Fl. it.* X,
280 ; Bernard ex Ch. Martins in *Rev. hort.* ann. 1861, 25 (*R. africanus*)]. —
Espèce originaire de l'Inde et de l'Afrique tropicale, très polymorphe et
dont il existe de nombreuses variétés, formes et hybrides. Les var. **africanus** Müll. Arg. [l. c. = *R. africanus* Willd. *Sp. pl.* IV, 565 (1805)] et
genuinus Müll. Arg. [l. c.] paraissent les plus fréquents dans l'île, comme
dans toute la région méditerranéenne. Ces deux variétés à capsules et
à graines de taille médiocre (capsules de 13-15 mm. de long, graines de
9-11 mm. de long — sans la caroncule — sur 7-8 mm. de large) diffèrent
surtout par la longueur des aculéoles que porte la capsule : courts (2-3 mm.)
chez le var. *africanus*, beaucoup plus allongés (6-10 mm.) chez le var.
genuinus. Il se trouve d'ailleurs des formes ambiguës entre les deux
types.

EUPHORBIA L.

1008. **E. Peplis** L. *Sp.* ed. 1, 455 (1753) ; Godr. in Gren. et Godr.
Fl. Fr. III, 76 ; Boiss. in DC. *Prodr.* XV, 2, 27 ; Coste *Fl. Fr.* III,
232 ; Rouy *Fl. Fr.* XII, 179 ; Thell. in Asch. et Graebn. *Syn.* VII,
437 = *Tithymalus Peplis* Scop. *Fl. carn.* ed. 2, I, 340 (1772) =
Tithymalus auriculatus Lamk *Fl. fr.* III, 102 (1778) = *Anisophyllum
Peplis* Haw. *Syn. pl. succ.* 159 (1812) = *Chamaesyce maritima* S. F.
Gray *Nat. arr. brit. pl.* II, 260 (1821). — Exsicc. Sieber sub : *E. Pe-
plis*! (Ajaccio) [Herb. Deless., Req.] ; Soleirol n. 3807 ! (Calvi)
[Herb. Coss., Req.] ; Req. sub : *E. Peplis*! (Ajaccio) [Herb. Coss.] ;
Kralik n. 772 ! (Ile-Rousse et Tizzano) [Herb. Coss., Deless., Rouy];
Reverch. ann. 1880, n. 341 ! (Santa Manza) [Herb. Laus.].

Hab. — Sables et graviers littoraux, surtout dans la zone la plus
proche de la mer. Mai-oct. ⊙. Répandu et assez commun du Cap
Corse à Bonifacio, sur les deux côtes ; manque cependant sur certaines plages, par exemple celle de Baracci (cf. Malcuit *Littoral occid.*
27).

Se présente souvent dans les mêmes stations sous les forma **erythrocaulis**
Delpino [in *Rendic. Accad. sc. fis. e mat. Napoli*, ser. 3ª III, XXXVI, 133
(1897) ; Thell. in Asch. et Graebn. l. c. 439 = *E. Peplis* forma *rubricaulis*
Thell. in *Bull. herb. Boiss.* 2me sér., VII, 756 (1907)], à tiges rouges, et
xanthocaulis Delpino [l. c. ; Thell. in Asch. et Graebn. l. c. = *E. Peplis*
forma *viridicaulis* Thell. in *Bull. herb. Boiss.* 2me sér., VII, 756)], à tiges
d'un vert pâle. Le forma *xanthocaulis* est beaucoup plus rare que le forma
erythrocaulis.

E. humifusa Willd. *Enum. hort. berol.* Suppl. 27 (1813) ; Boiss. in DC.
Prodr. XV, 2, 30 ; Thell. in Asch. et Graebn. *Syn.* VII, 444 = *E. Pseudo-
Chamaesyce* Fisch., Mey. et Avé-Lall. in *Ind. nonus sem. hort. bot. petrop.*
73 (1843) et in *Linnaea* XVIII, 183 (1844) ; Ledeb. *Fl. ross.* III, 557 =
E. polygonisperma Godr. et Gren. *Fl. Fr.* III, 75 (1855) = *Anisophyllum
humifusum* Klotzsch et Garcke in *Phys. Abh. Akad. Wiss. Berlin* ann.
1859, 21 (1860) = *Tithymalus humifusus* Bub. *Fl. pyren.* I, 116 (1897)
= *E. Chamaesyce* var. *humifusa* Reynier in *Le Monde des pl.* XI, n. 61,
43 (1909) ; Marnac et Reynier *Prélim. fl. Bouches-du-Rhône* in *Bull.
acad. géogr. bot.* XIX, 171.
Espèce de l'Asie orientale, naturalisée dans l'Europe centrale et méditerranéenne. Elle a été recueillie en Corse par Salle — septembre 1846 —
à Luri (sec. Gren. et Godr. l. c.; Thell. in Asch. et Graebn. l. c., 450), mais
ne paraît pas avoir été revue. — L'*E. humifusa*, parfois confondu avec
l'*E. Chamaesyce*, diffère surtout de ce dernier par ses graines lisses,

ovoïdes-trigones (et non irrégulièrement réticulées-rugueuses, ovoïdes-tétragones).

1009. **E. Chamaesyce** L. *Sp.* ed. 1, 455 (1753); Godr. in Gren. et Godr. *Fl. Fr.* III, 75 ; Boiss. in DC. *Prodr.* XV, 2, 34 ; Coste *Fl. Fr.* III, 231 ; Thell. in *Bull. herb. Boiss.* 2me sér., VII, 757 et *Fl. adv. Montp.* 367 ; Rouy *Fl. Fr.* XII, 179 ; Thell. in Asch. et Graebn. *Syn.* VII, 450 = *Tithymalus nummularius* Lamk *Fl. fr.* III, 101 (1778) = *Anisophyllum Chamaesyce* Haw. *Syn. pl. succ.* 160 (1812).

Représenté par la race suivante.

Var. **eu-Chamaesyce** Thell. in Asch. et Graebn. *Syn.* VII, 454 (1916) = *E. Chamaesyce* L. l. c., sensu stricto. — Exsicc. Soleirol n. 3780 ! = forma *glabra* (Calvi) [Herb. Coss.] ; Soleirol n. 3781 ! = forma *pilosa* (Calvi) [Herb. Coss.] ; Kralik n. 771 ! = forma *glabra* (Corte) [Herb. Bonaparte, Bor., Coss., Deless., R. Lit., Rouy] ; Billot n. 451 ! = forma *glabra* (Corte, leg. Kralik) [Herb. Bonaparte, Coss., Rouy] ; Mab. n. 378 ! = forma *glabra* (plaine du Bevinco) [Herb. Bor., Burn.].

Hab. — Cultures, friches, bord des chemins et des voies ferrées, lieux sablonneux de l'étage inférieur. Juin-oct. ①. Disséminé. Bastia, dans la haute ville (Mars. *Cat.* 127) ; Biguglia (Mab. in Mars. l. c.) ; plaine du Bevinco (Mab. ! exsicc. cit. ; Shuttl. *Enum.* 18); Casamozza, le long de la voie ferrée au pont sur le Golo (R. Lit. !, 17-VIII-1930) ; St-Florent (Mab. in Mars. l. c.) ; Ile-Rousse (Mars. l. c.), notamment près du phare de la Pietra (R. Lit. !, 26-VII-1932) ; Calvi (Soleirol ! exsicc. cit. ; Fouc. ! 26-VII-1918, in herb. Bonaparte) ; Francardo, bord des chemins au-dessus du Golo (J. Chevalier !, 28-VII-1914, in herb. R. Lit.) ; Corte (Salis in *Flora* XVII, Beibl. II ; Bernard !, VII-1841, in herb. jard. Angers et herb. Prodr. ; Burn. !, 6-IX-1847, in herb. Burn. ; Burnouf !, IX-1847, in herb. Req. ; Kralik ! exsicc. cit. ; Thevenon !, in herb. Req. ; Mars. l. c. ; Briq. !, 23-VII-1906 — replats des rochers de la citadelle, — in herb. Burn. et St-Y. ! in herb. Laus. ; Aylies !, VII-1919 — remblais près du pont du Tavignano, — in herb. R. Lit. ; R. Lit ! IX-1919 — Sanguisagno, friches à gauche de la route du cimetière ; — R. Lit. !, 3-VIII-1932 — champs près de la Nouvelle Traverse) ; bord de l'Aghili, près du viaduc du chemin de fer, sables frais (R. Lit. et Malcuit, 1-VIII-1934) ; environs d'Ajaccio (Boullu in *Bull. soc. bot. Fr.* XXLV, sess. extr. C, d'après de vieux souvenirs) ; Bonifacio (Seraf. !, in herb. Req.).

Feuilles entières ou faiblement denticulées-crénelées, à dents obtuses. Appendices des glandes du cyathium au plus deux fois aussi larges que la glande elle-même et le plus souvent entiers. Graines ordinairement brunes.

La grande majorité des échantillons appartiennent au forma **glabra** Thell. [in Asch. et Graebn. *Syn.* VII, 455 (1916) = *E. Chamaesyce* var. *glabra* Roeper *Enum. Euphorb. Germ. et Pannon.* 58 (1824) et in Duby *Bot. gall.* I, 412 = *E. Chamaesyce* var. *glabriuscula* Lange in Willk. et Lange *Prodr. fl. hisp.* III, 489 (1877), p. p. = *E. Chamaesyces* var. *glabrescens* Chiov. in *Bull. soc. bot. it.* ann. 1895, 64, nom. nud.]. Plante glabre ou munie seulement de quelques poils épars.

On trouve en outre, mais beaucoup plus rarement, le forma **pilosa** Thell. [l. c. = *E. Chamaesyce* var. *pilosa* Guss. *Fl. sic. prodr.* I, 539 (1827) et *Fl. sic. syn.* I, 531, p. p. ? = *E. Chamaesice* var. *pubescens* Guss. *Suppl. Fl. sic. prodr.* I, 147 (1832), p. p. ? = *E. Chamaesyce* var. *glabriuscula* Lange in Willk. et Lange *Prodr. fl. hisp.* III, 489 (1877), p. p.]. Plante assez abondamment pourvue de poils épars. — Les échantillons distribués par Soleirol sous le n. 3781 (Calvi) se rapportent au forma *pilosa*, de même des exemplaires récoltés à Bonifacio par Serafini et étiquetés « *E. massiliensis* » (in herb. Req.). L'*E. massiliensis* constitue une race distincte, var. **massiliensis** Thell. [in Asch. et Graebn. *Syn.* VII, 457 (1916) = *E. canescens* Wulf. in Roem. *Arch. f. d. Bot.* III, 364 (1805) ; non L. = *E. Massiliensis* DC. *Fl. fr.* V, 357 (1815) = *E. Chamaesyce* var. *canescens* Roeper in Duby *Bot. gall.* I, 412 (1828), p. p. ; Boiss. in DC. *Prodr.* XV, 2, 35, p. p. ; Thell. in *Bull. herb. Boiss.* 2me sér., VII, 758 ; Rouy *Fl. Fr.* XII, 180, p. p.], à feuilles plus allongées que chez le var. *eu-Chamaesyce*, finement dentées en scie, à dents aiguës, à appendices des glandes plus développés, ordinairement 3-4 fois aussi larges que la glande elle-même, souvent trilobés, à graines d'un blanc grisâtre.

1010. **E. Lathyris** (« *Lathyrus* ») [1] L. *Sp.* ed. 1, 457 (1753) ; Godr. in Gren. et Godr. *Fl. Fr.* III, 98 ; Boiss. in DC. *Prodr.* XV, 2, 99 ; Coste *Fl. Fr.* III, 231 ; Rouy *Fl. Fr.* XII, 178 = *Tithymalus Catapu- tia* Garsault *Fig. pl. et anim.* IV, t. 503 (1764) et *Descr.* 346 (1767) = *Tithymalus Lathyris* Moench *Meth.* 668 (1794). — Exsicc. Reverch. ann. 1878, sub : *E. Lathyris* ! (Bastelica) [Herb. Burn.] ; Reverch. ann. 1885, sub. : *E. Lathyris* ! (Evisa) [Herb. Deless.] ; Burn. ann. 1904, n. 605 ! (Evisa) [Herb. Burn.].

Hab. — Berges des rivières, points humides, clairières des maquis et dans les groupements rudéraux au voisinage des villages. Avril-

1. Erreur typographique qui a été corrigée dans les *Amoen. acad.* III, 119 (1756), *Syst.* ed. 10, 1048 (1759), *Sp.* ed. 2, 655 (1762). — Cf. Schinz et Thell. in *Vierteljahrsschr. naturf. Ges. Zürich* LIII, 546.

juill, ②. Assez répandu. Environs de Bastia, jusque dans la région inférieure des montagnes et dans la plaine au S. de la ville (Salis in *Flora* XVII, Beibl. II, 6) ; Biguglia (Boullu in *Bull. soc. bot. Fr.* XXIV, sess. extr. LXVI) ; entre Bastia et Folelli (Gillot ibid. XXIV, sess. extr. LXXIII) ; commun dans la Castagniccia (Salis l. c.) ; Cervione (Burnouf !, VI et VII-1882, ex reliq. herb. Jord. in herb. Bonaparte) ; Alistro (Simonet et R. de Vilmorin, 27-III-1932, notes manuscr.) ; Nessa (Mars. *Cat.* 129) ; Galeria, alluvions du Fango (Ellman et Jah., 20-V-1911, notes manuscr.) ; Evisa, décombres (Reverch. ! exsicc. cit. ; Lutz in *Bull. soc. bot. Fr.* XLVIII, sess. extr. CXXX ; Burn. ! exsicc. cit. et ex Briq. *Spic.* 148 ; Gysperger !, 31-V-1904, in herb. Bonaparte ; R. Lit. *Voy.* II, 13) ; Vico (Moq. !, 3-X-1852, in herb. Req.) ; vallée du Liamone, au bord de la route nationale (Mars. l. c.) ; bords du Branco à Bocognano (Mars. l. c.) ; Bastelica (Req. in *Giorn. bot. it.* II, 112 ; Moq. !, 12-IX-1852, in herb. Req. ; Reverch. ! exsicc. cit. ; Coust. !, VIII-1917, in herb.) ; Poggio di Nazza (Lutz in *Bull. soc. bot. Fr.* XLVIII, 56) ; berges du Fiume Orbo près Ghisonaccia (Briq. !, 2-V-1907, in herb. Burn.) ; Travo, route de Ghisonaccia à Solenzara (Aylies !, 19-VI-1917, ex R. Lit. et Sim. in *Bull. soc. bot. Fr.* LXVIII, 100) ; Cozzano (Rotgès, 8-IV-1901, notes manuscr. ; Briq. !, 19-VII-1906, in herb. Burn.) ; Zicavo (Kralik !, 28-VII-1849, in herb. Req. ; R. Lit., 18-VII-1928) et au bord de la rivière de Ter-minelli près du pont de la Camera (R. Lit., 18-VII-1928 ; Le Brun in *Le Monde des pl.* XXXI, n. 68, 10) ; entre Solaro et la pointe Mozza, clairières des maquis, 600 m. (Briq. et Wilcz. !, 8-VII-1913, in herb. Burn.) ; Solenzara, berges de la rivière (Aellen !, 16-VII-1932 ; R. Lit.) ; Togna, près Sari di Porto-Vecchio (Briq. !, 2-VII-1911, in herb. Burn. et herb. R. Lit.) ; embouchure de la rivière de Favone (R. Lit., 30-III-1934) ; Ajaccio, collines (Fabre !, in herb. Req.) et à Campo di l'Oro (Req. !, in herb.) ; Sartène (Borne !, 26-V-1847, in herb. Laus. ; Moq. !, 22-IX-1852, in herb. Req.) ; Vignalella, bord d'une source (Coust. !, V-1917, in herb.) ; Bonifacio (de Forestier !, 1837, in herb. Req.).

La spontanéité de cette espèce en Corse paraît fort vraisemblable, tout au moins en dehors des stations rudérales.

1011. E. dendroides (« *Dendroides* ») L. *Sp.* ed. 1, 462 (1753) ;

Godr. in Gren. et Godr. *Fl. Fr.* III, 86 ; Boiss. in DC. *Prodr.* XV, 2, 109 ; Coste *Fl. Fr.* III, 241 ; Rouy *Fl. Fr.* XII, 141 = *Tithymalus dendroides* Hill *Hort. kew.* 172 (1768) = *Tithymalus arboreus* Lamk *Fl. fr.* III, 94 (1778) = *E. divaricata* Jacq. *Ic. pl. rar.* I, 9, t. 87 (1781-86) = *E. laeta* Ait. *Hort. kew.* ed. 1, II, 141 (1789) ; non Heyne ex Roth (1821). — Exsicc. Soleirol n. 3821 ! (Calvi et cap Gargalo, « Gargano ») [Herb. Coss., Req.] ; Kralik n. 768 ! (Bonifacio) [Herb. Bor., Coss., Deless., Rouy] ; Mab. n. 176! (Strette près St-Florent) [Herb. Bor., Burn., Coss.].

Hab. — Rochers, garigues — sur calcaire et sur silice — dans l'étage inférieur, 1-500 m. Mars-juin. ♃ Disséminé ; paraît manquer dans la région occidentale au S. du golfe de Porto. Ersa (Houard !, 7 et 8-IV-1909, in herb. Deless.) ; environs de St-Florent (Valle *Fl. Cors.* 208 et ex DC. *Fl. fr.* III, 340 ; Shuttl. *Enum.* 18 ; Billiet in *Bull. soc. bot. Fr.* XXIV, sess. extr. LXX), notamment dans les rochers des Strette (Mab. ! exsicc. cit. et ex Parl. *Fl. it.* IV, 553 ; Briq. !, 25-IV-1907, in herb. Burn. ; R. Lit., 3-VI-1933) et du Monte Sant'Angelo, 250 m. (Briq. !, 24-IV-1907, in herb. Burn., et St-Y. !, in herb. Laus.) ; Calvi (Soleirol ! exsicc. cit. et ex Bertol. *Fl. it.* V, 74) ; cap de Gargalo — « Gargano » (Soleirol ! exsicc. cit.) ; rochers au-dessous de la tour de Girolata (R. Lit. et Malcuit, 1-VIII-1928, Malcuit *Littoral occid.* 22) ; rochers du littoral du golfe de Porto : à la marine de Bussagna (J. Chevalier, VI-1931, in litt. ; Simonet et R. de Vilmorin, 31-III-1932, in litt.), à l'Aja-Campana (R. Lit., 25-VII-1908, in *Bull. acad. géogr. bot.* XVIII, 51), à Porto (Mars. *Cat.* 128) ; Calanche de Piana (Mars. l. c. ; Lutz in *Bull. soc. bot. Fr.* XLVIII, 56 et sess. extr. CXXXIII ; Andreánsky in *Mag. Tud. Akad.* XLIII, 609) ; vallée inférieure de la Solenzara, rive gauche, rochers des fours à chaux, 150-200 m. (Briq. !, 3-V-1907, in herb. Burn. et St-Y. !, in herb. Laus.) ; archipel des Cerbicale, garigues des îles Piana et Pietricaggiosa (R. Lit. !, 13-V-1932) ; environs de Bonifacio (Salis in *Flora* XVII, Beibl. 11, 5 ; Seraf. ex Bertol. *Fl. it.* V, 74 ; Req. !, II-1850, in herb., et *Cat.* 2 ; Revel. in Mars. l. c., specim. in herb. Bor. ! — Capo Bianco, 26-IV-1856 ; — Stefani !, X-1910, in herb. Coust.).

E. serrata L. *Sp.* ed. 1, 459 (1753) ; Godr. in Gren. et Godr. *Fl. Fr.* III, 89 ; Boiss. in DC. *Prodr.* XV, 2, 111 ; Coste *Fl. Fr.* III, 241 ; Rouy *Fl. Fr.* XII, 177 = *Tithymalus serratus* Hill *Hort. kew.* 172 (1768) = *Tithymalus denticulatus* Moench *Meth.* 668 (1794).

Espèce de la région méditerranéenne occidentale — s'étendant jusqu'en Tripolitaine d'une part, jusqu'aux Canaries d'autre part — mentionnée en Corse par Valle (*Fl. Cors.* 209). A notre connaissance, l'*E. serrata* n'a jamais été revu depuis dans l'île. Bien qu'il existe en Provence, en Ligurie et en Sardaigne, nous n'osons l'admettre parmi les représentants de la flore corse, car on sait que les plantes énumérées dans le *Florula Corsicae* de Valle proviennent en grande partie du N. de l'Italie (cf. *Prodr. fl. corse* I, xxxiii).

E. pilosa L. *Sp.* ed. 1, 460 (1753) ; Godr. in Gren. et Godr. *Fl. Fr.* III, 79 ; Boiss. in DC. *Prodr.* XV, 2, 116 ; Coste *Fl. Fr.* III, 234 ; Rouy *Fl. Fr.* XII, 154 = *Tithymalus pilosus* Hill *Hort. kew.* 172 (1768) = *Tithymalus hirsutus* Lamk *Fl. fr.* III, 98 (1778) = *E. illyrica* Lamk *Encycl. méth.* II, 435 (1786-1788) = *E. procera* Marsch.-Bieb. *Fl. taur.-cauc.* I, 378 (1808) = *Tithymalus procerus* Klotzsch et Garcke ex Garcke *Fl. Deutschl.* ed. 4, 291 (1860).

Espèce très douteuse pour la flore corse — qui d'ailleurs manque à la Sardaigne et à l'archipel toscan, — confondue par un certain nombre de botanistes avec l'*E. pubescens* Vahl. Ces deux Euphorbes ont cependant été mentionnées aux environs de Bonifacio par M. Boyer (*Fl. Sud Corse* 64), mais on sait que le travail de cet auteur, « insuffisamment documenté », renferme des indications « parfois douteuses, mêlées à des erreurs évidentes » (Briq. *Prodr. fl. corse* I, xxxvii).

L'*E. pilosa* diffère surtout de l'*E. pubescens* par sa capsule subglobuleuse à sillons peu profonds, lisse ou faiblement papilleuse (et non globuleuse-trigone, à sillons profonds, à coques munies sur la nervure dorsale d'une bande lisse et glabre, ailleurs velues — dans la plante corse — et couvertes de nombreuses verrues cylindriques courtes) et par ses graines lisses (et non tuberculeuses).

† 1012. **E. palustris** L. *Sp.* ed. 1, 462 (1753) ; Godr. in Gren. et Godr. *Fl. Fr.* III, 80 ; Boiss. in DC. *Prodr.* XV, 2, 121 ; Coste *Fl. Fr.* III, 234 ; Rouy *Fl. Fr.* XII, 151 = *Tithymalus palustris* Garsault *Fig. pl. et anim.* IV, t. 592 (1764) et *Descr.* 345 (1767) ; Hill *Hort. kew.* 172 = *Tithymalus fruticosus* Gilib. *Fl. lituan.* ser. 2, V, 206 (1782) ; non Klotzsch et Garcke = *E. brachyata* Jan *Elench.* 7 (1826).

Hab. — Marais de l'étage inférieur. Avril-mai. ♃. Très rare. Uniquement dans la plaine au S. de Bastia, où il serait peu commun (Salis n *Flora* XVII, Beibl. II, 5 — specim. vidi a cl. Salis collect. « in pascuis maritimis Bastiae », apr. 1830, in herb. Polytechn. Zürich !).

L'indication de Salis a échappé aux auteurs français — à l'exception de Mutel (*Fl. fr.* III, 154) — et à tous les auteurs italiens qui ont omis de mentionner la Corse dans l'aire de cette belle espèce.

1013. **E. hyberna** L. *Sp.* ed. 1, 462 (1753) = *Tithymalus hybernus* Hill *Hort. kew.* 172 (1768). — En Corse la sous-espèce suivante.

Subsp. **insularis** Briq., nov. comb. = *E. insularis* Boiss. *Cent. Euph.* 32 (1860) [1] et in DC. *Prodr.* XV, 2, 122 ; Coste *Fl. Fr.* III, 235 ; Rouy *Fl. Fr.* XII, 151 = *E. hyberna* Viv. *Fl. cors. diagn.* 7 (1824) ; Salis in *Flora* XVII, Beibl. II, 5 ; Moris *Fl. sard.* III, 458 ; Godr. in Gren. et Godr. *Fl. Fr.* III, 80 (quoad pl. cors.) ; non L. = *E. hyberna* var. *insularis* Fiori in Fiori et Paol. *Fl. anal. It.* II, 279 (1901) et *Nuov. fl. anal. It.* II, 175. — Exsicc. Soleirol n. 61 !, sub : *E. hyberna* (Niolo) [Herb. Coss.] ; Soleirol n. 61 !, sub : *E. hyberna* (Coscione) [Herb. Coss.] ; Kralik n. 778 !, sub : *E. hyberna* (Mte d'Oro) [Herb. Bor., Coss., Deless.] ; Reverch. ann. 1885, n. 428 ! (forêt d'Aitone) [Herb. Bonaparte, Deless., Pellat, Rouy] ; Burn. ann. 1900, n. 423 ! (Mte Renoso) [Herb. Burn.] ; Burn. ann. 1904, n. 597 ! (col de Verghio) et n. 598 ! (forêt de Vizzavona) [Herb. Burn.] ; Soc. fr. n. 3317 ! (bergeries du lac de Nino, leg. Coust.) [Herb. N. Roux].

Hab. — Forêts (surtout dans les clairières), rochers ombragés rocailles, berges des torrents, terrains fumés au voisinage des bergeries, principalement dans l'étage subalpin d'où il s'élève jusque dans l'horizon inférieur de l'étage alpin (p. ex. à la Punta del Oriente, versant N.-E., couloirs herbeux, 2000 m., leg. Briq. et Wilcz. !, 13-VII-1913) ; plus rare dans l'étage montagnard. 650-2000 m. Mai-juill. ⚥. Répandu et assez fréquent dans les grands massifs centraux (Cinto, Rotondo, Renoso et Incudine). Rare dans les montagnes du Cap : Serra di Pigno (Thomas !, in herb. Prodr. — « au-dessus de Saint-Florent » ; Salis in *Flora* XVII, Beibl. II, 5 ; Seraf. ex Parl. *Fl. it.* IV, 460) et dans le massif du San Pedrone : signalé uniquement jusqu'ici près de Piedicroce, route de Morosaglia (Gillot in *Bull. soc. bot. Fr.* XXIV, sess. extr. LXXVIII). Paraît manquer dans le massif de Tenda. A rechercher dans les montagnes de Cagna.

« L'*E. insularis* Boiss. est fort voisin de l'*E. hyberna* L. ; il s'en distingue d'une façon très nette dans ses formes typiques par l'apparence des glandes du cyathium à la maturité. Dans l'*E. hyberna*, ces organes ont un bord extérieur mince et lisse. Au contraire, dans l'*E. insularis* le bord extérieur est à la fin épaissi et rugueux-scrobiculé, portant de nombreuses

1. L'indication donnée par Fiori (*Nuov. fl. anal. It.* II, 175) : « Boiss. 1856 » est inexacte, la description de Boissier datant de 1860 !

fossettes irrégulières (« glandulis margine scrobiculatis » Boissier l. c.),
caractère que Salis avait déjà parfaitement remarqué, puisque, tout en
appelant sa plante *E. hyberna*, il mentionne qu'elle possède des « glandu-
lae *ruçulosae* » (l. c.). Les autres caractères invoqués par Boissier, tels que :
tiges très rameuses, rayons plus courts, feuilles plus courtes, toutes obtuses et capsule trigone à sillon granuleux entre les verrues ne sont pas
vraiment distinctifs par rapport à l'*E. hyberna*. Or, l'unique caractère
propre à l'*E. insularis* n'est pas toujours également exprimé. Les échantillons que nous avons récoltés au Monte d'Oro (fougeraies sur le versant E., 1600 m., 20-VII-1906), par exemple, ont des glandes à bord à
peine rugueux et assez mince ; ils sont bien difficiles à distinguer de certains *hyberna* continentaux. Le maintien du rang spécifique de l'*E. insularis* ne répond pas aux relations naturelles de cette Euphorbe. Si l'on
tient compte à la fois de la distribution géographique et de sa différencia-
tion morphologique inachevée, on sera amené à l'envisager comme une
sous-espèce de l'*E. hyberna*, parallèle à l'*E. hyberna* subsp. **eu-hyberna**
Briq., nov. nom. (= *E. hyberna* L., sensu stricto) atlantique. Le subsp.
insularis, outre la Corse, existe en Sardaigne et en Ligurie (Capanne di
Marcaruolo au-dessus de Gênes et Monte Dente près Voltri, sec. Fiori
et Paol. l. c.). » (J. B.).

La plante décrite sous le nom d'*E. insularis* var. *villosa* par le prof.
R. Maire (in Rouy *Rev. bot. syst.* II, 70) et dont nous avons vu des échantillons originaux dans l'herbier Rouy (forêt de Valdoniello, leg. Maire,
24-VII-1902) ne peut être considérée comme une vraie variété dans le
sens de race ; c'est une simple forme luxuriante, à tige plus velue.

† 1014. **E. dulcis** L. *Sp.* ed. 1, 457 (1753) et in herb., p. p. ;
Jacq. *Fl. austr.* III, 8, t. 213 ; Godr. in Gren. et Godr. *Fl. Fr.* III, 80 ;
Boiss. in DC. *Prodr.* XV, 2, 127 ; Kern. in *Sched. fl. exsicc. austro-
hung.* II, 44 ; Coste *Fl. Fr.* III, 235 ; Rouy *Fl. Fr.* XII, 152 = *Tithy-
malus dulcis* Scop. *Fl. carn.* ed. 2, I, 334 (1778) = *E. solisequa* Reichb.
Fl. germ. exc. 756 (1832).

Hab. — Lieux ombragés, bord des eaux dans les étages inférieur
et montagnard. Avril-mai. ♃. Rare. Environs de Bastia et partie inférieure des montagnes du Cap (Salis ! in *Flora* XVII, Beibl. II, 5) ;
bords du Fiume Alto au pont d'Orezza (Gillot in *Bull. soc. bot. Fr.*
XXIV, sess. extr. LXXVI) ; forêt de Barrocaggio (Lutz ibid. XLVIII,
sess. extr. CL) ; Quenza, bords d'un ruisseau à gauche de la route de
Zonza, 800 m. (Malcuit !, 8-VIII-1934, in herb. R. Lit.).

La plante des environs de Bastia, recueillie par Salis (« in sylvaticis
Bastiae », jun. 1830) et dont nous avons vu les échantillons provenant de
l'herbier de Salis, appartient au var. **lasiocarpa** Neilr. [*Fl. Nieder-Oest.* 854
(1859) =*E. dulcis* var. *typica* Beck *Fl. Nieder-Öst.* II, 1. Abt., 547 (1892)],
à capsule ± ciliée entre les verrues (de forme variable), à glandes du

cyathium d'abord d'un jaune-rougeâtre, puis pourprées. — Nous n'avons
pu identifier au point de vue variétal les exemplaires récoltés à Quenza
par M. Malcuit, ces derniers étant dépourvus de capsules.

M. Lutz a indiqué (*Bull. soc. bot. Fr.* XLVIII, 56), dans la forêt de
l'Ospedale, une « forme intermédiaire entre *E. dulcis* et *E. hyberna*, mais
se rapprochant surtout d'*E. dulcis* ». Nous n'avons pas vu la plante, que
nous avons cherchée d'ailleurs vainement à deux reprises dans la forêt
de l'Ospedale.

1015. **E. spinosa** L. *Sp.* ed. 1, 457 (1753) ; Godr. in Gren. et
Godr. *Fl. Fr.* III, 83 ; Boiss. in DC. *Prodr.* XV, 2, 131 ; Coste *Fl. Fr.*
III, 236 ; Rouy *Fl. Fr.* XII, 154 = *Tithymalus diffusus* Lamk *Fl. fr.*
III, 101 (1778) = *E. pungens* Lamk *Encycl. méth.* II, 431 (1786-88)
= *Tithymalus spinosus* Raf. *Fl. tellur.* IV, 115 (1836) ; Klotzsch et
Garcke in *Abh. Akad. Berlin* ann. 1860, 77. — Exsicc. Sieber sub :
E. spinosa ! (Cap Corse) [Herb. Req.] ; Soleirol n. 3822 ! (Bastia)
[Herb. Laus., Req.] ; Soleirol n. 3822 ! (Nebbio) [Herb. Coss., Req.] ;
Kralik n. 767 ! (Bastia) [Herb. Bor., Coss., Deless., Rouy] ; Deb.
ann. 1866, sub : *E. spinosa* ! (vallon du Fango, près Bastia) [Herb.
Bonaparte, Burn.] ; Mab. n. 38 ! (vallon du Fango, près Bastia)
[Herb. Bor., Burn.] .

Hab. — Garigues, rochers des étages inférieur et montagnard,
s'élevant parfois jusque dans la partie supérieure de l'étage subalpin,
1-1200 (1800) m. Mars-juill., suivant l'altitude. ♃. Assez répandu
dans le N. et la partie orientale de l'île. Commun aux environs de
Bastia et dans tout le Cap (Thomas !, in herb. Prodr. — Ville ; — Soleirol ! exsicc. cit. et ex Bertol. *Fl. it.* V, 57 ; Sieber ! exsicc. cit. ; Salis
in *Flora* XVII, Beibl. II, 5 ; Bernard !, VI-1841, in herb. jard. bot.
Angers et in herb. Prodr. — Bastia ; — Clément !, IV-1842, in herb.
gén. Mus. Grenoble — Bastia ; — Kralik ! exsicc. cit. ; Revel. !, 3-VII-
1854, in herb. Bor. — Rogliano ; — Mab. *Rech.* I, 26 et exsicc. cit. ! ;
Deb. exsicc. cit. ; Gillot in *Bull. soc. bot. Fr.* XXIV, sess. extr. L,
LXI — Erbalonga, Monte Fosco ; — Billiet ibid., sess. extr. LXIX —
Serra di Pigno ; — Briq. !, 8-VII-1906, in herb. Burn. — Monte Rotto,
au-dessus de Luri ; — R. Lit. *Voy.* II, 2 — vallon du Fango, près
Bastia ; — et nombreux autres observateurs) ; le Nebbio (Soleirol !
exsicc. cit.) ; Sᵗ-Florent (Mab. l. c. et in Mars. *Cat.* 128); désert des
Agriates (Lutz in *Bull. soc. bot. Fr.* XLVIII, 56); entre la bergerie
de Spasimata et la Mufrella, rochers, 1800 m. (Briq. !, 12-VII-1906,

in herb. Burn.) ; Ponte-Novo (Mars. l. c.) ; Ponte-Leccia (Mars. l. c ;
R. Lit. *Mont. Corse orient.* 70) ; Serra Debbione près de Bocca di
Riscamone, 570 m. (R. Lit. *Mont. Corse orient.* 54) ; Monte San
Pedrone, jusque vers 1150-1200 m. (Gillot l. c. ; R. Lit. l. c., 140) ;
bois de Pineto, rive droite de la Casaluna, 250-260 m. (R. Lit. l. c.
88) ; Monte Pollino (Fouc. et Sim. *Trois sem. herb. Corse* 78; R. Lit. !
l. c. 125) ; Corte (Soleirol !, in herb. Deless. ; Mab. *Rech.* I, 26 et in
Mars. l. c.) ; versant S. de la Culla a Gaggio, à gauche de la route
d'Altiani à Piedicorte-di-Gaggio, maquis, 650-700 m. (R. Lit. l. c.
54) ; forêt de Cervello entre Foce Bona et le torrent de Muraccioli,
1300 m. (Aylies !, 3-VI-1917, in herb. Sim.) ; environs de Ghisoni
(Rotgès, notes manuscr.), notamment au défilé de l'Inzecca (Briq. !,
9-V-1907, in herb. Burn.) ; Monte Bianco, près Sari di Porto-Vecchio
(Fouc. et Sim. l. c. 102).

La forme et la dimension des verrues qui ornent la capsule sont variables. Ordinairement la capsule est couverte de verrues cylindriques
allongées, surtout abondantes dans sa partie supérieure ; dans le forma
brachyadenia [= *E. spinosa* var. *brachyadenia* Boiss. in DC. *Prodr.* XV,
2, 132 (1862)], les verrues sont beaucoup plus courtes, hémisphériques-
coniques.

1016. **E platyphyllos** L. *Sp.* ed. 1, 460 (1753) ; Salis in *Flora*
XVII, Beibl. II, 5 ; Godr. in Gren. et Godr. *Fl. Fr.* III, 77 ; Boiss. in
DC. *Prodr.* XV, 2, 133 ; Coste *Fl. Fr.* III, 233; Rouy *Fl. Fr.* XII,
143 = *Tithymalus platyphyllos* Hill *Hort. kew.* 172 (1768) ; Scop. *Fl.
carn.* ed. 2, I, 337 = *E. Coderiana* DC. *Fl. fr.* V, 365 (1815) = *E. platyphyllos* var. *vulgaris* Neilr. *Fl. Wien* 577 (1846).

Hab. — Cultures, lieux humides dans l'étage inférieur. Mai-juin.
①. Assez rare. Macinaggio (Mab. !, 15-VII-1867, in herb. Bor.) ; Bastia
(G. Le Grand ex A. Le Grand in *Bull. soc. bot. Fr.* XXXVII, 19) ;
entre la gare de Furiani et l'étang de Biguglia, champs humides
(R. Lit. !, 25-VII-1932) ; près du pont du Bevinco, moissons (Salis
l. c.) ; Saint-Pierre de Venaco (Seraf. !, in herb. Req.) ; Ghisonaccia, bords du Fiume Orbo (Briq. et Wilcz. !, 6-VII-1913, in herb.
Laus.) ; Porto-Vecchio (Req. !, in herb. Prodr. ; Le Brun !, 15-V-
1932, in herb. R. Lit. — fossé de la route de Bastia au S. de l'embranchement de la route de Zonza) ; environs d'Ajaccio (Boullu in

Bull. soc. bot. Fr. XXIV, sess. extr. C, d'après de vieux souvenirs) ;
Bonifacio (de Pouzolz !, 1824, in herb. Req.).

1017. **E. stricta** L. *Syst.* ed. 10, 1049 (1759) ; Godr. in Gren. et
Godr. *Fl. Fr.* III, 78 ; Boiss. in DC. *Prodr.* XV, 2, 133 ; Coste *Fl. Fr.*
III, 233 ; Rouy *Fl. Fr.* XII, 144 = *E. micrantha* Marsch.-Bieb. *Fl.
taur.-cauc.* I, 377 (1808) = *E. platyphyllos* var. *stricta* Dumort. *Fl.
belg.* 87 (1827) ; Duby *Bot. gall.* I, 413 ; Neilr. *Fl. Wien* 577 ; Fiori in
Fiori et Paol. *Fl. anal. It.* II, 281 = *E. oblongata* C. Koch in *Linnaea*
XIX, 17 (1847) ; non Griseb. = *Tithymalus strictus* Klotzsch et
Garcke in Garcke *Fl. Deutschl.* ed. 4, 290 (1860).

Hab. — Cultures, lieux humides dans l'étage inférieur. Mai-juin.
①. Rare. Environs de Bastia (Salis in *Flora* XVII, Beibl. II, 5 ; Mab.
in Mars. *Cat.* 128) ; Furiani (Salis l. c.) ; Biguglia (Boullu in *Bull.
soc. bot. Fr.* XXIV, sess. extr. LXVII) ; environs d'Ajaccio (Boullu
l. c., d'après de vieux souvenirs) ; Porto-Vecchio, marais de la
Lisca (Revel. !, 22-V-1859, in herb. Bor.).

1018. **E. pubescens** Vahl *Symb.* II, 55 (1791) ; Salis in *Flora*
XVII, Beibl. II, 5 ; Godr. in Gren. et Godr. *Fl. Fr.* III, 79 ; Boiss. in
DC. *Prodr.* XV, 2, 134 ; Coste *Fl. Fr.* III, 234 ; Rouy *Fl. Fr.* XII,
145 = *E. verrucosa* L. *Sp.* ed. 1, 459 (1753), p. p. = *E. pilosa* Brot.
Fl. lusit. II, 315 (1804) ; Viv. *Fl. cors. diagn.* 7 ; Bertol. *Fl. it.* V, 89 ;
non L. = *E. platyphylla* var. *pubescens* Roeper *Euph. Germ. et Pann.*
60 (1824) ; Webb et Berth. *Phyt. canar.* III, 245 = *E. pilosa* var.
E. pubescens Lapeyrère *Fl. Landes* 350 (1902) = *E. platyphylla* subsp.
pubescens Knoche *Fl. balear.* II, 148 (1922). — Exsicc. Sieber sub :
E. pilosa ! (Cap Corse) [Herb. Req.] ; Soleirol n. 3788 !, sub : *E. pilosa* (Calvi) [Herb. Req.] ; Kralik n. 769 !, sub : *E. pilosa* (Bonifacio) [Herb. Bor., Coss., Deless., Req.].

Hab. — Bord des eaux, prairies humides — rarement dans des
stations sèches — dans l'étage inférieur. Mai-oct. ⚳. Répandu du
Cap à Bonifacio, surtout au voisinage de la mer ; beaucoup plus rare
dans l'intérieur de l'île, par exemple sur les bords du Golo à Ponte-
Leccia (Sargnon in *Ann. soc. bot. Lyon* VI, 73). Signalé par M. Lutz
(in *Bull. soc. bot. Fr.* XLVIII, 56) à Vizzavona, localité qui nous
paraît assez douteuse.

Les échantillons corses appartiennent au var. **genuina** Godr. [in Gren. et Godr. *Fl. Fr.* III, 79 (1855)], à feuilles et capsules mollement velues.

1019. **E. cuneifolia** Guss. ex Ten. *Fl. nap. prodr.* App. 5ª, 14 (1826) ; Guss. *Pl. rar.* 190, t. 38 (1826) ; Ten. *Fl. nap.* IV, 259 ; Salis in *Flora* XVII, Beibl. II, 4 ; Godr. in Gren. et Godr. *Fl. Fr.* III, 77 ; Boiss. in DC. *Prodr.* XV, 2, 135 ; Coste *Fl. Fr.* III, 233 ; Rouy *Fl. Fr.* XII, 143 = *E. stellulata* Lois. *Nouv. not.* 23 (1827) et *Fl. gall.* ed. 2, I, 346 ; non Salzm. = *Tithymalus cuneifolius* Klotzsch et Garcke in *Abh. Akad. Berlin* ann. 1860, 76. — Exsicc. Mab. n. 174 ! (Biguglia) [Herb. Bor., Burn., Coss.].

Hab. — Prairies humides, bord des fossés, talus frais dans l'étage inférieur. Mai-juin. ①. Rare. Bastia (Soleirol ! sub : « *E. pterococca* », in herb. Rouy) ; Biguglia (Mab. ! exsicc. cit. et in Mars. *Cat.* 127 ; Shuttl. *Enum.* 18 ; Boullu in *Bull. soc. bot. Fr.* XXIV, sess. extr. LXIV) ; Orezza (Soleirol ! sub : « *E. ptericocca* », in herb. Req. et herb. Coss.) ; Ste-Lucie de Porto-Vecchio (Briq. !, 4-V-1907, in herb. Burn., et St-Y. !, in herb. Laus.) ; Porto-Vecchio (Soleirol !, 1822, sub : « *E. stellulata* », in herb. Req., et sub : « *E. ptericocca* » in herb. Coss., et ex Lois. *Nouv. not.* 23 ; Revel. in Mars. l. c. ; R. Lit !, 12-V-1932 — talus d'un chemin derrière les salines) ; Santa Manza (Revel. !, 5-V-1856, in herb. Bor. ; Brugère !, 29-III-1919, in herb. Burn.) ; Bonifacio (Bernard !, 15-V-1843, in herb. Req. et herb. Prodr. et ex Godr. l. c. ; Revel. in Mars. l. c.) ; Sartène (Salis in *Flora* XVII, Beibl. II, 5 ; Soleirol !, in herb. Req. ; Revel. in Mars. l. c.).

1020. **E. pterococca** Brot. *Fl. lusit.* II, 312 (1804) ; Godr. in Gren. et Godr. *Fl. Fr.* III, 77 ; Boiss. in DC. *Prodr.* XV, 2, 136 ; Coste *Fl. Fr.* III, 232 ; Rouy *Fl. Fr.* XII, 143 = *E. stellulata* Salzm. in *Flora* IV, 110 (1821); non Lois. *Nouv. Not.* 23 et *Fl. gall.* ed. 2, I, 346 = *E. bialata* Link *Enum. pl. hort. berol.* II, 19 (1822) = *Tithymalus pterococcus* Klotzsch et Garcke in *Abh. Akad. Berlin* ann. 1860, 72. — Exsicc. Bourg. n. 338 ! (Sartène, leg. Req.) [Herb. Coss.] ; Req. sub : *E. Ptericocca* ! (Ajaccio) [Herb. Bor., Coss.].

Hab. — Lieux ombragés, bord des ruisseaux de l'étage inférieur. Avril-mai. ①. Disséminé. Bevinco (Shuttl. *Enum.* 18) ; assez commun aux environs d'Ajaccio : entre Ajaccio et la Parata, dans la montagne d'Ajaccio et dans la montagne de Pozzo di Borgo (Salzm. l. c., specim. authent. in herb. Prodr. sub : « *E. stellulata* Salzm. » ! — in umbrosis circ. Ajaccio ; — Thomas !, in herb. Deless. ; Jord. !, 1840, in herb. Bonaparte, Bor., et ex Parl. *Fl. it.* IV, 496 ; de Forestier !, 1841, in herb. Coss. et herb. Req. ; Clément !, V-1842, in herb. gén. Mus. Grenoble ; Req. !, V-1847, V-1848, in herb., et ex Bertol. *Fl. it.* X, 496, Parl. l. c. ; Fabre !, V-1851, in herb. Req. ; Mars. *Cat.* 127 ; Boullu in *Bull. soc. bot. Fr.* XXIV, sess. extr. LXXXIX ; Lutz ibid. LXVIII, 56 ; Coste ibid. LXVIII, sess. extr. CVI et CXII ; Fouc. et Sim. *Trois sem. herb. Corse* 124, Fouc. ! in herb. Bonaparte et herb. R. Lit.) ; île Mezzomare (Lutz in *Bull. soc. bot. Fr.* LXVIII, sess. extr. CXXXVII) ; Sartène (Soleirol !, in herb. Req. ; Bernard !, in herb. Req. ; Req. ! in Bourg. exsicc. cit.) ; Porto-Vecchio (Soleirol !, in herb. Deless. ; Bernard !, 17-V-1843, in herb. Prodr. ; Revel. !, 25-V-1857, in herb. Bor. et in Mars. l. c.) ; Bonifacio, marais sur la route de Porto-Vecchio (Revel. !, 9-V-1856, in herb. Bor.).

1021. **E. helioscopia** («*Helioscopia*») L. *Sp.* ed. 1, 459 (1753) ; Godr. in Gren. et Godr. *Fl. Fr.* III, 76 ; Boiss. in DC. *Prodr.* XV, 2, 136 ; Coste *Fl. Fr.* III, 232 ; Rouy *Fl. Fr.* III, 142 = *Tithymalus helioscopius* Hill *Hort. kew.* 172 (1768) = *Tithymalus serratus* Gilib. *Fl. lituan.* ser. 2, V, 207 (1782) ; non Hill. — Exsicc. Reverch. ann. 1879, sub : *E. helioscopia* ! (Serra di Scopamene) [Herb. Burn.] ; Burn. ann. 1904, n. 599 ! (au-dessus d'Apietto) [Herb. Burn.].

Hab. — Cultures, décombres, bords des chemins, rocailles dans les étages inférieur et montagnard, 1-700 m. ; espèce nitrophile. Févr.-oct. ④. Répandu dans l'île entière.

E. aleppica L. *Sp.* ed. 1, 458 (1753) ; Godr. in Gren. et Godr. *Fl. Fr.* III, 90 ; Boiss. in DC. *Prodr.* XV, 2, 138 ; Coste *Fl. Fr.* III, 238 = *E. juncea* Jacq. *Pl. rar. hort. Schoenbr.* I, 57, t. 107 (1797) = *Esula juncoides* Haw. *Syn. pl. succ.* 157 (1812) = *Euphorbia pinifolia* Willd. *Enum. hort. berol.* Suppl. 28 (1813) = *E. condensata* Fisch. in Marsch.-Bieb. *Fl. taur.-cauc.* III, 322 (1819) = *E. juncoides* Steud. *Nom. bot.* ed. 2, 1, 612 (1840) = *Tithymalus aleppicus* Klotzsch et Garcke in *Abh. Akad. Berlin* ann. 1860, 84.

Hab. — Garigues de l'étage inférieur. Mai-juin. ①. Signalé jusqu'ici seulement dans l'île de la Pietra à Ile-Rousse (Fouc. et Sim. *Trois sem. herb. Corse* 34)[1], où il paraît d'ailleurs ne plus exister.

1. Nous n'avons pas trouvé d'exemplaires de cette espèce dans l'herbier Bonaparte qui contient l'herbier Foucaud et M. Simon nous écrit qu'il n'en

Espèce du bassin oriental de la Méditerranée s'étendant jusque dans l'E. de la péninsule italique, vraisemblablement introduite en Corse, de même qu'en Ligurie, en Provence et à Madère.

1022. **E. exigua** L. *Sp.* ed. 1, 456 (1753) ; Godr. in Gren. et Godr. *Fl. Fr.* III, 91 ; Boiss. in DC. *Prodr.* XV, 2, 139 ; Coste *Fl. Fr.* III, 237 ; Rouy *Fl. Fr.* XII, 173 = *Tithymalus exiguus* Lamk *Fl. fr.* III, 100 (1778).

Hab. — Friches, garigues, clairières des maquis, rocailles des étages inférieur et montagnard. Avril-juill. ⊙. — En Corse les sous-variétés suivantes.

α¹. Subvar. **acuta** R. Lit., nov. comb. = *E. exigua* var. *acuta* L. *Sp.* ed. 1, 456 (1753) = *E. exigua* var. *genuina* Deb. et Daut. *Syn. fl. Gibralt.* 187 (1889) = *E. exigua* forma *genuina* Posp. *Fl. oesterr. Küstenl.* I, 408 (1897). — Exsicc. Kralik sub : *E. exigua* ! (Bonifacio) [Herb. Coss., Req.].

Hab. — Assez répandu. Environs de Bastia (Salis in *Flora* XVII, Beibl. II, 6 ; Romagnoli !, 1-V-1851, in herb. Req.) ; près de l'embouchure de la rivière de Serragio, entre Farinole et St-Florent (R. Lit. !, 2-VI-1933) ; rives du bas Bevinco, c. c. (Rotgès, 11-VI-1896, notes manuscr.) ; croupes autour du col de Pastoreccia, S. de la crête de l'Orianda, vers 360 m. (Aylies !, 15-IV-1919) ; Corte (Thevenon !, 21-V-1848, in herb. Req.), notamment dans le vallon d'Asti Corbi, rive gauche du Tavignano, 500-550 m. (Aylies !, V-1918, ex R. Lit. et Sim. in *Bull. soc. bot. Fr.* LXVIII, 100) ; Evisa, lieux secs et châtaigneraies, 850-870 m. (Aellen !, 4-VIII-1932) ; près Zicavo, pelouses sèches, 800 m. (R. Lit. ! *Voy.* I, 16) ; Ajaccio (Req. !, V-1847, in herb. ; Fabre !, IV-1850, in herb. Req. ; N. Roux !, V-1894, in herb.) ; vallon de Coccia, près Cagna, 300 m. (St-Y. !, 21-VII-1910, in herb. Laus.) ; Bonifacio (Req. !, V-1847 et V-1849, in herb.) ; Kralik ! exsicc. cit. ; Lutz in *Bull. soc. bot. Fr.* XLVIII, sess. extr. CXI ; Wilcz. !, IV-1899, in herb. Laus. ; Boy. *Fl. Sud Corse* 64).

Feuilles aiguës ou obtuses au sommet.

†† α². Subvar. **truncata** R. Lit., nov. comb. = *E. exigua* var. *retusa* Roth *Tent. fl. germ.* II, 1, 526 (1789) ; Moris *Fl. sard.* III, 472 ;

possède pas non plus. — M. Simon (V-1933) et nous-même (III-1934) avons cherché en vain la plante dans la localité indiquée.

Boiss. in DC. *Prodr.* XV, 2, 139 et auct. plur. ; non var. *retusa* L. *Sp.*
ed. 1, 456 (1753), nec *E. retusa* Cav. [= *E. sulcata* de Lens] = *E. exigua* var. *truncata* Koch *Syn.* ed. 1, 731 (1837) = *E. exigua* forma
retusa Posp. *Fl. oesterr. Küstenl.* I, 408 (1897). — Exsicc. Soleirol
n. 3784 ! (Calvi) [Herb. Coss.].

Hab. — Calvi (Soleirol ! exsicc. cit.) ; col d'Ominanda (Aylies !,
7-VII-1907, ex R. Lit. et Sim. in *Bull. soc. bot. Fr.* LXVIII, 100) ;
Bonifacio (Seraf. !, in herb. Req. ; Stefani !, 3-IV-1911 — quartier
de Bannarella, — in herb. R. Lit. et Coust.).

Feuilles tronquées-mucronées ou rétuses.

Est relié à la sous-variété précédente par des formes ambiguës. Nous
en avons vu provenant des environs de Corte, jachères à Sanguisagno
et Pero (Aylies !, 16-IV-1919, in herb. Sim.).

† α³. Subvar. **cuneiformis** R. Lit., nov. comb. = *E. cuneiformis*
Burm. *Fl. Cors.* 226 (1770) = *E. diffusa* Jacq. *Misc.* II, 311 (1781) et
Ic. pl. rar. t. 88 = *E. tricuspidata* Lap. *Hist. abr. pl. Pyr.* 271 (1813)
= *E. rubra* DC. *Fl. fr.* V, 359 (1815) ; non Cav. = *E. exigua* var.
tricuspidata Koch *Syn.* ed. 1, 731 (1837) = *E. exigua* forma *tricuspidata* Posp. *Fl. oesterr. Küstenl.* I, 408 (1897).

Mentionné en Corse sans précision de localité dans le *Florula* de
Valle (p. 209, t. II, f. 3, « *Euphorbia umbella quadrifida, bifida ; foliis
cuneiformi-linearibus tridentatis* » et par Burmann (l. c.).

Feuilles dilatées et tridentées au sommet.

Est relié au subvar. *truncata* par de nombreux intermédiaires.

† 1023. **E. falcata** L. *Sp.* ed. 1, 456 (1753) ; Godr. in Gren. et
Godr. *Fl. Fr.* III, 92 ; Boiss. in DC. *Prodr.* XV, 2, 140 ; Coste *Fl. Fr.*
III, 238 ; Rouy *Fl. Fr.* III, 175 = *E. mucronata* Lamk *Encycl. méth.*
II, 426 (1786-88) = *Tithymalus falcatus* Klotzsch et Garcke in *Abh.
Akad. Berlin* ann. 1860, 183.

Hab. — Champs cultivés, friches de l'étage inférieur. Juin-juill.
①. Rare. Entre Macinaggio et Tomino, champ cultivé (R. Lit. !, 24-
VII-1934) ; près Meria, vigne à l'embouchure d'un ruisseau (R. Lit. !,
24-VII-1934) ; environs de Corte (Burnouf in *Bull. soc. bot. Fr.* XXIV,
sess. extr. XXXI) ; vignes en friche de Sanguisagno près Corte, à
droite de la route du cimetière, 450 m. env. (Aylies !, 18-VI-1917,
ex R. Lit. et Sim. in *Bull. soc. bot. Fr.* LXVIII) ; Ajaccio (de Parade

ex Salis in *Flora* XVII, Beibl. II, 7) ; Bonifacio (Seraf. !, in herb. Req.).

1024. **E. Peplus** L. *Sp.* ed. 1, 456 (1753) ; Rouy *Fl. Fr.* XII, 174;Thell. et Reyn.in *Le Monde des pl.* XXII,n. 16, 5-7 et n. 18,4-6.

Hab. — Cultures, friches, bord des chemins, sables, garigues, maquis dans les étages inférieur et montagnard. Déc.-oct. ①. Répandu dans l'île entière.

Se présente, suivant les conditions du milieu, sous deux formes biologiques extrêmes, reliées par toutes les transitions :

a. Forma **major** = *E. Peplus* L. l. c., sensu stricto ; Godr. in Gren. et Godr. *Fl. Fr.* III, 93 ; Boiss. in DC. *Prodr.* XV, 2, 141 ; Coste *Fl. Fr.* III, 237 = *Tithymalus rotundifolius* Gilib. *Fl. lituan.* ser. 2, V, 208 (1782) = *Tithymalus Peplus* Gaertn. *De fruct. et sem.* III, 115 (1805-07) = *E. Peplus* var. *major* Moris *Fl. sard.* III, 470 (1858-59) = *E. Peplus* var. *typica* Fiori in Fiori et Paol. *Fl. anal. It.* II, 282 (1901) et *Nuov. fl. anal. It.* II, 178 = *E. Peplus* var. *genuina* Coutinho *Fl. Port.* 388 (1913). — Exsicc. Soleirol n. 3802 ! (Bastia) [Herb. Coss.].

Forme des sols riches, dont la végétation s'étend du printemps à l'automne, à tige dressée de 10-40 cm., le plus souvent rameuse à la partie supérieure. Feuilles obovales, parfois suborbiculaires, dépassant 1 cm. de long. Capsule de 2 mm. de long. Graines mesurant 1,5 mm. de long, présentant sur leurs faces dorsales une double rangée de 4 fossettes.

b. Forma **peploides** Knoche *Fl. balear.* II, 157 (1922) = *E. peploides* Gouan *Fl. monsp.* 174 (1765), emend. DC. *Fl. fr.* V, 358 (1815) ; Godr. in Gren. et Godr. *Fl. Fr.* III, 44 ; Boiss. in DC. *Prodr.* XV, 2, 141 ; Coste *Fl. Fr.* III, 237 = *E. Peplus* β Willd. *Sp. pl.* II, 903 (1800) = *E. Peplus* var. *minima* DC. *Fl. fr.* III, 331 (1805) ; Thell. et Reyn. in *Le Monde des pl.* XXII, n. 18, 6 ; Hegi *Ill. Fl. M.-Eur.* V-1, 187 = *E. rotundifolia* Lois. *Not.* 75, t. 5, f. 1 (1810) et *Fl. gall.* ed. 2, I, 338, t. 29 = *E. Peplus* var. *minor* Viv. *Fl. lib.* 26 (1824) ; Gaud. *Fl. helv.* III, 272 ; Moris l. c. = *E. Peplus* var. *rotundifolia* Salis in *Flora* XVII, Beibl. II, 6 (1834) = *Tithymalus peploides* Klotzsch et Garcke in *Abh. Akad. Berlin* ann. 1860, 83 = *Tithymalus rotundifolia* Dulac *Fl. Hautes-Pyr.* 156 (1867) = *E. Peplus* subsp. *E. peploides* Ball *Spic. fl. marocc.* in *Journ. Linn. soc.* XVI, 659 (1877-78) ; Rouy *Fl. Fr.* XII, 175 ; Thell. in *Bull. géogr. bot.* XXIV, 11 ; Holmboe *Stud. veget. Cypr.* 120 = *E. Peplus* var. *peploides* Coss. in Bonn. et Barr. *Cat. Tun.* 383 (1896) ; Fiori in Fiori et Paol. *Fl. anal. It.* II, 281 ; Dur. et Barr. *Fl. lib. prodr.* 210 ; Fiori *Nuov. fl. anal. It.* II, 178. — Exsicc. Soleirol n. 2146 ! et 3816 !, sub : *E. peploides* (Calvi) [Herb. Coss., Deless., Laus., Req.] ; Kralik n. 773 !, sub : *E. peploides* (Bonifacio) [Herb. Coss., Deless., Rouy] ; Mab. n. 377 !, sub : *E. peploides* (Bastia) [Herb. Bor., Burn.].

Forme des sols pauvres de l'étage inférieur, à courte période de végétation hiberno-vernale (janvier-mai), à tige couchée ou ascendante, de

3-10 cm., le plus souvent rameuse dès la base. Feuilles petites, obovales·
orbiculaires, ne dépassant pas 1 cm. de long, parfois très réduites (2 mm.;.
Glandes du cyathium ordinairement rougeâtres. Capsule plus petite,
mesurant environ 1,5 mm. de long. Graines également plus petites, d'environ 1 mm. de long, présentant sur leurs faces dorsales une double rangée de 3-4 fossettes.

1025. **E. segetalis** L. *Sp.* ed. 1, 458 (1753) ; Lange in Willk. et
Lange *Prodr. fl. hisp.* III, 499 ; Rouy *Fl. Fr.* XII, 171 ; Coutinho
Fl. Port. 389 ; Hayek *Prodr. fl. penins. balc.* I, 135.

Hab. — Sables maritimes, garigues, friches, rocailles dans l'étage
inférieur. Mars-août. ①-②-♃. — En Corse les deux (trois ?) sous-
espèces suivantes.

††. I. Subsp. **eu-segetalis** Hayek *Prodr. fl. penins. balc.* I, 135
(1924) = *E. segetalis* L. l. c., sensu stricto ; Godr. in Gren. et Godr.
Fl. Fr. III, 94 ; Boiss. in DC. *Prodr.* XV, 2, 145 ; Coste *Fl. Fr.* III,
239 ; Rouy l. c. 171 = *Tithymalus segetalis* Lamk *Fl. fr.* III, 90
(1778) = *Tithymalus cinerascens* Moench *Meth.* 668 (1794) = *E. simplex* C. Koch in *Linnaea* XXI, 730 (1848) = *E. segetalis* var. *typica*
Fiori in Fiori et Paol. *Fl. anal. It.* II, 283 (1901) et *Nuov. fl. anal. It.*
II, 180 = *E. segetalis* var. *genuina* Merino *Fl. descr. é ilustr. de Galic.*
II, 535 (1906). — Exsicc. Soleirol n. 3811 A ! (Calvi) [Herb. Coss].

Hab. — Disséminé. Entre Macinaggio et Rogliano (St-Y. !, 6-VII-
1906, in herb. Laus.); Macinaggio, en bordure d'un chemin rive droite
du ruisseau de Giojelli (R. Lit. !, 23-VII-1934) ; entre Macinaggio et
Meria, oliveraie (R. Lit. !, 24-VII-1934) ; environs de Bastia : entre
Brando et Bastia (Lutz in *Bull. soc. bot. Fr.* XLVIII, 56), friches
entre le Capo di Rupe et Erbalonga (R. Lit. !, 29-VII-1932), marine
de Miomo, bord des chemins (R. Lit. !, 29-VII-1932), « Bastia » (Deb.
sub : « *E. pinea* », in herb. Laus. ; Shuttl. *Enum.* 18), entre Bastia
et Furiani près de la voie ferrée (R. Lit !, 25-VII-1932) ; Ile-Rousse
(N. Roux !, V-1913, in herb. R. Lit.) ; Calvi (Soleirol ! exsicc. cit.) ;
Casabianda (Lutz l. c.) ; Bonifacio (Req. !, VI-1822 et VI-1827, in
herb. ; Wilcz. !, IV-1899, in herb. Laus. ; Boy. *Fl. Sud Corse* 64).

Plante annuelle ou bisannuelle. Tige herbacée, le plus souvent simple à
la base. Feuilles éparses, assez minces, les inférieures linéaires-aiguës,
atteignant 3-4 cm. de long[1], les supérieures plus courtes, lancéolées-élar-
gies à la base.

1. Et parfois jusqu'à 6 cm. dans certaines formes très développées (p. ex.

II. Subsp. **portlandica** R. Lit., nov. comb. = *E. portlandica* L.
Sp. ed. 1, 458 (1753) ; Godr. in Gren. et Godr. *Fl. Fr.* III, 96; Boiss.
in DC. *Prodr.* XV, 2, 145 ; Coste *Fl. Fr.* III, 239 = *Tithymalus port-
landicus* Hill *Hort. kew.* 172 (1768) = *Tithymalus declinatus* Moench
Meth. Suppl. 284 (1794) = *E. segetalis* var. *littoralis* Lange in Willk.
et Lange *Prodr. fl. hisp.* III, 499(1877) = *E. segetalis* var. *portlandica*
Fiori in Fiori et Paol. *Fl. anal. It.* II, 283 (1901) ; Rouy *Fl. Fr.* XII,
172, pro « forme » ; Coutinho *Fl. Port.* 389; Fiori *Nuov. fl. anal. It.*
II, 180.

Plante annuelle ou bisannuelle. Tige généralement plus courte que
chez les subsp. *eu-segetalis* et *pinea*, dépassant rarement 30 cm., rameuse
dès la base, peu indurée, à rameaux étalés-ascendants, à feuilles assez
rapprochées, laissant des cicatrices assez serrées sur les rameaux. Feuilles
un peu plus épaisses que dans le subsp. *eu-segetalis*, courtes (ne dépassant
pas d'ordinaire 2 cm. de long), obovées ou oblongues-obovées, obtuses
souvent mucronulées. Graines légèrement plus petites que dans les subsp.
en-segetalis et *pinea*, mesurant en moyenne 1,75 mm. de long (et non
2-2,25 mm.).

Type littoral atlantique (Grande-Bretagne, secteur armorico-aquita-
nien à partir du département de la Manche, secteur ibéro-atlantique et
de là dans le domaine lusitanien jusqu'à Gibraltar) dont la présence dans
la région méditerranéenne, en dehors du domaine lusitanien, demeure,
à notre avis, assez douteuse. La plante indiquée sous le nom d'*E. portlandica* par Salis (in *Flora* XVII, Beibl. 11, 5) aux environs de Bastia est
rapportée par Godron (l. c.) et par Boissier (l.c.) à l'*E. pinea*. Plus récemment l'*E. portlandica* a été signalé entre Bonifacio et le phare de Pertu
sato par Foucaud et M. Simon (*Trois sem. herb. Corse* 107) ; Fiori (in
Fiori et Paol. *Fl. anal. It.* II, 283 et *Nuov. fl. anal. It.* II, 180) l'a compris
dans sa flore en citant la localité de Bonifacio. Nous avons étudié les
échantillons (in herb. Bonaparte) récoltés par Foucaud et par M. Simon
(herb. Sim.) et avons constaté qu'il ne s'agit pas en réalité du subsp.
portlandica ; ils diffèrent de ce dernier par leurs tiges plus élevées (env.
45 cm.), très indurées à la base, leurs feuilles plus étroites, linéaires, plus
allongées, leurs graines un peu plus longues (mesurant en moyenne 2 mm.).
Nous avons affaire à une forme du subsp. *pinea* tendant un peu au subsp.
eu-segetalis, les feuilles étant moins rapprochées que dans le *pinea* typique. — L'*E. portlandica* a été mentionné aussi dans les Bouches-du-Rhône,
à Fos (Req. ex DC. *Fl. fr.* V, 360) et dans l'Aude, à la Franqui vers le
cap Leucate (Timb. *Fl. Corb.* in *Revue bot.* X, 113), mais n'a pas été revu
dans ces localités.

III. Subsp. **pinea** Hayek *Prodr. fl. penins. balc.* I, 135 (1924) ;
Lindb. f. *Itin. medit.* in *Act. soc. scient. fenn.* nov. ser. B, I, n. 2, 100 ;
Jah. et Maire *Cat. pl. Maroc* II, 467 = *E. pinea* L. *Syst.* ed. 12, 333
(1767) ; Godr. in Gren. et Godr. *Fl. Fr.* III, 95 ; Boiss. in DC. *Prodr.*

une plante recueillie à Ronda par Reverchon — in herb. R. Lit. — et annotée
par Willkomm : « *E. segetalis* L. ! forma *latifolia* »).

XV, 2, 145 = *E. linifolia* Ten. *Prodr. fl. nap.* p. XXIX (1811) =
E. congesta Willd. *Enum. hort. berol.* Suppl. 28 (1813) = *E. Artau-
diana* DC. *Fl. fr.* V, 360 (1815) = *E. caespitosa* Ten. *Syll. fl. neap.*
238 et *Fl. nap.* IV, 261, t. 143, f. 2 (1830) = *E. ragusana* Reichb. *Fl.
germ. exc.* 873 (1832) = *Tithymalus pineus* Klotzsch et Garcke in
Abh. Akad. Berlin ann. 1860, 85 = *E. segetalis* var. *fallax* Loret et
Barr. *Fl. Montp.* II, 595 (1876) = *E. segetalis* var. *pinea* Lange in
Willk. et Lange *Prodr. fl. hisp.* III, 499 (1877) ; Gaut. *Cat. fl. Pyr.-
Or.* 381 ; Fiori in Fiori et Paol. *Fl. anal. It.* II, 284 ; Rouy *Fl. Fr.*
XII, 172, pro « forme » ; Fiori *Nuov. fl. anal. It.* II, 180 = *E. sege-
talis* forme *E. Artaudiana* Alb. et Jah. *Cat. pl. vasc.* Var 430 (1908).
— Exsicc. Soleirol n. 3811 !, sub : « *E. segetalis* L. ? » (Santa Manza)
[Herb. Coss.] ; Soleirol n. 3811 A !, sub : *E. segetalis* (Bastia) [Herb.
Coss.] ; Kralik n. 776 ! [1] (Bonifacio) [Herb. Coss., Deless., Rouy] ;
Mab. n. 179 ! (Bastia, leg. Deb.) [Herb. Bor., Burn., Coss.] ; Deb.
ann. 1869, sub : *E. pinea* ! (vallon du Fango, près Bastia) [Herb.
Bonaparte, Burn.] ; Burn. ann. 1900, n. 53 ! (entre Bastia et Pietra-
nera) [Herb. Burn.].

Hab. — Répandu sur le littoral ou à peu de distance de la mer, plus
rare à l'intérieur : Corte (Mab. in Mars. *Cat.* 129), Bastelica (Revel.
in Mars. l. c.).

Plante vivace. Tige presque frutescente à la base, très indurée, rameuse
dès la base, à feuilles très densément rapprochées dans la partie inférieure, laissant des cicatrices serrées sur les rameaux. Feuilles un peu
épaisses, linéaires, atteignant 5,5 cm. de long, obtusiuscules ou acutiuscules, mucronulées, les supérieures ordinairement plus courtes, brusquement élargies à la base.

Tous les échantillons du subsp. *pinea* que nous avons vus de Corse
appartiennent à la race la plus répandue, à graines irrégulièrement
creusées de petites fossettes bien marquées mais peu profondes [var. **eu-
pinea** R. Lit., nov. nom. = *E. pinea* L. l. c., sensu stricto] ; il existe en
Sicile une autre race à graines lisses [var. **leiosperma** (« *laejosperma* »)
Nicotra *Prodr. fl. messan.* 36 (1873) = *E. pinea* b. Guss. *Fl. sic. prodr.* I,
548 (1827) = *E. segetalis* var. *pinea* forma *lejosperma* Fiori *Nuov. fl.
anal. It.* II, 180 (1926)].

« Les formes douteuses qui existent entre les groupes *segetalis* et *pinea*
rendent une séparation spécifique très arbitraire ; d'autre part l'aire très
méditerranéenne du groupe *pinea* [2] nous engage à l'envisager comme
sous-espèce plutôt que comme simple variété. » (J. B.). — Nous adoptons

1. Forma inter subsp. *eu-segetalem* et subsp. *pineam* ambigens.
2. S'étendant jusqu'aux Canaries.

pleinement la manière de voir de J. Briquet et pensons qu'il est juste
également de donner une valeur subspécifique à l'*E. portlandica* pour les
mêmes raisons géographiques. Nous avons vu des formes de passage
entre les subsp. *eu-segetalis* et *pinea* des localités suivantes : Minervio,
près Nonza, rocailles (St-Y. !, 26-IV-1907, in herb. Laus.) ; Marinca,
garigues (Briq. !, 26-IV-1907, in herb. Burn.) ; Ile-Rousse, garigues
(Briq. !, 21-IV-1907, in herb. Burn.) ; Bonifacio (Fouc. et Sim. !, 29-V-
1896, sub : «*E. portlandica* L. », in herb. Sim. et herb. Bonaparte ex herb.
Fouc. [1] ; Wilcz. !, IV-1899, in herb. Laus.).

†† 1026. **E. biumbellata** Poir. *Voy. Barb.* II, 174, t. 4 (1789) ;
Godr. in Gren. et Godr. *Fl. Fr.* III, 94 ; Boiss. in DC. *Prodr.* XV, 2,
146 ; Coste *Fl. Fr.* III, 240 ; Rouy *Fl. Fr.* XII, 173 = *E. Cyparissias*
var. *luxurians* Bertol. *Fl. it.* V, 82 (1842) = *Tithymalus biumbellatus*
Klotzsch et Garcke in *Abh. Akad. Berlin* ann. 1860, 85. — Exsicc.
Soleirol n. 3810 ! (Calvi) [Herb. Coss., Req.] ; Reverch. ann. 1885,
n. 427 !, sub : *E. terracina* (Ota, sables voisins de la mer) [Herb.
Deless.].

Hab. — Garigues, lieux sablonneux de l'étage inférieur. Avril-
juin. ♃. Rare. Localisé en Balagne et sur la côte du golfe de Porto.
Algajola (Rotgès, notes manuscr.) ; Lumio (Rotgès, notes manuscr.) ;
Calvi (de Pouzolz !, 1824, in herb. Req. ; Soleirol ! exsicc. cit. ; Req. !,
16-IV-1851, in herb. ; Fouc. et Sim. *Trois sem. herb. Corse* 14, Fouc. !
in herb. Bonaparte ; St-Y. !, 3-V-1911, in herb. Laus.) ; montagne de
Rondoli, près Calvi (Fouc. et Sim. l. c. 26) ; Ota, dans les sables voisins de la mer (Reverch. exsicc. cit. et ex Rouy *Fl. Fr.* XII, 173).

1027. **E. Pithyusa** L. *Sp.* ed. 1, 458 (1753) ; Godr. in Gren. et
Godr. *Fl. Fr.* III, 85 ; Boiss. in DC. *Prodr.* XV, 2, 148 ; Coste *Fl.
Fr.* III, 239 ; Rouy *Fl. Fr.* XII, 160 = *Tithymalus Pithyusa* Scop. *Fl.
carn.* ed. 2, I, 335 (1772) = *Tithymalus acutifolius* Lamk *Fl. fr.* III,
90 (1778) = *E. mucronata* Lap. *Hist. abr. pl. Pyr.* 271 (1813) ; non
Lamk *Encycl. méth.* II, 427.

Hab. — Sables et rochers littoraux, garigues de l'étage inférieur.
♃. Juin-août. — Deux variétés.

α. Var. **genuina** Godr. in Gren. et Godr. *Fl. Fr.* III, 86 (1855) =
E. Pithyusa var. *typica* Fiori in Fiori et Paol. *Fl. anal. It.* II, 284
(1901) et *Nuov. fl. anal. It.* II, 182. — Exsicc. Soleirol n. 3812 ! (Calvi

1. Voir p. 88.

et Ile-Rousse) [Herb. Coss., Deless.] ; Req. sub : « *E. Pithyusa* ? » !
(Ajaccio, XII-1847) [Herb. Coss., Deless.] ; Req. sub : *E. Pithyusa* !
(Ajaccio, VII-1848) [Herb. Bor.] ; Mab. n. 175 ! (cap Sagro) [Herb.
Coss., Bor., Burn.] ; Reverch. ann. 1880, n. 343 ! (Bonifacio, cap de
Feno) [Herb. Bonaparte] ; Reverch. ann. 1885, n. 343 ! (Porto)
[Herb. Deless.] ; Burn. ann. 1900, n. 173! (entre Ajaccio et la Parata)
[Herb. Burn.] .

Hab. — Répandu sur le littoral ou à peu de distance de la mer.
Signalé aussi à Ponte-Leccia (Req. ex Parl. *Fl. it.* IV, 523 ; Lutz in
Bull. soc. bot. Fr. XLVIII, 56) et à Corte (ex Godr. l. c.).

« Feuilles caulinaires linéaires-lancéolées, les supérieures larges de
3-5 mm. » (J. B.).

β. Var. **procera** Godr. in Gren. et Godr. *Fl. Fr.* III, 86 (1855) ;
Boiss. in DC. *Prodr.* XV, 2, 148 = *E. bonifaciensis* Req. ex Godr.
l. c. = *E. Pithyusa* var. *latifolia* Moris *Fl. sard.* III, 463 (1858-59) =
E. Pithyusa var. *bonifaciensis* Parl. *Fl. it.* IV, 523 (1869) ; Fiori in Fiori
et Paol. *Fl. anal. It.* II, 285 et *Nuov. fl. anal. It.* II, 182. — Exsicc.
Kralik n. 775 !, sub : *E. Pithyusa* (Bonifacio) [Herb. Coss., Deless.] ;
F. Sch. n. 1321, sub : *E. Cupani*, sec. Godr. l. c. ; Reverch. ann. 1881,
n. 342 !, sub : *E. bonifaciensis* [Herb. Bonaparte, Burn., Laus.,
Rouy] ; Baenitz Herb. eur. sub : *E. Bonifaciensis* ! (Bonifacio, leg.
Reverch.) [Herb. Burn.] ; Soc. roch. n. 4957 ! (Bonifacio, leg. Ste-
fani) [Herb. Bonaparte, Burn.].

Hab. — Plus rare que la variété précédente. Tour de Losse près
Porticcioli, rochers maritimes (St-Y. !, 4-VII-1906, in herb. Laus.) ;
St-Florent (Aylies !, 20-V-1920, in herb. R. Lit. ; R. Lit. !) ; rivière
de Crovani au pont de San Quilico (R. Lit. !, 22-VII-1908, in *Bull.
acad. géogr. bot.* XVIII, 46, sub : « forma inter var. *genuinam* et
var. *proceram* »[1]) ; Sagone (N. Roux ! in *Bull. soc. bot. Fr.* XLVIII,
sess. extr. CXXXIV et in herb.) ; Ajaccio, route de la Parata (Sagorski in *Mitt. thür. bot. Ver.* XXVII, 47) ; répandu aux environs
de Bonifacio, où se trouve également le var. *genuina* (Bernard !,
VIII-1843, in herb. Prodr. et ex Rouy *Fl. Fr.* XII, 161 ; Req. !,
VI-1847, VIII-1849, in herb. et ex Parl. *Fl. it.* IV, 523 ; Kralik !
exsicc. cit. ; Revel. ex Bor. *Not.* I, 8, specim. in herb. Bor. ! ; Mars.

---

1. Il s'agit en réalité du var. *procera* typique.

Cat. 128 ; Reverch. ! exsicc. cit. ; Lutz in *Bull. soc. bot. Fr.* XLVIII,
sess. extr. CXL ; Stefani ! in Soc. roch. ; R. Lit. ! *Voy.* I, 21 ; et
nombreux autres observateurs).

Le var. *procera* a été signalé aussi au cap Sagro, près Erbalonga
(Mab. ex Parl. *Fl. it.* IV, 523), mais la plante distribuée de cette localité par Mabille appartient au var. *genuina.*

« Feuilles caulinaires largement lancéolées ou ovées-lancéolées, les supérieures atteignant 5-10 mm. de largeur. Plante souvent plus robuste
que dans le var. *genuina*, pouvant atteindre 60 cm. de haut. » (J. B.).

Des formes intermédiaires relient les var. *genuina* et *procera* ; nous
en avons observé notamment à St-Florent.

┼┼ 1028. **E. Cupanii** (« *Cupani* ») Guss. *Fl. sic. prodr.* I, 548 —
in observ. — (1827) et *Fl. sic. syn.* I, 538 ; Moris *Fl. sard.* III, 461,
t. 109 ; Boiss. in DC. *Prodr.* XV, 2, 149 ; Rouy in *Bull. soc. bot. Fr.*
LVII, 308 et *Fl. Fr.* XII, 156 = *E. tanaicensis* Guss. *Fl. sic. prodr.*
I, 548 (1827) = *Tithymalus Cupani* Klotzsch et Garcke in *Abh.
Akad. Berlin* ann. 1860, 85 = *E. lugubris* Chab. in Morot *Journ. de
bot.* XIV, 71 (1900) = *E. Pithyusa* var. *Cupani* Fiori in Fiori et Paol.
Fl. anal. It. II, 285 (1901) et *Nuov. fl. anal. It.* II, 182.

Hab. — Garigues, rocailles, friches, bord des chemins dans l'étage
inférieur. ♃. Mai-août. Localisé dans les environs de Ponte-Leccia.
Entre Ponte-Leccia et Ponte-Novo (Chab. l. c. ; Le Brun in *Le
Monde des pl.* XXXII, n. 73, 4) ; commun à Ponte-Leccia : friche
près de la gare (Fouc. !, VII-1898, in herb. Bonaparte ; R. Lit. !,
2-VII-1906, *Voy.* I, 30, sub nom. erron. *E. Pithyusae*), bord de la
route de Corte et maquis sur le versant N.-E. du Teppa al Ortone
(R. Lit. !, 30-VII-1921, in *Bull. soc. bot. Fr.* LXXI, 711), garigues
bordant la route de Calvi, après le passage à niveau (Le Brun in *Le
Monde des pl.* XXXI, n. 69, 19) ; extrémité S. de la Serra Debbione,
près de la Bocca di Riscamone, 570 m. (R. Lit. !, 30-VII-1927, *Nouv.
contrib.* fasc. 1, 28 et *Mont. Corse orient.* 60) ; Cima Pedani, pentes
rocailleuses au-dessus de la Bocca Serna, 672-720 m. (R. Lit. !,
30-VII-1927, *Nouv. contrib.* fasc. 1, 28 et *Mont. Corse orient.* 66).

Plante affine à l'*E. Pithyusa*, mais qui en paraît spécifiquement distincte surtout par les glandes du cyathium deux fois plus larges prolon-
gées en cornes obtuses (et non à cornes réduites à un cal). — L'*E. Cupanii*
est spécial à la Corse, à la Sardaigne et à la Sicile.

1029. **E. terracina** L. *Sp.* ed. 2, 654 (1762) ; Godr. in Gren. et
Godr. *Fl. Fr.* III, 89 ; Boiss. in DC. *Prodr.* XV, 2, 157 ; Coste *Fl. Fr.*
III, 242 ; Rouy *Fl. Fr.* XII, 167 = *E. obliquata* Forsk. *Fl. aeg.-arab.*
93 (1775) = *E. obtusifolia* Lamk *Encycl. méth.* II, 430 (1786-88) =
E. heterophylla Desf. *Fl. atl.* I, 385, t. 102 (1798) = *E. valentina* Ort.
Nov. et rar. pl. dec. 127 (1800) = *E. provincialis* Willd. *Sp. pl.* II,
914 (1800) = *E. italica* Tin. *Syn. hort. panorm.* 13 (1802) = *E. linariaefolia* Desf. *Tabl.* ed. 1, 204 (1804) = *E. seticornis* Poir. *Encycl.
méth.* Suppl. II, 617 (1811) = *E. diversifolia* Poir. l. c. ; Willd. *Enum.
hort. berol.* Suppl. 27 ; Pers. *Syn.* II, 17 = *E. neapolitana* Ten. *Prodr.
fl. nap.* p. XXVIII (1811) et *Fl. nap.* I, 266, t. 42 (1811-15) = *E. affinis* DC. *Fl. fr.* V, 363 (1815) = *E. ramosissima* Lois. *Nouv. not.* 23
(1827) = *E. Ehrenbergii* Sweet *Hort. brit.* ed. 2, 455 (1830) = *Tithymalus terracinus* Klotzsch et Garcke in *Abh. Akad. Berlin* ann. 1860,
90. — Exsicc. Kralik n. 777 !, sub : *E. provincialis* (citadelle de Bonifacio) [Herb. Bor., Coss., Deless., R. Lit., Rouy] ; Mab. n. 177 !
(Bastia) [Herb. Bor., Burn., Coss.] ; Deb. ann. 1867, n. 276 ! (Bastia) [Herb. Bonaparte, Burn., Laus.] ; Deb. ann. 1869, sub : *E. terracina* ! (Bastia) [Herb. Burn.].

Hab. — Garigues, rochers de l'étage inférieur. Févr.-août. ①-②-♃.
Rare. Localisé aux environs de Bastia et dans le Sud. Toga (Mab. in
Feuille jeun. nat. VII, 110) ; Bastia (Salis in *Flora*, XVII, Beibl. II,
5 ; Mab. ! exsicc. cit. et in Mars. *Cat.* 128 ; Deb. ! exsicc. cit. ; Shuttl.
Enum. 18 ; G. Le Grand, 2-IV-1886, in herb.) ; Porto-Vecchio (Seraf.!,
in herb. Req.) ; Bonifacio (Salis l. c. ; Clément !, V-1842, in herb. Fac.
Sc. Grenoble, sub : *E. portlandica* ; Bernard !, 1845, in herb. Req. ;
Req !, 1822, in herb. Prodr., V-1849, VIII-1849, in herb., et ex Parl.
Fl. it. IV, 537 ; Kralik ! exsicc. cit. ; Revel. !, 17-IV-1856, in herb.
Bor. ; Mab. in Mars. l. c. ; Briq. !, 5-V-1907, in herb. Burn. ; Houard !,
18-IV-1909, in herb. Deless.).

1030. **E. Gayi** Salis in *Flora* XVII, Beibl. II, 6 (1834), excl.
var. γ ; Godr. in Gren. et Godr. *Fl. Fr.* III, 91 ; Boiss. in DC. *Prodr.*
XV, 2, 158 ; Coste *Fl. Fr.* III, 243 ; Rouy *Fl. Fr.* XII, 169 = *Tithy-
malus Gayi* Klotzsch et Garcke in *Abh. Akad. Berlin* ann. 1860, 88.
— Exsicc. Kralik n. 774 ! (montagnes de Bastia) [Herb. Bor., Coss.,
Deless., R. Lit., Rouy] ; Mab. n. 178 ! (Serra di Pigno) [Herb. Bor.,

Burn., Coss.] ; Deb. ann. 1869 sub : *E. Gayi* ! (Serra di Pigno) [Herb. Bonaparte, Burn.] ; Soc. roch. n. 4484 ! (Ghisoni, leg. Rotgès) [Herb. Bonaparte, R. Lit.].

Hab. — Garigues, pelouses rocailleuses, maquis, pineraies, rochers et parfois graviers humides au bord des ruisseaux dans les étages inférieur (où il est rare), montagnard et subalpin jusque vers 1500 m. Mai-juill. ♃. Disséminé. Montagnes du Cap [Bernard !, VI-1841, in herb. Prodr. et herb. Req. ; Kralik ! exsicc. cit.], du col de Catele (« Cattile ») — N. du Monte Stello — à la Serra di Pigno (sec. Chab. in *Bull. soc. bot. Fr.* XXIX, sess. extr. LV), notamment au Monte Fosco, au voisinage de la chapelle de San Giovanni (Gillot in *Bull. soc. bot. Fr.* XXIV, sess. extr. LX), [au-dessus d'] Olmetta (ex Godr. l. c.), au-dessus de Mandriale (Salis ex Bertol. *Fl. it.* V, 53), au Monte San Leonardo (Marchioni !, 9-VI-1929, in herb. R. Lit.) et à la Serra di Pigno (André !, 17-VI-1856, in herb. Burn. ; Mab. ! exsicc. cit. et ex Parl. *Fl. it.* IV, 550 ; Deb. ! exsicc. cit. ; Shuttl. *Enum.* 18 ; Sargnon in *Ann. soc. bot. Lyon* VI, 67 ; M. F. Spencer !, 6-V-1905, in herb. Bonaparte) ; Ghisoni, rive droite du Regolo, en amont du pont de Ghisoni (Rotgès !, 15-VI-1899, in Soc. roch.) ; Bastelica, pineraies (Revel. ex Bor. *Not.* III, 6 et in Mars. *Cat.* 128, specim. in herb. Bor. !, 2-VII-1858) ; Monte Nielo [1] (Salis in *Flora* XVII, Beibl. II, 6) ; entre Aleria et le Fiume Orbo, pineraies (Salis l. c.) ; Solaro, maquis, 500 m. (Briq. et Wilcz. !, 7-VII-1913, in herb. Laus.) ; Monte Vitullo, près Solaro, pineraies, 1300 m. (Briq. et Wilcz. !, 9-VII-1913, in herb. Burn.) ; près des bergeries de Tova, pelouses rocailleuses, 1450 m. (Briq. et Wilcz. !, 9-VII-1913, in herb. Laus.) ; col de Bavella, garigues (Aylies !, 20-VI-1917, ex R. Lit. et Sim. in *Bull. soc. bot. Fr.* LXVIII, 100) ; vallée inférieure de la Solenzara, graviers humides au bord d'un ruisselet à l'ubac, 520 m. env. (Le Brun ! in *Le Monde des pl.* XXXI, n. 73, 2) ; au-dessus de l'Ospedale (Revel. ex Bor. l. c., 3-VII-1857 in herb. Bor. !).

« Salis a décrit sous le nom de var. *montana* les échantillons réduits des altitudes supérieures (« in aridissimis montis Nielo, 2-3000's. m. ») lesquels ne diffèrent d'ailleurs pas autrement de ceux des régions plus basses. La variété γ de Salis, découverte par lui aux Corni di Canzo

---

1. Il s'agit, pensons-nous, du Monte Niello de la carte E. M., situé dans le massif du Renoso, sur la rive droite du Prunelli, et non du Niolo, comme l'a indiqué Godron [in Gren. et Godr. *Fl. Fr.* III, 91].

(Alpes lombardes) constitue une espèce distincte décrite par Cesati [in *Bibl. It.* XCI, 348 (1838)] sous le nom d'*E. variabilis* Ces. [1]. Cette dernière, voisine de l'*E. Gayi*, en diffère cependant nettement par les bractées triangulaires-subcordées, les glandes du cyathium à cornes assez allongées et acuminées, le fruit plus grand et les graines noirâtres. » (J. B.).

Il convient également de séparer de l'*E. Gayi* l'*E. Valliniana* Belli [ap. Pirotta in *Ann. di bot.* I, 9 (1902) = *E. Gayi* var. *Valliniana* Fiori *Nuov. fl. anal. It.* II, 184 (1926)], espèce des Alpes occidentales (Alpes Cottiennes au Val Macra, Alpes maritimes françaises dans le massif du Tournairet) qui diffère de l'*E. Gayi* par son rhizome court oblique (et non allongé, horizontal), ses tiges moins grêles, écailleuses à la base, ses bractées cordiformes-triangulaires ou irrégulièrement semiorbiculaires-subréniformes (et non ovales ou oblongues), les capsules finement chagrinées (et non lisses).

L'*E. Gayi* est représenté aux Baléares par une espèce vicariante, *E. Maresii* Knoche [*Fl. balear.* II, 161 (1922) = *E. Gayi* Mar. et Vig., non Salis], comprenant, outre le type, les var. *baleariac* (Willk.) Knoche et *minoricensis* Knoche; elle se distingue surtout de l'*E. Gayi* par ses graines alvéolées — presque identiques à celles de l'*E. segetalis* — et non lisses.

†† 1031. **E. Esula** L. *Sp.* ed. 1, 461 (1753) ; Godr. in Gren. et Godr. *Fl. Fr.* III, 87 ; Boiss. in DC. *Prodr.* XV, 2, 161 ; Coste *Fl. Fr.* III, 242 ; Rouy *Fl. Fr.* XII, 163 = *Tithymalus Esula* Hill *Hort. kew.* 172 (1768) ; Scop. *Fl. carn.* ed. 2, I, 338. — En Corse la race suivante.

†† Var. **Sarati** Fiori in Fiori et Paol. *Fl. anal. It.* II, 228 (1901) et *Nuov. fl. anal. It.* II, 185 = *E. Sarati* Ard. *Fl. Alp.-Mar.* 335 (1867) ; Parl. *Fl. it.* IV, 557 = *E. Esule* L. subsp. *E. Mosana* race *E. paludosa* var. *Saratoi* Rouy *Fl. Fr.* XII, 166 (1910).

Hab. — Prairies de l'étage montagnard. Juin-juill. ♃. Très rare. Uniquement jusqu'ici dans la prairie de Pinecula près Tattone, 750 m. (Aylies !, VI-VII-1918, ex R. Lit. et Sim. in *Bull. soc. bot. Fr.* LXVIII, 79 ; R. Lit. !, 1-IX-1919).

Race de la France méridionale (Alpes-Maritimes, Bouches-du-Rhône, Vaucluse) caractérisée par des feuilles linéaires, obtuses ou acutiuscules, mucronées, rétrécies à la base, les inférieures plus grandes que les supérieures, des bractées cordiformes. Nous n'avons pu vérifier sur les échantillons corses, de même que sur ceux des Alpes-Maritimes que nous avons eu à notre disposition (herb. Burn.), portant des capsules immatures, le caractère des graines mentionné par Parlatore (l. c.) et par le prof. Fiori

1. Cette plante a été également rattachée à l'*E. Gayi* par Fiori (in Fiori et Paol. *Fl. anal. It.* II, 287) et par Schinz et Thellung (in Schinz et Kell. *Fl. Schw.*, ed. 4, I, 439).

(l. c.), à savoir une coloration d'un violet rougeâtre avec de petites taches arrondies plus sombres — d'ailleurs, d'après Fiori, les taches peuvent manquer.

† 1032. **E. Seguieriana** Neck. in *Arch. Acad. Theod. Palat.* II, 493 (1770) = *E. esula* Pollich *Hist. pl. Pal.* II, 18 (1777) ; Thuill. *Fl. env. Par.* éd. 2, 238 ; non L. = *E. Gerardiana* Jacq. *Fl. austr.* V, 17, t. 436 (1778) ; Godr. in Gren. et Godr. *Fl. Fr.* III, 83 ; Boiss. in DC. *Prodr.* XV, 2, 166 ; Coste *Fl. Fr.* III, 237 ; Rouy *Fl. Fr.* XII, 155 = *Tithymalus rupestris* Lamk *Fl. fr.* III, 97 (1778) = *E. Cajogala* Ehrh. *Beitr.* II, 108 (1782) = *E. Seguieri* All. *Fl. ped.* I, 288 (1785) = *E. linariaefolia* Lamk *Encycl. méth.* II, 437 (1786-88) = *E. rupestris* Willd. *Enum. hort. berol.* Suppl. 28 (1813) = *Tithymalus Gerardianus* Steud. *Nom. bot.* ed. 2, II, 689 (1841). — Exsicc. Soleirol ann. 1824, n. 380 ! (Cap Corse) [Herb. Req.].

Hab. — Uniquement jusqu'ici au cap Sagro, N. d'Erbalonga (Soleirol ex Bertol. *Fl. it.* V, 80 et exsicc. cit. !) et à Ponte-Leccia (Bertol. l. c. X, 497).

L'étiquette accompagnant l'échantillon que nous avons vu dans l'herbier Requien porte simplement « Cap Corse ». — La plante — 27 cm. de haut — présente des feuilles linéaires-oblongues, mesurant 3,5 mm. de large. Elle correspond au var. **genuina** R. Lit., nov. comb. [= *E. Gerardiana* var. *genuina* Godr. in Gren. et Godr. l. c.].

1033. **E. Paralius** (« *Paralias* ») [1] L. *Sp.* ed. 1, 458 (1753) ; Godr. in Gren. et Godr. *Fl. Fr.* III, 86 ; Boiss. in DC. *Prodr.* XV, 2, 167 ; Coste *Fl. Fr.* III, 241 ; Rouy *Fl. Fr.* III, 161 = *Tithymalus Paralias* Hill *Hort. kew.* 172 (1767) = *Tithymalus maritimus* Lamk *Fl. fr.* III, 90 (1778).— Exsicc. Soleirol n. 3817 ! (Calvi) [Herb. Coss., Req.] ; Kralik sub : *E. Paralias* ! (embouchure du Bravone) [Herb. Coss.].

Hab. — Sables maritimes. Juin-août. ♃. Répandu et assez commun du Cap Corse à Bonifacio, sur les deux côtes, là où les conditions du milieu se trouvent réalisées, notamment lorsque les sables présentent une certaine épaisseur.

÷ 1034. **E. amygdaloides** (« *Amygdaloides* ») L. *Sp.* ed. 1, 463 (1753) ; Godr. in Gren. et Godr. *Fl. Fr.* III, 97 ; Boiss. in DC. *Prodr.*

1. Le nom spécifique linnéen emprunté à un ancien nom de genre (*Paralius maritimus* Caesalp.) doit conserver une majuscule.

XV, 2, 170 ; Coste *Fl. Fr.* III, 240; Rouy *Fl. Fr.* XII, 158 = *Tithymalus amygdaloides* Garsault *Fig. pl. et anim.* IV, t. 594 (1764) et *Descr.* 346 (1767) ; Hill *Hort. kew.* 172 = *E. sylvatica* Jacq. *Fl. austr.* IV, 39, t. 375 (1776) ; DC. *Fl. fr.* III, 359 ; non Lamk.

Hab. — Signalé dans la forêt d'Aitone au Belvédère (Lutz in *Bull. soc. bot. Fr.* XLVIII, sess. extr. CXXIX), dans la forêt de Vizzavona entre la gare et la Foce (Lutz l. c., CXXVI) et à Ajaccio (Soleirol ex Bertol. *Fl. it.* V, 98).

La présence de cette espèce nous paraît assez douteuse en Corse. Bien qu'elles ne soient pas invraisemblables, les indications ci-dessus méritent confirmation, car elles pourraient être dues à une confusion avec l'*E. semiperfoliata* Viv. (voir plus loin).

1035. **E. semiperfoliata** Viv. *Fl. cors. diagn.* 7 (1824) ; Salis in *Flora* XVII, Beibl. II, 7 ; Godr. in Gren. et Godr. *Fl. Fr.* III, 96 ; Boiss. in DC. *Prodr.* XV, 2, 170 ; Coste *Fl. Fr.* III, 240 ; Rouy *Fl. Fr.* XII, 160 = *E. semiperfoliata* var. *glabra* Salis ex Moris *Fl. sard.* III, 467 (1858-59) = *Tithymalus semiperfoliatus* Klotzsch et Garcke in *Abh. Akad. Berlin* ann. 1860, 95 = *E. amygdaloides* var. *semiperfoliata* Fiori in Fiori et Paol. *Fl. anal. It.* II, 289 (1901) et *Nuov. fl. anal. It.* II, 187. — Exsicc. Soleirol n. 3820 ! sub : *E. rigida* (Ajaccio, route de Sagone) [Herb. Coss.] ; Soleirol n. 62 ! (montagne de la Trinité) [Herb. Coss.] ; Req. sub : *E. semiperfoliata* ! (Ajaccio) [Herb. Coss.] ; Kralik n. 170 ! (Casamaccioli) [Herb. Coss., Deless., Rouy] ; Kralik n. 170 ª ! (Monte Rotondo) [Herb. Bor., Coss., Deless., Rouy] ; Kralik n. 170 ᵇ ! (St-Pierre de Venaco, « St-Pierre, près Corte ») [Herb. Coss., Deless., Req., Rouy] ; Mab. n. 99 ! (Serra di Pigno) [Herb. Bor., Burn., Coss.] ; Deb. ann. 1868, n. 277 ! (col du Pigno) [Herb. Burn., Laus.] ; Reverch. ann. 1878 sub : *E. insularis* Jord. !. — sic ! — (Bastelica) [Herb. Burn.] ; Reverch. ann. 1879, n. 167 ! (Serra di Scopamene) [Herb. Burn., Coss., Laus., R. Lit., Rouy] ; Reverch. ann. 1885, n. 167 ! (Evisa) [Herb. Burn., Deless.] ; Soc. ét. fl. fr.-helv. n. 328 ! (Evisa, leg. Reverch.) [Herb. Bonaparte, Burn., Rouy] ; Burn. ann. 1900, n. 122 ! (Monte Cinto) [Herb. Burn.] ; Burn. ann. 1904, n. 601 ! (entre le col de Sorba et Vivario), n. 602 !

1. Moris (l. c.) cite pour cette variété Salis « Aufzahl. der in Korsik. in Bot. Zeit. (1834) p. 7 », mais Salis n'a pas établi un var. *glabra*.

(Monte d'Oro), n. 603 ! (Bocognano), n. 604 ! (entre Cristinacce et le col de Sevi) [Herb. Burn.] ; Soc. fr. n. 3318 (Monte Cinto, leg. Coust.).

Hab. — Forêts, rochers ombragés, berges des rivières, garigues depuis l'étage inférieur jusque dans l'étage subalpin, vers 1400 m. Mars-juill. ♃. Assez répandu dans toute l'île, principalement dans les étages montagnard et subalpin, moins fréquent dans l'étage inférieur : Galeria (Mars. *Cat.* 192) ; pont du Bravone (Le Brun in *Le Monde des pl.* XXVII, n. 45, 5) ; berges du Fiume Orbo, près Ghisonaccia (Briq. !, 2-V-1907, in herb. Burn.) ; bord de la Solenzara près de son embouchure (Aellen !, 13-VII-1933) et un peu en amont du pont de Calzatojo, 100 m. env. (R. Lit. !, 28-III-1934) ; Ajaccio (Req ! exsicc. cit. et ex Parl. *Fl. it.* IV, 569) et Aspreto (Boullu in *Bull. soc. bot. Fr.* XXIV, sess. extr. XCIII) ; plaine de Porto-Vecchio (Revel. in Mars. l. c. — bords du Stabiacco, 20-IV et 1-VI-1857, in herb. Bor. ! ; — la Trinité près Bonifacio (Viv. *Fl. cors. diagn.* 7 ; Soleirol ! exsicc. cit. ; Clément !, V-1842, in herb. gén. Mus. et Fac. Sc. Grenoble) ; Sartène (Bernard !, 17-IV-1843, in herb. Prodr.).

Espèce corso-sarde affine à l'*E. amygdaloides* L., mais spécifiquement distincte par ses feuilles presque conformes et également espacées sur la tige (et non les inférieures nettement plus grandes, très rapprochées et presque en rosette), de consistance moins ferme, sa capsule plus petite à coques arrondies sur le dos, non sillonnées (et non parcourues par un léger sillon), les glandes du cyathium à cornes subparallèles (et non convergentes), les graines de forme plus globuleuse, finement chagrinées (et non lisses).

Le var. *latifolia* Maire [in Rouy *Rev. bot. syst.* II, 69 (1904)] est une simple forme à feuilles plus élargies.

1036. **E. Characias** L. *Sp.* ed. 1, 463 (1753) ; Fiori in Fiori et Paol. *Fl. anal. It.* II, 289 et *Nuov. fl. anal. It.* II, 187. — Deux sous-espèces.

I. Subsp. **eu-Characias** R. Lit., nov. nom. = *E. Characias* L. l. c., sensu stricto ; Godr. in Gren. et Godr. *Fl. Fr.* III, 97 ; Boiss. in DC. *Prodr.* XV, 2, 172 ; Coste *Fl. Fr.* III, 240 ; Rouy *Fl. Fr.* XII, 157 = *Tithymalus Characias* Hill *Hort. kew.* 172 (1768) = *E. cretica* Mill. *Gard. dict.* ed. 8, n. 28 (1768) = *Tithymalus purpureus* Lamk *Fl. fr.* III, 98 (1778) = *E. veneta* Ten. *Fl. med. univ.* 394 (1823) ; non Willd. = *E. Characias* var. *typica* Fiori in Fiori et Paol. *Fl. anal. It.* II, 289 (1901) et *Nuov. fl. anal. It.* II, 187. — Exsicc. Sieber sub :

E. Characias ! (Bastia) [Herb. Deless.] ; Soleirol n. 3815 ! (Ile-Rousse, Calvi) [Herb. Coss.] ; Burn. ann. 1904, n. 600 ! (Omessa) [Herb. Burn.].

Hab. — Garigues, maquis, rochers dans les étages inférieur et montagnard, 1-1100 m. Mars-juin. ♃. Répandu et abondant dans l'île entière.

Bractées soudées jusqu'à environ la moitié ou les 2/3 de leur longueur et formant un disque orbiculaire légèrement concave. Glandes du cyathium pourpres ou jaunâtres, à cornes très courtes.

L'*E. eriocarpa* Bertol. [*Comment. it. neap.* 22, t. 3 (1837) ; *Fl. it.* V, 101 = *E. Characias* race *E. eriocarpa* Rouy *Fl. Fr.* XII, 158 (1910)], comme l'a noté Parlatore (*Fl. it.* IV, 573), n'est qu'une forme de l'*E. Characias* à capsules plus grosses et plus densément velues. Cette plante est indiquée par Rouy (l. c.) à Ghisoni, dans les haies, vers la gorge de l'Inzecca (Rouy leg. 1908) [1].

II. Subsp. **veneta** R. Lit., nov. comb. = *E. veneta* Willd. *Enum. hort. berol.* 507 (1809) = *E. Wulfenii* Hoppe in *Flora* XII, 1, 159 (1829) = *E. Characias* Host *Fl. austr.* II, 568 (1831) ; non L. = *E. Characias* var. *veneta* Reichb. *Fl. germ. exc.* 763 (1832) ; Fiori in Fiori et Paol. *Fl. anal. It.* II, 289 ; Jord. ex Maire et Petitmengin *Mat. ét. fl. et géogr. bot. Or.* 4e fasc. *Et. pl. vasc. récolt. en Grèce*, 195 (1908) ; Fiori *Nuov. fl. anal. It.* II, 187.

Signalé à Vivario par Petit (in *Bot. Tidsskr.* XIV, 248).

Bractées soudées presque jusqu'au sommet et formant un entonnoir ; glandes du cyathium jaunâtres à cornes de longueur variable, ordinairement plus allongées que chez le subsp. *eu-Characias.*

La présence en Corse de ce type oriental — répandu dans la péninsule balkanique sous les var. **Wulfenii** R. Lit., nov. comb. (= *E. veneta* Willd., sensu stricto = *E. Wulfenii* Hoppe, sensu stricto) et **Sibthorpii** (Boiss.) Hayek *Prodr. fl. penins. balc.* I, 129, pro var. *E. venetae*, s'étendant à l'W. jusqu'en Istrie et Vénétie — est, à notre avis, fort douteuse. Ou bien il s'agit d'une plante adventice — comme elle l'est par exemple aux environs de Menton [2] — ou plutôt l'auteur a fait une confusion avec une forme à glandes jaunes de l'*E. Characias* typique.

Beaucoup d'auteurs (Boissier, Halacsy, Hayek, en particulier) envisagent comme espèce l'*E. veneta*. D'après une communication de Francisque Morel, ami et collaborateur de Jordan (ex Maire et Petitmengin l. c.), cette plante a été étudiée et cultivée par Jordan qui aurait reconnu

1. Nous n'en avons pas trouvé d'exemplaire dans son herbier ni dans l'herbier Bonaparte.
2. Cf. Thell. in *Bull. géogr. bot.* XXI, 215.

en elle une simple variété de l'*A. Characias*. Nous estimons que le rang de sous-espèce paraît fournir une idée correcte de sa valeur systématique, étant donnés ses caractères et sa distribution géographique.

E. Myrsinites L. *Sp.* ed. 1, 461 (1853) ; Boiss. in DC. *Prodr.* XV, 2, 173 = *Tithymalus Myrsinitis* Hill *Hort. kew.* 172 (1764) = *E. curtifolia* Chaub. et Bory *Expéd. Mor.* 135 (1832) et *Fl. pélop.* 30 = *E. Myrsinites* var. *typica* Fiori in Fiori et Paol. *Fl. anal. It.* II, 286 (1901) et *Nuov. fl. anal. It.* II, 183.

Espèce mentionnée en Corse par confusion avec l'*E. corsica* Req. (voir ci-dessous).

1037. **E. corsica** Req. in *Ann. sc. nat.* sér. 1, V, 384 (1825); Boiss. in DC. *Prodr.* XV, 2, 174 ; Rouy *Fl. Fr.* XII, 177 = *E. Myrsinites* Duby *Bot. gall.* I, 415 (1828), quoad pl. cors.; Bertol. *Fl. it.* V, 71, p. p. ; Godr. in Gren. et Godr. *Fl. Fr.* III, 85, p. p. ; Parl. *Fl. it.* IV, 540, p. p. ; Coste *Fl. Fr.* III, 239 ; non L. = *E. Myrsinites* var. *corsica* Arc. *Comp. fl. it.* ed. 2, 193 (1894) ; Fiori in Fiori et Paol. *Fl. anal. It.* II, 286 et *Nuov. fl. anal. It.* II, 183. — Exsicc. Soleirol ann. 1824, n. 157 ! (Campotile) [Herb. Coss., Req.] ; Soc. fr. n. 3319 ! (Campotile, leg. Coust.) [Herb. N. Roux].

Hab. — Pentes arides, pierrailles sèches dans l'étage subalpin, 1500-1860 m. Juin-août. ♃. Très rare. Localisé dans le Campotile (haute vallée du Tavignano), jusqu'au col de Ciarnente (Req. ! l. c., leg. VI-1822 et VIII-1847, in herb. ; Soleirol ! exsicc. cit. et ex Bertol. *Fl. it.* V, 71 ; de Forestier !, 1837, in herb. Mut. et herb. Req. ; Bernard !, VII-1841, in herb. Prodr. et herb. Req. ; Clément !, VI-1842, in herb. Fac. Sc. et herb. gén. Mus. Grenoble ; Soulié ! ex Coste in *Bull. soc. bot. Fr.* XLVIII, sess. extr. CXXIII, 8-VIII-1901, in herb. Bonaparte ; Briq. ! — près des bergeries de Ceppo, 1600 m., — 26-VI-1908, in herb. Burn. ; Coust. !, VI-1912, in herb. R. Lit., herb. Marseille et exsicc. cit. ; Le Brun !, 19-VII-1930 (herb. R. Lit.), in *Le Monde des pl.* XXXI, n. 73, 5).

Les localités vagues de « montagne du Niolo » et d' « entre Corte et Vico » mentionnées par Godron (l. c.), puis reproduites par divers auteurs (p. ex. Parl. *Fl. it.* IV, 542, Mars. *Cat.* 128) se rapportent au Campotile. L'indication de « montagne du Niolo » a pour origine le libellé des étiquettes de Bernard que nous avons pu voir dans l'herbier du Prodromus et dans l'herbier Requien ; elles portent : « Plaine de Capitel (sic — lire Campotile). Pays de Nolo (sic) ». [Herb. Prodr.] ou encore « Plaine de Capitelli (sic), montagne du Nolo (sic) ». [Herb. Req.].

L'*E. corsica* a été indiqué aussi à St-Florent et à Patrimonio (Salis in *Flora* XVII, Beibl. II, 6), comme synonyme de l'*E. rigida* (Godr. l. c. ; Mars. l. c. ; Rouy l. c.) ; la plante de cette région, comme il sera indiqué plus loin (p. 102), appartient en réalité à l'*E. Pithyusa*.

« Espèce très voisine de l'*E. Myrsinites*, dont elle possède le port plantureux, les feuilles charnues obovées, brièvement mucronées au sommet, et les glandes du cyathium transversalement oblongues faiblement sublunaires, mais ces dernières, au lieu d'être un peu élargies et subbilobées vers l'extrémité, sont courtes et épaissies. En outre, les valves du fruit, au lieu d'être lisses ou presque lisses, sont densément couvertes de poils papilleux obconiques très courts et très nombreux. La différence principale qui exclut toute confusion entre les deux espèces réside dans les graines. Chez l'*E. Myrsinites*, les graines mûres sont blanches, à surface rugueuse-vermiculée, les parties saillantes étant ± sinueuses, dissymétriquement anastomosées à peu près à la façon d'un noyau de pêche, de forme générale d'ailleurs vaguement quadrangulaire. La caroncule est retroussée en forme de coupe substipitée, petite, bien plus étroite que le diamètre de la graine. Chez l'*E. corsica*, les graines mûres sont d'un gris mat, à peine ou faiblement rugueuses-verruqueuses, entièrement dépourvues du réseau superficiel signalé ci-dessus. La caroncule, bien plus grande, est également retroussée en forme de coupe, mais sessile, recouvrant tout le sommet de la graine dont elle égale presque le diamètre. — L'*E. corsica* est strictement endémique en Corse, où elle se comporte en espèce subalpine ; l'aire de l'*E. Myrsinites* s'étend de la Crimée, la Bithynie et Chypre à la péninsule balkanique pour passer à la Sicile et à la péninsule italique, de la Calabre aux Marches et à la Ligurie [1]. » (J. B.).

E. biglandulosa Desf. *Choix pl.* 88, t. 67 (1808) ; Boiss. in DC. *Prodr.* XV, 2, 175 = *E. rigida* Marsch.-Bieb. *Fl. taur.-cauc.* I, 375 (1808) ; Lois. *Nouv. not.* 22 (1827) et *Fl. gall.* ed. 2, 1, 343 = *Tithymalus biglandulosus* Haw. *Syn. pl. succ.* 141 (1812).

« Cette espèce a été indiquée par Loiseleur : « In Corsica, ex D. Soleirol »[2], par Salis (in *Flora* XVII, Beibl. II, 6) à St-Florent et à Patrimonio. Grenier et Godron ont cru pouvoir identifier l'*E. rigida* de Loiseleur et de Salis avec l'*E. Myrsinites* (= *E. corsica* Req.), mais cette identification ne s'accorde exactement ni avec les textes cités par le premier ni avec les localités indiquées par le second de ces botanistes. Loiseleur cite en synonyme de son *E. rigida* l'*E. biglandulosa* Desf. et la phrase de Tournefort correspondant à cette dernière espèce. Il ne men-

---

1. L'*E. Myrsinites* a été indiqué aussi à Majorque par divers auteurs (Barcelo, Marès et Vigineix, Porta). Notre excellent collègue M. le professeur Font Quer a bien voulu nous adresser des exemplaires de cette Euphorbe provenant des rochers calcaires de la Coma de Massanelles (leg. Garcias, 4-VI-1934). Malheureusement ces exemplaires possèdent des capsules immatures et ne permettent pas une identification absolument sûre. La plante en tout cas n'appartient pas à l'*E. Myrsinites* L. ; elle paraît très voisine de l'*E. corsica* Req. [R. LIT.].
2. Nous avons vu dans l'herbier Cosson des échantillons d'une Euphorbe nommée *E. rigida* par Soleirol (n. 3820) et récoltée sur la route d'Ajaccio à Sagone ; il s'agit de l'*E. semiperfoliata* Viv. [R. LIT.].

tionne l'*E. corsica* qu'avec un point de doute. Sa description s'applique
exactement à l'*E. biglandulosa*, et nullement à l'*E. corsica* (« foliis lanceo-
latis », « seminibus laevibus »). Quant à Salis, les deux localités qu'il cite
sont situées dans une région chaude où on chercherait en vain l'*E. corsica*
du haut bassin du Tavignano. Nous avons vu dans l'herbier Burnat un
échantillon récolté à Patrimonio par André (9-IX-1856) sous le nom
d'*E. Myrsinites* L. et qui est l'*E. Pithyusa* var. *genuina* ; cette erreur de
détermination donne une bonne idée de la différence très grande qui
existe au point de vue biologique entre les *E. corsica* et *biglandulosa*.
L'aire de l'*E. biglandulosa* s'étend de la Crimée, de l'Asie Mineure et de la
Syrie à la Crète et à la Grèce et reparaît à Malte, en Sicile et en Calabre,
toujours sur les collines de l'étage inférieur[1]. » (J. B.).

CALLITRICHACEAE

CALLITRICHE L.

╫ 1039. **C. obtusangula** Le Gall [in Billot *Fl. Gall. et Germ.
exsicc.* n. 1191, nomen] ap. Lebel *Callitr. esq. mon.* in *Mém. soc. sc.
Cherbourg* IX, 47 (1863) ; Hegelm. *Mon. Callitr.* 54, t. III, f. 3, et
Zur Syst. Callitr. 21 ; Briq. in Burn. *Fl. Alp. mar.* III, 203 ; Coste
Fl. Fr. II, 89 ; Rouy *Fl. Fr.* XII, 185 = *C. verna* var. *obtusangula*
Crépin *Man. fl. Belg.* éd. 3, 388 (1874) = *C. lenisulca* Clavaud in
Bull. soc. rochel. XII, 45 (1891) = *C. palustris* var. *obtusangula* Fiori
in Fiori et Paol. *Fl. anal. It.* II, 293 (1901) et *Nuov. fl. anal. It.* II,
191 = *C. palustris* subsp. *obtusangula* Jah. et Maire *Cat. pl. Maroc*
II, 470 (1932).

Hab. — Eaux stagnantes ou peu courantes de l'étage inférieur. ♃.
Avril-oct. Rare. Avec certitude dans les localités suivantes : Pont de
l'Arena près Tallone (Briq. !, 1-V-1907, in herb. Burn. et St-Y. !, in
herb. Laus.) ; fossés près de Ghisonaccia (Briq. !, 2-V-1907, in herb.
Burn., et St-Y. !, in herb. Laus.) ; ruisseau de Listinchiccia, près
de l'étang de Palo, au pont de la route (R. Lit. !, 26-VII-1934) ; dans
le Canalli supérieur (Brugère !, 19-IV-1914, in herb. Burn.). — Des
exemplaires récoltés par J. Briquet en Balagne, au pont du Regino

---

1. Cf. Maleev *Über die geographische Verbreitung der Subsektion Myrsiniteae
der Gattung Euphorbia* L., in *Journ. soc. bot. Russie* XV, ann. 1930, 51 (carte de
répartition). — L'*E. biglandulosa* a été signalé comme subspontané aux environs de Menton (cf. Thell. in *Bull. géogr. bot.* XXI, 215). — Une variété spéciale
var. *mauretanica* Maire [in *Bull. soc. hist. nat. Afr. N.* XX, 37 (1929)], existe au
Maroc, dans le Grand Atlas oriental. (R. Lit.).

(20-IV-1907, in herb. Burn.) appartiennent vraisemblablement à cette espèce, mais ne peuvent être identifiés avec certitude (sec. Samuelsson, in sched.).

Espèce atlantico-méditerranéenne, non encore signalée en Corse.

++ 1040. **C. polymorpha** Lönnr. *Observ. crit. pl. suec. ill.* 19 (1854) ; Samuels. *Callitr. Art. Schweiz* in *Veröff. Geobot. Inst. Rübel Zürich*, Heft 3 (Festschr. Schröter), 617, f. 1, d. ; Butcher *Furth. ill. brit. pl.* 173, f. 187 ; Beger in Kirchn., Loew et Schröter *Lebensgesch. Blütenpflanz. Mitteleur.* Lief. 41, 340, f. 18 = *C. cophocarpa* Sendtner *Veget. Südbayerns* 773, f. 19 (1854) = *C. dioica* Schur in *Verh. sieb. Ver.* ann. 1859, 98 = *C. aestivalis* Schur in *Oest. bot. Zeitschr.* ann. 1860, 325 ; non Thuill. = *C. transsilvanica* Schur *Enum. pl. Transsilv.* 216 (1866) = *C. longistyla* Norman in *Christiana Vidensk. Selsk. Forhandl.* n. 16, 28 (1893) = *C. anceps* Fernald in *Rhodora* X, 51 (1908).

Hab. — Eaux stagnantes de l'étage inférieur. ♃. Avril-mai. Audessous de Monaccia, mare à gauche de la route de Sartène (R. Lit. !, 15-V-1932, *Nouv. contrib.* fasc. 5, 159) ; La Trinité, près Bonifacio, mare à droite de la route de Sartène (R. Lit. !, 15-V-1932, l. c.) ; probablement plus répandu.

Le *C. polymorpha*, comme l'a bien mis en relief Lönnroth (l. c.) et surtout le prof. Samuelsson (l. c.), diffère du *C. stagnalis* par les fruits plus petits, 1,25-1,5 mm. de large (et non jusqu'à 2 mm.), non ou à peine ailés ; du *C. verna* par les bractées plus développées, les fruits plus larges, plus arrondis, plus convexes, plus clairs à la maturité, les styles plus longs, 4-6 mm. (et non 1-2 mm.), plus longtemps persistants, les anthères plus grosses.

++ 1041. **C. verna** L. *Fl. suec.* ed. 2, 2 (1755), p. p. ; Kütz. in *Linnaea* VII, 175, p. p. ; emend. Lönnr. *Observ. crit. pl. suec. ill.* 17 (1854) ; Godr. in Gren. et Godr. *Fl. Fr.* I, 591, p. p. ? ; Hegelm. *Mon. Callitr.* 55, t. III, f. 10 et *Zur Syst. Callitr.* 22 ; Rouy *Fl. Fr.* XII, 182 = *C. vernalis* Kütz. in Koch *Syn.* ed. 1, 246 (1837) ; Coste *Fl. Fr.* II, 88 = *C. palustris* L. var. *verna* Fiori in Fiori et Paol. *Fl. anal. It.* II, 293 (1901) = *C. palustris* subsp. *verna* Schinz et Kell. *Fl. Schw.* ed. 2, I, 322 (1905) = *C. palustris* subsp. *androgyna* Schinz et Thell. in *Vierteljahrsschr. naturf. Ges. Zürich* LIII, ann. 1908, 548 (1909) et in Schinz et Kell. *Fl. Schw.* ed. 3, I, 349.

Hab. — Lacs, pozzi, graviers humides de l'étage alpin. ♃. Juill.-août. Jusqu'ici avec certitude dans les localités suivantes : Lac de Nino, 1743 m. (R. Lit. !, 28-VII-1908, in *Bull. acad. géogr. bot.* XVIII, 57 ; Houard !, 16-VIII-1909, in herb. Deless.) ; Pozzi du Renoso, dans certains « pozzi » et dans des parties sablonneuses et humides, 1800 m. (Revel. !, 25-VII-1866, in herb. Burn. ; R. Lit. et Malcuit ! *Massif Renoso* 114); lac de Vitalaca [1],1777 m. (R. Lit. et Malcuit! l. c.).

Les plantes signalées par quelques auteurs dans l'étage inférieur ne se rapportent certainement pas à cette espèce, exclusivement orophile en Corse, comme d'ailleurs presque toujours dans la région méditerranéenne et dans l'Europe centrale. Le *C. verna* a été mentionné par Salis (in *Flora* XVII, Beibl. II, 50) aux environs de Bastia et dans la plaine au S. de la ville, puis à Pietrapola (« var. *caespitosa* ») par Bertoloni (*Fl. it.* I, 27) près du pont du Bevinco — leg. Bubani. Il s'agit sans doute du *C. stagnalis* Scop. — que nous avons observé abondant dans les fossés proches de l'étang de Biguglia — ou encore du *C. polymorpha* Lönnr.

†† 1042. **C. hamulata** Kütz. in Koch *Syn.* ed. 1, 246 (1837); Godr. in Gren. et Godr. *Fl. Fr.* I, 591 ; Hegelm. *Mon. Callitr.* 56, t. III, f. 5-6 et *Zur Syst. Callitr.* 29 ; Briq. in Burn. *Fl. Alp. mar.* III, 203 ; Coste *Fl. Fr.* II, 88 ; Rouy *Fl. Fr.* XII, 184 = *C. aestivalis* Thuill. *Fl. env. Paris* éd. 2, 2 (1799), descr. incompl. = *C. autumnalis* Kütz. in Reichb. *Ic. bot.* Cent. IX, 41, t. 890 (1831) et in *Linnaea* VII, 186 ; non L. = *C. intermedia* Druce *Fl. Berkshire* 223 (1897) ; *List of brit. pl.* 28, an G. F. Hoffm. *Deutschl. Fl.* 2 (1791) ? [2] = *C. palustris* L. var. *hamulata* Fiori in Fiori et Paol. *Fl. anal. It.* II, 293 (1901) et *Nuov. fl. anal. It.* II, 191 = *C. palustris* subsp. *hamulata* et *C. hermaphroditica* subsp. *bifida* Schinz et Kell. *Fl. Schw.* ed. 2, I, 322 (1905) = *C. hamulata* subsp. *typica* Tourlet *Cat. pl. Indre-et-Loire* 211 (1908).

Hab. — Mentionné en Corse — sans précision de localité — par le prof. Fiori (*Nuov. fl. anal. It.* II, 191).

Cette espèce a été indiquée par M. Malcuit (*Littoral occid.* 32) dans le Baracci près de son embouchure; les échantillons que nous avons récoltés dans cette localité, en compagnie de M. Malcuit, sont stériles et ne peu-

---

1. Ou plus correctement Vitellacu (cf. Ambrosi *Géogr. phys. de la Corse* 50).
2. La description très succincte d'Hoffmann et qui ne se rapporte qu'aux feuilles (« Fol. superioribus ovalibus, caulinis linearibus apice bifidis ») ne permet pas l'identification du *C. intermedia* avec l'espèce décrite par Kützing, la forme des feuilles étant extrêmement variable chez les *Callitriche*.

vent être identifiés d'une façon certaine (G. Samuelsson, in litt.). La présence dans l'île du *C. hamulata*, espèce assez répandue dans l'Europe boréale — croissant aussi au Groenland, — occidentale et centrale, est fort vraisemblable ; il existe en effet dans les Alpes maritimes, en Italie et en Sicile.

†† 1043. **C. pedunculata** DC. *Fl. fr.* IV, 415 (1805) ; Hegelm. *Mon. Callitr.* 57 et *Zur Syst. Callitr.* 34 ; Briq. in Burn. *Fl. Alp. mar.* III, 204 ; Coste *Fl. fr.* II, 88 ; Rouy *Fl. Fr.* XII, 183 = *C. intermedia* Druce (an G. F. Hoffm.) ? var. *pedunculata* Druce *Fl. Berkshire* 223 (1897) ; *List of brit. pl.* 28 = *C. palustris* var. *pedunculata* Fiori in Fiori et Paol. *Fl. anal. It.* II, 294 et *Nuov. fl. anal. It.* II, 191 = *C. hamulata* subsp. *pedunculata* Tourlet *Cat. pl. Indre-et-Loire* 212 (1908) = *C. hamulata* var. *pedunculata* Knoche *Fl. balear.* II, 165 (1922).

Hab. — Eaux stagnantes dans l'étage inférieur. Avri-juin. ①-♃. Très rare. Ghisonaccia, fossés desséchés (Briq. !, 8-V-1907, in herb. Burn.).

Espèce atlantico-méditerranéenne, nouvelle pour la flore de la Corse.

1044. **C. stagnalis** Scop. *Fl. carn.* ed. 2, II, 251 (1772), emend. Hegelm. *Mon. Callitr.* 58, t. III, f. 7-8 et *Zur Syst. Callitr.* 26 ; Briq. in Burn. *Fl. Alp. mar.* III, 204 ; Coste *Fl. Fr.* II, 88 ; Rouy *Fl. Fr.* XII, 183 = *C. stagnalis* (p. p.) et *C. platycarpa* Kütz. in *Linnaea* VII, 78 et 181 (1832) ; Godr. in Gren. et Godr. *Fl. Fr.* I, 590, 591 = *C. palustris* L. var. *stagnalis* Fiori in Fiori et Paol. *Fl. anal. It.* II, 293 (1901) et *Nuov. fl. anal. It.* II, 191 = *C. palustris* subsp. *stagnalis* Schinz et Kell. *Fl. Schw.* ed. 2, I, 322 (1905). — Exsicc. Kralik n. 579 ! Ajaccio) [Herb. Coss., Deless.].

Hab. — Eaux stagnantes ou peu courantes dans les étages inférieur et montagnard ; s'élève parfois jusque dans l'étage subalpin, -1500 m. Mars-sept. ①-♃. Répandu. Biguglia (Pœverlein ! 28-IV-1909, in herb.) ; entre la gare de Furiani et l'étang de Biguglia, fossés R. Lit. !, 25-VII-1932) ; entre St-Florent et Pietra Moneta (Fouc. et Sim. *Trois sem. herb. Corse* 54) ; Ostriconi (Briq. !, 20-IV-1907, in herb. Burn.) ; Ile-Rousse, près de la plage (Gysperger in Rouy *Rev. bot. syst.* II, 112) et près de l'ancienne gendarmerie, route de Bastia Sim. !, 17-V-1933) ; dans la Ficarella au pont de Bambino, près

Calvi (R. Lit. ! in *Bull. acad. géogr. bot.* XXIV, 42) ; versant S. du col de Sagropino, au-dessus de Lama, mares, 1300 m. (Briq. !, 1-VII-1908, in herb. Burn., Deless.) ; Evisa (Aellen !, 3-VIII-1932) ; Ghisonaccia, mares (Briq. et Wilzc. !, 6-VII-1913, in herb. Laus.); commun à Ajaccio et environs (Kralik ! exsicc. cit. ; Boullu in *Bull. soc. bot. Fr.* XXIV, sess. extr. XCII — près de la chapelle St-Joseph ; — Wilcz. !, IV-1899, in herb. Laus. — Ajaccio, mare près de la place d'Armes ; — Lutz in *Bull. soc. bot. Fr.* XLVIII, sess. extr. CX, CXIII — montagne de Pozzo di Borgo ; — Pœverlein !, 5-IV-1909, in herb. — Campo di l'Oro ; île Mezzomare, mare (R. Lit. !, 16-V-1932) ; Solenzara, dans la rivière près de son embouchure, le ruisseau et les fossés de la route de Porto-Vecchio entre le village et le cimetière (R. Lit. !, 27-III et 27-VII-1934) ; massif de l'Incudine : pozzine de Croci, canaux stagnants et parties dégradées de la pelouse couvertes d'arènes, 1500 m. (R. Lit. !, 21-VII-1928, *Pozzines Incudine* 12) ; massif de l'Incudine : ruisselets près des bergeries d'Asinao, 1475 m. (R. Lit. !, 27-VII-1929, l. c.) ; Porto-Vecchio, fossé au S. des salines (R. Lit. !, 12-V-1932) ; massif de Cagna, cuvette marécageuse près des bergeries de Bidalsi, 1000 m. (Briq. !, 5-VII-1911, in herb. Burn.) ; près Ventilegne (Brugère !, 10-III-1914, in herb. Burn.).

« Comme nous l'avons indiqué dans la *Flore des Alpes maritimes* (III, 2-4), Hegelmaier a montré très justement que le *C. platycarpa* Kütz. est une création artificielle qui ne correspond pas à une espèce naturelle. Dans le *C. stagnalis* les fruits doivent être brièvement pédicellés, à carènes divergentes ; dans le *C. platycarpa*, les fruits subsessiles et les carènes subdivergentes. Ces caractères sont nuls ou insaisissables. En pratique, les auteurs nomment *platycarpa* la forme aquatique luxuriante, souvent stérile, du *C. stagnalis*, mais c'est là une simple forme stationnelle, non une variété, et encore moins une espèce. » (J. B.).

BUXACEAE

BUXUS L.

1038. **B. sempervirens** L. *Sp.* ed. 1, 983 (1753) ; Godr. in Gren. et Godr. *Fl. Fr.* III, 101 ; Müll. Arg. in DC. *Prodr.* XVI, 1, 19 ; Coste *Fl. Fr.* III, 225 ; Rouy *Fl. Fr.* XII, 187 ; Christ in *Verhandl. nat. Ges. Basel* XXIV, 46-122. — Exsicc. Reverch. ann. 1885, n. 409 !, sub : « *B. sempervirens* var. *virescens* Nobis » (Chidaz zo, « Cedoza ») [Herb

Bonaparte, Deless.] ; Reverch. ann. 1885, n. 410 !, sub : « *B. semper-virens* var. *latifolius* Nobis » (Chidazzo, « Cedoza ») [Herb. Bonaparte, Deless.] ; Burn. ann. 1904, n. 606 ! (entre Evisa et Porto) [Herb. Burn.].

Hab. — Dans les chênaies à *Quercus Ilex*, en plus ou moins grande abondance, constituant parfois l'espèce dominante de la strate arbustive, formant aussi des peuplements purs — fourrés extrême-ment denses — qui peuvent le plus souvent être considérés comme consécutifs à la destruction des chênaies. Nettement thermophile dans les parties boréales de son aire, le Buis l'est déjà beaucoup moins dans le midi de la France [1], par exemple, et en Corse. Dans l'horizon inférieur de sa zone de croissance, il se montre presque exclusivement ripicole et végète dans les ravins frais surtout au bord des rivières (par exemple sur les rives de la Casacconi près de Barchetta, du Golo à Ponte-Leccia, de la Casaluna près du pont de la route de Francardo à San Lorenzo, du Fiume Alto et de ses tributaires dans l'Orezza). Plus haut, dans l'étage montagnard, où il présente son développement optimal, il devient assez souvent indifférent quant à sa localisation, car il trouve dans l'atmosphère une humidité suffisante ; on le ren-contre alors dans des *Quercetum Ilicis* sur sol calcaire sec (cime de la Chapelle de Sant'Angelo, par exemple) et il n'est pas rare de l'obser-ver dans des fissures de rochers (cf. R. Lit. *Mont. Corse orient.* 36 et suiv.). Indifférent quant à la nature du substratum, il se montre aussi bien sur les schistes et sur les roches granitoïdes que sur les calcaires. 150-1300 m. Mars-mai. ♂ et ♄.

Très abondant sur les cimes du Cap surtout entre 700 et 1300 m. (Salis in *Flora* XVII, Beibl. II, 4 ; Chab. in *Bull. soc. bot. Fr.* XXIX, sess. extr. LV ; Briq. ap. Christ l. c. 92 ; R. Lit. !), dans le massif du San Pedrone, en particulier dans la chaîne de l'Olmelli (Briq. !, 1913 ; R. Lit.,1930), dans l'Orezza (R. Lit. ! l. c.) et à la cime de la Chapelle de Sant'Angelo (Briq. !, R. Lit. !), dans la vallée de l'Asco, 200-700 m. (Briq. ap. Christ l. c. ; R. Lit.). Disséminé dans le reste de l'île : entre

---

1. Ainsi dans le massif de l'Aigoual, il se rencontre surtout sur le versant atlantique, plus arrosé, que sur le versant méditerranéen (cf. Braun-Blanquet *Cévennes mérid.* 91) ; dans la garigue languedocienne, il croît au milieu de la broussaille à *Rosmarinus* et *Lithospermum fruticosum* qui occupe les stations les moins xérophiles gorgées d'eau pendant une bonne partie de l'année (cf. Braun Blanquet in *Bull. soc. bot. Fr.* LXXI, 898 et suiv.).

Calvi et la maison forestière de Bonifatto, 500-700 m. (Briard, sec. Maire, Dumée et Lutz in *Bull. soc. bot. Fr.* XLVIII, sess. extr. CCXVII; Briq. !, 11-VII-1906, in herb. Burn.) ; entre Evisa et Porto, surtout dans la Spelunca (Reverch. ! exsicc. cit. — Chidazzo (« Cedoza ») et ex Christ l. c. ; Lutz in *Bull. soc. bot. Fr.* XLVIII, sess. extr. CXXX ; Burn. ! exsicc. cit. et ex Briq. *Spic.* 148 ; R. Lit. in *Bull. acad. géogr. bot.* XVIII, 52 ; Rikli et Rübel in *Verhandl. nat. Ges. Basel* XXXV, 199) ; Vico (F^re Glastien !, 9-VIII-1879, in herb. Burn.) ; vallée du Kruzzini (Req. *Cat.* 2) ; environs de Bocognano (Mars. *Cat.* 130), notamment sur le versant N. du col de la Scalella jusque dans les châtaigneraies au-dessus de Bocognano, 700-1000 m. (R. Lit. et Malcuit *Massif Renoso* 23) ; Bastelica (Revel. ex Bor. *Not.* III, 6) ; forêts du bas Rizzanese et du bas Taravo (Rotgès notes manuscr.).

La majorité des plantes corses appartiennent au var. **arborescens** L. [l. c. ; Müll. Arg. l. c. = *B. arborescens* Mill. *Gard. dict.* ed. 8, n. 1 (1768)], type — le plus répandu en Europe — atteignant jusqu'à 6 m. de haut, à feuilles ovales. Le développement des feuilles est très variable — parfois sur un même rameau, — elles peuvent être très larges (2 × 1,7 cm. de superficie) et rappeler celles du *Buxus balearica* Willd. ; au Monte Canneto (Cap Corse) nous avons observé des exemplaires à feuilles beaucoup plus petites (1 × 0,5-0,6 cm. de superficie). — Les échantillons distribués par Reverchon (Exsicc. cit. n. 409), sous le nom de var. *virescens* Reverch., sont très voisins du var. **angustifolia** Loud. [*Encycl. trees* 703 (1842) ; Mut. *Fl. Dauph.* éd. 2, 549 ; Müll. Arg. l. c. ; Batt. in Batt. et Trab. *Fl. Alg.* (Dicotyl.) 806 = *B. angustifolia* Mill. l. c. n. 2 (1768) = *B. sempervirens* var. *arborescens* forma *angustifolia* Fiori *Nuov. fl. anal. It.* II, 192 (1926)], caractérisé par ses feuilles plus étroites, lancéolées. Nous hésitons à attribuer la valeur de race à cette plante, cependant elle se trouve à l'exclusion de toute autre forme dans l'Afrique du Nord (montagnes de Numidie et Grand Atlas marocain aux environs de Demnat) [1].

ANACARDIACEAE

PISTACIA L.

1045. **P. Lentiscus** L. *Sp.* ed. 1, 1026 (1753) ; Godr. in Gren. et Godr. *Fl. Fr.* I, 339 ; Engl. in DC. *Mon. Phan.* IV, 285 ; Rouy *Fl. Fr.* 176 ; Coste *Fl. Fr.* I, 277. — Exsicc. Soleirol n. 867 ! (Calvi) [Herb

1. Cf. Batt. l. c. et Maire in *Bull. soc. hist. nat. Afr. N.* XXIII, 215, 216.

Coss.] ; Kralik sub : *P. Lentiscus* ! (Bastia) [Herb. Coss.] ; Reverch.
ann. 1880, sub : *P. Lentiscus* ! (Bonifacio) [Herb. Bonaparte].

Hab. — Maquis, garigues de l'étage inférieur et jusque dans l'horizon inférieur de l'étage montagnard, vers 700 m. ♃. Mars-mai. Très
répandu et très abondant du Cap à Bonifacio.

« Les dimensions absolues des individus, ainsi que l'ampleur des folioles
sont très variables. Nous ne pensons pas que l'on puisse donner la valeur
d'une race aux formes élancées à folioles larges que Cosson a décrites
sous le nom de *P. Lentiscus* var. *latifolia* Coss. [*Not. pl. crit.* 1re sér., 54
(1850) ; Rouy *Fl. Fr.* IV, 176 [1]] comme provenant des environs de
Bastia. Les grands individus à larges folioles sont des exemplaires âgés
qui ont pu se développer à l'abri de l'action tonsurante du vent, de l'in-
tervention de l'homme ou du bétail. Engler nous paraît avoir eu raison
en omettant l'énumération de semblables formes individuelles. » (J. B.).

†† 1046. **P. Terebinthus** L. *Sp.* ed. 1, 1025 (1753) ; Godr. in
Gren. et Godr. *Fl. Fr.* I, 339 ; Engl. in DC. *Mon. Phan.* IV, 288 :
Rouy *Fl. Fr.* IV, 176 ; Coste *Fl. Fr.* I, 277 = *Lentiscus vulgaris* Gar-
sault *Fig. pl. et anim.* I, t. 87 (1764) et *Descr.* 63 (1767).

Hab. — Rochers de l'étage montagnard. ♃. Avril-mai. Uniquement dans les rochers du Pigno, près de la glacière de Bastia, où il
est assez rare en compagnie de l'*Acer pseudo-Platanus* L. (Deb. *Not.*
2e sér., 193, ann. 1894) [2].

L'indication de Debeaux est passé inaperçue des auteurs français, ni
Rouy ni Coste ne mentionnent en Corse le Térébinthe ; par contre Paoletti (in Fiori et Paol. *Fl. anal. It.* II, 225) et Fiori (*Nuov. fl. anal. It.* II,
117) signalent la plante au Pigno, d'après Debeaux.

AQUIFOLIACEAE

ILEX L.

1047. **I. Aquifolium** L. *Sp.* ed. 1, 125 (1753) ; Godr. in Gren. et
Godr. *Fl. Fr.* I, 333 ; Rouy *Fl. Fr.* IV, 156 ; Coste *Fl. Fr.* I, 272 ;

1. Et aussi Fiori *Nuov. fl. anal. It.* II, 117.
2. Déjà signalé dans Burmann (*Fl. Cors.* 240), d'après Jaussin (*Mém. hist.*
II, 408, 565), et dans Robiquet (*Rech. hist. et stat. Corse* 50), d'après l'herbier
Clarion, mais ce sont là des indications fantaisistes. Ainsi Jaussin aurait observé
le *Pistacia Terebinthus* (« *Terebinthus vulgaris* T. ») dans une forêt située entre
Vivario et Bocognano — la forêt de Vizzavona ! — où il a noté aussi *Taxus
baccata, Abies alba, Larix decidua, Pinus Pinea, Cupressus sempervirens, Cha-
macrops humilis, Fagus sylvatica, Ziziphus Jujuba...*

Loesener *Mon. Aquif.* I, 248 (in *Nova Acta d. Leop.-Carol. Deutsch. Akad. d. Naturf.* LXXVIII) = *Aquifolium Ilex* Scop. *Fl. carn.* ed. 2, I, 116 (1772). — Exsicc. Reverch. ann. 1878, sub : *I. Aquifolium*! (Bastelica) [Herb. Burn.] ; Burn. ann. 1904, n. 112 ! (forêt d'Aitone) [Herb. Burn.].

Hab. — Bord des cours d'eau, forêts dans les étages inférieur, montagnard et subalpin jusque vers 1300-1400 m. Avril-juin. ♃-♄. Assez fréquent dans toute l'île.

Le Houx de Corse appartient au var. **occidentalis** Loesener [l. c. 257 (1901)], à nervures à peine saillantes à la face supérieure des feuilles, se présentant ordinairement sous les formes **vulgaris** Loesener [l. c. = *I. Aquifolium* var. *vulgaris* Ait. *Hort. kew.* ed. 1, I, 69 (1789) = *I. Aquifolium* var. *genuina* Ducomm. *Taschenb. schweiz. Bot.* 148 (1869)] et **heterophylla** Loesener [l. c. = *I. Aquifolium* var. *heterophylla* Ait. l. c. ; Ducomm. l. c.] reliées par toutes les transitions possibles.

Une forme très remarquable est le forma **platyphylloides** Loesener [*Mon. Aquif.* II, 283 (in *Nova Acta d. Leop.-Carol. Deutsch. Akad. d. Naturf.* LXXXIX, ann. 1908) = *I. Aquifolium* var. *platyphylloides* Christ in *Ber. schweiz. Bot. Ges.* XIII, 155 (1903); Fiori *Nuov. fl. anal. It.* II, 107 = *I. Aquifolium* var. *australis* Lac. in *Nuov. giorn. bot. it.* nuov. ser. XXVIII, 125 (1921)], à limbe foliaire ovale ou ovale-lancéolé, entier ou pourvu de quelques dents spinescentes, très grand, atteignant dans nos échantillons 11 cm. de long sur 6,5-7 cm. de large. Nous en avons observé un seul arbre dans le Cap, au bord du torrent de Miomo, S.-W. de Mandriale, vers 370 m. (cf. R. Lit. *Nouv. contrib.* fasc. 1, 28). Ce Houx n'avait été signalé jusqu'ici que dans la région insubrienne et dans l'Apennin [1].

CELASTRACEAE

EVONYMUS L.

1048. **E. europaeus** L. *Sp.* ed. 1, 197 (1753) [« *E. europaeus* var. *tenuifolius* »] emend. DC. *Fl. fr.* IV, 620 (1805) ; Godr. in Gren. et Godr. *Fl. Fr.* I, 331 ; Schinz et Kell. *Fl. Schw.* ed. 4, I, 443 ; Hegi *Ill. Fl. M.-Eur.* V-1, 251 = *E. vulgaris* Mill. *Gard. dict.* ed. 8, n. 1 (1768) ; Scop. *Fl. carn.* ed. 2, I, 66 ; Rouy *Fl. Fr.* IV, 158 ; Coste *Fl. Fr.* I, 271 ; C. K. Schneid. *Handb. Laubholzk.* II, 182 = *E. angustifolius* Vill. *Hist. pl. Dauph.* II, 540 (1787).

---

1. Le prof. Loesener a bien voulu revoir nos échantillons.

Hab. — Haies et bois des étages inférieur et montagnard, surtout dans les points humides. Fl. avril-juin, fr. août-sept. ♃. Disséminé sous les deux variétés suivantes.

α. Var. **genuinus** Hegi *Ill. Fl. M.-Eur.* V-1, 251 (1924) = *E. vulgaris* var. *genuinus* Rouy *Fl. Fr.* IV, 159 (1897). — Exsicc. Kralik n. 523 ! (près Bonifacio) [Herb. Coss., Deless., Rouy] ; Reverch. ann. 1878 sub : *E. europaeus* ! (Bastelica) [Herb. Burn.].

Hab. — Bastia et la région inférieure des montagnes du Cap (Salis in *Flora* XVII, Beibl. II, 64) ; Corte (Soleirol ex Bertol. *Fl. it.* II, 671 ; Req. *Cat.* 3) ; Ghisoni (Rotgès, VI-1896, notes manuscr.) ; Bastelica (Reverch. ! exsicc. cit.) ; Porto-Vecchio (Revel. in Mars. *Cat.* 40) ; Bonifacio (Kralik ! exsicc. cit.). — Peut-être certaines des localités ci-dessus doivent-elles être attribuées à la variété suivante.

Feuilles à limbe elliptique-lancéolé, aigu, atteignant 6-7 cm. de long. Capsule mesurant 9-11 mm. de diamètre ; graines mesurant 5-7 mm. de long.

†† β. Var. **intermedius** Gaud. *Fl. helv.* II, 226 (1828) = *E. europaeus* var. *macrophyllus* Schleich. *Pl. helv. exsicc.*, nom. nud. ; Reichb. *Ic. fl. germ. et helv.* VI, n. 5134 (1844) ; Burn. *Fl. Alp. mar.* II, 45 ; Hegi l. c. = *E. europaea* var. *ovata* Dipp. *Handb. Laubholzk.* II, 487 (1892) = *E. vulgaris* var. *macrophyllus* Rouy l. c. (1897).

Hab. — Entre la gare de Furiani et l'étang de Biguglia, haie (R. Lit. !, 13-VIII-1930, in *Bull. soc. bot. Fr.* LXXIX, 76) ; Bastelica, haies (Coust. !, VIII-1917, in herb. et herb. R. Lit.). — Un échantillon — stérile — récolté par Soleirol (n. 5638, in herb. Coss.) « dans un marais près de Bastia » appartient peut-être au var. *intermedius*.

Feuilles à limbe largement ovale ou elliptique, atteignant 8-8,5 cm. de long sur 4-4,5 cm. de large ; capsules plus grosses que dans le var. *genuinus*, mesurant environ 15 mm. de diamètre ; graines de 8-10 mm. de long.

ACERACEAE

ACER L.

1049. **A. pseudo-Platanus** L. *Sp.* ed. 1, 1054 (1753) ; Godr. in Gren. et Godr. *Fl. Fr.* I, 321 ; Rouy *Fl. Fr.* IV, 149 ; Pax in Engler's

Bot. Jahrb. VII, 191 et *Acer.* 17 (Engler *Pflanzenreich* IV, 163) ;
Coste *Fl. Fr.* I, 263. — Exsicc. Reverch. ann. 1879, sub : *A. pseudo-*
platanus ! (M^te Incudine) [Herb. Bonaparte] ; Burn. ann. 1900,
n. 446 ! (M^te Renoso) [Herb. Burn.].

Hab. — Rochers, rocailles, bord des torrents, forêts dans l'étage
montagnard et surtout subalpin où il constitue une espèce différen-
tielle de l'*Alnetum suaveolentis*, s'élevant jusque dans l'horizon inférieur de l'étage alpin ; exceptionnel dans l'étage inférieur [1]. 350-
2000 m. Fl. mai, fr. juin-août. ♂-♀. — *Cap Corse* : sommet de la
Serra di Pigno au-dessus de la glacière de Bastia (Deb. *Not.* 2e sér.,
192). — *Massif du San Pedrone* : ravin du ruisseau de Novale, route
de Venzolasca à Loreto-di-Casinca, 365 m. (R. Lit. !, 26-VIII-1930).
— Assez répandu dans les massifs centraux jusqu'au massif de Cagna,
où il croît le plus souvent par pieds isolés. — *Massif du Cinto* : col de
Tula, vernaies du versant de Tartagine, 1800 m. (Briq. !, 4-VII-1908,
in herb. Burn.) ; descente du Monte Traunato sur Castiglione, couloir
rocheux, 2000 m. (Briq. !, 31-VII-1906, in herb. Burn.) ; Casamaccioli, au-dessus des bergeries de Cerasole, vernaies vers 1500 m. (R.
Lit. in *Bull. acad. géogr. bot.* XVIII, 69) ; forêt de Valdoniello, sentier
du col de San Pietro (R. Lit., 7-VIII-1930) ; au-dessus du col de Verghio, rochers (R. Lit., 5-VIII-1930); près du col de Cocavera, vernaies
vers 1420 m. (R. Lit. ! l. c. 53). — *Massif du Rotondo* : vallée du Tavignano en amont de Corte, 1400-1500 m., descendant jusqu'à 1100 m.
(Briq. !, 26-VII-1906 et 26-VI-1908, in herb. Burn.) ; vallée de la Restonica (Mab. in Mars. *Cat.* 37), notamment dans les rochers en face
des bergeries de Grotello, 1400-1600 m. (Briq. !, 5-VIII-1906, in herb.
Burn. ; R. Lit.) ; versant S. du col de Ciarnente, hêtraies, 1400 m.
(Briq. !, 17-VI-1908, in herb. Burn.) ; bains de Guagno (Req. !, VIII-
1847, in herb.) ; Monte Tritore (Thevenon !, in herb. Req.) ; Monte
d'Oro (Salis in *Flora* XVII, Beibl. II, 65 ; Req. *Cat.* 2 ; Mars. l. c. ;
Andreánsky in *Mag. Tud. Akad.* XLVI, 4). — *Massif du Renoso* : forêt
de Marmano, abondant notamment dans le quartier de Latugo [2]
(Rotgès, notes manuscr. ; R. Lit. et Malcuit *Massif Renoso* 54 —
rochers frais et ombragés à la cascade du Marmano, 1610 m.); Monte
Renoso (Revel. in Mars. l. c. ; Burn. ! exsicc. cit.) ; rive droite du lac

1. Est cultivé aussi le long des avenues.
2. De « Latugone », grand Érable.

de Vitellacu — « Vitalaca », — rochers, 1780-1850 m. (R. Lit. et Malcuit l. c. 44) ; bords du Prunelli près de la cascade de Bastelica, 720 m.
(R. Lit. et Malcuit l. c. 84). — *Massif de l'Incudine,* relativement fréquent : vernaies des Pointes de Monte et de Bocca d'Oro, 1500-1900 m.
(Briq. !, 20-VII-1906, in herb. Burn.) ; plateau de Fosse de Prato,
versant W., le long des torrents dans la hêtraie, 1600 m. (Briq. !, 30-
VII-1910, in herb. Burn., St-Y. !, in herb. Laus.) ; versant N.-E. du
col d'Asinao au-dessus de la forêt de Tova et versant N.-W., dans la
vernaie, 1550-1650 m. (Briq. !, 25-VII-1910, Briq. et Wilcz. !, 10-VII-
1913, in herb. Burn. et herb. Laus. ; R. Lit., 28-VII-1929); rochers en
aval des bergeries d'Asinao, 1450 m. (R. Lit., 27-VII-1929) ; versant
W. de l'Incudine (Maire in *Bull. soc. bot. Fr.* XLVIII, sess. extr.
CXLVI) ; versant S. du Coscione, notamment dans la vallée de Che-
ralba [1] (Maire in Rouy *Rev. bot. syst.* II, 25; Rotgès, notes manuscr. ;
R. Lit., 22-VII-1928 — près du Piano di Renuccio). — *Massif de Bavella* : Calancha Murata, versant E., rochers, 1300-1460 m. (Briq. !,
11-VII-1911, in herb. Burn.); Punta Quercitella, versant E., rochers,
1200-1400 m. (Briq. !, 10-VII-1911, in herb. Burn.). — *Massif de l'Ospedale* : Punta della Vacca Morta, rochers, 1200 m. (Briq. !, 9-VII-1911,
in herb. Burn.). — *Massif de Cagna* : Betalza (Stefani !, 22-VII-1918,
in herb. Coust.).

Le plante corse appartient au var. **typicum** Pax [in Engler's *Bot. Jahrb.*
VII, 192 (1886) et *Acer.* 17 (Engler *Pflanzenreich* IV, 163) ; Paol. in Fiori
et Paol. *Fl. anal. It.* II, 222, 223, excl. forma b *nebrodense* (Tin.) ; Fiori
Nuov. fl. anal. It. II, 114], caractérisé par ses feuilles adultes pubescentes
seulement sur les nervures à la face inférieure du limbe, ses fruits mûrs
à loges glabres ou glabrescentes, à ailes oblongues. — « Quelques échantillons (par exemple du versant W. du plateau de Fosse de Prato) possèdent un indument plus développé sur les loges du jeune fruit et sur la
face inférieure des feuilles, se rapprochant ainsi un peu du var. **villosum**
Parl. [*Fl. it.* V, 405 (1875) ; Pax l. c. = *A. villosum* J. et C. Presl *Del.
prag.* 31 (1822)]. Cette dernière race (Italie méridionale, Sicile) [2] est
d'ailleurs peu distincte du var. *typicum.* » (J. B.).

+ 1050. **A. campestre** L. *Sp.* ed. 1, 1055 (1753); Godr. in Gren.
et Godr. *Fl. Fr.* I, 322 ; Rouy *Fl. Fr.* IV, 151 ; Pax in Engler's *Bot.*

1. Nom local de l'espèce.
2. A été signalé aussi en Savoie (Chabert in *Bull. soc. bot. Fr.* LVII, 13, 14)
et dans la péninsule balkanique (Croatie, Bosnie-Herzégovine) [cf. Hayek
Prodr. fl. penins. balc. 1, 602]. (R. Lit.).

Jahrb. VII, 221 et *Acer.* 55 (Engler *Pflanzenreich* IV, 163); Coste *Fl. Fr.* I, 264. — Exsicc. Soleirol n. 634 ! (près Calvi) [Herb. Coss., Req.] ; Soleirol n. 634 ! (Orezza) [Herb. Req.].

Hab. — Bois, haies dans l'étage inférieur. Fl. mai, fr. juill.-août. ♄. Très rare. « Pied des montagnes près Calvi » (Soleirol ! exsicc. cit. ; Webb ex Parl. *Fl. it.* V, 412, « monti di Calci », sic !) ; Orezza (Soleirol ! exsicc. cit. et ex Bertol. *Fl. it.* IV, 355) ; Francardo, en bordure de la route de Corte, entre le pont et l'embranchement du Niolo — peut-être planté ? — (R. Lit. !, 28-VII-1932).

La plante corse se rattache au subsp. **hebecarpum** Pax [in Engler's *Bot. Jahrb.* VII, 222 (1886) et *Acer.* 55 = *A. campestre* var. *hebecarpum* DC. *Prodr.* I, 594 (1824) = *A. campestre* var. *villicarpum* Lang *Syll. soc. Ratisb.* I, 187 (1824) = *A. campestre* var. *lasiocarpum* Wimm. et Grab. *Fl. Siles.* I, 364 (1827) = *A. campestre* var. *vulgare* Tourlet *Cat. pl. Indre-et-Loire* 99 (1908) = *A. campestre* subsp. *eu-campestre* Hayek var. *eriocarpum* Wallr. *Sched.* 188, Hayek *Prodr. fl. penins. balc.* I, 606 (1925)], à loges du fruit velues, et au var. **lobatum** Pax [in Engler's *Bot. Jahrb.* XI, 77 (1889) et *Acer.* 55], à feuilles quinquélobées, à lobes obtus, lobulés.

† 1051. **A. Opalus** Mill. *Gard. dict.* ed. 8, n. 8 (1768) ; Rouy *Fl. Fr.* IV, 150 — ampl. Paol. in Fiori et Paol. *Fl. anal. It.* II, 222; Fiori *Nuov. fl. anal. It.* II, 113; Gams in Hegi *Ill. Fl. M.-Eur.* V-1, 290 = *A. italum* Lauth *De Acere* 32 (1781); Pax in Engler's *Bot. Jahrb.* VII, 225, XI, 80, XVI, 400 et *Acer.* 58 (Engler *Pflanzenreich* IV, 163) = *A. opulifolium* Godr. in Gren. et Godr. *Fl. Fr.* I, 321 (1847).

Hab. — Forêts, rochers des étages montagnard et subalpin. Fl. avril-mai, fr. juill.-août. ♄. Très rare. — En Corse, les sous-espèces et variétés suivantes.

†† I. Subsp. **obtusatum** Gams in Hegi *Ill. Fl. M.-Eur.* V-1, 293 (1924) = *A. obtusatum* Kit. in Willd. *Sp. pl.* IV, 984 (1806); Pax in Engler's *Bot. Jahrb.* VII, 223 et *Acer.* 57 (Engler *Pflanzenreich* IV, 163), cum subsp. *euobtusato, neapolitano* et *malvaceo* Pax ; Hayek *Prodr. fl. penins. balc.* I, 603 = *A. opulifolium* var. *tomentosum* Koch *Syn.* ed. 1, I, 136 (1837), ed. 2, I, 149 = *A. opulifolium* var. *obtusatum* Vis. *Fl. dalm.* III, 221 (1852) = *A. opulifolium* var. *velutinum* Boiss. *Fl. Or.* I, 950 (1867) = *A. Opalus* β Parl. *Fl. it.* V, 408 (1875).

Feuilles en général assez grandes, velues à la face inférieure. Sépales nettement plus courts que les pétales.

†† α Var. **genuinum** Pax in Engler's *Bot. Jahrb.* VII, 224 (1886)
et *Acer.* 58, pro var. subsp. *euobtusati* = *A. obtusatum* subsp. *eu-obtu-
satum* var. *anomalum* Pax in Engler's *Bot. Jahrb.* VII, 229 (1886) ;
Hayek l. c.

Hab. — Col de Verde, versant S., hêtraies, 1200 m. (Briq. !, 29-VII-
1910, in herb. Burn., Laus., R. Lit. — sine nom.).

Jeunes rameaux et pétioles glabres. Feuilles velues à la face inférieure.
Fruits à loges ovales, à ailes oblongues, élargies dans la partie médiane,
divergentes suivant un angle droit ou aigu, ne se touchant jamais.
L'Erable du col de Verde se présente sous une forme tendant un peu
au var. **neapolitanum** Fiori [in Fiori et Paol. *Fl. anal. It.* IV, 156 (1907)
et *Nuov. fl. anal. It.* II, 114 = *A. neapolitanum* Ten. *Prodr. fl. nap.*
p. LXXII (1811) ; *Fl. nap.* II, 372, t. 100 = *A. obtusatum* subsp. *neapolitanum* Pax in Engler's *Bot. Jahrb.* VII, 224 (1886) et *Acer.* 58] par ses
pédicelles fructifères pourvus généralement de poils ± épars et par les
ailes du fruit plus larges, mesurant 10-12 mm. de large dans la région
médiane — et non 6-10 mm. ; — mais il diffère de la race napolitaine par
ses feuilles beaucoup moins densément tomenteuses à la face inférieure,
les loges du fruit ovales (et non arrondies), les ailes plus allongées —
mesurant env. 3,5 cm. de long, — moins larges (atteignant jusqu'à 17 mm.
dans le var. *neapolitanum*), élargies au milieu et non vers le sommet.

†† II. Subsp. **variabile** Schinz et Kell. *Fl. Schw.* ed. 2, II, 151
(1905) = *A. italum* subsp. *variabile* Pax in Engler's *Bot. Jahrb.*
VII, 225 (1886) et *Acer.* 58 = *A. italum* subsp. *occidentale* Graf v.
Schwerin in *Gartenfl.* XLII, 360 (1893), p. p. = *A. Opalus* subsp. *italum*
Gams in Hegi *Ill. Fl. M.-Eur.* V-1, 291 (1924), p. p. excl. syn. subsp.
hispanici (Pourr.) Pax.

Feuilles en général assez grandes, les adultes glabres à la face inférieure. Sépales presque aussi longs que les pétales.

En Corse jusqu'ici seulement avec certitude la race suivante.

†† β. Var. **nemorale** Chab. in *Bull. soc. bot. Fr.* LVII, 41, pl. III,
f. 7, 8 (1910) = *A. italum* Lauth subsp. *variabile* var. *opulifolium*
Pax in Engler's *Bot. Jahrb.* VII, 225 (1886) et *Acer.* 58 = *A. Opalus*
var. *opulifolium* Fiori in Fiori et Paol. *Fl. anal. It.* IV, 156 (1907) ;
non *A. opulifolium* Vill. = *A. Opalus* forma *nemorale* Schinz et Thell.
in *Ber. schw. bot. Ges.* XXIV-XXV, 217 (1916) ; Gams l. c. 293.

Hab. — Monte Tre Pieve, rochers de schistes lustrés sur le versant
de l'Orezza, 1100-1200 m. (Marchioni !, VIII-1929, ex R. Lit. et Mar-

chioni in *Bull. soc. bot. Fr.* LXXVII, 457 ; R. Lit. et Marchioni !,
20-VIII-1930).

Feuilles cordées-tronquées à la base ou légèrement cunéiformes, à
lobes aigus, dentés, à dents aiguës ou subaiguës.

Il y aurait lieu de rechercher dans l'île le var. **Opalus** Becherer [in *Ber.
schw. bot. Ges.* XXXVII, 161 (1928)[1] = *A. Opalus* Mill. l. c. (1768) ;
Ait. *Hort. kew.* ed. 1, III, 436 ; sensu stricto = *A. opulifolium* Chaix in
Vill. *Hist. pl. Dauph.* I, 333 (1786) et III, 802 (1789) = *A. rotundifolium*
Lamk *Encycl. méth.* II, 382 (1786-88) = *A. italum* subsp. *variabile* var.
Opalus Pax in Engler's *Bot. Jahrb.* VII, 226 (1886) et *Acer.* 59 = *A. Opa-
lus* var. *rotundifolium* Fiori in Fiori et Paol. *Fl. anal. It.* IV, 156 (1907)
= *A. Opalus* var. *rotundifolium* et var. *personatum* Chab. in *Bull. soc. bot.
Fr.* LVII, 40 (1910) = *A. Opalus* forma *rotundifolium* Schinz et Thell. in
Ber. schw. bot. Ges. XXXV-XXV, 216 (1916) ; Gams l. c.], à feuilles cor-
dées à la base, à contour ± arrondi, à lobes obtus ou subaigus sinués ou
sinués-dentés à dents obtuses. Nous rapportons avec doute à cette variété
des échantillons (rameaux stériles existant dans l'herbier Burnat et
récoltés par J. Briquet (5-VII-1911) dans le massif de Cagna, col de
Fontanella, rochers, 1200 m.

L'*A. Opalus* a été signalé pour la première fois dans l'île à Bastelica
par Requien (*Cat.* 2 et in *Giorn. bot. it.* II, 110). Rouy (*Fl. Fr.* IV, 150) le
mentionne aussi à Bastelica, d'après une récolte de Kralik (in herb.
Rouy). L'échantillon unique — rameau jeune — que nous avons pu étudier à Lyon n'appartient certainement pas à l'*A. Opalus*, mais bien à
l'*A. pseudo-Platanus* L.

1052. **A. monspessulanum** L. *Sp.* ed. 1, 1056 (1753); Godr. in
Gren. et Godr. *Fl. Fr.* I, 322 ; Rouy *Fl. Fr.* IV, 152 ; Pax in Engler's
Bot. Jahrb. VII, 229 et *Acer.* 61 (Engler *Pflanzenreich* IV, 163) ; Coste
Fl. Fr. I, 263 = *A. trifolia* Duham. *Traité arbr.* I, t. 10, f. 8 (1755) =
A. trilobatum Lamk *Encycl. méth.* II, 382 (1786-88) = *A. trilobum*
Moench *Meth.* 56 (1794). — Exsicc. Soleirol n. 645 ! (Sant'Antonio)
[Herb. Coss., Req.] ; Soleirol n. 645 ! (Monte-Estremo) [Herb. Coss.] ;
Kralik sub : *A. monspessulanum* ! (Bonifacio) [Herb. Coss.] ; Reverch.
ann. 1878 sub : *A. monspessulanum* ! (Bastelica) [Herb. Burn.] ; Soc.
roch. n. 4390 ! (Caporalino, leg. Mandon) [Herb. Burn.]; Kük. It.
cors. n. 1537 ! (Aregno) [Herb. Deless.].

Hab. — Rochers, rocailles, surtout dans le *Quercetum Ilicis* en
terrains secs, dans les étages inférieur et montagnard, jusque vers
1300 m. Fl. mars-mai, fr. juin-sept. 5-5. Assez répandu ; semble plus

---

1. M. Becherer (l. c.) est le premier à avoir établi cette combinaison qu'il
attribue à tort à Pax (1886), ce dernier auteur ayant publié un var. *Opalus* de
l'*A. italum* et non de l'*A. Opalus*.

fréquent sur les calcaires et les schistes que sur les roches cristallines.. Cap Corse : Monte Pruno, rochers (Chab. in *Bull. soc. bot. Fr.* XXIX,. sess. extr. LIV) ; Sant'Antonio (Soleirol ! exsicc. cit. et ex Bertol. *Fl. it.* IV, 360) ; Aregno, 300 m. (Kük. ! exsicc. cit.) ; pentes du « pic de Tende » (Mab. in Mars. *Cat.* 37) ; montagne de Pedana, près Pietralba, *Quercetum pubescentis,* sur calcaire, 500 m. (Briq. !, 14-V-1907, in herb. Burn.) ; vallée inférieure du Golo (Mars. l. c.) ; Monte Sant'Angelo de la Casinca, plate-forme culminale, 1216 m. (Marchioni !, 17-VI-1928, ex R. Lit. et Marchioni in *Bull. soc. bot. Fr.* LXXVII, 457) ;: entre Barchetta et Canaja, dans le *Quercetum Suberis,* 150-250 m.. (R. Lit. *Mont. Corse orient.* 84) ; Monte Pruno, N. de Morosaglia, *Quercetum pubescentis* très dégradé, 1110 m. (R. Lit. l. c. 94) ; Ponte-Leccia (Req. !, IX-1847, in herb.) ; au-dessus de Cervione (Salis in *Flora* XVII, Beibl. II, 65), au Monte Castello, rochers du sommet, 1107 m. (Marchioni !, 16-VIII-1929, ex R. Lit. et Marchioni l. c.) ;: près San Lorenzo (R. Lit. *Mont. Corse orient.* 30) ; cime de la Chapelle de Sant'Angelo, dans la buxaie et les rochers calcaires, 1100-1184 m. (Briq. !, 15-VII-1906, in herb. Burn. ; R. Lit. ! l. c. 39 et 131) ; rochers entre Omessa et la Bocca a u Pruno, 300-600 m. (Briq. !, 15-VII-1906, in herb. Burn., St-Y. !, in herb. Laus.) ; rochers calcaires de Sambugello à l'E. de Francardo, rive droite du Golo, 290-300 m.. (R. Lit. l. c. 125) ; Monte Pollino, *Quercetum Ilicis* (Fouc. et Sim. *Trois sem. herb. Corse* 81 ; Mand. ! in Soc. roch. exsicc. cit. ; Fouc. !, in herb. Bonaparte ; R. Lit. ! in *Bull. acad. géogr. bot.* XVIII, 90 et *Mont. Corse orient.* 34 ; Briq. !, 15-V-1907, in herb. Burn. ; Houard !, 29-VII-1909, in herb. Deless.) ; vallon de Pinnera, S. d'Asco, rochers jusqu'au-dessus de la bergerie, 700-1000 m. (Briq. !, 30 et 31-VII-1906, in herb. Burn.) ; vallée du Golo dans les Scale di Santa Regina (Kük. in *Allg. bot. Zeitschr. Syst.* XXVIII-XXIX, 22) et jusqu'à Pietrosa (Fliche in *Bull. soc. bot. Fr.* XXXVI, 359) ; Casamaccioli (Req. !, VIII-1847, in herb.) ; Monte-Estremo (Soleirol ! exsicc. cit.) ; Corte (Req. ! *Cat.* 2 et in herb., 20-V-1848) ; vallée du Tavignano en amont de Corte, 500-800 m. (Briq. !, 28-VI-1908, in herb. Burn.) ; ravin du torrent de Bravino, rive droite de la Restonica, rocailles granitiques, 960 m. (R. Lit., 2-VIII-1934) ; entre Erbajolo et San Cervone, maquis sur schistes, 850-860 m. (R. Lit. *Mont. Corse orient.* 55) ; au-dessus de Venaco (Fouc. et Sim. l. c. 88) ; gorge de l'Inzecca, 200-300 m.

(Briq., notes manuscr.) ; Bastelica (Req. *Cat.* 2 et in *Giorn. bot. it.* II, 110 ; Revel. in Mars. — bords du Prunelli, 27-VII-1858 !, in herb. Bor. ! ; — Reverch. ! exsicc. cit.) ; versant N. du col de Bavella près de la maison forestière, maquis, 800-900 m. (Briq. !, 14-VII-1911, in herb. Burn.) ; Quenza (Revel. in Mars. l. c.) ; Pointe de l'Aquella, rochers calcaires, 370 m. (Briq. !, 4-V-1907, in herb. Burn.) ; l'Ospedale versant S., rochers, 950 m. (Briq. !, 9-VII-1911, in herb. Burn.) ; Punta della Vacca Morta, rochers, 1300 m. (Briq. !, 9-VII-1911, in herb. Burn.) ; Porto-Vecchio (Req. !, V et VI-1849, in herb.) ; Bonifacio (Kralik ! exsicc. cit. et ex Rouy *Fl. Fr.* IV, 153).

« Les échantillons corses appartiennent au forma **genuinum** Pax [in Engler's *Bot. Jahrb.* VII, 229 (1886) et *Acer.* 62 (in *Pflanzenreich* IV, 163) = *A. monspessulanum* forma *gallicum* Graf v. Schwerin in *Gartenfl.* XLII, 362 (1893)], à feuilles glabres en dessous à l'état adulte, tout au plus un peu barbues à la naissance des nervures, à lobes ogivaux et entiers ou denticulés. Boissier a distingué les exemplaires microphylles sous le nom de var. *microphyllum* Boiss. [*Fl. Or.* I, 951 (1867) ; Rouy *Fl. Fr.* IV, 153]; toutefois cette variation ne nous paraît guère représenter qu'une variation individuelle, malgré ce qu'en dit de Halacsy (*Consp. fl. graec.* I, 288). Les spécimens que nous avons récoltés dans le vallon supérieur de Pinnera cadrent avec ceux de Grèce. » (J. B.).

HIPPOCASTANACEAE

AESCULUS L.

Ae. Hippocastanum L. *Sp.* ed. 1, 344 (1753).
Cultivé — mais assez rarement — dans les parcs et le long des rues (par exemple à Corte, Boulevard Paoli).
Espèce originaire de la péninsule balkanique (Albanie, Thessalie, Epire, Grèce) et du Caucase.

RHAMNACEAE

PALIURUS L.

P. Spina-Christi Mill. *Gard. dict.* ed. 8, n. 1 (1768) = *Rhamnus Paliurus* L. *Sp.* ed. 1, 281 (1753) = *P. australis* Gaertn. *De fruct. et sem.* I, 203, t. 43 (1788) ; Godr. in Gren. et Godr. *Fl. Fr.* I, 335 ; Coste *Fl. Fr.* I, 273 = *P. aculeatus* Lamk *Ill.* III, t. 210 (1793) = *Zizyphus Paliurus*

Willd. *Sp. pl.* I, 1103 (1799) = *P. Poliurus* Karst. *Deutsche Fl.* Lief. 9, 870 (1882).

Espèce signalée par Burmann (*Fl. Cors.* 242) que M. Aylies — cf. R. Lit. et Sim. in *Bull. soc. bot. Fr.* LXVIII, 101 — et nous-même avons observée formant des haies à Corte où elle paraît avoir été plantée (quartier des Lubbiacce, entre la route nationale 193 et l'usine électrique ; propriété Denobili entre le chemin du cimetière et le ruisseau de Belgodère ; route nationale 172, après le col de Pentone, vers la propriété Bertanera).

ZIZIPHUS Mill.

Z. Jujuba Mill. *Gard. dict.* ed. 8, n. 1 (1768) ; Thell. *Fl. adv. Montp.* 370 ; Furrer et Reger in Hegi *Ill. Fl. M.-Eur.* V-1, 322 ; Hayek *Prodr. fl. penins. balc.* I, 615 ; non Lamk (1789-?) = *Rhamnus Zizyphus* L. *Sp.* ed. 1, 194 (1753) = *Z. officinarum* Medik. *Bot. Beob.* 333 (1782) = *Z. sativa* Gaertn. *De fruct. et sem.* I, 202 (1788) = *Z. sinensis* Lamk *Encycl. méth.* III, 316 (1789-?) et *Z. vulgaris* Lamk l. c. ; Godr. in Gren. et Godr. *Fl. Fr.* I, 334 = *Z. Zizyphus* Karst. *Deutsche Fl.* Lief. 9, 870 (1882).

Espèce probablement originaire du N. de la Chine, cultivée çà et là dans l'étage inférieur, par exemple à Bastia (Salis in *Flora* XVII, Beibl. II, 63), Algajola (Mars. *Cat.* 40), Ile-Rousse (R. Lit., VII-1932), Bonifacio (Boy. *Fl. Sud Corse* 58).

RHAMNUS L. emend.

1053. **R. Alaternus** L. *Sp.* ed. 1, 281 (1753) ; Godr. in Gren. et Godr. *Fl. Fr.* I, 337 ; Rouy *Fl. Fr.* IV, 163 ; Coste *Fl. Fr.* I, 276 = *Alaternus Philica* Mill. *Gard. dict.* ed. 8, n. 1 (1768) ; Moench *Meth.* 344. — Exsicc. Soleirol n. 844 ! (St-Florent) [Herb. Mut.] ; Soleirol n. 844 !, sub : *R. Alaternus* β *hispanicus* DC. (Patrimonio) [Herb. Coss.] ; Kralik n. 524 ! (Bonifacio) [Herb. Coss., Deless., Rouy] ; Kralik n. 524ᵃ ! (Porto-Vecchio) [Herb. Coss., Deless., Rouy] ; Kük. It. cors. n. 1168 ! (Pigno) [Herb. Deless.].

Hab. — Maquis, rochers de l'étage inférieur. Févr.-avril. ♃. Disséminé. Environs de Macinaggio (R. Lit. !, 24-VII-1934) ; environs de Bastia (Salis in *Flora* XVII, Beibl. II, 63 ; Soleirol !, in herb. Mut. ; Req. !, 20-IV-1851 et 13-V-1851, in herb. ; Mab. in Mars. *Cat.* 170 ; Rotgès, III-1907, notes manuscr.), notamment sur les pentes du Pigno, 300 m. (Kük. ! exsicc. cit.) ; St-Florent et Patrimonio (Soleirol ! exsicc. cit.) ; Monte Sant'Angelo, près St-Florent, rochers calcaires, 250 m. (Briq. !, 24-IV-1907, in herb. Burn. et St-Y. !, in herb. Laus.) ; entre Ile-Rousse et Corbara (Fliche in *Bull. soc. bot. Fr.* XXXVI,

359) ; Porto-Vecchio (Kralik ! exsicc. cit. ; Req. !, VI-1849, in herb. ;
Mars. l. c. ; R. Lit. !, 14-V-1932 — rochers route de Bastia, entre la
ville et la marine) ; commun aux environs de Bonifacio (Seraf. ! in
herb. Req. et ex Bertol. *Fl. it.* II, 662 ; Req. !, VI-1847, in herb.,
Cat. 3 ; Kralik ! exsicc. cit. ; Revel. !, 4-IV et 15-VI-1856, in herb.
Bor. ; Wilcz. !, IV-1899, in herb. Laus. ; Stefani !, 4-II-1907, in herb.
R. Lit. ; Thell., 1909, notes manuscr. ; N. Roux !, 7-III-1911, in herb.
Coust. ; Brugère !, III-1914, in herb. Burn. ; R. Lit. !).

« Varie beaucoup selon la taille et l'âge des sujets dans la grandeur des
feuilles qui sont obovées ou elliptiques-lancéolées, plus ou moins denti-
culées. Ces variations (var. *genuina* Magnier, *integrifolia* Orph., *longi-
folia* Rouy, *obovata* Rouy et *Tournefortii* Rouy ; cf. Rouy *Fl. Fr.* IV, 164,
var. α-ε) se rapportent à des formes individuelles et non à de véritables
variétés. On peut même parfois en relever plusieurs sur les divers rameaux d'un même individu (p. ex. α, γ et δ). » (J. B.). Ajoutons que
M. Faure (in *Bull. soc. hist. nat. Afr. N.* XIV, 240) arrive à des conclu-
sions identiques dans l'étude qu'il a faite des *R. Alaternus* croissant au
Santa-Cruz d'Oran, ainsi d'ailleurs que le Dr Chassagne (in *Bull. soc.
hist nat. Auvergne*, ann. 1929, 36) pour les plantes du Massif Central.
Le *R. Alaternus* corse appartient au subsp. **eu-Alaternus** Maire [in
Jah. et Maire *Cat. pl. Maroc* II, 475 (1932), nomen = *R. Alaternus* L.
l. c., sensu stricto].

1054. **R. alpinus** L. *Sp.* ed. 1, 280 (1753) ; Beger in Hegi *Ill.
Fl. M.-Eur.* V-1, 340. — En Corse la sous-espèce suivante.

Subsp. **eu-alpinus** Beger l. c. (1925) = *R. alpinus* L. l. c., sensu
stricto ; Gódr. in Gren. et Godr. *Fl. Fr.* I, 336 ; Rouy *Fl. Fr.* I, 169 ;
Coste *Fl. Fr.* I, 275 = *Frangula latifolia* Mill. *Gard. dict.* ed. 8, n. 2
(1768) ; non L'Hérit. = *Alaternus alpinus* Moench *Meth.* 344 (1794)
= *R. alpina* var. *typica* Paol. in Fiori et Paol. *Fl. anal. It.* II, 215
(1900). — Exsicc. Soleirol n. 836 ! (Mte Grosso) [Herb. Coss.] ; Soleirol n. 836 ! (Mte San Pedrone) [Herb. Coss.] ; Reverch. ann. 1878
sub : *R. alpina* ! (Mte Renoso) [Herb. Burn.].

Hab. — Rochers, rocailles dans les étages montagnard (horizon
supérieur), subalpin et alpin, 950-2200 m. Mai-juill. ♃. Localisé dans
le massif du San Pedrone et dans les massifs centraux où il est répandu — non observé cependant jusqu'ici dans celui du Rotondo.
En certains points, p. ex. dans la vallée de Tartagine, forme des peuplements denses remplaçant la vernaie (Briq. notes manuscr.). *Massif*

du San Pedrone : Monte Pruno, N. de Morosaglia, rochers à 1110 m. (R. Lit. ! *Mont. Corse orient.* 110) ; Monte San Pedrone, rochers et rocailles, 1680-1766 m. (Soleirol ! exsicc. cit. ; Salis in *Flora* XVII, Beibl. II, 63 ; Req. *Cat.* 3 ; Kralik ! 4-VIII-1849, sub : *R. corsica*, in herb. Rouy[1] ; Gysperger !, 3-VII-1903, in herb. Deless. ; R. Lit. !, 6-VII-1906, *Voy.* 1, 8 ; Briq. !, 4-VII-1913, in herb. Burn. ; R. Lit. *Mont. Corse orient.* 119) ; entre le col du San Pedrone et le col d'Orezza, 1200 m. (Briq. !, 5-VII-1913, in herb. Burn.) ; Monte Muffraje, rochers, 1690-1710 m. (Briq. !, 5-VII-1913, in herb. Burn. ; R. Lit. *Mont. Corse orient.* 119, pl. 8, f. 15) ; Pointe de Caldane, rochers, 1700 m. (Briq. !, 5-VII-1913, in herb. Burn. et R. Lit.). — *Massif du Cinto* : Monte Grosso (Soleirol ! exsicc. cit. et ex Bertol. *Fl. it.* II, 657) ; vallée de Tartagine, rocailles, 1000-1900 m. (Briq. !, 4-VII-1908, in herb. Burn.) ; Monte Padro, rochers, 2200 m. (Briq. !, 4-VII-1908, in herb. Burn.) ; col de Tula, versant de Tartagine, rochers, 1800 m. (Briq. !, 4-VII-1908, in herb. Burn.) ; rochers le long du torrent au-dessous de la bergerie de Tula et entre la bergerie et la Cima Statoja, 1700 m. (Briq. !, 9 et 26-VII-1906, in herb. Burn.) ; Monte Corona, versant S., rochers, 2000 m. (Briq. !, 27-VII-1906, in herb. Burn.) ; col d'Avartoli près du Capo Ladroncello, rochers du versant E., 1700 m. (Briq. !, 27-VII-1906, in herb. Burn.) ; Capo al Dente, versant N., 1850 m. (R. Lit., 21-VII-1921, in *Bull. soc. bot. Fr.* LXXI, 711) ; base du Forçado, rochers, 1640 m. (R. Lit., 21-VII-1921, l. c.) ; rochers au bord du Stranciacone, rive droite, près de la résinerie de la forêt d'Asco, 950 m. (Briq. !, 28-VII-1906, in herb. Burn.) ; bergeries de Manica, rocailles, 1320-1400 m. (Briq. !, 28-VII-1906, in herb. Burn. ; R. Lit. !, 25-VII-1921) et dans les rochers du versant N. du Monte Cinto, 1900 m. (Briq. !, 29-VII-1906, in herb Burn.) ; entre les bergeries de Spasimata et la Mufrella, rochers vers 1800 m. (Briq. !, 12-VII-1906, in herb. Burn., St-Y. !, in herb. Laus.). — *Massif du Renoso* : Monte Renoso (Reverch. ! exsicc. cit.) ; vallée du Prunelli, rochers au-dessous de la bergerie de la Latina, vers 1230 m. (R. Lit. et Malcuit ! *Massif Renoso* 38) ; forêt de Marmano, au-dessus de 1200 m. (Rotgès, notes manuscr.) ; entre Bastelica et Pietra Mala

---

1. L'indication d' « Orezza » qui figure dans la *Flore de France* de Rouy (IV, 170) — pouvant laisser supposer que cette espèce croît à la basse altitude d'Orezza — est incomplète, l'étiquette de Kralik porte en effet : « Orezza. Mte San Petrone ».

(Revel. in Mars. *Cat.* 40, specim. in herb. Bor. !). — *Massif de l'Incudine* : arêtes entre les pointes de Monte et de Bocca d'Oro, au-dessus du col de Verde, rochers, 1800-1950 m. (Briq. !, 20-VII-1906, in herb. Burn.) ; plateau de Fosse de Prato, rochers du versant W., 1800 m. (Briq. !, 30-VII-1910, in herb. Burn.) ; Punta de la Capella, rochers, 1900-2044 m. (Briq. !, 30-VII-1910, in herb. Burn.) ; Monte Malo, versant E., rochers, 1800 m. (Briq. et Wilcz. !, 10-VII-1913, in herb. Burn. et herb. Laus.) ; près des bergeries de Tova, rochers, 1400 m. (Briq. et Wilcz. !, 9-VII-1913, in herb. Burn.) et jusque dans les vernaies sur le versant E. du col d'Asinao (R. Lit. !, 28-VII-1929) ; Pointe Tintinnaja, rochers, 1800 m. (Briq. et Wilcz. !, 10-VII-1913, in herb. Burn.) ; Pointe Mufrareccia, rochers, 1600 m. (Briq. et Wilcz. !, 9-VII-1913, in herb. Burn. et herb. Laus.) ; commun à la Punta di Fornello, rochers et pierrailles, 1490-1930 m. (Coust. !, VII-1919, in herb. ; R. Lit. et Malcuit !, 26-VII-1929, *Esq. végét. Fornello* 9, 13, 14, 16) ; vallée d'Asinao, vernaies vers 1550 m. (Briq. !, 24-VII-1910, in herb. Burn., St-Y. !, in herb. Laus.); Coscione (Seraf. !, in herb. Req., et ex Bertol. *Fl. it.* II, 657) ; entre Zicavo et la chapelle de San Pietro, rochers près du torrent, 1300 m. (Briq. !, 18-VII-1906) et garigue rocheuse du plateau de Bustelica, vers 1140 m. (R. Lit. !, 19-VII-1928).

« Arbuste assez variable au point de vue de la forme des feuilles. Des observations répétées, tant dans les Alpes qu'en Corse, nous ont convaincu que ces variations dues à la grandeur des individus (en rapport avec le milieu et l'altitude, ainsi que l'a déjà fait remarquer Salis, in *Flora* XVII, Beibl. II, 63) et à l'âge de ceux-ci — ou des rameaux considérés — n'ont pas la valeur de véritables variétés. La plupart des échantillons appartiennent au f. *subrotundatus* Paol. [in Fiori et Paol. *Fl. anal. It.* II, 215 (1900) = *R. alpina* var. *subrotundata* Rouy *Fl. Fr.* IV, 170 (1897)], à feuilles médiocres, parfois même assez petites, ± arrondies ou ovées-arrondies, mutiques ou brusquement arrondies, à drupes assez petites, sphérico-ovoïdes. Quelques échantillons (plantes plus développées des régions inférieures, par exemple dans la vallée de Tartagine) ont des feuilles plus grandes et plus nettement cordées : f. *cordatus* Paol. [in Fiori et Paol. l. c. = *R. alpina* var. *cordata* Timb. *Fl. Corb.* 182, in *Revue Bot.* X (1892) ; Rouy l. c. 169]. Plus rarement, par exemple dans nos exemplaires récoltés au col de Tula (f. *genuinus* = *R. alpina* var. *genuina* Rouy l. c. 169), les feuilles sont elliptiques et ± acuminées au sommet. Certains échantillons conservent plus longtemps l'indument juvénile de la face inférieure des feuilles [1], sans que cette particularité

1. Cet état correspond en ce qui concerne le f. *subrotundus* au *R. alpinus* β

aille de pair avec d'autres caractères morphologiques et aboutisse à la constitution d'une véritable race. » (J. B.).

FRANGULA Mill.

F. Alnus Mill. *Gard. dict.* ed. 8, n. 11 (1768) : Beck *Fl. Nieder-Ost.* II, 1. Abt., 595 ; Furrer et Beger in Hegi *Ill. Fl. M.-Eur.* V-1, 344 = *Rhamnus Frangula* L. *Sp.* ed. 1, 193 (1753) ; Godr. in Gren. et Godr. *Fl. Fr.* I, 338 ; Rouy *Fl. Fr.* IV, 171 ; Coste *Fl. Fr.* I, 275 = *F. pentapetala* Gilib. *Fl. lituan.* ser. 2, V, 131 (1782) = *F. vulgaris* Borkh. *Handb. Forstb.* II, 1157 (1803) = *F. Frangula* Karst. *Deutsche Fl.* Lief. 9, 868 (1882) = *F. nigra* Samp. *List. esp. herb. portug.* 45 (1913).

Le nom de *Frangula vulgaris* employé par Borkhausen et celui de *F. nigra* par M. Sampaio sont contraires aux règles de la nomenclature. Le premier est emprunté au *British herbal* (1756) de Hill, le second à *The useful family herbal* (1754) du même auteur ; or dans ces deux ouvrages la nomenclature binaire n'y est adoptée que d'une façon accidentelle.

Espèce eurosibérienne — peu fréquente dans la région méditerranéenne, — indiquée en Corse par Burmann (*Fl. Cors.* 242) et Robiquet (*Rech. hist. et stat. Corse* 50), d'après Jaussin (*Mém. hist.* II, 411, 567, sub : *Alnus nigra baccifera sive Frangula* C. B.). Sa présence dans l'île est extrêmement douteuse ; elle manque d'ailleurs au reste de l'archipel tyrrhénien.

VITACEAE

VITIS L. emend.

1055. **V. vinifera** L. *Sp.* ed. 1, 293 (1753) ; Godr. in Gren. et Godr. *Fl. Fr.* I, 323 ; Planch. *Ampelid.* in DC. *Mon. Phan.* V, 355 ; Coste *Fl. Fr.* I, 264 ; Hegi *Ill. Fl. M.-Eur.* V-1, 364.

I. Subsp. **silvestris** Hegi *Ill. Fl. M.-Eur.* V-1, 364 (1925) = *V. Labrusca* Scop. *Fl. carn.* ed. 2, I, 169 (1772) ; Gaut. *Cat. fl. Pyr.-Or.* 122 ; non L. = *V. sylvestris* C. G. Gmel. *Fl. Bad.-Als.* I, 543 (1805) = *V. vinifera* α DC. *Fl. fr.* IV, 857 (1805) = *V. vinifera* var. *sylvestris* Willd. *Enum. hort. berol.* 267 (1809) ; Ducomm. *Taschenb. schweiz.*

corsicus Duby [*Bot. gall.* I, 112 (1828)], dont Duby donne la description suivante : « foliis rotundatis obtusis pubescentibus, petiolis ramisque superioribus velutinis. In Corsica reperiit Ph. Thomas». Nous avons pu étudier dans l'herbier du Prodromus les échantillons originaux récoltés par Thomas (au-dessus de Oretz — sic ! — 1823) et qu'il avait identifiés au *R. saxatilis* ; nous avons observé des plantes identiques dans le lapiez culminal de la Punta di Fornello. (R. Lit.).

Bot. 138 ; Planch. l. c. 356 ; Dipp. *Handb. Laubholzk.* II, 558 ; Thell.
Fl. adv. Montp. 372.

Hab. — Ripisilves, aulnaies, points humides des maquis dans
l'étage inférieur. ♂. Fl. mai, fr. sept.-oct. Assez répandu. Observé en
particulier dans les localités suivantes : Près Mariana (Salis in *Flora*
XVII, Beibl. II, 65) ; ravin de Polveroso, au-dessous de Poggio (R.
Lit. *Mont. Corse orient.* 158) ; Aleria (Soleirol !, in herb. Req., et ex
Bertol. *Fl. it.* II, 675 et Planch. l. c. 358) ; étang d'Urbino, maquis
humides vers la pointe d'Albaretto (Briq. !, 30-VI-1911, in herb.
Burn.) ; entre l'étang d'Urbino et le marais d'Erbarossa, aulnaies
(Briq. !, 30-VI-1911, in herb. Burn.) ; vallées entre Galeria et Girolata
(Soleirol, notes manuscr. in herb. Req. [1]) ; Vico (Req. *Cat.* 4) ; bords
du ruisseau de Lominatogio au pont de Catarello, près Cognocoli
(R. Lit. !, 5-VIII-1932) ; Porto-Vecchio, bords de la rivière, route
de Monaccia (Revel. !, 22-IX-1858, in herb. Bor.).

Plante toujours dioïque, dimorphe. Feuilles des pieds mâles assez profondément incisées, à 3-5 lobes séparés par des sinus profonds, arrondis ;.
celles des pieds femelles non ou très superficiellement lobées. Fruits
petits, de 5-7 mm. de long, peu juteux, d'un violet bleuâtre. Graines — le
plus souvent 3, — petites, mesurant généralement 5,5 mm. de long,
courtes, épaisses, subarrondies ou cordiformes, à bec très court ou nul,
plan-convexes sur la face ventrale, souvent carénée, marquées d'un écusson très accentué sur la face dorsale.

II. Subsp. **sativa** Hegi *Ill. Fl. M.-Eur.* V-1, 365 (1925) = *V. vini-*
fera β DC. *Fl. fr.* IV, 857 (1805) = *V. vinifera* var. *sativa* Planch.
Ampelid. in DC. *Mon. Phan.* V, 361 (1887) ; Dipp. *Handb. Laubholzk.*
II, 559.

Cultivé sous de nombreuses sortes.

Plante hermaphrodite, non dimorphe. Feuilles de forme variable.
Fruits de grosseur et de couleur variables, à pulpe fondante. Graines —
le plus souvent 2 — de 6 à 7 mm. de long, plus allongées, plus étroites,
ovoïdes ou piriformes, à bec long, non carénées sur la face ventrale, pourvues sur la face dorsale d'un écusson peu marqué.

---

1. « Sauvage dans toutes les vallées humides entre Galeria et Girolata, elle
couronne la cime des grands arbres et forme une espèce de voûte au-dessous de-
laquelle pendent les raisins. Les grains sont rares, noirs, gros comme de petits
pois et donnent de très bon vin ; ce sont les enfants qui, en se roulant sur ces.
voûtes de feuillage, font la récolte. Les ceps sont gros comme la cuisse. »

TILIACEAE

TILIA L.

1056. **T. cordata** Mill. *Gard. dict.* ed. 8, n. 1 (1768) ; Beck *Fl. Nieder-Öst.* II, 1. Abt., 533 ; V. Engl. *Mon. Gatt. Tilia* 74 = *T. europaea* L. *Sp.* ed. 1, 514 (1753), p. p. (var. γ) = *T. ulmifolia* Scop. *Fl. carn.* ed. 2, I, 374 (1772) ; Rouy *Fl. Fr.* IV, 23 = *T. parvifolia* Ehrh. *Beitr.* V, 159 (1790) ; Coste *Fl. Fr.* I, 233 = *T. microphylla* Vent. in *Mém. instit. Paris* IV, 5 (1803) = *T. sylvestris* Desf. [*Tabl.* ed. 1, 152 (1804), nom. nud.] ap. Spach *Rev. gen. Tilia* in *Ann. sc. nat.* 2e sér. II, 333 (1834) ; Gren. in Gren. et Godr. *Fl. Fr.* I, 286 = *T. europaea* L. var. *cordata* Fiori *Nuov. fl. anal. It.* II, 166 (1926).

Hab. — Bords des cours d'eau, rochers, forêts dans les étages inférieur, montagnard et subalpin. Juin-juill. ♄. Rare et le plus souvent par pieds isolés. Felce, dans le creux de la source ferrugineuse de Borghello, 600-650 m. (Marchioni !, 18-VIII-1929, ex R. Lit. et Marchioni in *Bull. soc. bot. Fr.* LXXVII, 458) ; Monte Tre Pieve, rochers de schistes lustrés du versant de l'Orezza, 1100-1200 m. (Marchioni !, 13-VIII-1929, ex R. Lit. et Marchioni l. c. ; R. Lit. et Marchioni !, 20-VIII-1930) ; bords du Golo vers Pietrosa (Fliche in *Bull. soc. bot. Fr.* XXXVI, 359) ; bords du Fiume Orbo, près de l'Inzecca (Rotgès, notes manuscr.) ; bords du Prunelli à Bastelica (Req. in *Giorn. bot. it.* II, 110 ; Revel. ex Bor. *Not.* III, 3 ; Revel. et Mab. in Mars. *Cat.* 33 ; Revel. !, 4-VII-1858, in herb. Bor.).

† 1057. **T. officinarum** Crantz *Stirp. austr.* II, 6 (1763) ; Hayek *Prodr. fl. penins. balc.* I, 555 = *T. europaea* L. *Sp.* ed. 1, 733 (1753), p. p. (var. β) = *T. platyphyllos* Scop. *Fl. carn.* ed. 2, I, 373 (1772) ; Gren. in Gren. et Godr. *Fl. Fr.* I, 285 ; Rouy *Fl. Fr.* IV, 20 ; Coste *Fl. Fr.* I, 233 ; V. Engl. *Mon. Gatt. Tilia* 90 ; C. K. Schneid. *Handb. Laubholzk.* II, 376 = *T. intermedia* Host *Fl. austr.* II, 61 (1831) ; non DC. = *T. europaea* L. var. *platyphylla* Fiori *Nuov. fl. anal. It.* II, 166 (1926).

Hab. — Bords des cours d'eau dans les étages inférieur et montagnard. Juin-juill. ♄. Très rare. Bords du Golo un peu en aval du pont

126 MALVACEAE

de Casamozza (R. Lit. !, 26-VIII-1930) ; bords du Fiume Alto (Salis in *Flora* XVII, Beibl. II, 67) ; Bastelica (Req. *Cat.* 2).

La plante de Casamozza, qui paraît bien spontanée, appartient au subsp. **eu-platyphyllos** R. Lit., nov. comb. [= *T. platyphyllos* Scop. 1. c., sensu stricto = *T. platyphyllos* subsp. *eu-platyphyllos* C. K. Schneid. 1. c. (1909. = *T. officinarum* subsp. *platyphyllos* Hayek *Prodr. fl. penins. balc.* I, 556 (1925)]. Elle possède des rameaux glabres, des feuilles glabres à la face inférieure entre les nervures ; nous n'en avons pas observé les fleurs.

†† 1058. **T. tomentosa** Moench *Verz. Weissenst.* 136 (1785) ; V. Engl. *Mon. Gatt. Tilia* 118 = *T. alba* Waldst. et Kit. *Descr. et ic. pl. rar. Hung.* I, 3, t. 3 (1802) ; non Michx. = *T. rotundifolia* Vent. in *Mém. instit. Paris* IV, 12, t. 4 (1803) = *T. argentea* Desf. in DC. *Cat. hort. monsp.* 150 (1813) ; DC. *Prodr.* I, 513.

Hab. — Bords des cours d'eau dans l'étage inférieur. Juin-juill. ♄. Très rare. Vallée du Fiume Alto, près du Ponte Alto, dans la ripisilve (Briq. !, 30-VI-1913, in herb. Burn.).

Espèce orientale (de l'Asie Mineure à la Dalmatie) dont la spontanéité en Corse ne nous paraît pas tout à fait certaine.

La plante de la Castagniccia appartient au var. **typica** Beck [*Fl. Nieder-Öst.* II, 1. Abt.,533 (1892) ; V. Engl. 1. c.], à feuilles suborbiculaires, cordées, brièvement pétiolées.

MALVACEAE

MALOPE L.

†† 1059. **M. malacoides** L. *Sp.* ed. 1, 692 (1753) ; Godr. in Gren. et Godr. *Fl. Fr.* I, 288 ; Baker f. *Syn. Malv.* in *Journ. of bot.* XXVIII, 16 ; Rouy *Fl. Fr.* IV, 24 ; Coste *Fl. Fr.* I, 234.

Hab. — Champs, lieux herbeux de l'étage inférieur. Avril-mai. ☉. Très rare, peut-être simplement adventice. Rogliano (Petit in *Bot. Tidsskr.* XIV, 245 — specim. in herb. Laus. !) ; Bastia (Shuttl. *Enum.* 7) ; prairie au couvent de St-Julien, près Bonifacio (Brugère !, 12-V-1914, in herb. Burn.).

Les plantes de Rogliano et de St-Julien se rapportent au subsp. **stipulacea** Baker f. [1. c. (1890) ; Maire in Jah. et Maire *Cat. pl. Maroc,* II, 477 = *M. stipulacea* Cav. in *Anal. cienc. nat.* III, 74 (1801)] var. **hispida**

Jah. et Maire [l. c. = *M. hispida* Boiss. et Reut. *Diagn.* ser. II, n. 1, 100 (1853) = *M. stipulacea* var. *hispida* Batt. in Batt. et Trab. *Fl. Alg.* (Dicotyl., 110 (1888) = *M. malacoides* subsp. *M.hispida* Murb. *Contrit. fl. Maroc* II, 8 (1923)].

ABUTILON Mill.

1060. **A. Theophrasti** Medik. *Malv.* 28 (1787) ; Baker f. *Syn. Malv.* in *Journ. of bot.* XXXI, 214 = *Sida Abutilon* L. *Sp.* ed. 1, 685 (1753) = *A. Avicennae* Gaertn. *De fruct. et sem.* II, 251, t. 135, f. 1 (1791) ; Godr. in Gren. et Godr. *Fl. Fr.* I, 296 ; Rouy *Fl. Fr.* IV, 52 ; Coste *Fl. Fr.* I, 241 = *A. pubescens* Moench *Meth.* 620 (1794) = *Sida Avicennae* Dietr. *Syn.* IV, 854 (1847) = *A. Abutilon* Huth in *Helios* XI, 132 (1893) = *Malva Abutilon* Krause in Sturm *Fl. Deutschl.* ed. 2, VI, 237 (1903).

Hab. — Marais et champs humides de l'étage inférieur. Août-sept. ①. Rare. Embouchure du Liamone (Mouillefarine ex Rouy *Fl. Fr.* IV, 52 ; R. Lit. ! 4-VIII-1932) ; Campo di l'Oro, près Ajaccio (Lutz in *Bull. soc. bot. Fr.* XLVIII, 53) ; entre le pont d'Abatesco et Mignattaja (Aellen !, 10-VIII-1933).

L'indication donnée par de Marsilly (*Cat.* 34), d'après Mabille : « rapporté de la forêt d'Aitone par M. Mouillefarine, en 1863, et vu dans l'herbier de M. Gaudefroy » est certainement due à une erreur !

LAVATERA L.

1061. **L. arborea** L. *Sp.* ed. 1, 690 (1753) ; Godr. in Gren. et Godr. *Fl. Fr.* I, 292 ; Baker f. *Syn. Malv.* in *Journ. of bot.* XXVIII, 210 ; Rouy *Fl. Fr.* IV, 41 ; Coste *Fl. Fr.* I, 238 = *Anthema arborea* Presl *Fl. sic.* I, 180 (1826) = *Malva arborea* Webb et Berth. *Phyt. canar.* I, 30 (1836-50) ; non A. St-Hil. = *Althaea arborea* O. Kuntze *Rev. gen.* I, 66 (1891). — Exsicc. Soleirol n. 578 ! (îles Sanguinaires) [Herb. Coss., Req.] ; Soleirol n. 4522 ! (Bastia) [Herb. Req.] ; Kralik n. 515 ! (île Pianosa, près Bonifacio) [Herb. Bor., Coss., Deless., Rouy] (Bonifacio) [Herb. Coss., Deless., Rouy].

Hab. — Rochers, rocailles, cultures du littoral. ♁. Mars-avril. Disséminé. Ile de la Giraglia (Salis in *Flora* XVII, Beibl. II, 67) ; Bastia (Soleirol ! exsicc. cit. ; Mab. in Mars. *Cat.* 34) ; St-Florent (Valle ex

DC. *Fl. fr.* IV, 834) ; Ile-Rousse (N. Roux !, IV-1913, in herb. R. Lit.);
Ajaccio (Mars. 1. c.) ; îles Sanguinaires (Soleirol ! exsicc. cit. et ex
Bertol. *Fl. it.* VII, 268 ; G. Le Grand !, 22-IV-1875, in herb. Laus. ;
R. Lit., 16-V-1932 — Isola del Oga et Isola delle Porre —) ; Propriano,
rochers à l'E. de la ville (R. Lit. !, 20-III-1930, Malcuit *Littoral occid.*
26) ; Porto-Vecchio (Seraf. ex Bertol. 1. c. ; Revel. in Mars. 1. c.) ;
Grande île Lavezzi (Seraf. ex Bertol. 1. c. ; Req. !, V-1849, in herb. ;
Stefani !, VI-1908, in herb. Coust.) ; île Pianosa (Kralik ! exsicc. cit.) ;
Bonifacio (Salis 1. c. ; de Forestier !, 1837, in herb. Req. ; Req. ! *Cat.*
3 et in herb., VI-1849; Clément !, V-1842, in herb. gén. Mus. Grenoble ;
Bernard !, 1845, in herb. Req. ; Kralik ! exsicc. cit. ; Revel. in Mars.
1. c., specim. in herb. Bor. ! 6-III-1856 ; Lutz in *Bull. soc. bot. Fr.*
XLVIII, sess. extr. CXL ; R. Lit. !, 19-III-1930 ; et autres observa-
teurs).

1062. **L. cretica** L. *Sp.* ed. 1, 691 (1753); Godr. in Gren. et Godr.
Fl. Fr. I, 292 ; Baker f. *Syn. Malv.* in *Journ. of bot.* XXVIII, 210 ;
Rouy *Fl. Fr.* IV, 42 ; Coste *Fl. Fr.* 1, 238 = *L. Empedoclis* Ucria in
Roem. *Arch.* I, 1, 66 (1796-98) = *L. sylvestris* Brot. *Fl. lusit.* I, 277
(1804) ; Salis in *Flora* XVII, Beibl. II, 68 = *L. neapolitana* Ten.
Prodr. fl. nap. p. LXII (1811) et *Fl. nap.* II, 113 t. 65 ; Viv. *Fl. cors.*
diagn. 11 = *L. sicula* Tin. *Pl. rar. Sic. pug.* 14 (1817) = *L. triloba*
Seb. et Maur. *Fl. rom. prodr.* 227 (1818) ; non L. = *Anthema scabra* et
A. Tenoreana Presl *Fl. sic.* I, 181 (1826) = *Malva pseudolavatera*
Webb et Berth. *Phyt. canar.* I, 29 (1836-50) = *Malva hederaefolia*
Vis. *Fl. dalm.* III, 205 (1852) = *L. hederaefolia* Schloss. et Vuk. *Fl.*
croat. 375 (1869) = *Althaea cretica* O. Kuntze *Rev. gen.* 1, 66 (1891) =
L. cretica var. *genuina* et var. *sylvestris* Per. Lar. *Fl. gadit.* 553 (1896).
— Exsicc. Soleirol ann. 1824, n. 577 !, sub : *L. thuringiaca* (Bastia)
[Herb. Req.] ; Soleirol n. 599 !, sub : *L. neapolitana* (Calvi) [Herb.
Coss.] ; Req. sub : *L. cretica* ! (Ajaccio) [Herb. Bor., Coss., Deless.] ;
Kralik n. 516 ! (Bonifacio) [Herb. Coss., Deless.] ; Mab. n. 344 !
(Bastia) [Herb. Bor., Burn.] ; Deb. ann. 1869, sub : *L. cretica* ! (Bastia)
[Herb. Burn.] ; Kük. It. cors. n. 831 ! (Pigno, oliveraies, 280 m.)
[Herb. Deless.] .

Hab. — Friches, cultures, décombres, bord des routes dans l'étage
inférieur ; espèce nitrophile. ②. Mars-mai. Assez répandu. Cap Corse

et environs de Bastia (Salis ! in *Flora* XVII, Beibl. II, 67 — specim.
in herb. Polytechn. Zürich ; Mab. in Mars. *Cat.* 34 et exsicc. cit. ! ; Deb.
exsicc. cit. ; Gillot in *Bull. soc. bot. Fr.* XXIV, sess. extr. XLV —
entre Bastia et Pietranera ; — Fouc. et Sim. *Trois sem. herb. Corse*
66 — près de la gare, — 61 — Patrimonio ; — Kük. ! exsicc. cit. —
Pigno ; — R. Lit. !, 22-VII-1934 — Bastia, près de l'usine à gaz) ;
St-Florent (ex Rouy *Fl. Fr.* IV, 43) ; Ile-Rousse (Thell., IV-1911,
notes manuscr.) ; Calvi (Soleirol ! exsicc. cit. et ex Bertol. *Fl. it.* VII,
276 ; Fouc. et Sim. l. c. 12 ; R. Lit. !, 4-VIII-1928) ; Ajaccio (Req !
exsicc. cit. et ex Bertol. l. c. X, 509) ; Jord. ex Rouy l. c. ; Mars. l. c. ;
Coste in *Bull. soc. bot. Fr.* XLVIII, sess. extr. CVI) ; Porto-Vecchio
(Revel. in Mars. l. c., specim. in herb. Bor. !, 8-V-1857) ; Bonifacio
(Viv. *Fl. cors. diagn.* 11 ; Clément !, V-1842, in herb. gén. Mus. Grenoble ; Req. !, VI-1847 et VI-1849, in herb. ; Kralik ! exsicc. cit. et
ex Rouy l. c. ; Stefani !, V-1907, in herb. R. Lit. ; Brugère !, IV-1914,
in herb. Burn.).

La plante corse appartient au type de l'espèce, var. **genuina** Maire [in
Jah. et Maire *Cat. pl. Maroc* II, 478 (1932), nomen], à feuilles inférieures
pourvues de 5-7 lobes peu profonds obtus, les supérieures à 5 lobes plus
profonds obtus ou aigus.

1063. **L. olbia** L. *Sp.* ed. 1, 690 (1753) ; Godr. in Gren. et Godr.
Fl. Fr. I, 292 ; Baker f. *Syn. Malv.* in *Journ. of bot.* XXVIII, 212 ;
Rouy *Fl. Fr.* IV, 43 ; Coste *Fl. Fr.* I, 238 = *Olbia acutifolia* Lamk
Fl. fr. III, 137 (1778) = *Olbia hastata* Medik. *Malv.* 42 (1787) =
Malva olbia Alef. in *Oesterr. bot. Zeitschr.* XII, 258 (1862) = *Althaea
Olbia* O. Kuntze *Rev. gen.* I, 66 (1891).

Hab. — Garigues, maquis, oliveraies, rocailles, rochers de l'étage
inférieur. Avril-juill. ♃. Deux variétés.

† α. Var. **genuina** Godr. in Gren. et Godr. *Fl. Fr.* I, 293 (1847) =
L. olbia forma *genuina* Batt. in Batt. et Trab. *Fl. Alg.* (Dicotyl.) 114
(1888) = *L. Olbia* var. *typica* Paol. in Fiori et Paol. *Fl. anal. It.* II,
264 (1901), excl. b *unguiculata* (Desf.) ; Fiori *Nuov. fl. anal. It.* II,
159.

Hab. — Rare ou peu observé. Haies près Bastia (N. Roux !, 9-VI-
1894, in herb.) ; Bonifacio (Req. ex Parl. *Fl. it.* V, 86).

Plante à pubescence apprimée, même sur le calicule et le calice, à feuilles blanchâtres sur les deux faces.

† β. Var. **hispida** Godr. in Gren. et Godr. l. c. = *L. hispida* Desf. *Fl. atl.* II, 118, t. 171 (1800) ; non Sims = *Olbia hispida* Presl *Fl. sic.* I, 179 (1826) = *L. olbia* forma *hispida* Batt. l. c. = *L. Olbia* var. *intermedia* et var. *hirsutissima* Rouy *Fl. Fr.* IV, 44 (1897). — Exsicc. Soleirol n. 576 ! (Calvi) [Herb. Coss., Req.] ; Kralik n. 514 !, sub : *L. olbia* (Bonifacio) [Herb. Coss., Deless., Rouy] ; Mab. n. 18 !, sub : *L. olbia* (route de Bastia à St-Florent) [Herb. Bor., Burn., Coss.] ; Deb. ann. 1868, sub : *L. olbia* var. *hispida* ! (au-dessus de Toga, près Bastia) [Herb. Burn.] .

Hab. — Assez répandu. Cap Corse et environs de Bastia (Salis in *Flora* XXII, Beibl. II, 67 ; Req. *Cat.* 3 ; de Forestier !, 1841, in herb. Coss. ; Mab. in Mars. *Cat.* 34), notamment à Macinaggio (Revel. in Mars. l. c.), à Rogliano (Revel. ! 5-VI-1854, in herb. Bor.), au-dessus de Toga (Deb. ! exsicc. cit.), près de Cardo (R. Lit. !, 18-VIII-1930) ; entre Bastia, Biguglia et Folelli (Boullu in *Bull. soc. bot. Fr.* XXIV, sess. extr. LXIII ; Gillot ibid., sess. extr. LXXIII ; Gysperger !, 10-VII-1905, in herb. Deless., sub : *Lavatera trimestris* — Furiani — et 29-VI-1905, in herb. Deless., sub : *Althaea officinalis* — Biguglia[1]) ; entre Bastia et St-Florent (Mab. ! exsicc. cit.) ; St-Florent (Mab. in Mars. l. c.) ; Calvi (Soleirol ! exsicc. cit. et ex Bertol. *Fl. it.* VII, 270 ; Fouc. et Sim. *Trois sem. herb. Corse* 20) ; Prunelli di Casac coni (Aylies !, V-1919, in herb. R. Lit.) ; Poggio di Nazza (Rotgès, notes manuscr.) ; Ajaccio (Mab. *Rech.* 14 ; G. Le Grand, 24-IV-1889, in herb.) ; Santa Lucia di Tallano (Lutz in *Bull. soc. bot. Fr.* XLVIII, 53); Baracci (Lutz l. c.); Propriano (N. Roux ibid., sess. extr. CXLIV) ; entre Olmeto et Propriano (R. Lit., 29-VII-1934) ; Sartène (Bernard, 1841, in herb. Req. et ex Godr. in Gren. et Godr. l. c. ; Mars. l. c. ; R. Lit.); Solenzara (Aellen !, 25-VII-1933); Porto-Vecchio (Mab. *Rech.* 14); Santa Manza (Req. !, in herb.) ; Bonifacio (Req. !, V-1849, in herb., et ex Rouy *Fl. Fr.* IV, 44 ; Kralik ! exsicc. cit. et ex Rouy l. c.).

Feuilles plus vertes à la face supérieure que dans la variété précé-

---

1. La plante récoltée par Burnat entre Bastia et Biguglia (ann. 1904, n. 111) et signalée par erreur par J. Briquet (*Spic.* 44) sous le nom de *L. olbia* var. *intermedia* appartient au *L. punctata*.

dente ; calicule et calice pourvus de poils longs et étalés, ceux-ci s'étendant le plus souvent à la partie supérieure des rameaux et presque toujours aux pétioles.

Les var. *genuina* et *hispida* sont reliés par une foule d'intermédiaires. Diverses localités que nous avons rapportées au var. *hispida*, faute de renseignements suffisants, doivent peut-être se trouver attribuées au var. *genuina*.

1064. **L. punctata** All. *Auct. ad fl. ped,* 26 (1789); Godr. in Gren. et Godr. *Fl. Fr.* I, 292 ; Baker f. *Syn. Malv.* in *Journ. of bot.* XXVIII, 212 ; Rouy *Fl. Fr.* IV, 44 ; Coste *Fl. Fr.* I, 238 = *Olbia deflexa* Moench *Meth.* Suppl. 200 (1794) = *L. thuringiaca* Savi *Fl. pis.* II, 126 (1798) ; Desf. *Fl. atl.* II, 119 ; non L. = *L. biennis* Guss. *Fl. sic. prodr.* II, 347 (1828) ; non Marsch.-Bieb. = *Malva punctata* Alef. in *Oesterr. bot. Zeitschr.* XII, 258 (1862) = *Althaea punctata* O. Kuntze *Rev. gen.* I, 66 (1901). — Exsicc. Soleirol n. 579 ! (St-Florent) [Herb. Mut.] ; Soleirol n. 579 ! (Bonifacio) [Herb. Coss.] ; Kralik n. 513 ! (Bastia) [Herb. Bor., Coss., Deless., Rouy] ; Mab. n. 17 ! (Bastia) [Herb. Bor., Burn., Coss.] ; Deb. ann. 1867, n. 53 ! (Biguglia) [Herb. Laus.] ; Reverch. ann. 1880, n. 356 ! (Bonifacio) [Herb. R. Lit.] ; Burn. ann. 1904, n. 111 ! (entre Bastia et Biguglia) [Herb. Burn.].

Hab. — Champs, friches, garigues, clairières des maquis dans l'étage inférieur. ⊙. Mai-sept. Répandu dans la partie orientale de l'île, beaucoup plus rare dans la partie occidentale, où il n'a été signalé qu'à Ajaccio. — Rogliano (Revel. !, 30-VI-1854, in herb. Bor. ; Briq. !, 7-VII-1906, in herb. Burn.) ; entre Macinaggio et Meria (R. Lit., 24-VII-1934) ; environs de Bastia (Salis in *Flora* XVII, Beibl. II, 67 ; Bernard !, VI-1841, in herb. Req. ; Kralik ! exsicc. cit. ; Mab. ! exsicc. cit. ; Mars. *Cat.* 34 ; R. Lit. ! *Voy.* II, 2 — Casavecchie ; — et nombreux autres observateurs) ; St-Florent (Soleirol ! ex Bertol. *Fl. it.* VII, 279 et exsicc. cit.) ; Biguglia (Deb. ! exsicc. cit. ; Boullu in *Bull. soc. bot. Fr.* XXIV, sess. extr. LXVII ; Aylies !, 25-V-1920, in herb. R. Lit.) ; Casamozza (R. Lit., 17-VIII-1930) ; étang d'Urbino, clairières des maquis (Briq. !, 30-VI-1911, in herb. Burn.) ; Solenzara (Aellen !, 18 et 25-VII-1933) ; entre Sari et Cala d'Oro (Briq. !, 2-VII-1911, in herb. Burn.) ; port de Favone (Briq. !, 20-VII-1910, in herb. Burn.) ; Porto-Vecchio (Revel. in Mars. l. c.) ; Sotta (Briq. !, 30-VI-1911, in herb. Burn.) ; Santa Manza (Boy. *Fl. Sud Corse* 43 ; R. Lit. ! *Voy.* I, 22) ; Bonifacio (de Pouzolz !, 1821, in herb. Req., et ex Lois.

Nouv. not. 30 ; Req. !, 1822, in herb. Prodr. ; Soleirol ! exsicc. cit.
Seraf. ex Bertol. l. c. ; de Forestier !, 1837, in herb. Req. ; Salle !,
VI-1846, in herb. gén. Mus. Grenoble ; Req. !, VI-1847 et VI-1849, in
herb., et ex Parl. *Fl. it.* V, 67 ; Jord. ! in herb. Bor. et Coss. ; Revel. !,
15-VI-1856, in herb. Bor. ; Reverch. ! exsicc. cit. ; Lutz in *Bull. soc.
bot. Fr.* XLVIII, 53 et sess. extr. CXXXIX ; Stefani !, 15-VI-1903,
in herb. Burn. ; et autres observateurs) ; Ajaccio (Req. ex Parl. l. c.).

Quelques auteurs – par exemple le Dr Pau [in *Bol. r. soc. esp. hist. nat.*
XXII, 58 (1922)] et le prof. Maire (in *Bull. soc. hist. nat. Afr. N.* XVII,
108) — rapportent à cette espèce le *Lavatera micans* L. [*Sp.* ed. 1, 690
(1753)]. Les caractères attribués à ce dernier : « caule arboreo,... foliis
mollibus undulatis, in margine superius micis sulphureis ad solem splen-
dentibus donatis » (d'après Morison *Pl. hist.* II, 523 et *Pl. umbellif. distr.
nov.* sect. V, t. 17, f. 2, qui précisait : « Perennis est planta, quin et per-
petua fronde viret ut Althaea Olbiae ») ne s'appliquent pas du tout au
Lavatera punctata qui est une plante annuelle à tige herbacée,à feuilles
vertes, peu tomenteuses. Le *L. micans* est une espèce très douteuse qui,
d'après Willkomm (*Suppl. Prodr. fl. hisp.* 271), doit se rapporter au
L. triloba L. et au *L. rotundata* Laz. et Tub.

† 1065. **L. thuringiaca** L. *Sp.* ed. 1, 691 (1753) ; Koch *Syn.*
ed. 3,113 ; Baker f. *Syn. Malv.* in *Journ. of bot.* XXVIII, 213 = *Olbia
thuringiaca* Medik. *Malv.* 42 (1787) = *Althaea thuringiaca* O. Kuntze
Rev. gen. I, 66 (1891).

† Var. **ambigua** Baker f. l. c. (1890) = *L. sylvestris* Cir. ex Zuccagni
Syn. pl. hort. Flor. ann. 1801, 34, nom. nud. ; Cir. ex Ten. *Prodr. fl.
nap.* p. XL (1811) ; non Brot. = *Althaea sylvestris* Brig. *Stirp. rar.
Pempt.* I, 9, t. 4 (1816) ; Ten. *Syll. fl. neap.* 540 = *L. ambigua* DC.
Prodr. I, 440 (1824) ; Viv. *Fl. cors. diagn.* 11 = *Malva Cyrilli* Vis.
Fl. dalm. III, 207 (1852) = *L. Cyrilli* Schloss. et Vuk. *Fl. croat.* 375
(1869) = *L. thuringiaca* var. *silvestris* Lac. in *Nuov. giorn. bot. it.*
nuov. ser., XXV, 43 (1918) ; Fiori *Nuov. fl. anal. It.* II, 159 = *L. ca-
labrica* Gay ex Lac. l. c. (1918).

Hab. — « Bonifacio » (Viv. *Fl. cors. diagn.* 11).

« Cette variété à feuilles palmatilobées, à lobes ± aigus, à fleurs axillaires et souvent subombellées, est assez fréquente dans l'Italie centrale
et méridionale. Elle n'a pas été signalée en Sardaigne. Baker f. (l. c.) la
cite dans le midi de la France, avec un !, où à notre connaissance le
L. thuringiaca n'a jamais été récolté sous aucune de ses formes. Viviani

s'est borné à dire : « H. in Corsica cum praecedente », renvoyant ainsi à
l'indication de Bonifacio pour ses *L. neapoletana* et *cretica*. Personne
n'ayant confirmé cette affirmation depuis 1824, nous devons considérer le
L. thuringiaca var. *ambigua* comme très douteux pour la Corse. » (J. B.)..

1066. **L. maritima** Gouan *Illustr.* 46, t. XXI, f. 2 (1773); Godr..
in Gren. et Godr. *Fl. Fr.* I, 293 ; Baker f. *Syn. Malv.* in *Journ. of bot.*
XXVIII, 240 ; Rouy *Fl. Fr.* IV, 45 ; Coste *Fl. Fr.* I, 238 = *L. trilobα*
Gouan *Fl. monsp.* 48 (1765) ; non L. = *L. rotundifolia* Lamk *Fl. fr.*
III, 138 (1778) = *Olbia canescens* Moench *Meth.* Suppl. 200 (1802) =
Axolopha maritima Alef. in *Oesterr. bot. Zeitschr.* XII, 258 (1862) =
Althaea maritima O. Kuntze *Rev. gen.* I, 66 (1891). — Exsicc. Solei-
rol n. 574 ! (île de « Gargano ») [Herb. Coss., Req.].

Hab. — Rochers, principalement calcaires de l'étage inférieur. ♃.
Févr.-avril. Très rare. Monte Sant'Angelo de St-Florent, 250 m.
(Briq. !, 24-IV-1907, in herb. Burn.) ; Strette de St-Florent (Mab. in
Mars. *Cat.* 34 ; Briq. !, 25-IV-1907, in herb. Burn., St-Y. !, in herb.
Laus.) ; île de Gargalo (« Gargano ») (Soleirol ! exsicc. cit.) ; vallée
inférieure de la Solenzara, rive gauche, rochers des fours à chaux,
150-200 m. (Briq. !, 3-V-1907, in herb. Burn. ; R. Lit. !) ; Sartène
(Seraf. !, in herb. Req.).

La plante corse appartient au var. **typica** Paol. [in Fiori et Paol. *Fl.*
anal. It. II, 264 (1901) ; Maire in *Bull. soc. hist. nat. Afr. N.* XXII, 282],
à feuilles blanches-tomenteuses sur les deux faces, courtement pétiolées,
à fleurs solitaires ou rarement groupées par deux, à calice herbacé, non
vésiculeux, à carpophore conique.

†† 1067. **L. trimestris** L. *Sp.* ed. 1, 692 (1753); Godr. in Gren. et
Godr. *Fl. Fr.* I, 294 ; Baker f. *Syn. Malv.* in *Journ. of bot.* XXVIII,
241 ; Rouy *Fl. Fr.* IV, 47 ; Coste *Fl. Fr.* I, 239 = *Stegia altheaefolia*
Mill. *Gard. dict.* ed. 8, n. 1 (1768) = *L. grandiflora* Lamk *Fl. fr.* III,
137 (1778) ; Moench *Meth.* 614 = *Stegia Lavatera* DC. *Fl. fr.* III, 137
(1805) = *Stegia trimestris* Risso *Fl. Nice* 96 (1844) = *Althaea trimes-*
tris O. Kuntze *Rev. gen.* I, 66 (1891).

Hab. — Champs, friches de l'étage inférieur. ①. Avril-juin. Très
rare. Bastia (Soleirol !, in herb. Req.) ; au-dessous de Corbara (N.
Roux !, V-1913, in herb. R. Lit. et herb. Charrier, ex R. Lit. in *Bull.*
géogr. bot. XXVI, 167) ; Santa Manza (Boy. *Fl. Sud Corse* 43) ; Bonifacio (Seraf. !, in herb. Req.).

ALTHAEA L.

1068. **A. hirsuta** L. *Sp.* ed. 1, 687 (1753); Godr. in Gren. et Godr. *Fl. Fr.* I, 295 ; Baker f. *Syn. Malv.* in *Journ. of bot.* XXVIII, 140 ; Rouy *Fl. Fr.* IV, 50 ; Coste *Fl. Fr.* I, 241 = *Malva setigera* Schimp. et Spenn. in Spenn. *Fl. friburg.* III, 886 (1829) = *Axolopha hirsuta* Alef. in *Oesterr. bot. Zeitschr.* XII, 258 (1862) = *Malva hirsuta* Krause in Sturm *Fl. Deutschl.* ed. 2, VI, 244 (1903) ; non Ten. — Exsicc. Kralik sub : *A. hirsuta* ! (Bonifacio) [Herb. Coss., Rouy] .

Hab. — Garigues, friches, cultures de l'étage inférieur. Mai-juin. ①. Assez rare. Rogliano (Revel. in Mars. *Cat.* 34) ; Cervione (Req. !, VI-1822, in herb.); Corte (Lutz ap. Maire, Dumée et Lutz in *Bull. soc. bot. Fr.* XLVIII, sess. extr. CCXVIII), notamment sur les pentes E. de la cote 754 (Aylies !, 5-V-1917, ex R. Lit. et Sim. in *Bull. soc. bot. Fr.* LXVIII, 101); Ajaccio (Clément !, VI-1842, in herb. gén. Mus. Grenoble ; Fabre !, VI-1850, in herb. Req. ; Boullu in *Bull. soc. bot. Fr.* XXIV, sess. extr. XCVIII) ; Chiavari (de Chauvenet ex Mars. l. c.) ; Porto-Vecchio (Revel. in Mars. l. c.) ; environs de Bonifacio (Salis in *Flora* XVII, Beibl. II, 67 ; Soleirol ex Bertol. *Fl. it.* VII, 252 ; Seraf. !, in herb. Req. ; Req. !, V-1849, in herb. ; Kralik ! exsicc. cit.), notamment à Santa Manza (Stefani !, 22-V-1895, in herb. N. Roux ; Brugère !, 24-V-1914, in herb. Burn.), à la Piantarella (Stefani !, V-1907, in herb. R. Lit.) et à Pertusato (Stefani !, V-1907, in herb. Burn.).

1069. **A. officinalis** L. *Sp.* ed. 1, 686 (1753); Godr. in Gren. et Godr. *Fl. Fr.* I, 294 ; Baker f. *Syn. Malv.* in *Journ. of bot.* XXVIII, 140 ; Rouy *Fl. Fr.* IV, 48 ; Coste *Fl. Fr.* I, 240 = *Malva Althaea* Krause in Sturm *Fl. Deutschl.* ed. 2, VI, 243 (1903). — Exsicc. Sieber sub : *A. officinalis* ! (Bastia) [Herb. Deless., Req.] ; Soc. roch. n. 4231 !, sub : *A. officinalis* var. *corsica* Fouc. et Mand. (Cap Corse, leg. Fouc. et Mand.) [Herb. Deless., R. Lit.] .

Hab. — Marais, prairies humides, bord des eaux dans l'étage inférieur, surtout au voisinage du littoral. Juin-sept. ♃. Répandu.

« Sous le nom d'*A. officinalis* var. *corsica* Fouc. et Mand., Foucaud a décrit [in *Bull. soc. bot. rochel.* XX, 23 (1899) et in *Bull. soc. bot. Fr.*

XLVII, 88] comme distinct l'*A. officinalis* corse, en lui attribuant des tiges moins épaisses, des feuilles plus fortement nerviées, les inférieures obtuses, les supérieures aiguës, à dents étroites, moins profondes, enfin des fleurs plus petites, plus longuement pédonculées. Ces caractères se retrouvent rarement tous groupés et peuvent être relevés çà et là sur des échantillons du continent. Les auteurs ont décrit là une forme individuelle extrême, plutôt qu'une variété. » (J. B.).

MALVA L.

1070. **M. Alcea** L. *Sp.* ed. 1, 689 (1753); Godr. in Gren. et Godr. *Fl. Fr.* I, 288 ; Baker f. *Syn. Malv.* in *Journ. of bot.* XXVIII, 242 ; Rouy *Fl. Fr.* IV, 26 ; Coste *Fl. Fr.* I, 236.

Hab. — Garigues, clairières des forêts dans les étages inférieur et montagnard. Rare. ♃. Mai-août. — Deux variétés.

α. Var. **ribifolia** Paol. in Fiori et Paol. *Fl. anal. It.* II, 266 (1901) ; Briq. *Spic. cors.* 44 (1905); Fiori *Nuov. fl. anal. It.* II, 162 = *M. ribifolia* Viv. *App. fl. cors. prodr.* 5 (1825)[1] ; Rouy in Morot *Journ. de bot.* XI, 81 = *M. Alcea* forme *M. ribifolia* Rouy *Fl. Fr.* IV, 28 (1897). — Exsicc. Kralik sub : *M. ribifolia* ! (Corte) [Herb. Rouy] ; Burn. ann. 1904, n. 110 ! (près Oletta) [Herb. Burn.].

Hab. — Près Oletta, lieux incultes, 300 m. (Burn. ! exsicc. cit. et ex Briq. *Spic.* 149) ; route de Caporalino à Soveria (Aylies ! ex R. Lit. et Sim. in *Bull. soc. bot. Fr.* LXVIII, 101) ; Corte (Kralik ! exsicc. cit. et ex Rouy in Morot *Journ. de bot.* XI, 81 et *Fl. Fr.* IV, 28 ; Mab. !, 2-VIII-1866, in herb. Bor., sub : « *Malva Alcea* ? ») ; vallon de Lavatojo, près Corte, 600 m. (R. Lit. !, 31-VII-1921) ; vallée de la Restonica à la bergerie du Dragon (Mars. *Cat.* 33) ; Ghisoni, au lieu dit Cannareccia (Rotgès, 10-VII-1898, notes manuscr.[2]) ; Coscione, 1100 m. (Coust., V-1917, notes manuscr.) ; Bonifacio (Viv., sec. Rouy *Fl. Fr.* IV, 28).

Feuilles inférieures à limbe profondément cordiforme, superficiellement 5-lobées, les caulinaires 5-pinnatifides à lobes ne dépassant guère la moitié du limbe, les ultimes tripartites, toutes à lobes crénelés-dentés, rappelant comme forme les feuilles des *Ribes*. Pétales d'un rose lilacé,

---

1. Mentionné à tort par Baker f. (l. c. 340) comme synonyme du *M. silvestris* var. *ambigua*.
2. Selon M. Rotgès (notes manuscr.), c'est cette plante que Foucaud (in *Bull. soc. bot. Fr.* XLVII, 88) a indiquée par erreur sous le nom de *M. rotundifolia*.

oblongs-cunéiformes, profondément émarginés. Carpelles mûrs glabrescents ou glabres.

Cette belle race, endémique en Corse, fut découverte dans l'île — « in Corsicae montibus » — par Serafini (ex Viv. l. c.).

†† β. Var. **multidentata** Koch *Syn.* ed. 1, 129 (1837) et ed. 2, 142 ; Godr. in Gren. et Godr. *Fl. Fr.* I, 288 = *M. italica* Reichb. *Fl. germ. exc.* 772 (1832) ; non Poll. = *M. cannabina* Serres in *Bull. soc. bot. Fr.* III, 276 (1856) = *M. Alcea* var. *italica* Beck *Fl. Nieder-Öst.* II, 1. Abt., 539 (1892) = *M. Alcea* forme *M. cannabina* Rouy *Fl. Fr.* IV, 29 (1897).— Exsicc. Kük. It. cors. n. 1884 !, sub : *M. Alcea* var. *ribifolia* (Muro)] [Herb. Deless.] .

Hab. — Près Muro, garigues (Kük. ! exsicc. cit.) ; Punta di Canale, près Santa-Lucia di Tallano, versant de Caldane, clairières des taillis de *Quercus Ilex*, 400-500 m. (Briq. !, 7-VI-1911, in herb. Burn. et herb. R. Lit.).

Feuilles inférieures à limbe ± cordiforme, 5-lobées, les caulinaires moyennes et supérieures profondément 5-pinnatipartites à divisions étroites, incisées-dentées ou crénelées. Pétales d'un rose lilacé, ovalescunéiformes, profondément émarginés. Carpelles mûrs glabres.

†† 1071. **M. moschata** L. *Sp.* ed. 1, 660 (1753) ; Godr. in Gren. et Godr. *Fl. Fr.* I, 288 ; Baker f. *Syn. Malv.* in *Journ. of bot.* XXVIII, 242 ; Rouy *Fl. Fr.* IV, 30 ; Coste *Fl. Fr.* I, 236 = *Alcea pinnatifida* Gilib. *Fl. lituan.* ser. 1, I, 66 (1781).

Hab. — Prairies de l'étage montagnard (et peut-être inférieur ?). Juin-sept. ♃. Très rare. En Corse la variété suivante.

†† Var. **undulata** Sims in *Bot. mag.* XLIX, t. 2298 (1822) = *M. laciniata* Desr. in Lamk *Encycl. méth.* III, 750 (1789-?) = *M. moschata* var. *laciniata* DC. *Prodr.* I, 432 (1824) ; Godr. in Gren. et Godr. l. c. 289 ; Rouy l. c. 31 = *M. moschata* var. *angustisecta* Neilr. *Fl. Nieder-Oest.* II, 822 (1859) ; Celak. *Prodr. Fl. Böhm.* 517 = *M. moschata* var. *typica* Beck *Fl. Nieder-Öst.* II, 1. Abt., 539 (1892) = *M. moschata* formà *laciniatà* Hayek *Prodr. fl. penins. balc.* I, 546 (1925). — Exsicc. Soleirol n. 585 !, sub : *M. moschata* (Cap Corse) [Herb. Deless.] .

Hab. — « Cap Corse » (Soleirol ! exsicc. cit.) ; prairies à la maison forestière d'Aitone, 1036 m. (Rotgès !, 16-VIII-1908, in herb. Conserv. Genève).

1072. **M. cretica** Cav. *Diss.* II, 67 (1786) et *Diss.* V, 280, t. 138, f. 2 (1788), ampl. Fiori *Nuov. fl. anal. It.* II, 161 (1926) ; Gavioli in *Cavanillesia* II, 84-86, t. IV.

Hab. — Maquis, garigues, friches, rocailles de l'étage inférieur. ①. Avril-juin. Uniquement dans le S. de l'île. — Deux variétés.

α. Var. **cretica** R. Lit., nov. comb. = *M. cretica* Cav. l. c., sensu stricto ; Boiss. *Fl. Or.* I, 818 ; Rouy in Morot *Journ. de bot.* XI, 82 et *Fl. Fr.* IV, 53 ; Coste *Fl. Fr.* I, 235 = *M. hirsuta* Ten. *Prodr. fl. nap.*, p. XL (1811), p. p. (?); non Viv., nec Presl = *M. althaeoides* Sibth. et Sm. *Fl. graec. prodr.* II, 44 (1813) et *Fl. graec.* VII, 59, t. 664 ; Moris *Fl. sard.* I, 292 ; Godr. in Gren. et Godr. *Fl. Fr.* I, 289 ; non Cav. = *M. althaeoides* var. *cretica* Baker f. *Syn. Malv.* in *Journ. of bot.* XXVIII, 243 (1890) = *M. cretica* var. *typica* Paol. in Fiori et Paol. *Fl. anal. It.* II, 265 (1901), p. p. ; Fiori *Nuov. fl. anal. It.* II, 161 (1926) ; Gavioli in *Cavanillesia* II, 84. — Exsicc. Kralik sub : *M. althaeoides* ! (Bonifacio) [Herb. Coss.].

Hab. — Ajaccio (Clément ex Godr. *Fl. Fr.* l. c. I, 289), près du cimetière (Boullu in *Bull. soc. bot. Fr.* XXIV, sess. extr. LXXXIX), à Barbicaja (Clément !, VI-1842, in herb. gén. Mus. et Fac. Sc. Grenoble) et dans la « montagne » (Mars. *Cat.* 33) ; Pointe de l'Aquella près Ste-Lucie de Porto-Vecchio, 350-370 m. (Briq. !, 4-V-1907, in herb. Burn.) ; Porto-Vecchio (Salis in *Flora* XVII, Beibl. II, 67 ; Kralik ex Rouy *Fl. Fr.* IV, 33 ; Revel. in Mars. l. c.) ; Santa Manza, plateau de Canalli (Briq. !, 6-V-1907, in herb. Burn., St-Y. !, in herb. Laus.) ; Bonifacio (Salis l. c. ; Kralik ! exsicc. cit. ; Revel. !, 9-V et 7-VI-1856, in herb. Bor. et ex Mars. l. c. ; Reverch. ex Rouy l. c. — maquis de Canneto ; — Stefani !, V-1912 — plateau de Pertusato, in herb. Coust. ; Coust. !, V-1917, — route de Porto-Vecchio, — in herb.)!

Fleurs relativement petites, à pétales de 10-12 mm. de long égalant ou dépassant peu le calice.

Les échantillons recueillis par J. Briquet à la Pointe de l'Aquella, de grande taille (34 cm.), à fleurs plus grandes (pétales mesurant 15 mm. de long, ± égaux aux sépales) se rapportent à une forme de passage au var. **montana** Lac. [in *Nuov. giorn. bot. it.* nuov. ser., XXXII, 211 (1925) ; Fiori l. c. = *M. althaeoides* Guss. *Pl. rar.* 284 (1826), *Fl. sic. prodr.* II, 325 ; et auct. ital. plur. ; non Cav.], de l'Italie méridionale, dont les pétales mesurent de 15 à 20 mm., dépassant les sépales de la moitié de leur longueur.

†† β. Var. **althaeoides** Gavioli in *Cavanillesia* II, 84 (1929) = *M. althaeoides* Cav. *Ic. et descr.* II, 30, t. 135 (1793) ; Willk. in Willk. et Lange *Prodr. fl. hisp.* III, 577 ; Baker f. *Syn. Malv.* in *Journ. of bot.* XXVIII, 243. — Exsicc. Reverch. ann. 1880, sub : *M. althaeoides* ! (Bonifacio) [Herb. Bonaparte].

Hab. — Corse, sans précision de localité (Baker f. l. c.) ; Bonifacio (Reverch. ! exsicc. cit.). A rechercher.

Race voisine du var. *montana*, moins velue, encore plus grandiflore, à corolle au moins 2 fois plus longue que le calice, mesurant jusqu'à 27 mm. de long.
Cette plante assez répandue dans l'Espagne orientale et méridionale a été signalée aussi en Lucanie (Gavioli l. c.).

1073. **M. sylvestris** L. *Sp.* ed. 1, 689 (1753) ; Burn. *Fl. Alp. mar.* II, 5 ; Baker f. *Syn. Malv.* in *Journ. of bot.* XXVIII, 339, excl. synon. *M. circinnatae* Viv.; Rouy *Fl. Fr.* IV, 33; Coste *Fl. Fr.* I, 236.

Hab. — Cultures, friches, bord des routes, décombres, lieux arides dans les étages inférieur et montagnard ; espèce nitrophile. Mars-oct. ②-♃. Espèce très polymorphe ; en Corse les races suivantes.

α. Var. **latiloba** Celak. *Prodr. Fl. Böhm.* 515 (1874) ; Rouy *Fl. Fr.* IV, 34 = *M. sylvestris* var. *typica* Beck *Fl. Nieder-Öst.* II, 1. Abt., 538 (1892). — Exsicc. Reverch. ann. 1885, n. 450 ! (Evisa) [Herb. Deless.] ; Kük. It. cors. n. 1466 ! (Corbara) [Herb. Deless.].

Hab. — Répandu et abondant dans l'île entière.

« Plante généralement élevée, à tiges glabrescentes dans la partie inférieure, ± velues dans le haut. Feuilles grandes ou médiocres, à lobes larges, à sinus court, les inférieures à limbe glabrescent, les supérieures généralement ± pubescentes. Corolle relativement grande, à pétales longs de 2-2,5 cm. Carpelles glabres. » (J. B.).

† β. Var. **hirsuta** Gillot in *Bull. soc. bot. Fr.* XXIV, sess. extr. XLV (1877) = *M. hirsuta* Viv. *Fl. cors. diagn.* 12 (1824) ; non Presl, nec Ten. = *M. Vivianiana* Rouy in Morot *Journ. de bot.* XI, 82 (1897) = *M. silvestris* forme *M. Vivianiana* Rouy *Fl. Fr.* IV, 34 (1897).

Hab. — Environs de Bastia à Griscione (Gillot l. c.) et dans le vallon du Fango (R. Lit. !, 12-V-1932) ; Marinca (Briq. !, 26-IV-1907, in herb. Burn.); Corte (Bernard in herb. Gren., ex Rouy *Fl. Fr.* IV, 35); Ajaccio (Req. in herb. Mus. Paris, ex Rouy l. c. et in herb. Req. !,

V-1847) ; Porto-Vecchio, entre la ville et la marine (R. Lit. !, 14-V-1932) ; Santa Manza (R. Lit. !, 14-V-1932) ; Bonifacio (Kralik ex Rouy in Morot *Journ. de bot.* XI, 82 et *Fl. Fr.* IV, 35 ; Briq. !, 5-V-1907, in herb. Burn. et St-Y. !, in herb. Laus. ; Brugère ! V-1914, in herb. Burn. ; R. Lit. !, 14-V-1932). — Mentionné par Viviani (l. c.) dans la Corse méridionale.

« Très semblable au var. *latiloba*, à pétales atteignant et dépassant même parfois 2 cm. de longueur, différent par ses feuilles densément pubescentes ou subtomenteuses, à poils étoilés ou fasciculés très nombreux, les tiges (surtout dans la partie supérieure) couvertes d'abondants poils fasciculés ascendants, les carpelles hérissés. — Le var. **Preslii** Briq., nov. nom. [= *M. hirsuta* Presl *Fl. sic.* I, 175 (1826) ; Guss. *Fl. sic. prodr.* II, 336], de Sicile, se distingue du var. *hirsuta* par sa villosité très abondante, étalée, des tiges et des pétioles, les fleurs très nombreuses, à pédicelles réunis en groupes ombelliformes, les pétales plus petits. » (J. B.).

++ γ. Var. **parvifolia** Schur *Enum. pl. Transs.* 130 (1866) = *M. silvestris* var. *glabriuscula* subvar. *parvifolia* Rouy *Fl. Fr.* IV, 34 (1897).

Hab. — Algajola, rochers maritimes (Briq. !, 18-VII-1910, in herb. Burn.) ; Ile-Rousse, près de la plage (R. Lit. !, 26-VII-1932) ; au-dessous de Corbara (N. Roux !, 25-IV-1913, in herb., sub : « *M. ambigua* Guss. » ; Pointe Revellata, près Calvi (Briq. !, 18-VII-1910, in herb. Burn. et St-Y. !, in herb. Laus.) ; environs de Vico (Req. !, 1852, in herb.) ; cime de la Chapelle de Sant'Angelo, 1184 m. (Houard !, 24-VIII-1909, in herb. Deless.) ; vallée du Tavignano en amont de Corte, 900-1000 m. (Briq. !, 26-VII-1906, in herb. Deless.) ; Ajaccio (Léveillé !, 1842, in herb. Req.) ; la Chapelle des Grecs, près Ajaccio (Fouc. !, 1-VI-1896, in herb. Bonaparte, sub : *M. silvestris*) ; Solenzara, bord de la route près du pont (Aellen !, 28-VII-1933).

« Intermédiaire entre les variétés α et δ. Se rapproche de la variété δ par sa corolle relativement petite, à pétales étroits n'atteignant pas ou à peine 1,5 cm., ses rameaux couchés et des feuilles petites, mais s'en distingue par l'absence de vestimentum subtomenteux sur les feuilles et les tiges, les calices ni hérissés, ni tomenteux, les carpelles presque glabres. — Ces caractères nous obligent à donner à ce groupe une valeur supérieure à celle qui lui a été attribuée par Rouy. » (J. B.).

δ. Var. **microphylla** Rouy *Fl. Fr.* IV, 35 (1897), — sub : *M. silvestris* forme *M. ambigua* var. *microphylla* — emend. Briq. = *M. ambigua* Godr. in Gren. et Godr. *Fl. Fr.* I, 290 (1847) ; non Guss. ! = *M. sylves-*

tris var. *ambigua* Baker f. *Syn. Malv.* in *Journ. of bot.* XXVIII, 340 (1890), excl. synon. *M. ribifoliae* Viv.

Hab. — Signalé dans les localités suivantes : entre Evisa et Porto (Lutz in *Bull. soc. bot. Fr.* XLVIII, sess. extr. CXXI) ; Cargèse (N. Roux ibid., sess. extr. CXXXIV) ; environs d'Ajaccio (Mars. *Cat.* 33), notamment près du pénitencier de Castelluccio (Boullu in *Bull. soc. bot. Fr.* XXIV, sess. extr. XCVII) ; près de l'embouchure du Rizzanese (Lutz l. c. CXLII) ; Bonifacio (sec. Godr. l. c. ; Lutz l. c., CXLII ; Boy. *Fl. Sud Corse* 58).

« Plante réduite. Tiges grêles, brièvement pubescentes-subtomenteuses, ainsi que les pédicelles grêles. Feuilles petites, cendrées-subtomenteuses. Fleurs petites, géminées ou ternées à l'aisselle des feuilles ; pétales atteignant à peine 1,5 cm. Carpelles velus.

« Cette race, assez répandue en Provence, n'est pas le *M. ambigua* Guss., ainsi que l'a cru Godron, suivi par la plupart des auteurs, sauf par Burnat (*Fl. Alp. mar.* II, 6). Le type du *M. ambigua* a été décrit par Gussone comme « glaberrima » (*Fl. sic. prodr.* II, 331), « caules... in α... undique... glaberrimi ». La plante publiée par Lojacono sous le n. 561 des *Pl. Sic. rar.* donne une bonne idée du type de Gussone, lequel appartient à une race toute différente, très voisine du var. *dasycarpa* Beck [*Fl. Nieder-Öst.* II, 1. Abt., 538 (1892)]. Il est vrai que Gussone a réuni au *M. ambigua* plusieurs formes différentes (var. *b.*, var. *c. cuneata* et var. *d.*) dont aucune ne cadre d'ailleurs avec le var. *microphylla*. — Nous avons vu le var. *microphylla* de Provence, de Grèce et de Crète ; les indications corses ci-dessus devront être vérifiées, car elles se rapportent peut-être au var. *parvifolia*. » (J. B.).

† 1074. **M. neglecta** Wallr. in *Syll. pl. Ratisb.* I, 140 (1824) ; Beck *Fl. Nieder-Öst.* II, 1. Abt., 539 = *M. rotundifolia* L. *Sp.* ed. 1, 688 (1753), p. p. ; Godr. in Gren. et Godr. *Fl. Fr.* I, 290 ; Baker f. *Syn. Malv.* in *Journ. of bot.* XXVIII, 341 ; Rouy *Fl. Fr.* IV, 37 ; Coste *Fl. Fr.* I, 237 = *M. vulgaris* Fries *Novit. fl. suec.* ed. 2, 219 (1828). — Exsicc. Reverch. ann. 1885, n. 449 !, sub : *M. rotundifolia* (Evisa) [Herb. Deless.].

Hab. — Cultures, friches, bord des routes, décombres, murs dans les étages inférieur et montagnard ; espèce nitrophile. ♃. Mai-sept. Disséminé. Calvi (Salis in *Flora* XVII, Beibl. II, 67) ; col de Bonasa sur Bonifatto, 1134 m. (Houard !, in herb. Deless.) ; près de la station d'Omessa, bord de la route (Briq. !, 13-V-1907, in herb. Burn.) ; gare de Corte (Aylies !, VI-1919, in herb. R. Lit.) ; forêt d'Aitone (Lutz in *Bull. soc. bot. Fr.* XLVIII, sess. extr. CXXX) ; Evisa (Salis l. c. ;

Reverch.! exsicc. cit.; Aellen !, 23 et 24-VII-1932); Vivario (Briq. et
Wilcz. !, 5-VII-1913, in herb. Laus.).

Signalé aussi à Ghisoni par Foucaud, d'après M. Rotgès (in *Bull. soc.
bot. Fr.* XLVII, 88), indication reproduite par Fiori (*Nuov.fl. anal. It.* II,
163) — seule localité mentionnée pour la Corse par l'auteur ; — il s'agit
en réalité d'une erreur de Foucaud (cf. p. 135).

1075. **M. nicaeensis** All. *Fl. ped.* II, 40 (1785); Godr. in Gren. et
Godr. *Fl. Fr.* I, 290 ; Baker f. *Syn. Malv.* in *Journ. of bot.* XXVIII,
340 ; Rouy *Fl. Fr.* IV, 36 ; Coste *Fl. Fr.* I, 236 = *M. arvensis* J. et
C. Presl *Del. prag.* 28 (1822) et C. Presl. *Fl. sic.* I, 176 = *M. circinnata* Viv. *App. fl. cors. prodr.* 6 (1825) = *M. montana* Hayek *Prodr.
fl. penins. balc.* I, 547 (1925) ; non Forsk. — Exsicc. Req. sub :
« *M. nicaeensis* All. ? » ! (Ajaccio) [Herb. Coss.] ; Kralik sub : *M. nicaeensis* ! (Bonifacio) [Herb. Coss.].

Hab. — Garigues, cultures, bord des routes, décombres dans les
étages inférieur et montagnard ; espèce nitrophile. ④. Mars-sept.
Assez répandu. Environs de Bastia (Salis ! in *Flora* XVII, Beibl. II,
67 ; Mab. in Mars. *Cat.* 33), notamment dans le vallon de Toga (Mab.
in *Feuille jeun. nat.* VII, 111), sur la route du Cap (Gillot in *Bull. soc.
bot. Fr.* XXIV, sess. extr. LXVI) ; Cervione (Houard !, 10-V-1909,
in herb. Deless.) ; Corte (R. Lit. ! in *Bull. soc. sc. hist. et nat. Corse*
XIII, 277) ; forêt d'Aitone (Lutz in *Bull. soc. bot. Fr.* XLVIII, 53) ;
Ajaccio (Clément!, V-1842, in herb. gén. Mus. Grenoble; Borne!, 22-V-
1847, in herb. Laus. ; Req. ! exsicc. cit. et ex Bertol. *Fl. it.* X, 503 ;
Mars. l. c. ; R. Lit. !) et environs, notamment à Campo di l'Oro (Coste
in *Bull. soc. bot. Fr.* XLVIII, sess. extr. CVII), à Barbicaja (Boullu
ibid. XXIV, sess. extr. LXXXIX) ; Chiavari (Mars. l. c.) ; Casala-
briva (Viv. *App. fl. cors. prodr.* 6) ; [vallée de l'] Ortolo (Viv. l. c.) ;
La Trinité (Brugère !, 3-V-1914, in herb. Burn.) ; Bonifacio (Salis !,
V-1829, in herb., sub : « *M. nicaeensis* ? » ; Kralik! exsicc. cit. ; Req. !,
VI-1849, in herb. ; Revel. in Mars. l. c. ; Boy. *Fl. Sud Corse* 58).

Le *M. montana* Forsk. [*Fl. aeg.-arab.* 124 (1775)] a été identifié par
certains auteurs, notamment Hayek (l. c.), au *M. nicaeensis* All. La plante
de Forskal, d'après la révision de son herbier qu'a publiée M. C. Chris-
tensen [in *Dansk Bot. Arkiv* IV, n. 3, 23 (1922)], serait synonyme du
M. verticillata L., espèce orientale dont l'aire s'étend de la Sibérie et de
la Chine jusqu'en Egypte et en Abyssinie.

« Le *M. circinnata* Viv. (l. c.), mentionné à tort par Baker f. (l. c. 339) comme synonyme du *M. sylvestris*, doit certainement être rattaché au *M. nicaeensis*. Viviani décrit le calice de son *M. circinnata* comme 4 fois plus court que la corolle, ce qui est très exagéré, mais les autres caractères attribués par l'auteur cadrent bien avec ceux de l'espèce d'Allioni. » (J. B.).

1076. **M. parviflora** L. *Amoen. acad.* III, 416 (1756) et *Sp.* ed. 2, 969 ; Burn. *Fl. Alp. mar.* II, 7 ; Baker f. *Syn. Malv.* in *Journ. of bot.* XXVIII, 341 ; Rouy *Fl. Fr.* IV, 39 ; Coste *Fl. Fr.* I, 237 = *M. rotundifolia* subsp. *M. parviflora* Ball *Spic. fl. marocc.* in *Journ. Linn. soc.* XVI, 378 (1877-78).

Hab. — Champs, friches, décombres, bord des chemins dans l'étage inférieur ; espèce nitrophile. Mars-juill. ①. Répandu sous les deux variétés suivantes.

α. Var. **typica** Paol. in Fiori et Paol. *Fl. anal. It.* II, 268 (1901) ; Fiori *Nuov. fl. anal. It.* II, 163 ; Maire in *Mém. soc. hist. nat. Afr. N.* n. 3, 152 (1933) = *M. flexuosa* Hornem. *Hort. hafn.* 265 (1815) ; DC. *Prodr.* I, 433 = *M. parviflora* Godr. in Gren. et Godr. *Fl. Fr.* I, 291 (1847) = *M. parviflora* et var. *flexuosa* Rouy *Fl. Fr.* IV, 39 (1897).

« Calice scarieux à la maturité, s'étalant ± autour du fruit, lequel mesure env. 7 mm. de diamètre. » (J. B.).

† β. Var. **microcarpa** Losc. *Trat. pl. Arag.* II, 203-205 (1877) ; Bonn. et Barr. *Cat. Tun.* 76 ; Paol. in Fiori et Paol. *Fl. anal. It.* II, 268 ; Fiori *Nuov. fl. anal. It.* II, 163 = *M. microcarpa* Desf. [*Tabl.* ed. 1, 144 (1804), nom. nud.] ex Pers. *Syn.* II, 251 (1807) ; Reichb. *Fl. germ. exc.* 771 et *Ic. fl. germ. et helv.* V, f. 4833 ; Godr. in Gren. et Godr. *Fl. Fr.* I, 291 ; Parl. *Fl. it.* V, 60 = *M. parviflora* All. *Fl. ped.* II, 40 (1785) ; Moris *Fl. sard.* I, 296 = *M. Bivoniana* Presl *Fl. sic.* I, 178 (1767) = *M. parviflora* var. *cristata* Boiss. *Fl. Or.* I, 821 (1867) ; Baker f. *Syn. Malv.* in *Journ. of bot.* XXVIII, 342 ; p. p. = *M. parviflora* forme *M. microcarpa* Rouy *Fl. Fr.* IV, 391 (1897) = *M. parviflora* subsp. *microcarpa* Coutinho *Fl. Port.* 401 (1913). — Exsicc. Kralik n. 517 ! (Bonifacio) [Herb. Bor., Deless.] ; Kük. It. cors. n. 1456 ! (Pigno) [Herb. Deless.].

« Calice scarieux enveloppant le fruit à la maturité, ce dernier mesurant 5-6 mm. de diamètre. — Ces deux variétés sont reliées par de nombreuses formes douteuses. Les caractères tirés des poils simples ou fasciculés sur les tiges sont sans valeur; la présence de poils fasciculés peut être décelée chez toutes les formes. » (J. B.).

HIBISCUS L.

H. Trionum L. *Sp.* ed. 1, 697 (1753) = *Ketmia Trionum* Scop. *Fl. carn.* ed. 2, 11, 44 (1772) = *Trionum annuum* Medik. *Malv.* 47 (1787) = *Trionum diffusum* Moench *Meth.* 618 (1794).

Espèce étrangère à la flore de l'île mentionnée par Burmann (*Fl. Cors.* 229), d'après Jaussin (*Mém. hist.* II, 502, 582 : *Ketmia vesicaria vulgaris* T.).

GUTTIFERAE

HYPERICUM L.

† 1077. **H. Androsaemum** L. *Sp.* ed. 1, 784 (1753) ; Godr. in Gren. et Godr. *Fl. Fr.* I, 320 = *Androsaemum officinale* All. *Fl. ped.* II, 47 (1785) ; Rouy et Fouc. *Fl. Fr.* III, 348 ; Coste *Fl. Fr.* I, 255 = *H. bacciferum* Lamk *Fl. fr.* III, 151 (1778) = *Androsaemum vulgare* Gaertn. *De fruct. et sem.* I, 282, t. 59, f. 2 (1788) = *Androsaemum Androsaemum* Huth in *Helios* XI, 133 (1893). — Exsicc. Soleirol n. 670 ! (Bocognano) [Herb. Coss., Req.].

Hab. — Lieux ombragés et frais de l'horizon supérieur de l'étage inférieur et dans l'étage montagnard. ♃. Juin-juill. Très rare. Jusqu'ici seulement près d'Orezza (Salis in *Flora* XVII, Beibl. II, 66) et Bocognano (« Boconiano ») (Soleirol ! exsicc. cit. et ex Bertol. *Fl. it.* VIII, 309).

1078. **H. hircinum** L. *Sp.* ed. 1, 784 (1753) ; Godr. in Gren. et Godr. *Fl. Fr.* I, 320 = *Androsaemum hircinum* Spach *Hist. nat. vég.* V, 419 (1836) ; Choisy in DC. *Prodr.* I, 554, cum var. β *obtusifolio* ; Rouy et Fouc. *Fl. Fr.* III, 349 ; Coste *Fl. Fr.* I, 256. — Exsicc. Sieber sub : « *H. hyrcinum* » ! (sic !) (Sartène) [Herb. Coss., Req.] ; Soleirol n. 669 !, sub : *H. hircinum* β *obtusifolium* DC. (Calvi) [Herb. Deless.] ; Soleirol n. 669 !, sub : *H. hircinum* β *obtusifolium* DC. (« Bogoniano et le pied de toutes les hautes montagnes ») [Herb. Coss.] ;

Req. sub : *H. hircinum* ! (Vico) [Herb. Coss., Deless.] ; Bourg. n. 73 !
(Vico, leg. Req.) [Herb. Coss.] ; Kralik n. 512 ! (près Bastia) [Herb.
Bor., Coss., Deless., Rouy] ; Kralik n. 512 ! (Levie) [Herb. Coss.] ;
Mab. n. 57 ! (ruisseau de Toga, près Bastia, leg. Deb.) [Herb. Bor.,
Burn., Coss.] ; Deb. n. 55 ! (vallon du Fango, près Bastia) [Herb.
Laus.] ; Reverch. ann. 1878, n. 73 ! (Bastelica) [Herb. Burn., Coss.,
Laus., Rouy] ; Reverch. ann. 1879, n. 73 ! (Serra di Scopamene)
[Herb. Burn.] ; Burn. ann. 1900, n. 6 ! (entre Bastia et le col du
Teghime) [Herb. Burn.] ; Soc. fr. n. 384 bis ! (Sidossi, leg. Coust.)
[Herb. Jeanjean].

Hab. — Bord des cours d'eau, points humides dans les étages inférieur, montagnard et jusque dans l'horizon inférieur de l'étage
subalpin, 1-1600 m. Mai-sept. ♃. Répandu et abondant dans l'île
entière.

1079. **H. acutum** Moench *Meth.* 124 (1794); Beck *Fl. Nieder-Öst.*
II, 1. Abt., 530 ; Burn. *Fl. Alp. mar.* II, 28 ; Rouy et Fouc. *Fl. Fr.* III,
334 ; Schinz in *Bull. herb. Boiss.* 2me sér. III, 10 = *H. quadrangulum*
L. *Sp.* ed. 1, 785 (1753), p. p. (nomen confusum !) ; Bertol. *Fl. it.*
VIII, 314, quoad pl. cors. = *H. quadrangulare* L. *Amoen. acad.* VIII,
318 (1785), p. p. (nomen confusum !) = *H. quadrialatum* Wahlb. *Fl.*
suec. 476 (1824-26) = *H. tetrapterum* Fries *Novit. fl. suec.* ed. 2, 236
(1828) ; Godr. in Gren. et Godr. *Fl. Fr.* I, 34 ; Coste *Fl. Fr.* I, 259.

« Les épithètes spécifiques dues à Linné et à Wahlenberg embrassaient
à la fois les *H. acutum* Moench et *H. maculatum* Crantz (*H. tetragonum*
Fries, *H. dubium* Leers), ainsi que l'a montré en détail M. Schinz (in
Vierteljahrsschr. naturf. Ges. Zürich XLIX, 231-237, ann. 1904). Ces
épithètes ayant été appliquées tantôt à l'une, tantôt à l'autre des deux
espèces, il en est résulté une confusion inextricable qui rend légitime
leur abandon (*Règles nomencl.* Art. 51, 4° ; cf. Schinz et Thell. in *Bull.*
herb. Boiss. 2me sér., VII, 495 et 580). » (J. B.).

En Corse les deux sous-espèces suivantes.

I. Subsp. **eu-acutum** Hayek *Prodr. fl. penins. balc.* I, 534 (1925)
= *H. acutum* Moench l. c. ; Schinz l. c., sensu stricto = *H. quadrangu-*
lum var. *acutum* Fiori in Fiori et Paol. *Fl. anal. It.* I, 383 (1898),
excl. b *undulatum* (Schousb.) ; Fiori *Nuov. fl. anal. It.* I, 521 =
H. acutum subsp. *tetrapterum* Maire in Jah. et Maire *Cat. pl. Maroc* II,
483 (1932). — Exsicc. Kralik sub : *H. tetrapterum* ! (Corte) [Herb.

Coss., Deless., Rouy] ; Kralik sub : *H. tetrapterum* ! (Zicavo) [Herb.
Coss.] ; Burn. ann. 1900, n. 157 ! (Corte) [Herb. Burn., Deless.].

Hab. — Bord des cours d'eau, points humides dans les étages inférieur, montagnard et subalpin. ♃. Mai-août. Répandu.

« Tige élevée, dressée, raide, à 4 angles nettement ailés. Feuilles assez
fermes, relativement grandes, ovées-elliptiques, entières, à nervures
de premier et de second ordre assez saillantes et donnant souvent au
limbe une apparence plissée, à nervures de troisième ordre (anastomoses) formant un réseau nettement développé bien que peu serré. Cymes
multiflores, groupées en un corymbe dense ± pyramidal. » (J. B.).

II. Subsp. **corsicum** Rouy et Fouc. *Fl. Fr.* III, 338 (1896) =
H. tenellum Tausch in *Flora* XIV, 211 (1831) ; non Soland. ex Clarke
Trav. II, 643 (1810-23), nec Janka (1872) = *H. corsicum* Steud.
Nom. bot. ed. 2, I, 787 (1840).

Hab. — Bord des ruisseaux, rochers et pelouses humides. ♃. Juill.-
août.

« Tige basse, grêle, décombante, à 4 angles faiblement ailés. Feuilles
minces, petites, ovées-arrondies ou orbiculaires, à nervures de premier et
de deuxième ordre peu ou pas saillantes, à nervures de troisième ordre
(anastomoses) peu développées. Cymes plus pauciflores. » (J. B.).

Se présente sous les deux variétés suivantes.

++ α. Var. **rotundifolium** Schinz in *Bull. herb. Boiss.* 2me sér., III,
16 (1903) ; A. Fröhl. in *Sitz. Akad. Wiss. Wien*, math.-naturw. Kl.
CXX, 1, 582 = *H. tetrapterum* var. *rotundifolium* Lange in Willk. et
Lange *Prodr. fl. hisp.* III, 591 (1878) = *H. insulare* Fouc. et Mand.
ap. Fouc. in *Bull. soc. bot. Fr.* XLVII, 89, pl. 2 (1900) = *H. acutum*
var. *insulare* Briq. *Rech. fl. mont. Corse* 84 (1901). — Exsicc. Burn.,
ann. 1900, n. 316 ! (entre le col de Sorba et Ghisoni) [Herb. Burn.].

Hab. — Dans les étages montagnard et subalpin. Rare. Descente
du col de Teri Corsia sur Lozzi, bords du torrent, 1400 m. (Briq. !,
7-VIII-1906, in herb. Burn.) ; Vizzavona (Jah. !, 24-VII-1914, in
herb. Coust., sub : *H. corsicum*) ; entre le col de Sorba et Ghisoni, bord
des ruisseaux, 1000 m. (Mand. et Fouc. ap. Fouc. l. c. ; Briq. *Rech. fl.
mont. Corse* 84 et Burn. ! exsicc. cit.) ; cascade de la fontaine de Puzzi-
chello, près Ghisoni (Mand., Rotgès et Fouc. ap. Fouc. l. c.) ; massif
de l'Incudine : rochers suintants au-dessous des bergeries de Crocia,
1490 m. (R. Lit. !, 21-VII-1928).

10

Tige moins grêle que dans la variété suivante. Inflorescence multiflore (3-20 fl.) disposée en corymbe.

Des formes de passage relient cette variété au subsp. *cu-acutum*. Nous en avons vu des localités suivantes : Corsia, au-dessus de Calacuccia, bord des ruisselets, 850 m. (Briq. !, 6-VIII-1906, in herb. Burn.) ; Punta d'Ernella, tache tourbeuse à *Erica terminalis* près de la fontaine de Furcilli, 1150 m. (R. Lit. ! *Mont. Corse orient.* 103) ; berges d'une source près des bergeries de Tova, 1400 m. (Briq. et Wilcz. !, 9-VII-1913, in herb. Burn.).

β. Var. **corsicum** Halacs. *Consp. fl. graec.* I, 281 (1901) = *H. tenellum* Tausch l. c. (1831), sensu stricto = *H. corsicum* Steud. l. c. (1840), sensu stricto ; Godr. in Gren. et Godr. *Fl. Fr.* I, 315 ; Bonnet in *Bull. soc. bot. Fr.* XXV, 280; Coste *Fl. Fr.* I, 258 = *H. humifusum Corsicum* Gillet et Magne *Nouv. fl. fr.* ed. 1, 72 (1862) = *H. tetrapterum* var. *Corsicum* Boiss. *Fl. Or.* I, 806 (1867) ; Parl. *Fl. it.* V, 518 = *H. tetrapterum* var. *tenellum* Ces., Pass. et Gib. *Comp. fl. it.* 758 (1883) = *H. tetrapterum* subsp. *H. Corsicum* Rouy in Magnier *Scrin. fl. select.* XI, 145 (1892) = *H. acutum* subsp. *H. Corsicum* Rouy et Fouc. l. c. (1896), sensu stricto = *H. quadrangulum* var. *corsicum* Fiori in Fiori et Paol. *Fl. anal. It.* I, 387 (1898). — Exsicc. Soleirol n. 112 ! sub : « *Hypericum* » (M^te Rotondo) [Herb. Bor., Prodr., Req.] ; Soleirol n. 112 !, sub : « *H. repens* » (M^te d'Oro) [Herb. Coss.] ; Kralik n. 511 !, sub : *H. corsicum* (M^te d'Oro) [Herb. Coss., Deless.] ; Reverch. ann. 1878, sub : *H. corsicum* ! (M^te Renoso) [Herb. Burn.].

Hab. — Dans les étages montagnard, subalpin et alpin, 1000-1900 m. Plus fréquente que la variété précédente ; uniquement dans les grands massifs centraux. *Massif du Cinto* : Bergeries de Tula, ruisselets, 1700 m. (Briq. !, 26-VII-1906, in herb. Burn.) ; base du Capo al Berdato et bords de l'Erco (Audigier ex Fouc. in *Bull. soc. bot. Fr.* XLVII, 89 ; R. Lit. ! in *Bull. acad. géogr. bot.* XVIII, 76, 79. — *Massif du Rotondo* : forêt de Melo, bord des ruisseaux (Le Brun in *Le Monde des pl.* XXVII, n. 53, 5) ; au-dessus des bergeries de Spiscie, sentier du lac du Pozzolo, 1750-1800 m. (St-Y. !, 6-VIII-1906, in herb. Laus. ; R. Lit. ! in *Bull. soc. sc. hist. et nat. Corse* XLII, 227) ; Monte Rotondo (Soleirol ! exsicc. cit.) ; bergeries de Pradelle, au-dessus de St-Pierre de Venaco (Aylies ! ex R. Lit. et Sim. in *Bull. soc. bot. Fr.* LXVIII, 101) ; vallon de Manganello, 1000-1200 m. (Briq. !, 20-VII-1906, in herb. Burn., St-Y. !, in herb. Laus.) ; forêt de Vizza-

vona (Gysperger !, 10-VII-1910, in herb. N. Roux ; Le Brun l. c.,
n. 47, 5 — bords du ruisseau de Domenica) ; Monte d'Oro (Soleirol !
exsicc. cit. et ex Parl. *Fl. it.* V, 518 ; Req. !, 11-VIII-1847, in herb. ;
Kralik ! exsicc. cit. et ex Parl. l. c. ; Mars. *Cat.* 36 ; Briq. !, 20-VII-
1906, 9 et 12-VIII-1906, in herb. Burn. ; R. Lit. ! in *Bull. acad.
géogr. bot.* XVIII, 92 ; Le Brun l. c., n. 53, 4) ; pentes de la pointe
Ceppo au-dessus de la Foce de Vizzavona, 1500 m. (R. Lit. ! *Voy.* I,
11) ; Bocognano (Deb. ex Rouy et Fouc. *Fl. Fr.* III, 339). — *Massif
du Renoso* : Monte Renoso, notamment aux Pozzi (Req. !, VII-1847,
in herb. ; Revel. ex Bor. *Not.* III, 3 ; Reverch. ! exsicc. cit. ; Rotgès
ex Fouc. in *Bull. soc. bot. Fr.* XLVII, 89, specim. in herb. Bonaparte
et herb. Burn. !) ; vallée d'Ese (Fabre !, 3-VIII-1851, in herb. Req.) ;
vallée du Prunelli, en amont de Bastelica, 1320 m. (R. Lit. et Malcuit ! *Massif Renoso* 80). — *Massif de l'Incudine* : vallée d'Asinao,
sources, 1400 m. (Briq. !, 24-VII-1910, in herb. Burn.) ; Coscione
(Seraf. !, in herb. Req. ; Jord. ex Parl. l. c.), notamment dans la pozzine de Vulpio, au-dessous des bergeries d'Alluccia, 1460 m. (R. Lit. !
Pozzines Incudine 13), au bord de la rivière de Tinterajo, au lieu dit
Acqua di Scandola, non loin de la chapelle de San Pietro (R. Lit. !,
19-VII-1928) et dans une pozzine atypique au milieu de la châtaigneraie entre la fontaine de Padulelli et Zicavo, 1020 m. (R. Lit. !
Pozzines Incudine 18).

« Tige très grêle. Inflorescence pauciflore (1-7 fl.), disposée en cyme
terminale.
« Le port du var. *corsicum* est si différent de celui du subsp. *eu-acutum*
que Godron (l. c.) a placé l'*H. corsicum* à côté de l'*H. humifusum*
L. Cependant Tausch (l. c.) avait dès le début bien indiqué les affinités
de cette plante en disant : « Statura H. humifusi, vegetatio et fructi-
ficatio fere H. quadranguli L... Cum H. humifuso nil nisi staturam
filiformem commune habet. » Le var. *corsicum* est relié au var. *rotundifolium* par des échantillons ± multiflores, à tige un peu plus épaisse et
plus raide, que l'on peut rapporter aussi bien à l'une qu'à l'autre des variétés — par exemple les spécimens que nous avons récoltés près de la
bergerie de Tula. D'autre part une séparation nette entre le var. *rotundifolium* et les individus réduits du subsp *eu-acutum* est illusoire. Aussi
ne saurait-il plus être question, dans l'état actuel des connaissances,
d'envisager l'*H. corsicum* Steud. comme une espèce distincte. Des formes

1. La plante corse avait été confondue avec l'*H. humifusum* par Choisy (in
DC. *Prodr.* I, 549) ; dans l'herbier du Prodromus, en effet, nous avons trouvé
sous ce dernier nom des échantillons récoltés par Soleirol au Monte Rotondo
et appartenant à l'*H. tetrapterum* var. *corsicum*. (R. Lit.).

analogues et des formes de transition se trouvent en Orient (Crète) et en Espagne enlevant au subsp. *corsicum* le caractère endémique qu'on croyait tout d'abord devoir lui attribuer. — Notons encore que le subsp. *corsicum* présente çà et là des taches noires sur les sépales et sur les pétales, contrairement à l'indication de Tausch et reproduite par les auteurs subséquents, relativement à leur absence. » (J. B.).

H. repens L. *Sp.* ed. 2, 1103 (1762) = *H. alpestre* Stev. ex Ledeb. *Fl. ross.* I, 451 (1842) et in *Verz. taur. Halb. Pfl.* 95 (1857).

Espèce orientale (Serbie, Bulgarie, Macédoine, Crimée, Asie-Mineure, Transcaucasie, Arménie, Perse) mentionnée en Corse — et en Provence — par confusion avec l'*H. humifusum* subsp. *australe* (Duby *Bot. gall.* I, 97) ou encore avec l'*H. acutum* subsp. *corsicum* var. *corsicum* (Soleirol ! n. 112).

H. triquetrifolium Turra *Farsetia, novum genus Acc. anim. bot.* 12 (1765) = *H. crispum* L. *Mant.* I, 106 (1767).

Espèce méditerranéenne orientale s'étendant à l'W. jusqu'en Italie méridionale, en Sicile et en Tunisie, signalée comme adventice dans la France méridionale, en Espagne et à Minorque. La plante a été mentionnée en Corse par E. Roth [*Add. Consp. fl. eur. edit. Nyman* 13 (1886)] ; nous ignorons la source de cette indication. En tout cas, il ne s'agit certainement que d'une introduction passagère.

1080. **H. humifusum** L. *Sp.* ed. 1, 785 (1753) ; Rouy et Fouc. *Fl. Fr.* III, 343.

En Corse seulement la sous-espèce suivante.

Subsp. **australe** Rouy in Magnier *Scrinia fl. select.* XI, 245 (1892) ; Rouy et Fouc. *Fl. Fr.* III, 346 = *H. australe* Ten. *Syll. fl. neap.* 385 (1831) et *Fl. nap.* V, 173 ; Godr. in Gren. et Godr. *Fl. Fr.* I, 315 ; Burn. *Fl. Alp. mar.* II, 29 ; Coste, *Fl. Fr.* I, 261 = *H. repens* Poir. *Voy. Barb.* II, 224 (1789) ; Desf. *Fl. atl.* II, 217 ; Choisy in DC. *Prodr.* I, 548 ; Duby *Bot. gall.* I, 97 ; Moris *Fl. sard.* I, 319, cum var. β et γ ; non L. = *H. dubium* Mauri *Rom. pl. cent.* 27 (1820) ; non Leers = *H. linarifolium* Salis in *Flora* XVII, Beibl. II, 66 (1834) ; Bertol. *Fl. it.* VIII, 323 ; non Vahl = *H. humifusum* var. *australe* Fiori in Fiori et Paol. *Fl. anal. It.* I, 389 (1898) et *Nuov. fl. anal. It.* I, 522 ; non Willk. *Enum.* 17 et in Willk. et Lange *Prodr. fl. hisp.* III, 595. — Exsicc. Soleirol n. 31 !, sub : *H. linearifolium* (Porto-Vecchio) [Herb. Coss., Req.] ; Reverch. ann. 1880, n. 278 ! (La Trinité, près Bonifacio) [Herb. Bonaparte, Burn., Laus.].

Hab. — Garigues, friches, maquis, rocailles, rochers, prairies humides dans les étages inférieur et montagnard, pouvant s'élever dans l'étage subalpin. 1-1400 m. ♃. Avril-juin. Répandu. Cap Corse (Thomas !, 1823, in herb. Prodr.) et environs de Bastia (Salis in *Flora* XVII, Beibl. II, 66), notamment au-dessus d'Erbalonga et de Mandriale (Gillot in *Bull. soc. bot. Fr.* XXIV, sess. extr. LII ; Chab. ibid. XXIX, sess. extr. LIV ; R. Lit. !, 17-V-1913), au Monte Fosco, près de la chapelle de S. Giovanni (Gillot l. c. LX), à la Serra di Pigno (Lardière !, V-1913, in herb. Laus.), à Cardo (G. Le Grand, 24-V-1885, in herb.), à Biguglia (Petit !, 17-IV-1884, in herb. Laus. ; H. Jaccard !, 21-V-1903, in herb. Laus. ; Gysperger !, 21-V-1903, in herb. Rouy ; Coust. !, IV-1910, in herb.) ; au-dessus de Borgo (Mab. in Mars. *Cat.* 36) ; Corte (Burnouf ex Rouy et Fouc. *Fl. Fr.* III, 347 et in herb. Rouy ! ; Aylies !, 15-V-1918, in herb. R. Lit. — route de Sermano) ; Venaco (Fouc. et Sim. *Trois sem. herb. Corse* 85, Fouc. ! in herb. Bonaparte) ; forêt de Vizzavona (Ronn. in *Verhandl. zool.-bot. Ges. Wien* LXVIII, 228) ; entre Sagone et l'embouchure du Liamone (N. Roux in *Bull. soc. bot. Fr.* XLVIII, sess. extr. CXXXV, specim. in herb. !) ; montagne de Pozzo di Borgo (Coste in *Bull. soc. bot. Fr.* XLVIII, sess. extr. CXIII) ; Ajaccio (Léveillé !, 1848, in herb. Req. ; Mars. l. c. ; N. Roux !, IV-1911, in herb.); Campo di l'Oro (Fouc. et Sim. l. c. 116, Fouc. ! in herb. Bonaparte ; Pœverlein !, 5-V-1909, in herb.) ; entre Alistro et Bravone (Briq. !, 30-IV-1907, in herb. Burn., St-Y. !, in herb. Laus.) ; Tallone (Aylies !, 5-V-1919, in herb. R. Lit.) ; Poggio di Nazza (Rotgès, 17-V-1900, notes manuscr.) ; Solenzara (Briq. !, 3-V-1907, in herb. Burn., S^{t}Y. !, in herb. Laus.) ; Monte Bianco, près Sari di Porto-Vecchio (Fouc. et Sim. l. c. 101, Fouc. ! in herb. Bonaparte) ; Fourches de Bavella, rochers, 1400 m. (Briq. !, 13-VII-1911, in herb. Burn.) ; environs de Ste-Lucie de Porto-Vecchio (Briq. !, 4-V-1907, in herb. Burn. ; R. Lit. !, 13-V-1932) ; Porto-Vecchio (Soleirol ! exsicc. cit. et ex Bertol. *Fl. it.* VIII, 323 ; Req. !, V-1849, in herb. ; Revel. in Mars. l. c. ; Brugère !, 20-IV-1914, in herb. Burn.) ; massif de Cagna aux bergeries de Monaco (Coust. !, VI-1917, in herb., sub : « *H. Corsicum* forma *transiens* ») ; Sartène Fliche in *Bull. soc. bot. Fr.* XXXVI, 359) ; Santa Manza (Stefani !, 4-VII-1903, in herb. Burn.) ; environs de Bonifacio (Soleirol ! in herb. Prodr. et ex Rouy et Fouc. l. c. ; Req. !, V-1849, in herb. ; Revel. in Mars. l. c., specim. in herb. Bor. ! ; Reverch. ! exsicc. cit. — La Trinité ; — Stefani !, 12-IV-1911, in herb. N. Roux ; Brugère !, 19-IV-1914, in herb. Burn. — vallon supérieur du Canalli) [1].

« Diffère du subsp. eu-humifusum Briq., nov. nom. [2] [= *H. humifusum* L. l. c., sensu stricto ; Godr. in Gren. et Godr. *Fl. Fr.* I, 315 ; Coste *Fl. Fr.* I, 258 = *H. humifusum* var. *typicum* Fiori in Fiori et Paol. *Fl. anal. It.* I, 388 (1898)] par le port plus dressé, les feuilles caulinaires linéaires-oblongues, non ponctuées-pellucides, un peu embrassantes à la base, les sépales oblongs-lancéolés, mucronulés (le plus souvent dépourvus de glandes marginales), la capsule égalant ou dépassant peu les sépales. Les var. *angustifolium* Rouy [in Magnier *Scrinia fl. select.* XI, 245 (1892), nom. nud.] et *minus* Rouy et Fouc. [*Fl. Fr.* III, 347 (1896) · sont de simples formes individuelles. — Les indications de l'*H. humifusum* en Corse (de Parade ex Salis in *Flora* XVII, Beibl. II, 66 ; Bertol. *Fl. it.* VIII, 325 ; Fiori l. c.) se rapportent à la sous-espèce *australe.* » (J. B.).

La sous-espèce atlantique **linariifolium** (« *linarifolium* ») Rouy [in Magnier *Scrinia fl. select.* XI, 245 (1892) ; Rouy et Fouc. *Fl. Fr.* III, 345 (1896) = *H. linarifolium* Vahl *Symb.* I, 65 (1790) ; Godr. in Gren. et Godr. *Fl. Fr.* I, 316 ; Coste *Fl. Fr.* I, 260] a été indiquée également en Corse (Salis in *Flora* XVII, Beibl. II, 66 ; Bertol. *Fl. it.* VIII, 323 — Soleirol ! n. 31) par confusion avec la sous-espèce *australe.* Elle se distingue de cette dernière surtout par son inflorescence multiflore formant un corymbe composé et lâche, ses sépales bordés de longs cils glanduleux, sa capsule 1-2 fois plus longue que le calice.

1084. **H. perforatum** L. *Sp.* ed. 1, 785 (1753) ; Godr. in Gren. et Godr. *Fl. Fr.* I, 314 ; Rouy et Fouc. *Fl. Fr.* III, 332 ; Coste *Fl. Fr.* I, 259 ; A. Fröhl. in *Sitz. Akad. Wiss. Wien*, math.-naturw. Kl. CXX, 1, 505 = *H. vulgare* Neck. *Del. gall. belg.* II, 319 (1768) ; Lamk *Fl. fr.* III, 151. ·

Hab. — Garigues, maquis, rocailles, rochers, forêts, prairies, friches dans les étages inférieur et montagnard, 1-1000 m. Mai-sept. ♃. Trois variétés.

†† α. Var. **vulgare** Spenn. *Fl. frib.* III, 888 (1829) ; Neilr. *Fl. Nieder-Oest.* II, 826 = *H. perforatum* var. *typicum* Beck *Fl. Nieder-Öst.* II, 1. Abt., 530 (1892) = *H. perforatum* subsp. *vulgare* A. Fröhl. l. c., 522 (1911) ; Hayek *Prodr. fl. penins. balc.* I, 533.

Hab. — Rare ou peu observé. Ste-Lucie, près Bastia (Pœverlein !, 27-IV-1909 — non fleuri, — in herb.).

1. Indiqué aussi dans le Coscione par Bertoloni (*Fl. it.* VIII, 323) — sub : « *H. linarifolium* Vahl », — d'après Serafini. La plante de Serafini que nous avons vue dans l'herbier Requien appartient à l'*H. acutum* subsp. *corsicum* var. *corsicum.*
2. = Subsp. *eu-humifusum* Maire in Jah. et Maire *Cat. pl. Maroc* II, 484 (1932), nom.

Feuilles caulinaires elliptiques, atteignant 8-10 mm. de large, celles des rameaux plus étroites ; pétales mesurant jusqu'à 1 cm. de long.

Foucaud a déterminé comme *H. perforatum* var. *vulgare* des exemplaires recueillis près de Ghisoni par M. Rotgès — 14-IX-1899 [1] — (ex herb. Fouc. et herb. Jousset in herb. Bonaparte) ; par leurs feuilles caulinaires étroites (3,5-4 mm. de large), ils se rattachent indubitablement au var. *angustifolium.*

† β. Var. **angustifolium** DC. *Fl. fr.* V, 630 (1815) ; Gaud. *Fl. helv.* IV, 628 ; Rouy et Fouc. *Fl. Fr.* III, 333 = *H. stenophyllum* Opiz *Naturalientausch* 158 (1825) = *H. perforatum* var. *stenophyllum* Wimm. et Grab. *Fl. Siles.* 2ᵉ p., II, 82 (1829) ; Neilr. *Fl. Nieder-Oest.* II, 826 = *H. perforatum* subsp. *angustifolium* A. Fröhl. l. c. 534 (1911) ; Hayek l. c. — Exsicc. Soleirol n. 653 !, sub : *H. perforatum* (Calvi) [Herb. Coss.] ; Reverch. ann. 1878, sub : *H. perforatum* ! (Bastelica) [Herb. Burn.] ; Reverch. ann. 1885, sub : *H. perforatum* ! (Evisa) [Herb. Burn.].

Hab. — Très répandu.

« Feuilles caulinaires moyennes oblongues-linéaires longues de 1,5-3 cm., ne dépassant guère 5 mm. de longueur, celles des rameaux en général encore plus étroites; sépales dépassant de 1/3 ou du double les pétales dans le bouton. » (J. B.).

γ. Var. **microphyllum** DC. *Fl. fr.* V, 630 (1815) ; Rouy et Fouc. *Fl. Fr.* III, 333 ; Fiori *Nuov. fl. anal. It.* I, 522 = *H. veronense* Schrank in Hoppe *Bot. Taschenb.* 95 (1811) = *H. microphyllum* Jord. in F. Sch. *Arch. fl. Fr. et Allem.* 341 (1854) = *H. perforatum* var. *veronense* Beck *Fl. Nieder-Öst.* II, 1. Abt., 530 (1892) = *H. perforatum* var. *typicum* Fiori forma *microphyllum* Fiori in Fiori et Paol. *Fl. anal. It.* I, 388 (1898) = *H. perforatum* subsp. *H. Veronense* Lindb. f. *It. austr.-hung.* in *Ofvers. Finsk. Vet. Soc. Förh.* XVLIII, 73 (1906) ; A. Fröhl. l. c. 530 ; Hayek l. c. 533.

Hab. — Rare ou peu observé. Rogliano (Revel. ex Bor. *Not.* I, 6 et in Mars. *Cat.* 36, specim. in herb. Bor. !) ; « côte orientale » (Req. !, 25-V-1851, in herb.) ; entre Stᵉ-Lucie de Porto-Vecchio et la Trinité, prairies marécageuses (Briq. !, 20-VII-1910, in herb. Burn.).

« Feuilles caulinaires petites, courtes, peu inégales, linéaires, ne dé-

---

1. La plante est signalée aussi sous ce nom dans les notes manuscrites de M. Rotgès que possède la bibliothèque du Conservatoire botanique de Genève.

passant guère 1 cm. ; fleurs petites ; sépales dépassant d'environ 1/3 les
pétales dans le bouton. » (J. B.).

Le var. *mediterraneum* Rouy et Fouc. [l. c. (1896)] que Foucaud et
M. Simon (*Trois sem. herb. Corse* 52) ont observé entre Novella et Pietra
Moneta nous paraît devoir être envisagé comme une forme réduite inter-
médiaire entre les var. *angustifolium* et *microphyllum.*

††1082. **H. tomentosum** L. *Sp.* ed. 1, 786 (1753) ; Godr. in
Gren. et Godr. *Fl. Fr.* I, 316 ; Rouy et Fouc. *Fl. Fr.* III, 339 ; Coste
Fl. Fr. I, 258.

Hab. — Lieux humides de l'étage inférieur. Juin-juill. ♃. Très
rare. Bonifacio (de Pouzolz !, in herb. Bor.). A rechercher.

La plante récoltée par de Pouzolz appartient au subsp. **eu-tomentosum**
Maire [in *Mém.soc. hist. nat. Afr. N.* n. 3 (1933), 154 = *H. tomentosum*
var. *typicum* Fiori *Nuov. fl. anal. It.* 1, 524 (1924)], à tiges peu élevées,
ascendantes ou décombantes, à feuilles blanches-tomenteuses, à sépales
courtement acuminés, ciliés-glanduleux.

1083. **H. montanum** L. *Fl. suec.* ed. 2, 266 (1755) et *Sp.* ed. 2,
1105 ; Godr. in Gren. et Godr. *Fl. Fr.* I, 318 ; Rouy et Fouc. *Fl. Fr.*
III, 340 ; Coste *Fl. Fr.* I, 262 = *H. glandulosum* Gilib. *Fl. lituan.* ser. 2,
V, 205 (1782). — Exsicc. Burn. ann. 1900, n. 451 ! (entre le col de
Sorba et Vizzavona) [Herb. Burn.] ; Burn. ann. 1904, n. 113 ! (entre
Oletta et le col du Teghime) [Herb. Burn.] ; Kük. It. cors. n. 1905 !
(Muro) [Herb. Deless.].

Hab. — Maquis, forêts, rochers. ♃. Juin-août. Fréquent dans
l'étage montagnard et dans l'horizon inférieur de l'étage subalpin,
plus rare dans l'étage inférieur [maquis de San Martino di Lota (Deb.
Not. 2me sér., 191); vallon du Fango, près Bastia (N. Roux!, VI-1905,
in herb.) ; bois de Cardo (Deb. l. c.) ; entre Oletta et le col du Teghime,
400 m. (Burn. ! exsicc. cit. et ex Briq. *Spic.* 149) ; près Canaja, dans le
Quercetum Suberis, 370 m. (R. Lit. *Mont. Corse orient.* 27) ; châtaigneraie rive droite du Fiume Alto, en amont de la source d'Orezza,
380-390 m. (R. Lit. l. c.) ; châtaigneraie près Muro, 350 m. (Kük. !
exsicc. cit.)].

Les var. *typicum* Beck [*Fl. Nieder-Öst.* II, 1. Abt.,531 (1892) = *H. ele-
gantissimum* Crantz *Stirp. austr.* ed. 1, I, 63 (1762) et ed. 2, 1, 97], à
feuilles glabres sur les 2 faces, et *scabrum* Koch [*Syn.* ed. 1, 135 (1837) et
ed. 2, 148 = *H. montanum* var. *scaberulum* Beck l. c.], à feuilles, surtout
les inférieures, ± scabres à la face inférieure et aux marges, ne constituent

que des formes extrêmes, forma **typicum** Beck [*Fl. Bosn. Herceg.* in *Glasn. zemal. Mus. Bosn. Herceg.* XXX, 206 (1919)] et forma **scabrum** Beck l. c.; Hayek *Prodr. fl. penins. balc.* I, 533] et non de véritables races, étant donnés toùs les intermédiaires que l'on peut observer dans l'aire de l'espèce. La forme *scabrum* est la plus répandue en Corse.

1084. **H. perfoliatum** L. *Syst.* ed. 12, 510 (1767); Rouy et Fouc. *Fl. Fr.* III, 332 ; Coste *Fl. Fr.* I, 259 = *H. ciliatum* Desr. in Lamk *Encycl. méth.* IV, 170 (1796); Godr. in Gren. et Godr. *Fl. Fr.* I, 319 = *H. montanum* Desf. *Fl. atl.* II, 216 (1800) ; non L. = *H. dentatum* Lois. *Fl. gall.* ed. 1, II 499 (1807) et ed. 2, II, 169, t. 17 ; Salis in *Flora* XVII, Beibl. II, 66 = *H. myrtifolium* Spach *Hist. nat. vég.* V, 399 (1836). — Exsicc. Soleirol n. 668 !, sub : *H. dentatum* (Bonifacio) [Herb. Coss., Req.] ; Billot n. 739 ! (Bonifacio, leg. Req.) [Herb. Deless.] ; Kralik n. 510 !, sub : *H. ciliatum* (Bonifacio) [Herb. Bor., Coss., Deless., Rouy] ; Reverch. ann. 1880, n. 243 !, sub : *H. ciliatum* (Sta Manza) [Herb. Burn.] ; Kük. It. cors. n. 1567 ! (Muro) [Herb. Deless.] .

Hab. — Maquis, châtaigneraies, prairies dans l'étage inférieur, 1-350 m. ♃. Mai-juin. Disséminé. Rogliano (Revel. in Mars. *Cat.* 36, specim. in herb. Bor. ! — 4-VII-1854 ; — R. Lit. !, 18-V-1913 — près de la chapelle de Santa Restituta) ; Muro, châtaigneraie, 350 m. (Kük. ! exsicc. cit.) ; Calvi, colline de la Serra (Fouc. et Sim. *Trois sem. herb. Corse* 20, Fouc. ! in herb. Bonaparte) ; environs d'Ajaccio (Lardière in *Bull. trim. soc. bot. Lyon* XI, 60) ; environs de Bonifacio (Seraf. ! in herb. Req. et ex Bertol. *Fl. it.* VIII, 328 ; Soleirol ! exsicc. cit. et ex Parl. *Fl. it.* V, 537 ; Salis in *Flora* XVII, Beibl. II, 66 ; Jord.!, 1840, in herb. Bonaparte ; Bernard !, 1845, in herb. Req. ; Kralik ! exsicc. cit. et ex Parl. l. c. ; Req. ! in Billot exsicc. cit. et ex Parl. l. c. ; Stefani !, VI-1895, in herb. N. Roux), notamment à Santa Manza (ex Godr. *Fl. Fr.* I, 320 ; Req. !, V-1849, in herb. ; Revel. !, 5-V-1856, in herb. Bor. ; Reverch. ! exsicc. cit. ; Briq. !, 6-V-1907, in herb. Burn. ; Stefani !, 11-VI-1907, in herb. R. Lit. ; R. Lit. !, 14-V-1932).

H. Coris L. *Sp.* ed. 1, 787 (1753) ; Godr. in Gren. et Godr. *Fl. Fr.* I, 317 ; Rouy et Fouc. *Fl. Fr.* III, 347 ; Coste *Fl. Fr.* I, 260 = *H. verticillatum* Lamk *Fl. fr.* III, 149 (1778).

Mentionné en Corse par Loiseleur (*Fl. gall.* ed. 2, II, 168), d'après Robert, indication qui a été reproduite par Mutel (*Fl. fr.* I, 189), Godron (l. c.) et par divers auteurs italiens, en particulier Cesati, Passerini et

Gibelli (*Comp. fl. it.* 758), Arcangeli (*Comp. fl. it.* ed. 2, 335) ; espèce des Alpes (du Tyrol aux Alpes maritimes) et de l'Apennin central, étrangère à la flore de l'île.

ELATINACEAE

ELATINE L.

†† 1085. **E. major** A. Br. in *Syll. pl. nov. ratisb.* I, 83 (1824); Bertol. *Fl. it.* IV, 397 ; Bor. *Fl. Centre* éd. 3, II, 114 ; Niedenzu in Engler et Prantl *Natürl. Pflanzenfamil.* ed. 2, XXI, 275 = *E. Hydropiper* DC. *Ic. pl. Gall. rar.* 13, t. 43, f. 2 (1808) ; Schkuhr *Bot. Handb.* t. CIX a ; Lamk *Ill.* 2me part., t. 320, f. 2 ; non L. = *E. majuscula* Dumort. *Fl. belg.* 111 (1827) = *E. paludosa* β Seub. *Elat. mon.* 54 (1842) = *E. hexandra* var. *octandra* Coss. et Germ. *Fl. env. Paris* éd. 1, 43 (1845) = *E. paludosa* var. *octandra* Gren. in Gren. et Godr. *Fl. Fr.* I, 278 (1847) ; Willk. in Willk. et Lange *Prodr. fl. hisp.* III, 599 ; Caruel in Parl. *Fl. it.* IX, 229 = *E. hexandra* var. *major* Coss. et Germ. *Syn. anal. fl. env. Paris* éd. 2, 26 (1859); Rouy et Fouc. *Fl. Fr.* III, 326 (1896), pro « forme » = *Potamopithys major* O. Kuntze *Rev. gen.* I, 58 (1891) = *E. Hydropiper* var. *major* Fiori in Fiori et Paol. *Fl. anal. It.* I, 384 (1898) et *Nuov. fl. anal. It.* I, 518 = *E. Hydropiper* var. *majuscula* Th. Dur. in De Wild. et Th. Dur. *Prodr. fl. belg.* III, 359 (1899) = *E. paludosa* var. *major* Coutinho *Fl. Port.* 406 (1913). — Exsicc. Soleirol n. 1023 !, sub : *E. hexandra* (Ile-Rousse) [Herb. Coss., Deless., Mut.].

Hab. — Petites mares temporaires de l'étage inférieur. Mars-mai. ①. Très rare. Jusqu'ici seulement dans les îles d'Ile-Rousse (Soleirol ! exsicc. cit.), où la plante n'a pas été revue.

L'*E. major* nous paraît spécifiquement distinct de l'*E. hexandra*, malgré l'identité des graines, par le nombre de ses pièces florales, caractère important dans le genre *Elatine*. Il est plus voisin de l'**E. macropoda** Guss. [*Fl. sic. prodr.* I, 475 (1827) ; Coste *Fl. Fr.* I, 593 ; Niedenzu l. c. = *E. Fabri* Gren. in *Mém. soc. Besanç.* ann. 1839, 278 = *Potamopithys macropoda* O. Kuntze *Rev. gen.* I, 58 (1891) = *E. hexandra* forme *E. macropoda* Rouy et Fouc. *Fl. Fr.* III, 326 (1896) = *E. Hydropiper* L. var. *macropoda* Fiori in Fiori et Paol. *Fl. anal. It.* I, 384 (1898), p. p. et *Nuov. fl. anal. It.* I, 518], type que l'on pourrait sans doute lui subordonner à titre de sous-espèce — bien qu'il ne paraisse pas exister de formes de passage, — mais qui en diffère par ses sépales une fois plus longs que la capsule (et non égalant la capsule chez l'*E. major*). — L'*E. macropoda* a été signalé dans l'île (Bertol. *Fl. it.* IV, 396 ; Bor. *Not.* I, 6 ; Caruel in Parl. *Fl. it.* IX, 227) par confusion avec l'*E. Hydropiper* var. *pedunculata*.

E. hexandra DC. *Fl. fr.* V, 609 (1815); Rouy et Fouc. *Fl. Fr.* III, 325, excl. «formes» *E. major* et *E. macropoda*; Coste *Fl. Fr.* I, 226, excl. *E. major* ; Niedenzu in Engler et Prantl *Natürl. Pflanzenfamil.* ed. 2, XXI, 275 = *E. Hydropiper* β L. *Sp.* ed. 1, 527 (1753) = *Tillaea hexandra* Lapierre in *Journ. phys.* LVI, 358 (1802) = *Birolia paludosa* Bell. in *Mém. acad. Turin* ann. 1809, 403 = *E. paludosa* α Seub. in Walp. *Repert.* I, 284 (1842) et *Elat. mon.* 20 = *E. paludosa* var. *hexandra* Gren. in Gren. et Godr. *Fl. Fr.* I, 278 (1847) = *E. Hydropiper ? β hexandra* Gaud. *Fl. helv.* III, 52 (1828) ; Fiori in Fiori et Paol. *Fl. anal. It.*, I, 384 et *Nuov. fl. anal. It.* I, 518 = *Potamopithys hexandra* O. Kuntze *Rev. gen.* I, 58 (1891).

Espèce indiquée à tort à l'Ile-Rousse par Mutel (*Fl. fr.* I, 170) par confusion avec l'*E. major* A. Br.

1086. **E. Hydropiper** L. *Sp.* ed. 1, 367 (1753), excl. β ; Rouy et Fouc. *Fl. Fr.* III, 323 ; Coste *Fl. Fr.* I, 226.

Représenté en Corse par la race suivante.

Var. **pedunculata** Fiori in Fiori et Paol. *Fl. anal. It.* I, 384 (1898) et *Nuov. fl. anal. It.* I, 518 ; Jah. et Maire *Cat. pl. Maroc* II, 485 = *E. Hydropiper pedunculata* Moris *Fl. sard.* I, 287, t. 20, f. 2 (1837) = *E. macropoda* Bertol. *Fl. it.* IV, 395, p. p. (1839) ; Parl. *Fl. it.* IX, 227, p. p. ; non Guss. = *E. campylosperma* Seub. in Walp. *Repert.* I, 284 (1842) et *Elat. mon.* 49 ; Gren. in Gren. et Godr. *Fl. Fr.* I, 278 ; Moesz in *Mag. bot. lap.* VII, 21 ; Niedenzu in Engler et Prantl *Natürl. Pflanzenfamil.* ed. 2, XXI, 275 = *Potamopithys campylosperma* O. Kuntze *Rev. gen.* I, 58 (1891) = *E. Hydropiper* forme *E. campylosperma* Rouy et Fouc. *Fl. Fr.* III, 323 (1896). — Exsicc. Reverch. ann. 1880, n. 230 !, sub : *E. campylosperma* (Grande île Lavezzi) [Herb. Burn., R. Lit.].

Hab. — Petites mares temporaires de l'étage inférieur. Mars-mai. ①. Très rare. Grande île Lavezzi (Revel. ex Bor. *Not.* I, 6 et II, 3 et in Mars. *Cat.* 32, specim. in herb. Bor. ! — 26-V-1856 ; Reverch. ! exsicc. cit.) ; Bonifacio [1] (Mouillefarine ex Rouy et Fouc. *Fl. Fr.* III, 324).

Cette race méditerranéenne et atlantique (Asie-Mineure, Palestine,

1. La localité vague de Bonifacio se rapporte sans doute à la précédente.

Egypte, Tunisie, Algérie, Maroc — presqu'île tingitane, Maroc occidental, Moyen Atlas, — Sicile, Sardaigne, Corse, Baléares, Ouest de la France — du Morbihan aux Landes) diffère de l'*E. Hydropiper* type = var. **typica** Fiori [in Fiori et Paol. *Fl. anal. It.* I, 384 (1898) = *E. Hydropiper* L. l. c. ; Oeder *Fl. dan.* fasc. III, 7, t. 156, Gren. in Gren. et Godr. *Fl. Fr.* I, 277 ; Seub. *Elat. mon.* 46, t. III, f. 1-8 = *Potamopithys Hydropiper* O. Kuntze *Rev. gen.* I, 58 (1891) = *E. Oederi* Moesz in *Mag. bot. lap.* VII, 20 (1908)] par ses fleurs à pédoncule 1-2 fois plus long que la feuille (et non sessiles ou très brièvement pédonculées), ses feuilles supérieures sessiles ou subsessiles (et non toutes pétiolées), ses pétales plus courts que le calice, blancs légèrement rosés (et non subégaux au calice, roses)[1]. — Le var. *pedunculata* se rapproche du var. **Gussonei** Sommier [*Le Isole Pelagie* 76 (1908) ; Sommier et Caruana Gatto *Fl. melit. nov.* 105, 106], spécial aux îles de Malte, Gozo et de Lampédouse, mais ce dernier possède des fleurs supérieures subsessiles, les inférieures à pédoncule plus court que la feuille ou seulement un peu plus long, les pétales d'un beau rose, égaux au calice. Ces plantes sont bien distinctes de l'*E. macropoda* Guss., avec lequel elles ont été parfois confondues, par leurs graines recourbées en fer à cheval, à branches inégales, et non légèrement arquées.

FRANKENIACEAE

FRANKENIA L.

1087. **F. laevis** L. *Sp.* ed. 1, 331 (1753) emend. Moris *Fl. sard.* I, 226 (1837) ; Burn. *Fl. Alp. mar.* I, 197 = *F. hirsuta* Boiss. *Fl. Or.* I, 780 (1867) ; Rouy et Fouc. *Fl. Fr.* III, 85 ; Coste *Fl. Fr.* I, 165.

Hab. — Rochers, lieux rocailleux, sablonneux ou argileux du littoral. Mai-sept. ♃. — En Corse les deux variétés suivantes.

α. Var. **laevis** Batt. et Trab. *Fl. anal. et synopt. Alg. Tun.* 48 (1902) = *F. laevis* L. l. c., sensu stricto ; DC. *Fl. fr.* IV, 765 ; DC. *Prodr.* I, 349 ; Gren. in Gren. et Godr. *Fl. Fr.* I, 200 = *F. laevis* var. α Moris *Fl. sard.* I, 226 (1837) ; Burn. *Fl. Alp. mar.* I, 197 = *F. hirsuta* var. *laevis* Boiss. *Fl. Or.* I, 780 (1867) ; Rouy et Fouc. *Fl. Fr.* III, 86 = *Franca laevis* Vis. in *Mem. istit. venet.* XVI, 158 (1871) = *F. levis* var. *typica* Fiori in Fiori et Paol. *Fl. anal. It.* I, 381 (1898) et *Nuov.*

---

1. Il a été signalé en Auvergne (Puy-de-Dôme) des intermédiaires (var. *intermedia* Chass. in *Bull. soc. hist. nat. Auvergne* ann. 1918, 37-38) entre les var. *typica* et *pedunculata* : fleurs sessiles ou subsessiles comme dans le premier (parfois un peu plus longuement pédonculées dans les formes qui s'en rapprochent davantage), feuilles courtement pétiolées, surtout les supérieures, comme dans le second.

fl. anal. It. I, 515 = *F. hirsuta* subsp. *laevis* Holmboe. *Stud. veget. Cypr.*
129 (1914) = *F. hirsuta* forma *laevis* Knoche *Fl. balear.* II, 191 (1922)
= *F. laevis* subsp. *eu-laevis* Maire in Jah. et Maire *Cat. pl. Maroc* II,
486 (1932), nom. — Exsicc. Soleirol n. 880 ! (îles Rousses) [Herb.
Coss.] ; Soleirol n. 880 !, sub : *F. intermedia* (Calvi) [Herb. Coss.] ;
Sieber sub : *F. laevis* ! (îles Sanguinaires — « isola sanguinara »)
[Herb. Deless., jard. Angers] ; Kralik sub : *F. laevis* ! (Porto-Vecchio)
[Herb. Coss.] ; Kralik n. 489 ! (Bonifacio) [Herb. Coss., Deless.,
Rouy] ; Reverch. ann. 1880, n. 292 ! (Bonifacio) [Herb. Laus.] ; Soc.
roch. n. 3886 ! (Calvi, leg. Fouc. et Sim.) [Herb. R. Lit.] ; Burn. ann.
1900, n. 177 ! (La Parata) [Herb. Burn., Deless.] ; Burn. ann. 1904,
n. 72 ! (La Parata) [Herb. Burn.] ; Kük. It. cors. n. 1432 ! (Algajola)
[Herb. Deless.] ; Soc. fr. n. 2678 *bis* ! (îles Sanguinaires, leg. Coust.)
[Herb. R. Lit.].

Hab. — Abondant par places, mais assez disséminé. Cap Corse
(Mab. in Mars. *Cat.* 26) ; Tamarone, près Macinaggio (Revel. !, 4-VII-
1854, in herb. Bor.) ; près de la tour d'Albo (R. Lit., 22-V-1913) ;
entre Nonza et St-Florent (Bernard !, VI-1841, in herb. Deless., sub :
F. intermedia) ; Algajola (St-Y. !, 18-VI-1910, in herb. Burn. et herb.
Laus. ; Kük. ! exsicc. cit.) ; Ile-Rousse (Soleirol ! exsicc. cit. et ex
Bertol. *Fl. it.* IV, 228 ; Mars. l. c. ; Fouc. et Sim. *Trois sem. herb.
Corse* 35 ; N. Roux in *Bull. soc. bot. Fr.* XLVIII, sess. extr. CXLV ;
Gysperger !, 27-V-1903, in herb. Laus. et herb. Rouy ; Briq. !, 21-V-
1907, in herb. Burn., St-Y. !, in herb. Laus. ; R. Lit. ! *Voy.* I, 2) ;
Calvi (Soleirol ! exsicc. cit. et ex Bertol. l. c. ; Fouc. et Sim. l. c. 14 et
in Soc. roch. ! ; R. Lit. in *Bull. acad. géogr. bot.* XVIII, 39 ; Malcuit
Littoral occid. 10) ; pointe Revellata (Aylies !, 4-VII-1918, in herb.
R. Lit.) ; golfe de Crovani, bas-fonds asséchés en arrière de la levée de
galets (R. Lit. et Malcuit !, 30-VII-1928, Malcuit l. c.) ; d'Ajaccio à la
pointe de la Parata (Req. !, V-1847, in herb. ; Bubani ex Parl. *Fl. it.*
IX, 237 ; Mars. l. c. ; Wilcz. !, V-1899, in herb. Laus. ; Burn. ! exsicc.
cit. ; Coste in *Bull. soc. bot. Fr.* XLVIII, sess. extr. CV ; R. Lit. ; et
nombreux autres observateurs) ; îles Sanguinaires — Mezzomare —
(Sieber ! exsicc. cit. ; de Forestier !, in herb. Mut., sub : *F. pulverulenta* ; Req. !, 25-V-1848, in herb. ; Bubani ex Parl. l. c.; Lutz in *Bull.
soc. bot. Fr.* XLVIII, sess. extr. CXXXVII ; Thell. in *Bull. géogr. bot.*
XXIV, 11 ; Coust. ! exsicc. cit. ; R. Lit. !, 16-V-1932) ; Propriano

(N. Roux l. c., CXLIII ; Malcuit l. c. 27) ; Ventilegne (Brugère !,
XI-1913 et 13-V-1914, in herb. Burn.) ; bords de l'étang d'Urbino
(Briq. ! 30-VI-1911, in herb. Burn. et herb. R. Lit.) ; plage de Ghiso-
naccia (Rotgès, 30-V-1900, notes manuscr.) ; bords de l'étang de
Palo (Aellen !, 14-VIII-1932 ; R. Lit., 26-VII-1934) ; Porto-Vecchio
(Kralik! exsicc. cit. ; Gysperger in Rouy *Rev. bot. syst.* II, 120 ; Brugère!,
XI-1913, in herb. Burn.) ; archipel des Cerbicale : îles Forana et
Pietricaggiosa (R. Lit. !, 13-V-1932) ; grande île Lavezzi (Soleirol !,
1824, in herb. Deless. ; Req. !, VI-1847, in herb. ; Stefani !, 26-VI-
1918, in herb. Coust.) ; Bonifacio (Seraf. ! in herb. Req. et ex Bertol.
l. c. ; Req. !, 1822, in herb. Deless., VI- et VII-1849, in herb. ; Bernard !, VIII-1841, in herb. Deless. ; Kralik ! exsicc. cit. ; Reverch. !
exsicc. cit. ; Soulié ex Coste in *Bull. soc. bot. Fr.* XLVIII, sess. extr.
CXVIII ; et autres observateurs).

Tiges et rameaux glabres ou faiblement pubérulents. Feuilles glabres
ou glabrescentes, ciliées à la base. Calice glabre ou glabrescent.

β. Var. **cinerascens** Moris *Fl. sard.* I, 227 (1837) ; Parl. *Fl. it.* IX,
237 = *F. hirsuta* DC. *Fl. fr.* IV, 766 (1805) ; non L. = *F. intermedia*
DC. *Prodr.* I, 349 (1824) ; Gren. in Gren. et Godr. *Fl. Fr.* I, 200 =
F. hirsuta var. *intermedia* Boiss. *Fl. Or.* I, 780 (1867) ; Rouy et Fouc.
Fl. Fr. III, 85 = *F. laevis* var. *intermedia* Burn. *Fl. Alp. mar.* I, 197 ;
Bonn. et Barr. *Cat. Tun.* 71 = *F. levis* var. *hirsuta* forma *intermedia*
Fiori in Fiori et Paol. *Fl. anal. It.* I, 381 (1898) = *F. hirsuta* forma
intermedia Knoche *Fl. balear.* II, 190 (1922) = *F. laevis* subsp. *inter-
media* Maire in Jah. et Maire *Cat. pl. Maroc* II, 486 (1932).

Hab. — Plus rare que la variété précédente. Cap Corse (Salis in
Flora XVII, Beibl. II, 73) ; St-Florent, rochers au N.-W. de la citadelle (Fouc. et Sim. *Trois sem. herb. Corse* 58 ; Aylies !, 20-V-1920, in
herb. R. Lit.) ; Ile-Rousse [1], dans les îles (Mars. *Cat.* 26) ; Calvi (Salis
l. c. ; Soleirol !, in herb. Mut.) ; Bonifacio (Petit in *Bot. Tidsskr.*
XIV, 245 ; Soulié ex Coste in *Bull. soc. bot. Fr.* XLVIII, sess. extr.
CXVIII).

Tiges et rameaux densément et brièvement tomenteux. Feuilles pubes-

1. La plante signalée sous le nom de « *F. intermedia* Boiss. » à Ile-Rousse par
Mme Gysperger (in Rouy *Rev. bot. syst.* 11, 112) appartient en réalité au var.
laevis, d'après les exemplaires de l'auteur conservés dans l'herbier Rouy et dans
l'herbier du musée botanique de Lausanne (ex herb. Jaccard).

centes ou glabrescentes, plus longuement ciliées à la base que dans le var. *laevis*. Calice ordinairement couvert de longs poils blancs sur toute sa longueur, quelquefois seulement à la base.

1088. **F. pulverulenta** L. *Sp.* ed. 1,332 (1753); Gren. in Gren. et Godr. *Fl. Fr.* I, 200 ; Rouy et Fouc. *Fl. Fr.* III, 84 ; Coste *Fl. Fr.* I, 165 = *F. canescens* J. et C. Presl *Del. prag.* 61 (1822) et C. Presl *Fl. sic.* 140 = *Franca pulverulenta* Vis. in *Mem. istit. venet.* XVI, 158 (1871). — Exsicc. Soleirol n. 882! (St-Florent) [Herb. Coss.] ; Reverch. ann. 1880, n. 256 ! (Bonifacio) [Herb. Laus.].

Hab. — Lieux sablonneux ou rocheux du littoral. Mai-août. ①. Disséminé. Marine d'Albo (R. Lit. ! in *Bull. géogr. bot.* XXIV, 101) ; St-Florent (Soleirol ! exsicc. cit. et ex Bertol. *Fl. it.* IV, 230 ; Mars. *Cat.* 26 ; Fouc. et Sim. *Trois sem. herb. Corse* 58) ; les îles d'Ile-Rousse (Fouc. et Sim. l. c. 34) ; Calvi (Fouc. et Sim. l. c. 14) ; Ajaccio (Mars. l. c.) ; îles Sanguinaires — Mezzomare — (Clément!, V-1842, in herb. gén. Mus. Grenoble ; Boullu in *Bull. soc. bot. Fr.* XXIV, sess. extr. LXXXVIII) ; Propriano (N. Roux !, V et VI-1901, in herb.) ; Bonifacio — en particulier dans les rochers de St-Roch — (Seraf. ex Bertol. l. c. ; Clément !, V-1842, in herb. gén. Mus. Grenoble ; Req. !, VI-1847 et V-1849, in herb. ; Revel. in Mars. l. c., specim. in herb. Bor. ! ; Reverch. ! exsicc. cit. ; Fouc. et Sim. l. c. 132 ; Stefani !, 12-IV-1902 et 15-IV-1912, in herb. Burn., Laus., R. Lit. ; et autres observateurs).

TAMARICACEAE

TAMARIX L. emend.

1089. **T. gallica** L. *Sp.* ed. 1, 270 (1753); Godr. in Gren. et Godr. *Fl. Fr.* I, 600 ; Rouy et Fouc. *Fl. Fr.* III, 318 ; Coste *Fl. Fr.* I, 280 = *Tamariscus pentandra* Lamk *Fl. fr.* III, 73 (1778) = *Tamariscus gallicus* All. *Fl. ped.* II, 87 (1785), p. p.

Hab. — Lieux sablonneux et marécages littoraux, maquis de l'étage inférieur. Mai-août. ♂-♀. Rare. Rogliano — avec doute — (Revel. in Mars. *Cat.* 60)[1]; entre Pino et le col de Santa Lucia, bord des maquis,

---

1. Les échantillons recueillis par Revelière (bord du chemin de Rogliano à la marine, 24-X-1854) et conservés dans l'herbier Boreau sont représentés par des rameaux non fleuris ; ils paraissent bien appartenir au *T. gallica*.

200-300 m. (Briq.!, 7-VII-1907, in herb. Burn., St-Y.!, in herb. Laus.);
embouchure du Liamone (Coste in *Bull. soc. bot. Fr.* XLVIII, sess.
extr. CXV ; N. Roux ibid. CXXXV ; Rikli *Bot. Reisest. Kors.* 60 ;
R. Lit.!, 4-VIII-1932) ; Ghisonaccia (Rotgès, 20-V-1898, notes manuscr.) ; Bonifacio (Boy. *Fl. Sud Corse* 60).

Cette espèce extrêmement polymorphe comprend de très nombreuses
races dont l'étude approfondie reste à faire — sauf en ce qui concerne
diverses formes nord-africaines bien élucidées par le prof. Maire. — Notre
excellent collègue et ami a bien voulu examiner les exemplaires que nous
avons récoltés et ceux contenus dans l'herbier Burnat. Il a reconnu les
2 variétés suivantes.

††† Var. **submutica** Trab. mss.

« Antherae vix nevix apiculatae. » (Maire in litt.).

Hab. — Entre Pino et le col de Santa Lucia (Vide supra).

†† Var. **Litardierei** Maire, nov. var.

« Arbor ; cortex ramorum *fusco-purpureus*, folia ramulorum ovato-
acuminata acuta basi *breviter* calcarata, amplexicaulia ; racemi in ramis
hornotinis graciles, usque ad 3,5-4 cm., flores albo-rosei, alabastra ovata
l. ovato-subglobosa ; sepala in eodem calyce *acuta* et obtusiuscula, omnia
± acuminata ; petala elliptica ; antherae *oblongae valde rostratae* loculis
parum divergentibus, c. 0,6-0,4 mm., filamenta *basi sensim dilatata* ; discus obsolete 10-glandulosus, basis filamentorum sinum staminalem im-
plens, inde discus ± *pentagonus* inter stamina vix nevix emarginatus.
Ovarium lageniforme ; styli c. 1/2 ovarium aequentes. »
Hab. — Embouchure du Liamone, au bord de la route (R. Lit.!,
4-VIII-1932).
« Ce *Tamarix* rentre dans les formes que Niedenzu place dans sa sous-
section *Epilophus*, mais il diffère du *T. gallica* tel qu'il le comprend par
les bractées peu élargies à la base et par les anthères longues par rapport
à leur largeur et très fortement rostrées. Il a le disque du var. *Viciosoi*
(Pau et Hug. Villar), mais a les sépales ± aigus et les feuilles à éperon
beaucoup moins développé, les bractées peu élargies à la base. La plante
est également voisine du *T. gallica* var. *littoralis* Maire [in Jah. et Maire
Cat. pl. Maroc, III, 899 (1934) = *T. brachystylis* J. Gay var. *littoralis* Pau
et Font Quer in Font Quer *It. marocc.* 1927, n° 393], du littoral rifain,
race qui n'a rien à voir avec le *T. brachystylis*. Le var. *littoralis* se sépare
du var. *Litardierei* par les anthères plus rondes, émarginées et mutiques, à
lobes inférieurs arrondis et non aigus ; l'ovaire est plus long, de sorte que les
styles sont plus courts par rapport à lui ; les bractées sont plus étroites. »
(R. Maire).

Nous n'avons pu identifier d'une façon certaine la plante distribuée d'Evisa par Reverchon (ann. 1885, n. 491) sous le nom de *T. gallica* var. *rosea* Guss., et dont nous avons vu des exemplaires dans l'herbier Delessert ; ceux-ci sont incomplets et ne possèdent pas de feuilles adultes.

1090. **T. africana** Poir. *Voy. Barb.* II, 189 (1789); Godr. in Gren. et Godr. *Fl. Fr.* I, 601 ; Rouy et Fouc. *Fl. Fr.* III, 319 ; Coste *Fl. Fr.* I, 281 = *Tamariscus gallicus* All. *Fl. ped.* II, 87 (1785), p. p. = *T. gallica* var. *africana* Willd. *Sp. pl.* I, 1498 (1799). — Exsicc. Soleirol n. 1628 ! (Biguglia) [Herb. Coss.] ; Soleirol n. 1628 ! (Crovani) [Herb. Coss.] ; Kralik sub : *T. africana* ! (Porto-Vecchio) [Herb. Deless.] ; Kralik n. 581 ! (La Piantarella, près Bonifacio) [Herb. Bonaparte, Bor., Coss., Deless.] ; Mab. n. 379 ! (Biguglia) [Herb. Bor., Burn.] ; Burn. ann. 1904, n. 289 ! (entre Calcatoggio et Sagone) [Herb. Burn.].

Hab. — Lieux sablonneux et marécages littoraux, bords des rivières à proximité du littoral. Avril-mai. ⅃. Répandu et abondant sur les deux côtes, du Cap à Bonifacio.

CISTACEAE

HALIMIUM Spach emend. Willk.

1091. **H. halimifolium** Willk. in Willk. et Lange *Prodr. fl. hisp.* III, 717 (1878) ; Batt. in Batt. et Trab. *Fl. Alg.* (Dicotyl.) 91 ; Gross. *Cist.* 39 (Engler *Pflanzenreich* IV, 193) = *Cistus halimifolia* L. *Sp.* ed. 1, 524 (1753) ; Gren. in Gren. et Godr. *Fl. Fr.* I, 161 = *Helianthemum halimifolium* Dum.-Cours. *Bot. cult.* III, 128 (1802) ; Pers. *Syn.* 75 ; Willd. *Enum. hort. berol.* I, 569 ; Rouy et Fouc. *Fl. Fr.* II, 282 ; Coste *Fl. Fr.* I, 148 = *Helianthemum lepidotum* Spach *Hist. nat. vég.* VI, 56 (1838) = *Cistus lepidotus* Amo *Fl. fanerog. iber.* VI, 357 (1871-73). — Exsicc. Sieber sub : *Helianthemum halimifolium* ! (Bonifacio) [Herb. Coss., Req.] ; Soleirol n. 728 ! («Bastia») [Herb. Deless., Req.] ; Soleirol n. 728 ! (Bonifacio) [Herb. Coss.] ; Req. sub : *Cistus halimifolius* ! (Bonifacio) [Herb. Bor., Coss., Deless.] ; F. Sch. n. 223 ! (Bonifacio, leg. Req.) [Herb. Burn., Coss., Deless., Rouy] ; Kralik n. 482 ! (Porto-Vecchio) [Herb. Coss., Deless., Rouy] ; Kralik n. 482 ! (Bonifacio, leg. Req.) [Herb. Bor., Coss., Req.] ; Mab. n. 74 ! (Biguglia) [Herb. Bor., Burn., Coss., jard. Angers] ; Deb. ann. 1867, n. 29 !

11

(La Renella, près Bastia) [Herb. Burn., Deless.] ; Deb. ann. 1868, n. 29 ! (La Renella, près Bastia) [Herb. Laus.] ; Soc. dauph. n. 1521 ! (Biguglia, leg. Boullu) [Herb. Bonaparte, Burn., Coss., Fac. Sc. Grenoble, Mus. Grenoble, Pellat] ; Reverch. ann. 1880, n. 276 ! (La Trinité, près Bonifacio) [Herb. Bonaparte, Deless., Laus.] ; Soc. roch. n. 3879 (tour de Capitello, près Ajaccio, leg. Sim. et Fouc.) [Herb. Bonaparte].

Hab. — Sables voisins du littoral, maquis, forêts de l'étage inférieur, 1-300 m. Mai-juill. ⚥. Répandu et par places très abondant dans la partie orientale de l'île, de la Renella — S. de Bastia — à Bonifacio, — s'avançant assez souvent à l'intérieur, par exemple jusqu'à Cervione (Mab. *Rech.* I, 12), dans les pineraies de la vallée de la Solenzara au-dessous du col de Larone, vers 230 m. (R. Lit.), — de là jusqu'aux alentours de Roccapina ; reparaît près de l'embouchure du Prunelli, rive gauche, notamment à Porticcio et près de la tour de Capitello.

Cette belle espèce de la région méditerranéenne occidentale a été signalée pour la première fois dans l'île aux environs d'Ajaccio par Loiseleur [*Fl. gall.* ed. 1, 1, 313 (1806)]. — La plante corse appartient au subsp. **lepidotum** Maire [in Jah. et Maire *Cat. pl. Maroc* II, 494 (1932) = *Cistus halimifolia* L. l. c., sensu stricto = *Helianthemum lepidotum* Spach l. c. ; Willk. *Ic. et descr. pl.* II, 65, t. 107] var. **planifolium** Willk. [in Willk. et Lange *Prodr. fl. hisp.* III, 717 (1878) ; Maire l. o. = *Helianthemum lepidotum* var. *planifolium* Willk. *Ic. et descr. pl.* II, 66, t. 107 (1856) = *Halimium halimifolium* forma *planifolium* Gross. l. c. (1903) = *Helianthemum halimifolium* var. *planifolium* Coutinho *Fl. Port.* 412 (1913) ; R. Lit. et Sim. in *Bull. soc. bot. Fr.* LXVIII, 101], à feuilles planes, à sépales recouverts de poils écailleux verruciformes ± fimbriés, jaunes, dépourvus de poils étoilés et de poils simples. Les pétales sont tantôt pourvus d'une macule d'un pourpre noir [subvar. **maculatum** Maire l. c. = *Helianthemum halimifolium* var. *maculatum* Sennen et Pau ap. Sennen in *Bull. géogr. bot.* XXIV, 235 (1914) = *Helianthemum halimifolium* subvar. *maculatum* R. Lit. et Sim. l. c. (1921)], tantôt immaculés [subvar. **immaculatum** Maire l. c. = *Helianthemum halimifolium* var. *immaculatum* Sennen et Pau l. c. = *Helianthemum halimifolium* subvar. *immaculatum* R. Lit. et Sim. l. c.].

H. alyssoides Lamotte *Prodr. fl. Plat. centr. Fr.* 112 (1877) [1]; Gross.

---

1. Nous ignorons pourquoi l'*Ind. kew.* (I, 1089) donne l'*Halimium alyssoides* Lamotte comme synonyme de l'*Helianthemum guttatum*. L'auteur du *Prodrome de la flore du Plateau central de la France* cite comme synonymes de son espèce les *Helianthemum lasianthum* Spach, *Cistus alyssoides* Lamk, *Helianthemum*

Cist. 37 (Engler *Pflanzenreich* IV, 193), sub : *H. alyssoides* (Lam.) Gross.
= *Cistus alyssoides* Lamk *Encycl. méth.* II, 20 (1786-88) ; Gren. in Gren.
et Godr. *Fl. Fr.* I, 160 = *Cistus scabrosus* Ait. *Hort. kew.* II, 236 (1789)
= *Helianthemum alyssoides* Vent. *Choix pl.* 20, t. 20 (1803) ; DC. *Prodr.*
I, 267 ; Rouy et Fouc. *Fl. Fr.* II, 282 ; Coste *Fl. Fr.* I, 148 = *Helianthe-*
mum scabrosum Pers. *Syn.* II, 76 (1807) = *Halimium lasianthum* var.
alyssoides Spach *Hist. nat. vég.* VI, 58 (1838) = *Halimium occidentale* var.
virescens Willk. *Ic. et descr. pl.* II, 59, t. 103 et 104 (1856) ; Willk. in
Willk. et Lange *Prodr. fl. hisp.* III, 716 = *Cistus occidentalis* Amo *Fl.*
fanerog. iber. VI, 352 (1871-73) = *Halimium scabrosum* Samp. in *Bol. soc.*
brot. 2me sér. I, 128 (1922).

Espèce subatlantique signalée aux environs de Bonifacio (Boy. *Fl.*
Sud Corse 58) et déjà citée, sans précision de localité, dans le Catalogue
de Robiquet (p. 49), d'après l'herbier Clarion. Nous n'osons l'admettre
parmi les représentants de la flore corse.

TUBERARIA Spach

1092. **T. perennis** Spach [α *melastomaefolia*] *Hist. nat. vég.* VI,
48 (1838), excl. var. β = *Cistus Tuberaria* L. *Sp.* ed. 1, 526 (1753) =
Helianthemum Tuberaria Mill. *Gard. dict.* ed. 8, n. 10(1768) ; Gren. in
Gren. et Godr. *Fl. Fr.* I, 173 ; Rouy et Fouc. *Fl. Fr.* II, 284 ; Coste
Fl. Fr. I, 148 = *Helianthemum lignosum* Sweet *Cistin.* 46 (1825-30)
= *T. vulgaris* Willk. *Ic. et descr. pl.* II, 69, t. 110 (1856) = *T. melasto-*
matifolia Gross. *Cist.* 52 (Engler *Pflanzenreich* IV, 193, ann. 1903) =
T. lignosa Samp. in *Bol. soc. brot.* 2e sér., I, 128 (1922). — Exsicc.
Sieber sub : *Helianthemum tuberaria* ! (Ajaccio) [Herb. Deless.] ;
Soleirol n. 727 ! (Bastia) [Herb. Coss., Req.] ; Kralik sub : *Helian-*
themum tuberaria ! (Levie) [Herb. Coss., Req.] ; Deb. ann. 1867, n. 30!
(Ste-Lucie, près Bastia) [Herb. Burn., Deless.] ; Mab. n. 211 ! (Pigno)
[Herb. Bor., Burn., Coss.] ; Reverch. ann. 1879, sub : *Helianthemum*
tuberaria ! (Serra di Scopamene) [Herb. Burn.].

Hab. — Garigues, maquis, rocailles dans les étages inférieur et
montagnard. Avril-juin. ♃. Assez répandu. Montagnes du Cap (Salis
in *Flora* XVII, Beibl. II, 74) ; au-dessus de Morsiglia (Mab. !, in herb.
Bonaparte) ; Monte Rotto, au-dessus de Luri, 650 m. (Briq. !, 8-VII-
1906, in herb. Burn.) ; cap Sagro (G. Le Grand, 3-V-1885, in herb.) ;
au-dessus de Mausoleio, près Erbalonga (Gillot in *Bull. soc. bot. Fr.*

alyssoides Vent. et de plus donne la plante comme vivace ! D'autre part il
mentionne dans le genre *Helianthemum* (Sect. *Tuberaria*) l'*H. guttatum* Mill. !

XXIV, sess. extr. LIII) ; le Pigno, 700-850 m. (Mab. ! exsicc. cit. ;
Shuttl. *Enum.* 6 ; Fouc. !, 8-VII-1898, in herb. Bonaparte ; R. Lit. !,
4-VI-1933) ; environs de Bastia (Salzm. !, 1821, in herb. jard. Angers
et in herb. Prodr. —et ex Willk. *Ic. et descr. pl.* II, 71 ; Soleirol ! exsicc.
cit. ; Thomas !, 1827, in herb. Deless. ; ex Gren. in Gren. et Godr. *Fl. Fr.*
I, 173 ; Req. !, V-1851, in herb. ; Mab. in Mars. *Cat.* 24), notamment à
Ste-Lucie (Deb. ! exsicc. cit.) et à la Renella (Boullu in *Bull. soc. bot.*
Fr. XXLV, sess. extr. LXVII) ; Biguglia (Pœverlein ! 28-IV-1909,
in herb.) ; Calvi (Soleirol ex Bertol. *Fl. it.* V, 365 et Parl. *Fl. it.* V,
597) ; Aleria (Fouc. et Sim. *Trois sem. herb. Corse* 95) ; entre Aleria et
Ghisonaccia (Soulié ex Coste in *Bull. soc. bot. Fr.* XLVIII, sess. extr.
CXVIII) ; Ghisonaccia (Coust. !, IV-1910, in herb.) ; Bocognano,
pentes de la rive droite de la Gravona (Mars. l. c.) ; Ajaccio (Sieber !
exsicc. cit. ; ex Gren. et Godr. l. c. ; Borne !, 8-VI-1847, in herb. Laus. ;
plage de Campo di l'Oro (Boullu in *Bull. soc. bot. Fr.* XXIV, sess.
extr. XCV) ; Solenzara (Aellen !, 16-VII-1932) ; vallée du Taravo près
d'Olivese (Mars. l. c.) ; Serra di Scopamene (Reverch. ! exsicc. cit.) ;
Levie (Kralik ! exsicc. cit.) ; Porto-Vecchio (Revel. in Mars. l. c.) ;
Santa Manza (Clément !, V-1842, in herb. gén. Mus. Grenoble); Bonifacio (Seraf. ! in herb. Req. ; Req. !, VIII-1849, in herb. ; Montepagano !,
XI-1849, in herb. Req. ; Revel. in Mars. l. c. ; Stefani !, 8-V-1894, in
herb. Bonaparte ; Boy. *Fl. Sud Corse* 58) ; la Trinité (Brugère !, 19-IV-
1914, in herb. Burn.).

« Les échantillons corses appartiennent au var. **trivialis** Briq., nov.
comb. (= *T. melastomatifolia* var. *trivialis* Gross. l. c. 54 [1]), à feuilles
basilaires vertes en dessus, blanches-soyeuses en dessous, surtout à l'état
jeune ; plusieurs tendent cependant vers le var. **lanata** (Willk.) Briq. — de
l'Italie méridionale, de Sicile et d'Algérie — à feuilles blanches-soyeuses
sur les deux faces. » (J. B.).

1093. **T. guttata** Fourr. in *Ann. soc. linn. Lyon* nouv. sér., XVI,
340 (1868) ; Gross. *Cist.* 56 (Engler *Pflanzenreich* IV, 193), emend.
Briq. = *Cistus guttatus* L. *Sp.* ed. 1, 526 (1753) = *Helianthemum*
guttatum Mill. *Gard. dict.* ed. 8, n. 18 (1768) ; Gren. in Gren. et Godr.
Fl. Fr. I, 172 ; Rouy et Fouc. *Fl. Fr.* II, 285 ; Coste *Fl. Fr.* I, 148 =

1. = *Helianthemum Tuberaria* var. *triviale* Jah. et Maire *Cat. pl. Maroc* II,
496 (1932).

T. annua Spach *Hist. nat. vég.* VI, 46 (1838) = *T. variabilis* Willk. *Ic. et descr. pl.* II, 73, t. 112-117 (1856).

Hab. — Rocailles, garigues, clairières des maquis, châtaigneraies dans les étages inférieur et montagnard, 1-1050 m. Mars-juill. ①. — Espèce très polymorphe, présentant en Corse les subdivisions suivantes.

I. Subsp. **variabilis** R. Lit., nov. comb. = *Helianthemum guttatum* L. l. c., sensu stricto = *T. variabilis* Willk. in Willk. et Lange *Prodr. fl. hisp.* III, 720 (1878) = *Helianthemum guttatum* formes *H. Milleri, H. plantagineum* et *H. littorale* Rouy et Fouc. *Fl. Fr.* II, 286-288 (1895) = *T. guttata* Gross. l. c. (1903) = *Helianthemum guttatum* subsp. *variabile* Coutinho *Fl. Port.* 413 (1913) = *Helianthemum guttatum* subsp. *Milleri* Maire in *Mém. soc. sc. nat. Maroc* n. XVIII, 37 (1928) et in Jah. et Maire *Cat. pl. Maroc* II, 497 (1932), p. p. = *T. guttata* subsp. *eu-guttata* Briq. nom. ined. in sched. herb. genev. et in mss.

« Plante ± hérissée. Pédicelles ± hérissés plus longs que le calice pendant l'anthèse, dépassant plusieurs fois sa longueur à la maturité. Pétales atteignant environ la longueur des sépales, jaunes, portant au-dessus de l'onglet une macule d'un brun violet. Capsule brièvement pubescente. » (J. B.).

† α. Var. **plantaginea** Gross. *Cist.* 37 (Engler *Pflanzenreich* IV, 193, ann. 1903) = *Cistus plantagineus* Willd. *Sp. pl.* II, 1197 (1800) = *Cistus serratus* Desf. *Fl. atl.* I, 416 (1798) = *Helianthemum plantagineum* Pers. *Syn.* II, 77 (1807) = *Helianthemum guttatum* var. *plantagineum* Benth. *Cat. pl. Pyr.* 83 (1826) ; Gren. in Gren. et Godr. *Fl. Fr.* I, 173 = *T. variabilis* var. *plantaginea* subvar. *macropetala* Willk. *Ic. et descr. pl.* II, 75, t. 112, f. 5 et t. 113 (1856) = *Helianthemum guttatum* forma ε *plantagineum* Batt. in Batt. et Trab. *Fl. Alg.* (Dicotyl.) 93 (1888) = *Helianthemum guttatum* forme *H. plantagineum* var. *macropetalum* Rouy et Fouc. *Fl. Fr.* II, 287 (1895). — Exsicc. Reverch. ann. 1885, sub : *H. guttatum* ! (Evisa) [Herb. Deless.] ; Burn. ann. 1904, n. 61 ! (Ghisoni) [Herb. Burn.] ; Kük. It. cors. n. 651 ! (Algajola) [Herb. Deless.].

Hab. — Répandu.

« Tige dressée. Feuilles basilaires largement obovées-elliptiques plus grandes que les caulinaires. Pédicelles ± hérissés et glanduleux. Sépales extérieurs ± hirsutes. — Les pétales sont très généralement serrulés. La glandulosité des axes de l'inflorescence varie dans d'assez larges limites d'un échantillon à l'autre. Les formes très glanduleuses ont été distinguées par Foucaud et M. Simon [*Trois sem. herb. Corse* 172 (1898)] sous le nom d'*Helianthemum guttatum* forme *plantagineum* var. *viscosum* Fouc. et Sim. [1].

« Cette variété est reliée aux deux suivantes par de nombreuses formes intermédiaires.

« Le *T. guttata* var. *plantaginea* est incontestablement le *Cistus guttatus* var. γ de Lamarck [*Encycl. méth.* II, 23 (1786-88)], mais cet auteur ne l'a pas nommé — contrairement à ce que disent Rouy et Foucaud l. c., ainsi que M. Grosser l. c. — et s'est borné à le caractériser par la citation d'une phrase. » (J. B.).

β. Var. **Columnae** Briq., nov. comb. = *Helianthemum guttatum* var. *Columnae* Dun. in DC. *Prodr.* I, 271 (1824) = *T. variabilis* var. *vulgaris* subvar. *genuina* Willk. *Ic. et descr. pl.* II, 73, t. 112, f. 1 et 2 (1858) = *T. variabilis* var. *vulgaris* subvar. *Milleri* Willk. in Willk. et Lange *Prodr. fl. hisp.* III, 720 (1878) = *Helianthemum guttatum* forme *H. Milleri* var. *genuinum* Rouy et Fouc. *Fl. Fr.* II, 286 (1895) et var. *viscosum* Rouy et Fouc. l. c., quoad pl. cors. et gall., excl. syn. = *T. guttata* var. *genuina* Gross. *Cist.* 56 (l. c., ann. 1903) = *T. guttata* forma *vulgaris* Janchen *Cist. Österr.-Ungarns* in *Mitt. naturw. Ver. Univ. Wien* VII, 26 (1909), p. p. = *T. guttata* forma *genuina* Hayek *Prodr. fl. penins. balc.* I, 490 (1925) = *T. guttata* var. *Milleri* Hug. Villar in Sennen *Pl. Esp.* n. 8122 (1931). — Exsicc. Sieber sub : *Helianthemum guttatum* ! (Ajaccio) [Herb. Deless.] ; Soleirol n. 724 ! (Crovani) [Herb. Coss.] ; Kralik n. 481 ! (Porto-Vecchio) [Herb. Bor., Coss., Deless., Rouy].

Hab. — Répandu.

« Tige dressée. Feuilles oblongues ou oblongues-lancéolées, les basilaires plus petites que les caulinaires. Pédicelles modérément hérissés, pourvus vers le sommet de glandes ± abondantes. Sépales extérieurs ciliés-poilus vers les marges, d'ailleurs glabres ou glabrescents.

« Le *Tuberaria acuminata* Gross. [*Cist.* 54 (Engler *Pflanzenreich* IV, 193, ann. 1903) = *Cistus acuminatus* Viv. *Fl. it. fragm.* I, 13, t. 14, f. 1 (1808) = *Helianthemum Vivianii* Poll. *Fl. veron.* III, 799 (1824)], confondu par Willkomm, par Rouy et Foucaud, par Fiori et Paoletti, avec les échantillons très glanduleux du var. *Columnae*, est une espèce complètement différente caractérisée par sa haute taille, son indument sub-

---

1. = *Tuberaria guttata* var. *viscosa* Ronn. in *Verhandl. zool.-bot. Ges. Wien* LXVIII, 235 (1918).

soyeux et surtout ses sépales extérieurs accrescents à la maturité au point d'égaler les intérieurs et formant un pseudo-involucre. Cette espèce, sous sa forme typique (var. *Vivianii* Gross. l. c. 60) est spéciale à la Ligurie et manque à la Corse[1], comme au midi de la France.» (J.B.). — L'«*Helianthemum guttatum* var. *Vivianii* Poll.» a été signalé en Sardaigne (Limbara) [Negodi in *Nuov. giorn. bot. it.* nuov. ser., XXXVIII, 453]; il est probable qu'il ne s'agit pas du *T. acuminata*.

┼┼ γ. Var. **eriocaulos** (« *eriocaulon* ») Gross. *Cist.* 56 (Engler *Pflanzenreich* IV, 193, ann. 1903) = *Helianthemum eriocaulon* Dun. in DC. *Prodr.* I, 271 (1824) = *Helianthemum guttatum* var. *eriocaulon* Boiss. *Voy. midi Esp.* II, 63 (1839-45) = *T. variabilis* var. *vulgaris* subvar. *eriocaulon* et subvar. *viscoso-puberula* Willk. *Ic. et descr.* pl. II, 73, t. 112, f. 3 et 4 (1856) = *T. variabilis* var. *vulgaris* subvar. *Linnaei* Willk. in Willk. et Lange *Prodr. fl. hisp.* III, 721 (1878) = *Helianthemum guttatum* forma β *eriocaulon* Batt. in Batt. et Trab. *Fl. Alg.* (Dicotyl.) 92 (1888) = *Helianthemum guttatum* forme *H. Milleri* var. *eriocaulon* Rouy et Fouc. *Fl. Fr.* II, 287 (1895) = *T. guttata* forma *Cavanillesii* Hayek *Prodr. fl. penins. balc.* I, 490 (1925).

Hab. — Près du couvent de la tour de Sénèque (Briq. !, 8-VII-1906, in herb. Burn.) ; col du Teghime (Ronn. in *Verhandl. zool.-bot. Ges. Wien* LXVIII, 235) ; Monte Sant'Angelo de la Casinca, 1000 m. (Briq. !, 1-VII-1913, in herb. Burn.) ; *Quercetum Suberis* à l'E. de Ste-Lucie de Porto-Vecchio (R. Lit. !, 13-V-1932) ; probablement plus répandu.

« Très voisine de la variété précédente, à laquelle elle devrait peut-être plus correctement être rattachée à titre de sous-variété ; elle en diffère par la tige plus rameuse (souvent dès la base), à rameaux plus étalés, les pédicelles plus hérissés, avec des glandes généralement abondantes, les sépales extérieurs pubescents-velus. — Les pétales sont parfois un peu lacérés au sommet, particularité qui peut être constatée aussi dans les var. α et β et qui a motivé la distinction d'une variété spéciale [*Cistus serratus* Cav. *Ic. et descr. pl. rar.* II, 57, t. 175, f. 1 (1793) ; non Desf. = *Helianthemum guttatum* var. *Cavanillesii* Dun. in DC. *Prodr.* I, 271 (1824) = *T. variabilis* var. *vulgaris* subvar. *Cavanillesii* Willk. in Willk. et Lange *Prodr. fl. hisp.* III, 721 (1878) = *Helianthemum guttatum* forme *H. Milleri* var. *viscosum* subvar. *serratum* Rouy et Fouc. *Fl. Fr.* III, 287 (1895)]. » (J. B.).

---

1. L'*Helianthemum Vivianii* Poll. a encore été récemment signalé dans l'île, — le Salario, près Ajaccio — par M. Andreánszky (in *Mag. Tud. Akad.* XLIII, 607, 612). (R. Lit.).

† II. Subsp. **inconspicua** Briq., nov. comb. = *Helianthemum inconspicuum* Thib. in Pers. *Syn.* II, 77 (1807) ; Dun. in DC. *Prodr.* I, 271 = *Cistus inconspicuus* Poir. *Encycl. méth.* Suppl. II, 278 (1811) = *Helianthemum guttatum* var. *inconspicuum* Benth. *Cat. pl. Pyr.* 83 (1826) ; Ball *Spic. marocc.* in *Journ. Linn. soc.* XVI, 345 ; Ces., Pass. et Gib. *Comp. fl. it.* 809 ; Fiori in Fiori et Paol. *Fl. anal. It.* I, 397 = *T. inconspicua* Willk. *Ic. et descr. pl.* II, 78, t. 116 B (1856) ; Gross. *Cist.* 57 (Engler *Pflanzenreich* IV, 193) = *Helianthemum guttatum* forma η *inconspicuum* Batt. in Batt. et Trab. *Fl. Alg.* (Dicotyl.) 93 (1888) = *Helianthemum guttatum* subsp. *H. inconspicuum* Rouy et Fouc. *Fl. Fr.* II, 289 (1895) ; Coutinho *Fl. Port.* 414. — Exsicc. Soc. cénom. n. 2295 !, sub : « *Helianthemum guttatum* forma vergens ad subsp. *H. inconspicuum* » (Serriera, leg. J. Chevalier) [Herb. Laus., R. Lit.] .

Hab. — Environs de Bastia (Salis in *Flora* XVII, Beibl. II, 74) ; environs de Serriera (J. Chevalier in *Soc. amis sc. nat. Rouen* ann. 1930, 15 et exsicc. cit. !) ; Corte (Vanucci !, 1836, in herb. jard. Angers) ; Ajaccio (Fauché ex Willk. l. c.) ; probablement plus répandu

« Plante ± hérissée-cendrée. Pédicelles souvent moins hérissés que dans la sous-espèce précédente, plus longs que le calice pendant l'anthèse, dépassant plusieurs fois la longueur du calice à la maturité. Fleurs petites, à pétales oblongs, plus courts que le calice, non ou à peine maculés à la base. Capsule presque glabre.

« M. Grosser (l. c. 54) attribue au *T. inconspicua* des pédicelles « glaberrimi », ce qui est contredit par les exsiccata mêmes que cite l'auteur (p. 58). — La sous-espèce suivante fait le passage entre les sous-espèces I et II au point de vue de la grandeur des pétales. Les formes ambiguës à ce point de vue, comme à celui de la glabréité des capsules nous empêchent d'attribuer à ce groupe une valeur spécifique. » (J. B.). — Au N.-E. de Ste-Lucie de Porto-Vecchio, dans les maquis sablonneux à *Halimium halimifolium*, nous avons observé (13-V-1932) une forme de passage entre le subsp. *variabilis* var. *Columnae* et le subsp. *inconspicua* : plante à pédicelles allongés glabres ou parfois pourvus de quelques poils au sommet, à capsules presque glabres, mais à pétales maculés du subsp. *variabilis*.

† III. Subsp. **praecox** Briq., nov. comb. = *T. variabilis* var. *plantaginea* subvar. *micropetala* Willk. *Ic. et descr. pl.* II, 75, t. 114, f. 1 (1856) = *Helianthemum guttatum* forme *H. plantagineum* var. *micropetalum* Rouy et Fouc. *Fl. Fr.* II, 288 (1897) = *T. praecox* Gross. *Cist.* 59 (Engler *Pflanzenreich* IV, 193, ann. 1903) = *T. guttata* forma *micropetala* Janchen *Cist. Österr.-Ungarns* in *Mitt. naturw. Ver. Univ.*

Wien VII, 26 (1909) = *Helianthemum guttatum* var. *serratum* (Cav.)
Pau subvar. *praecox* Jah. et Maire *Cat. pl. Maroc* II, 497 (1932).

Hab. — Disséminé. Entre Luri et Santa Severa (Briq. !, 27-IV-
1907, in herb. Burn.) ; Bastia (Salzm. !, 1821, in herb. Prodr., sub :
Helianthemum praecox Salzm.) ; col du Teghime (Molinier !, VII-
1934) ; Ostriconi (Briq. !, 20-IV-1907, in herb. Burn. et Deless.) ;
Ile-Rousse (Briq. !, 21-IV-1907, in herb. Burn., St-Y. !, in herb.
Laus.) ; Calvi (Fouc. et Sim. *Trois sem. herb. Corse* 13, 20, Fouc. !
13-V-1896, in herb. Bonaparte [1]) ; Ajaccio (Wilcz. !, IV-1899, in herb.
Laus.) ; Cateraggio (Briq. !, 1-V-1907, in herb. Burn.); Solaro (Briq. et
Wilcz. !, 8-VII-1913, in herb. Laus.) ; vallée inférieure de la Solen-
zara (Briq. !, 3-V-1907, in herb. Burn. ; Aellen !, 16-VII-1932) ;
Ste-Lucie de Porto-Vecchio, prairies (Briq. !, 4-V-1907, in herb.
Burn.) ; Porto-Vecchio, près des salines (R. Lit. !, 12-V-1932).

« Plante grêle, peu rameuse, le plus souvent velue-cendrée, plus rarement glabrescente. Pédicelles débiles, plus courts ou aussi longs que le
calice pendant l'anthèse, atteignant tout au plus le double de la longueur
du calice à la maturité. Pétales jaunes non maculés à la base, un peu
plus longs que les sépales.

« Cette sous-espèce passe par des intermédiaires instructifs (peu fréquents, il est vrai) aux deux précédentes. Nous avons observé dans les
clairières des maquis entre Cateraggio et Tallone, 30 m. (1-V-1907, specim.
in herb. Burn.) une forme intéressante (f. **transiens** Briq.[2]) à pétales immaculés, dépassant peu les sépales, comme dans la sous-espèce *praecox*,
mais à pédicelles fructifères très allongés, plusieurs fois plus longs que le
calice, comme dans les sous-espèces I et II. — La sous-espèce *praecox* ne
paraît pas s'écarter beaucoup du littoral, mais n'est nullement halophile,
ainsi que le pense M. Grosser (l. c.) ; aucune des localités citées n'est
située sur terrains salés. » (J. B.).

CISTUS L. emend.

† 1094. **C. albidus** (« *albida* ») L. *Sp.* ed. 1, 524 (1753) ; Gren. in
Gren. et Godr. *Fl. Fr.* I, 163 ; Rouy et Fouc. *Fl. Fr.* II, 256 ; Coste
Fl. Fr. I, 144 ; Gross. *Cist.* 13 (Engler *Pflanzenreich* IV, 193) =
C. tomentosus Lamk *Fl. fr.* III, 168 (1778) = *C. vulgaris* Spach in
Ann. sc. nat. 2me sér. VI, 368 (1836), p. p. = *C. vulgaris* var. *ses-*

---

1. En mélange avec des exemplaires appartenant au subsp. *variabilis* var.
Columnae.
2. « Petalis immaculatis sepalis tantum paulo superantibus cum subsp.
inconspicua convenit, sed ab illa pedicellis fructiferis valde elongatis recedit. »
(J. B.).

silifolius Spach *Hist. nat. vég.* VI, 88 (1838). — Exsicc. Soleirol n. 694 ! (Bastia) [Herb. Req.].

Hab. — Garigues, maquis de l'étage inférieur. Mai-juin. ♃. Très rare. Macinaggio (Rübel *Pflanzengesellsch. d. Erde* 80) ; Bastia (Soleirol ! exsicc. cit. ; Bonavita, 27-VI-1900, sec. Rotgès notes manuscr.) ; Oletta (Thomas !, in herb. Prodr.) ; environs de Bonifacio (Boy. *Fl. Sud Corse* 38, 58).

Déjà mentionné parmi les plantes récoltées par Valle (*Fl. Cors.* 207), mais l'on sait que la plupart des espèces ne sont pas de provenance corse (cf. Briq. *Prodr. fl. corse* I, xxxiii).

† 1095. **C. crispus** (« *crispa* ») L. *Sp.* ed. 1, 524 (1753) ; Gren. in Gren. et Godr. *Fl. Fr.* I, 163 ; Rouy et Fouc. *Fl. Fr.* II, 258 ; Coste *Fl. Fr.* I, 144 ; Gross. *Cist.* 13 (Engler *Pflanzenreich* IV, 193) = *C. vulgaris* var. *crispus* Spach *Hist. nat. vég.* VI, 88 (1838).

Hab. — Maquis de l'étage inférieur. Mai-juin. ♃. Signalé uniquement dans le Cap Corse à Pino par M. Rübel (*Pflanzengesellsch. d. Erde* 80).

Cette espèce, mentionnée par Salis (in *Flora* XVII, Beibl. II, 75) comme ayant été indiquée en Corse, puis par Robiquet (*Rech. hist. et stat. Corse* 49) — d'après l'herbier Clarion, — était considérée comme étrangère à la flore de l'île (cf. Gross. l. c.). Le *C. crispus* manque à l'archipel toscan, à la Sardaigne, à la péninsule italique, mais existe en Sicile (environs de Messine et de Palerme).

1096. **C. villosus** L. *Sp.* ed. 2, 736 (1762), errore typographico « *pilosus* »[1] ; Gross. *Cist.* 14 (Engler *Pflanzenreich* IV, 193) ; Janchen *Cist. Österr.-Ungarns* in *Mitt. naturw. Ver. Univ. Wien* VII, 15 = *C. incanus* Savi *Fl. pis.* II, 9 (1798) [non L. *Sp.* ed. 1, 524 (1753)], ampl. Gren. in Gren. et Godr. *Fl. Fr.* I, 162 (1847) ; Parl. *Fl. it.* V, 574 ; Fiori in Fiori et Paol. *Fl. anal. It.* I, 400 ; Coste *Fl. Fr.* I, 144 ; Hochr. in *Ann. Conserv. et Jard. bot. Genève* VII-VIII, 182 = *C. vulgaris* Spach in *Ann. sc. nat.* 2me sér. VI, 368 (1836), p. p., et in *Hist. nat. vég.* VI, 87, p. p.

Hab. — Garigues, maquis des étages inférieur et montagnard. Mars-juill., suivant l'altitude. ♃. — Espèce polymorphe comprenant en Corse les deux races suivantes.

1. L'erreur typographique du *Sp.* ed. 2 a été corrigée dans le *Gen.* ed. 6, p. ultim. (1764) et dans le *Syst.* ed. 12, 366 (1767).

α. Var. **villosus** Janchen ex C. K. Schneid. *Handb. Laubholzk.* II, 348 (1909) ; Hayek *Prodr. fl. penins. balc.* I, 488 — pro var. subsp. *eu-villosi* Hayek = *C. villosus* L. l. c., p. p. (?) ; Reichb. *Fl. germ. exc.* 716 (1832) et *Ic. fl. germ. et helv.* III, f. 4567 = *C. eriocephalus* Viv. *Fl. cors. diagn.* 8 (1824) = *C. vulgaris* var. *villosus* Spach *Hist. nat. vég.* VI, 87 (1838) = *C. incanus* Gren. in Gren. et Godr. *Fl. Fr.* I, 162 (1847) ; Coste *Fl. Fr.* I, 144 = *C. polymorphus* subsp. *villosus* var. *vulgaris* Willk. *Ic. et descr. pl.* II, 22, t. 81 (1856) = *C. villosus* var. *genuinus* Boiss. *Fl. Or.* I, 437 (1867), p. p. = *C. incanus* var. *incanus* Parl. *Fl. it.* V, 574 (1873), p. p. ? = *C. villosus* var. *verus* Freyn in *Verhandl. zool.-bot. Ges. Wien* XXVII, 279 (1877) = *C. polymorphus* subsp. *C. villosus* Rouy et Fouc. *Fl. Fr.* II, 260 (1895) = *C. incanus* subsp. *C. villosus* Murb. *Contr. fl. nord-ouest Afr.* I, 13 (1897) = *C. incanus* var. *villosus* Fiori in Fiori et Paol. *Fl. anal. It.* I, 400 (1898) = *C. villosus* var. *eriocephalus* Gross. *Cist.* 15 (Engler *Pflanzenreich* IV, 193, ann. 1903), p. p. = *C. villosus* var. *Reichenbachii* Hochr. in *Ann. Conserv. et Jard. bot. Genève* VII-VIII, 182 (1904), p. p., excl. exsicc. cit. [1] = *C. villosus* forma *villosus* Janchen *Cist. Österr.-Ungarns* in *Mitt. naturw. Ver. Univ. Wien* VII, 15 (1909).

— Exsicc. Soleirol n. 696 !, sub: *C. eriocephalus* (Calvi) [Herb. Coss.].

Hab. — Répandu dans l'île entière (cependant disséminé dans certaines régions, p. ex. aux environs d'Ajaccio), jusque vers 1150-1200 m. (versant E. du San Pedrone, R. Lit. *Mont. Corse orient.* 140).

« Pétioles à base longuement connée-engainante. Feuilles à limbe adulte épais, à marges ± ondulées, densément couvertes de poils étoilés, presque incanes en dessous. Ramuscules, axes de l'inflorescence densément et longuement velus. » (J. B.). Plante dépourvue de poils glanduleux ou à poils glanduleux très rares.

Une race voisine dont la présence n'a pas encore été constatée dans l'île est le var. **incanus** Freyn [in *Verhandl. zool.-bot. Ges. Wien* XXVII, 275 (1877) = *C. incanus* [Savi *Fl. pis.* II, 9 (1798), p. p. ?] Reichb. *Fl. germ. exc.* 716 (1832) et *Ic. fl. germ. et helv.* III, f. 4566 ; non L. = *C. vulgaris* var. *incanus* Spach *Hist. nat. vég.* VI, 88 (1838) = *C. polymorphus* subsp. *incanus* var. *occidentalis* Willk. *Ic. et descr. pl.* II, 20 (1856) = *C. incanus* var. *typicus* Fiori in Fiori et Paol. *Fl. anal. It.* I, 400 (1898) = *C. villosus* var. *eriocephalus* Gross. *Cist.* 15 (Engler *Pflanzenreich* IV, 193, ann. 1903), p. p. = *C. incanus* var. *incanus* Hochr. in *Ann. Conserv. et Jard. bot. Genève* VII-VIII, 183 (1904) = *C. villosus* forma *incanus* Jan-

1. Le n. 338 du *Voy. bot. Alg.* récolté par l'auteur au Djebel Aissa (Sud oranais) et que nous avons pu étudier dans l'herbier Delessert appartient au var. *mauritanicus* Gross. !

chen *Cist. Österr.-Ungarns* in *Mitt. naturw. Ver. Univ. Wien* VII, 16 (1909)]. Elle diffère de la précédente par les pétioles moins dilatés à la base, l'indument des ramuscules et des pétioles apprimé, formé de poils étoilés.

β. Var. **corsicus** Gross. *Cist.* 15 (Engler *Pflanzenreich* IV, 193, ann. 1903) = *C. Corsicus* Lois. *Nouv. not.* 24 (1827) et *Fl. gall.* ed. 2, I, 380 = *C. incanus* var. *corsicus* Gren. in Gren. et Godr. *Fl. Fr.* I, 162 (1847) ; Fiori in Fiori et Paol. *Fl. anal. It.* I, 400 et *Nuov. fl. anal. It.* I, 537 = *C. polymorphus* subsp. *villosus* var. *viscidus* subvar. *corsicus* Willk. *Ic. et descr. pl.* II, 24, t. 82 A (1856) = *C. incanus* var. *creticus* Parl. *Fl. it.* V, 575 (1873), p. p. [1] = *C. polymorphus* subsp. *C. Corsicus* Rouy et Fouc. *Fl. Fr.* II, 261 (1895) = *C. villosus* forma *corsicus* Janchen *Cist. Österr.-Ungarns* in *Mitt. naturw. Ver. Univ. Wien* VII, 71 (1909) = *C. villosus* subsp. *creticus* var. *corsicus* Hayek *Prodr. fl. penins. balc.* I, 489 (1925). — Exsicc. Sieber sub : *C. corsicus* ! (Corte) [Herb. Req.] ; Soleirol n. 9578 !, sub : « *C. corsicus* ? » (Calvi) [Herb. Coss.] ; Req. sub : *C. corsicus* ! (Ajaccio) [Herb. Bor., Deless.] ; Bourg. n. 45 !, sub : *C. incanus* var. *corsicus* (Ajaccio, leg. Req.) [Herb. Coss.] ; Kralik n. 480 !, sub : *C. incanus* var. *corsicus* (Ajaccio) [Herb. Coss., Deless., Rouy] ; Mab. n. 346 !, sub : *C. corsicus* (Bastia) [Herb. Bor., Burn.] ; Deb. ann. 1868, sub : *C. incanus* ! (Bastia) [Herb. Burn.] ; Reverch. ann. 1880, n. 296 !, sub : *C. corsicus* (La Trinité, près Bonifacio) [Herb. Bonaparte, Burn., Deless., Laus.] ; Reverch. ann. 1885 n. 296 !, sub : *C. corsicus* (Chidazzo, « Cedoza ») [Herb. Laus., Pellat] ; Burn. ann. 1900, n. 43 ! (entre Bastia et le col du Teghime) [Herb. Burn.] ; Burn. ann. 1904, n. 59 ! (env. de Vico) [Herb. Burn.] ; Soc. roch. n. 3876 !, sub : *C. polymorphus* subsp. *corsicus* (colline de la Serra, près Calvi, leg. Fouc. et Sim.) [Herb. Bonaparte] ; Soc. cénom. n. 1124 ! (Ajaccio, leg. N. Roux) [Herb. Bonaparte] ; Soc. fr. n. 761 ! sub : *C. corsicus* (Corbara, leg. N. Roux) [Herb. Jeanjean] ; Soc. fr. n. 762 !, sub : *C. corsicus* var. *Rouxii* Coste (entre Pietranera et Bastia, leg. N. Roux) [Herb. Coust., Jeanjean, R. Lit.] ; Kük. It. cors. n. 772 !, sub. : *C. villosus* subsp. *corsicus* (Corbara) [Herb. Deless.].

1. Parıatore cite : « *Cistus incanus* β *creticus* Gren. et Godr. Fl. de France 1, p. 162. Boiss. Fl. Orient. 1, p. 437 ». C'est là une erreur, seul Boissier, en effet, a décrit un *C. incanus* var. *creticus* ; Grenier et Godron ont créé un *C. incanus* var. *corsicus*.

Hab. — Assez répandu jusque vers 800-900 m. d'altitude ; dans certaines parties de l'île (environs d'Ajaccio, extrême sud), plus commun que le var. *villosus*, mais paraît manquer dans quelques régions, par exemple dans la Castagniccia et dans le Niolo [1].

« Pétioles à base moins longuement connée-engainante que dans α. Feuilles à limbe adulte moins épais, à marge moins ondulée, d'un vert obscur ou grisâtre, à poils étoilés bien moins abondants, pourvu de poils glanduleux. Ramuscules, axes de l'inflorescence et pédoncules brièvement pubescents-glanduleux.

« Une sous-variété à fruits glabres : subvar. **leiocarpus** Briq., nov. comb. [= *C. polymorphus* subsp. *C. Corsicus* var. *leiocarpus* Rouy et Fouc. *Fl. Fr.* II, 261 (1895) = *C. incanus* var. *corsicus* forma *liocarpus* Fiori in Fiori et Paol. *Fl. anal. It.* I, 400 (1898)] est indiquée à Aspreto, près Ajaccio (Boullu in *Bull. soc. bot. Fr.* XXIV, sess. extr. XCIII et ex Rouy et Fouc. l. c.). » (J. B.).

Le *C. corsicus* var. *Rouxii* Coste [in *Bull. soc. fr. éch. pl.* 3e fasc., ann. 1913, 30-31], de Pietranera près Bastia (leg. N. Roux !, 27-IV-1912, in herb., exsicc. soc. fr. n. 762 ! supr. cit.) ne peut être distingué, tout au moins à l'état sec, des exemplaires typiques du var. *corsicus*, plante d'ailleurs assez variable quant à la dimension et à la forme des feuilles, à la longueur des pédoncules, souvent pourvus de poils blancs simples assez abondants. L'abbé Coste attribue au var. *Rouxii* des feuilles « fortement ondulées, crispées au bord », caractère ne paraissant pas toujours constant sur les divers échantillons d'herbier que nous avons examinés.

Le Fre Sennen a signalé [*Fl. du Tibidabo* in *Le Monde des pl.* XXXII, n. 76, 31 (1931)], sous le nom de *C. Cousturieri* Sennen, un hybride *C. Corsicus* × *Salvifolius* Sennen, provenant de Bonifacio (leg. Stefani, V-1918, in herb. Cousturier) et dont il a donné la description suivante : « Feuilles similaires à celles du *Salvifolius*, à pétioles plus longs peu ou point soudés, élargis, limbe plan elliptique, plutôt court ; pédoncules longs, hérissés de blanche pilosité irrégulière ; bractées florales poilues longuement acuminées. » L'échantillon authentique que nous a très aimablement adressé le Fre Sennen nous paraît devoir être rapporté simplement à une variation — individu croissant vraisemblablement à l'ombre — du *C. villosus* var. *corsicus* [2].

γ. Var. **creticus** Boiss. *Fl. Or.* I, 437 (1867) ; Gross. *Cist.* 16 (Engler *Pflanzenreich* IV, 193) = *C. creticus* L. *Sp.* ed. 2, 738 (1762) = *C. garganicus* Ten. *Syll. fl. neap.* 256 (1831) = *C. vulgaris* var. *undulatus* Spach *Hist. nat. vég.* VI, 88 (1838), p. p. = *C. creticus* var. *genuinus, Tenorei, Jacquini* et *Morisii* Willk. *Ic. et descr. pl.* II, 25 et 26, t. 83

1. D'après les observations de M. Rotgès et les nôtres, la région du Niolo paraît entièrement dépourvue de Cistes. Nous reviendrons sur ce point dans le volume que nous consacrerons à la géobotanique de l'île.
2. Un hybride *salviifolius* × *villosus* — non mentionné dans la monographie de M. Grosser — a été décrit par Debeaux sous le nom de *C. polymorpho-salviifolius* Deb. [*Fl. Kab. Djurdj.* 46 (1894)] et signalé au Gouraya de Bougie.

174 CISTACEAE

(1856) = *C. polymorphus* subsp. *villosus* var. *viscidus* subvar. *rumelicus* Willk. l. c. 24, t. 82 = *C. incanus* var. *creticus* Parl. *Fl. it.* V, 575 (1873), p. p. = *C. incanus* var. *creticus* [forma *genuinus*, *garganicus* et *Morisii*] Fiori in Fiori et Paol. *Fl. anal. It.* I, 400 (1898) ; Hochr. in *Ann. Conserv. et Jard. bot. Genève* VII-VIII, 183 = *C. creticus* var. *typicus* et var. *garganicus* Halacsy *Consp. fl. graec.* I, 128 (1901) = *C. villosus* forma *creticus* Janchen *Cist. Österr.-Ungarns* in *Mitt. naturw. Ver. Univ. Wien* VII, 18 (1909) = *C. villosus* subsp. *creticus* var. *Tenorei* Hayek *Prodr. fl. penins. balc.* I, 489 (1925).

Race méditerranéenne orientale — s'étendant jusqu'en Italie, en Sicile et en Sardaigne — signalée en Corse par Duby (*Bot. gall.* II, 1024) et par Mutel (*Fl. fr.* I, 108), d'après Soleirol, puis dubitativement par Salis (in *Flora* XVII, Beibl. II, 74) au Cap Corse, par confusion avec le var. *corsicus*. Elle diffère surtout de la variété précédente par les feuilles généralement plus petites, plus épaisses, très rugueuses, à glandes plus abondantes, à nervation très saillante à la face inférieure, fortement ondulées-crispées au bord.

1097. **C. monspeliensis** L. *Sp.* ed. 1, 524 (1753); Gren. in Gren. et Godr. *Fl. Fr.* I, 166 ; Rouy et Fouc. *Fl. Fr.* II, 263; Coste *Fl. Fr.* I, 146 ; Gross. *Cist.* 17 (Engler *Pflanzenreich* IV, 193) = *C. oleaefolius* Mill. *Gard. dict.* ed. 8, n. 10 (1768) = *C. collinus* Salisb. *Prodr.* 368 (1796) [sec. Gross.] = *C. affinis* Bertol. in Guss. *Fl. sic. prodr.* II, 12 (1828) = *Stephanocarpus monspeliensis* Spach in *Ann. sc. nat.* 2e sér., VI, 369 (1836). — Exsicc. Sieber sub : *C. monspeliensis* ! (Bastia) [Herb. Deless.] ; Soleirol n. 695 ! (Calvi) [Herb. Coss.] ; Mab. n. 210 ! (Bastia, leg. Deb.) [Herb. Bonaparte, Bor., Burn., Coss.] ; Deb. n. 27 ! (Bastia) [Herb. Burn., Laus.] ; Soc. roch. n. 3877 !, sub : *C. monspeliensis* β *major* Rouy et Fouc. (Ajaccio, leg. Fouc. et Sim.) [Herb. Bonaparte] ; Burn. ann. 1904, n. 60 ! (env. de Vico) [Herb. Burn.] ; Soc. fr. n. 1189 ! (Ajaccio, leg. N. Roux) [Herb. Jeanjean].

Hab. — Garigues, maquis des étages inférieur et montagnard (ne paraît guère dépasser 950 m. d'altitude). Avril-juin. ♃. Très répandu et très abondant dans l'île entière, constituant souvent de vastes peuplements purs.

« Varie suivant l'exposition et l'altitude dans la longueur et l'ampleur des feuilles, la hauteur de l'individu, d'où les distinctions de var. *major* Rouy et Fouc. [*Fl. Fr.* II, 263 (1895)] et *minor* Willk. [*Ic. et descr. pl.* II, 20 (1856); Rouy et Fouc. l. c.] qui ne sont que de simples états stationnels et non des races. — Les fleurs sont presque toujours blanches (f. **albi-**

florus Briq. = *C. monspeliensis* L. l. c., sensu stricto), très rarement à pétales d'un jaune pâle à la face supérieure, à boutons rougeâtres (f. **flavescens** Briq.) ; nous avons observé cette dernière forme à Ile-Rousse, garigues près le sémaphore, 21-IV-1907 [1]. » (J. B.).

Le *C. monspeliensis* forme *C. affinis* Rouy et Fouc. [l. c. 264 = *C. affinis* Bertol. l. c. = *C. monspeliensis* forma *affinis* Fiori in Fiori et Paol. *Fl. anal. It.* I, 399 (1898)] a été indiqué par Foucaud et M. Simon (*Trois sem. herb. Corse* 19) près de Calvi, colline de la Serra ; il s'agit d'une variation à sépales externes plus larges, cordés à la base, dont la valeur systématique paraît très faible.

†† 1097 × 1096. **C. Sintenisii** R. Lit., nóv. nom. = **C. monspeliensis** × **villosus** Gross. *Cist.* 30 (Engler *Pflanzenreich* IV, 193, ann. 1903).

Hab. — Ajaccio, bord d'un chemin au-dessus du bureau de poste (Thell., 29-I-1909, in herb. Cons. Genève !, et 19-IV-1911, in herb. Thell. !) et au pied E. du Monte Cacalo, vers la place du Casone (Thell., 24-IV-1911, in herb. Thell. !).

Le regretté Thellung a récolté dans les localités ci-dessus un Ciste qu'il envisage comme hybride des *C. monspeliensis* et *villosus* var. *corsicus*, opinion d'ailleurs confirmée par le prof. Janchen (Thell., notes manuscr.). Les échantillons de Thellung que nous avons pu étudier dans les collections du Conservatoire botanique de Genève et grâce à l'obligeance de notre excellent collègue le prof. Senn ne sont représentés que par quelques rameaux sans fleurs. Ils offrent des feuilles inférieures ovales (mesurant 1,5-2,5 × 0,5-1 cm.), pétiolées, à pétioles soudés à la base en une gaine courte, des feuilles supérieures sessiles, lancéolées-spathulées mesurant jusqu'à 5,5 × 1 cm. ; les feuilles sont assez minces, à indument rappelant celui du *C. villosus* var. *corsicus*, mais à poils simples assez abondants sur la face supérieure. L'origine hybride de la plante paraît certaine (*C. monspeliensis* × *villosus* var. *corsicus*), mais il y aurait lieu d'étudier les caractères de l'inflorescence et des fleurs. Nous avons recherché vainement en mai 1932 le pied unique observé par Thellung au-dessus du bureau de poste d'Ajaccio, pied qui très probablement a été détruit lors des constructions effectuées dans ce quartier depuis 1911.

Des hybrides entre les *C. monspeliensis* et *villosus* n'ont été constatés jusqu'ici qu'en Thessalie [Sintenis *It. thess.* (1896) n. 1359, p. p., ex Gross. l. c.] et en Albanie [Baldacci *It. alban.* V (1897) n. 102, ex Gross. l. c.] ; nous ignorons quelle variété du *Cistus villosus* leur ont donné naissance.

1098. **C. salviifolius** (« *Salvifolia* ») L. *Sp.* ed. 1, 524 (1753) ; Gren.

---

1. « Petala superne flavescentia ; alabastra rubescentia. » (J. B.). — Typus in herb. Burn. (leg. Briq.) et in herb. Laus. (leg. S'-Yves).

in Gren. et Godr. *Fl. Fr.* I, 164 ; Rouy et Fouc. *Fl. Fr.* II, 264 ;
Coste *Fl. Fr.* I, 146 ; Gross. *Cist.* 20 (Engler *Pflanzenreich* IV, 193) =
C. Sideritis Presl *Fl. sic.* 116 (1826) = *Ledonia peduncularis* Spach
Hist. nat. vég. VI, 75 (1838). — Exsicc. Soleirol n. 696 ! (Calvi) [Herb.
Coss.] ; Soc. roch. n. 4216 !, sub : *C. salvifolius* var. *cymosus* (Calvi,
leg. Fouc. et Mand.) [Herb. Bonaparte, R. Lit.] ; Kük. It. cors.
n. 868 ! (M^te Sant'Angelo, près Corbara) [Herb. Deless.].

Hab. — Garigues, maquis dans les étages inférieur et montagnard,
jusque vers 1200 m. Avril-juill. ⚥. Répandu et abondant dans l'île
entière, sur sols siliceux et calcaires.

« En Corse seulement le var. **vulgaris** Willk. [*Ic. et descr. pl.* II, 38
(1856) ; Gross. *Cist.* 20 (l. c.)], à sépales brièvement acuminés, longs de
0,8-1,2 cm. — Rouy et Foucaud ont indiqué dans l'île les *C. salvifolius*
forme *C. fruticans* Rouy et Fouc. [l. c. 267 (1895) = *Ledonia fruticans*
Jord. et Fourr. *Brev.* II, 18 (1868) ; *Ic.* I, 60, t. CLXXII, f. 247 = *C. fruticans* Timb. *Fl. Corb.* 70, in *Revue bot.* X (1892)] et forme *C. arrigens*
Rouy et Fouc. [l. c. = *Ledonia arrigens* Jord. et Fourr. *Brev.* II, 17 ; *Ic.*
60-61, t. CLXXIII, f. 248 = *C. arrigens* Timb. l. c. 69]. Foucaud (in
Bull. soc. bot. Fr. XLVII, 86) y a ajouté ultérieurement le *C. salvifolius*
var. *cymosus* Willk. [*Ic. et descr. pl.* II, 39, t. 92, f. 3 (1856) = *C. salvifolius* forme *C. platyphyllus* Timb. var. *occidentalis* Rouy et Fouc. l. c.,
266 (1895)][1]. On pourrait sans trop de peine multiplier le nombre de ces
« formes » basées sur la grandeur des feuilles, les rameaux ± étalés ou ±
dressés, etc. ; elles n'ont même pas pour nous la valeur de sous-variétés,
opinion qui est aussi celle de M. Grosser (l. c.). » (J. B.).

†† 1097 × 1098. **C. florentinus** Lamk *Encycl. méth.* II, 17,
(1786-88) ; Burn. *Fl. Alp. mar.* I, 153 ; Rouy et Fouc. *Fl. Fr.* II, 269,
incl. var. α-ε ; Gross. *Cist.* 30 (Engler *Pflanzenreich* IV, 193) =
C. porquerollensis et *C. olbiensis* Huet et Hanry in *Bull. soc. bot. Fr.*
VII, 345 et 346 (1860) = *C. feredjensis* Batt. in *Bull. soc. bot. Fr.*
XXX, 263 (1883) = *C. Flichei* Fouc. et Sim. *Trois sem. herb. Corse*
171 [= *C. salvifolius* var. *cymosus-Monspeliensis* Fouc. et Sim.] =
C. monspeliensis × salviifolius.

Hab. — Observé jusqu'ici seulement dans la région d'Ajaccio ; à
rechercher dans le reste de l'île. Forêt de Petaca (Fliche in *Bull. soc. bot.
Fr.* XXXVI, 358) ; au-dessus de N.-D. de Lorette (Coste ibid. XLVIII,

1. Foucaud et M. Simon (*Trois sem. herb. Corse* 130) ont distingué sous le
nom de subvar. *microphyllus* Fouc. et Sim. une forme à tiges nombreuses très
rameuses, à feuilles toutes bien plus petites, qu'ils ont observée à Calvi et aux
environs de Belgodère. (R. Lit.).

sess. extr. CIX, specim. in herb. Bonaparte !) ; « Ajaccio » (Wilcz. !, IV-1899, in herb. Laus.) ; Monte Cacalo, versant E. et au-dessus des tombeaux (Thell. !, 22-IV-1911, notes manuscr., et in herb. Conserv. bot. Genève) ; plage du Scudo (Thell., 1909, notes manuscr.) ; maquis de Capo Toro, près de la tour de Capitello (Sim. in Fouc. et Sim. *Trois sem. herb. Corse* 123, 177, specim. in herb. Bonaparte, R. Lit., Pellat, Rouy !).

† 1099. **C. laurifolius** (« *laurifolia* ») L. *Sp.* ed. 1, 523 (1753) ; Gren. in Gren. et Godr. *Fl. Fr.* I, 161 ; Rouy et Fouc. *Fl. Fr.* II, 274, incl. var. *ovatus* Rouy et Fouc. l. c. et var. *lanceolatus* Rouy et Fouc. l. c. ; Gross. *Cist.* 24 (Engler *Pflanzenreich* IV, 193) = *C. floribundus* Tausch in *Flora* XIX, 417 (1835) = *Ladanium laurifolium* Spach *Hist. nat. vég.* VI, 66 (1838). — Exsicc. Soc. roch. n. 4535 !, sub : *C. laurifolius* α *ovatus* (forêt de Marmano, leg. Rotgès) [Herb. Bonaparte, Burn.] ; Soc. ét. fl. fr.-helv. n. 1060 !, sub : *C. laurifolius* α *ovatus* (forêt de Marmano, leg. Rotgès) [Herb. Burn.].

Hab. — Forêts de l'étage subalpin. Juill.-août. ♃. Localisé dans la forêt de Marmano : ravin d'Ariola, vers 950 m. (Rotgès ex Fouc. in *Bull. soc. bot. Fr.* XLVII, 86 et exsicc. cit. !) et en descendant du col de Tavoria, vers 1300 m. (Houard !, 6-IX-1909, in herb. Deless.).

Cette belle espèce, déjà indiquée en Corse sans précision par Robiquet [*Rech. hist. et statist. Corse* 49 (1835)], d'après l'herbier Clarion, — indication que l'on pouvait, ainsi que tant d'autres de l'auteur, considérer comme fantaisiste — a été découverte le 1er septembre 1899 par M. Rotgès dans la localité ci-dessus mentionnée. Le très distingué Conservateur des Eaux et Forêts de la Corse a bien voulu nous préciser le lieu où il a observé ce Ciste dans la forêt de Marmano, indication non fournie par Foucaud : au point où un sentier partant de la maison forestière traverse, vers 950 m. d'altitude, le ravin de l'Ariola — affluent de droite du Fiume Orbo — pour aller au col de Campiglione.

HELIANTHEMUM Mill.

1100. **H. lavandulifolium** (« *lavendulaefoliam* ») Mill. *Gard. dict.* ed. 8, n. 13 (1768), excl. syn. *H. lavendulae folio* Tourn., emend. DC. *Fl. fr.* IV, 820 (1805) ; Dun. in DC. *Prodr.* I, 278, incl. var. *Thibaudi* Dun. l. c. 279 ; Gren. in Gren. et Godr. *Fl. Fr.* I, 168, incl. var. *corsicum* Gren. 169 ; Rouy et Fouc. *Fl. Fr.* II, 293, incl. var. *Thibaudi*;

12

Coste *Fl. Fr.* I, 150 ; Gross. *Cist.* 63 (Engler *Pflanzenreich* IV, 193) =
Cistus syriacus Jacq. *Ic. pl. rar.* I, 10, t. 96 (1781-86) = *Cistus lavan-
dulaefolius* Lamk *Encycl. méth.* II, 25 (1786-88) ; Desf. *Fl. atl.* I, 417
= *Cistus racemosus* Cav. *Ic. et descr. pl. rar.* II, 33, t. 140 (1793) ; non
L. *Mant.* I, 76 (1767) = *H. Thibaudi, lavandulaefolium* et *stoechadi-
folium* Pers. *Syn.* II, 79 (1807) = *Cistus Thibaudi* Poir. *Encycl. méth.*
Suppl. II, 277 (1811) = *H. racemosum* Pau in *Instit. catal. hist. nat.*
202 (1916) et in *Bol. soc. arag. hist. nat.* XVII, 125 (1918) ; Jah. et
Maire *Cat. pl. Maroc* II, 504 ; Sennen *Cat. fl. Rif orient.* 14.

M. Pau (l. c.), suivi par MM. Jahandiez et Maire (l. c.) et tout récemment encore par le Frère Sennen (l. c.), a cru devoir appliquer à cette
espèce le nom d'*Helianthemum racemosum*, pensant, comme Cavanilles
(l. c.), que le *Cistus racemosus* L. (l. c.) devait lui être rapporté. La plante
linnéenne a été rattachée par la grande majorité des floristes (notamment
Dunal, Willkomm, M. Grosser) à l'*H. pilosum* (L.) Pers., type à fleurs
blanches. Linné donne une description très sommaire, ne parlant pas de
la couleur des fleurs ; il cite cependant en synonymie le «*Cistus lavandulae
folio, thyrsoidis* Barr. Ic. 293 » qui paraît bien se rapporter à l'*H. lavandulifolium* auct. Notre excellent confrère M. Pugsley a bien voulu à notre
intention examiner la plante contenue dans l'herbier de Linné. « Le *Cistus
racemosus*, nous écrit-il, est représenté par un spécimen nommé par
Linné lui-même et placé dans la collection avant 1767. Il ne s'agit point
de l'*Helianthemum lavandulifolium* DC., mais évidemment d'une forme
alliée au *H. pilosum* (L.) Pers. Le spécimen ne possède plus de pétales ; il
montre des grappes longues et simples avec abondance de fruits. C'est
une partie d'une plante assez grande, avec feuilles longues et presque
linéaires. Le papier est annoté de l'écriture de Jacquin : « *Cistus* — an
varietas *pilosi* ? ». — Nous estimons dès lors que la reprise du nom linnéen n'est pas possible, malgré le renvoi à la citation de Barrelier. D'ailleurs l'appellation d'*Helianthemum racemosum* ne pourrait être qu'une
source de confusions (*Règles nomencl.* 3ᵉ éd., art. 62).

Hab. — Corse, sans localité précise (Thibaud ex Pers. l. c. ; Soleirol
in herb. Deless. !).

« Persoon a le premier mentionné cette espèce en Corse d'après l'« Herb.
Thibaud ». Tous les auteurs subséquents n'ont fait que reproduire cette
indication ; la plante n'a pas été aperçue depuis plus d'un siècle. Dans la
collection générale de l'herbier Delessert se trouve un bon échantillon
de l'*H. lavandulifolium* accompagné d'une étiquette portant : « *Cistus*.
Corse. Soleirol », et appartenant à la forme **stoechadifolium** Gross. (l. c.
64), laquelle se retrouve en Provence [1]. Nous n'osons donc pas encore

---

1. Un exemplaire « ex Corsica » existe aussi dans l'herbier du Prodromus de
DC. sous le nom de « *Cistus lavandulaefolius. H. Thibaudi* Pers. ». (R. Lit.).

éliminer cette espèce de la flore corse, bien qu'elle manque à la Sardaigne et à toutes les îles tyrrhéniennes. Il conviendra de la rechercher soit dans la région calcaire de St-Florent, soit surtout sur le plateau calcaire de l'extrême sud. » (J. B.).

╪ 1101. **H. nummularium** Mill. *Gard. dict.* ed. 8, n. 12 (1768), emend. Schinz et Thell. in *Vierteljahrsschr. nat. Ges. Zürich* LIII, 551 (1909) ; Hegi *Ill. Fl. M.-Eur.* V-1, 565 ; non Gross. = *Cistus nummularius* et *C. Helianthemum* L. *Sp.* ed. 1, 528 (1753) = *H. vulgare* Garsault *Fig. pl. et anim.* III, t. 297 (1764) ; Gaertn. *De fruct. et sem.* I, 371, t. 76 (1788) ; Rouy et Fouc. *Fl. Fr.* II, 294 ; Coste *Fl. Fr.* I, 150 = *H. Chamaecistus* Mill. l. c. n. 1 (1768), ampl. Gross. *Cist.* 81 (Engler *Pflanzenreich* IV, 193) = *Cistus helianthemoides* Crantz *Stirp. austr.* II, 69 (1769) = *H. variabile* Spach in *Ann. sc. nat.* 2me sér. VI, 362 (1836), p. p. = *H. Helianthemum* Karst. *Deutsche Fl.* Lief. 7, 633 (1882).

Espèce très polymorphe, représentée en Corse par les deux sous-espèces suivantes.

╪ I. Subsp. **ovatum** Schinz et Thell. in Schinz et Kell. *Fl. Schw.* ed. 3, II, 249 (1914) ; Hegi *Ill. Fl. M.-Eur.* V-1, 568 = *Cistus hirtus* Gilib. *Fl. lituan.* ser. II, V, 225 (1782) ; non L. = *Cistus barbatus* Lamk *Encycl. méth.* II, 24 (1786-88) = *Cistus hirsutus* Thuill. *Fl. env. Paris* 266 (1799) = *H. obscurum* Pers. *Syn.* II, 79 (1807); Beck *Fl. Nieder-Öst.* II, 1. Abt., 526 = *Cistus ovatus* Viv. *Fragm. fl. it.* I, 6, t. 8, f. 2 (1808) = *H. hirsutum* Mérat *Nouv. fl. env. Paris* ed. 1, 204 (1812) ; Kern. in *Sched. fl. exsicc. austro-hung.* III, 71 ; Janchen *Cist. Österr.-Ungarns* in *Mitt. naturw. Ver. Univ. Wien* VII, 53 = *H. vulgare* var. *obscurum* Wahlb. *Fl. suec.* 332 (1824) ; Coss. et Germ. *Fl. env. Paris* ed. 1, 108 ; Gremli *Excursionsfl. Schw.* ed. 3, 84 = *H. ovatum* Dun. in DC. *Prodr.* I, 280 (1824) = *H. barbatum* Sweet *Cistin.* 73, t. 73 (1825-30) = *H. tauricum* Sweet l. c. 105, t. 105 (1825-30) = *H. vulgare* var. *nummularium* Benth. *Cat. pl. Pyr.* 88 (1826), p. p. = *H. vulgare* var. *concolor* Reichb. *Fl. germ. exc.* 714 (1832) = *H. variabile* var. *virescens* Spach in *Ann. sc. nat.* 2e sér. VI, 362 (1836) = *H. vulgare* var. *hirsutum* Koch *Syn.* ed. 1, 81 (1837) = *H. vulgare* var. *virescens* Gren. in Gren. et Godr. *Fl. Fr.* I, 170 (1847), p. p. = *H. vulgare* var. *genuinum* subvar. *concolor* Willk. *Ic. et descr. pl.* II, 113

(1856) = *H. Chamaecistus* var. *obscurum* Asch. *Fl. Prov. Brandenb.* I, 67 (1864) ; Celak. *Prodr. Fl. Böhm.* 483 = *H. vulgare* forme *H. Chamaecistus* Rouy et Fouc. *Fl. Fr.* II, 295 (1895) = *H. Chamaecistus* var. *vulgare* Fiori in Fiori et Paol. *Fl. anal. It.* I, 395 (1898) = *H. helianthemum* var. *obscurum* Asch. et Graebn. *Fl. nordostd. Flachl.* 495 (1898) = *H. Chamaecistus* subsp. *barbatum* var. *hirsutum* Gross. *Cist.* 82 (Engler *Pflanzenreich* IV, 193, ann. 1903) = *H. nummularium* var. *obscurum* C. K. Schneid. *Handb. Laubholzk.* II, 351 (1909) = *H. Chamaecistus* subsp. *hirsutum* Vollm. *Fl. Bayern* 526 (1914) = *H. Chamaecistus* subsp. *hirsutum* var. *obscurum* Murr *Neue Uebers. Farn-und Blütenpfl. Vorarlb. und Liechtenst.* 201 (1923) = *H. ovatum* subsp. *hirsutum* Hayek *Prodr. fl. penins. balc.* I, 494 (1925) = *H. ovatum* subsp. *eu-ovatum* Issler in *Bull. soc. bot. Fr.* LXXXI, 58 (1934). — Exsicc. Soleirol n. 718 ! (« Rustino ») [Herb. Coss., Req.] .

Hab. — Garigues, clairières des maquis, rocailles, rochers, forêts dans les étages montagnard et subalpin, beaucoup plus rarement dans l'étage inférieur, 100-1600 m. Mai-août. ♃. Assez répandu dans la partie N. de l'île, surtout dans le massif du San Pedrone. *Cap Corse* : montagnes du Cap (Salis in *Flora* XVII, Beibl. II, 74) ; Serra di Pigno (Romagnoli !, in herb. Req.). — *Massif du San Pedrone* : Barchetta, rive droite de la Casacconi, 110-150 m. (R. Lit. *Mont. Corse orient.* 89) ; « Rustino » (Soleirol ! exsicc. cit. et ex Bertol. *Fl. it.* V, 383) ; Cima Pedani, au-dessus de Bocca Serna, 700-780 m. (R. Lit. l. c. 69) ; montagne de Pero, N. de Morosaglia, 1050 m. (R. Lit. l. c. 91) ; châtaigneraie de Baldaniccia au-dessus de Morosaglia, 945-950 m. (R. Lit. l. c. 73) ; Monte San Pedrone, 1100-1410 m. (R. Lit. ! in *Bull. acad. géogr. bot.* XVIII, 189 et *Mont. Corse orient.*, 42, 114 ; Briq. !, 5-VII-1913, in herb. Burn.) ; Monte Tre Pieve, 1070-1200 m. (Briq. !, 2-VII-1913, in herb. Burn. ; R. Lit., 20-VIII-1930) ; Pedi Mozzo, au-dessus de Felce, pelouses près du sommet, 1190 m. (R. Lit., 20-VIII-1930) ; Monte Muffraje, rochers, 1600 m. (Briq. !, 5-VII-1913, in herb. Burn.) ; entre la Punta di Capizzolo et la cime de la Chapelle de Sant'Angelo, rochers (R. Lit. *Mont. Corse orient.* 131) et à la cime de la Chapelle de Sant'Angelo, 1180 m. (Briq. !, 15-VII-1906, in herb. Burn. ; R. Lit. !, 17-VII-1927) ; Cima a u Cucco, garigues, 1100 m. (Briq. !, 13-V-1907, in herb. Burn.) ; près Santa Lucia di Mercurio, rocailles, 700-800 m. (Briq. !, 30-VII-1906, in herb. Burn.) ; près la fontaine de San Cervone, N.-E. d'Erbajolo, châtaigneraies, 900 m. (R. Lit. *Mont. Corse orient.* 73). — *Massif du Cinto* : Evisa, châtaigneraie (Aellen !, 4-VIII-1932). — *Massif du Rotondo* : « Corte » (Req. !, V-1848, in herb.) ; Punta al Aja, prè s Corte, 1100 m. (Aylies !, 28-VI-1918, in herb. R. Lit.) ; Monte Felce (Mand. et Fouc. ap. Fouc. in *Bull. soc. bot. Fr.* XLVII, 87, Fouc. !, in herb. Bonaparte) ; vallée de la Restonica (Fouc. et Sim. *Trois sem. herb. Corse* 91, Fouc. !, in herb Bonaparte).

Feuilles vertes sur les 2 faces, pubescentes. Fleurs médiocres, à pétales jaunes mesurant de 8 à 12 mm. de long: sépales internes tomenteux ou pubérulents entre lés nervures, celles-ci pourvues de poils fasciculés allongés.

La majorité des échantillons corses appartiennent au forma **lanceolatum** Schinz et Thell. [in Schinz et Kell. *Fl. Schw.* ed. 3, II, 249 (1914) = *H. vulgare* var. *genuinum* subvar. *concolor* 2 *lanceolatum* Willk. *Ic. et descr. pl.* II, 113 (1856) = *H. obscurum* var. *lanceolatum* Beck *Fl. Nieder-Öst.* II, 1. Abt., 526 (1892) = *H. vulgare* forme *H. Chamaecistus* var. *lanceolatum* Rouy et Fouc. *Fl. Fr.* II, 295 (1895) = *H. Chamaecistus* subsp. *barbatum* var. *hirsutum* forma *lanceolatum* Gross. *Cist.* 82 (Engler *Pflanzenreich* IV, 193, ann. 1903)], à feuilles elliptiques-lancéolées ou linéaires-lancéolées, les supérieures mesurant 4-9 mm. de large. A la cime de la Chapelle de Sant'Angelo, rochers calc., 1180 m., nous avons observé (17-VII-1927!) une plante se rapportant au forma **angustifolium** Schinz et Thell. [in Schinz et Kell. *Fl. Schw.* ed. 3, II, 249 (1914) = *H. vulgare* var. *genuinum* subvar. *concolor* 3 *angustifolium* Willk. *Ic. et descr. pl.* II, 113 (1856) = *H. obscurum* var. *angustifolium* Beck l. c. (1892)], à feuilles linéaires-lancéolées, les médianes mesurant env. 2 mm. de large.

†† II. Subsp. **nummularium** Schinz et Thell. in Schinz et Kell. *Fl. Schw.* ed. 3, I, 361 (1909) ; Hegi *Ill. Fl. M.-Eur.* V-1, 566 = *Cistus nummularius* L. *Sp.* ed. 1, 527 (1753) = *H. vulgare* Garsault *Fig. pl. et anim.* III, t. 297 (1764), sensu stricto ; Gaertn. *De fruct. et sem.* I, 371, t. 76 = *H. nummularium* Mill. *Gard. dict.* ed. 8, n. 12 (1768), p. p. ; Dun. in DC. *Prodr.* I, 280 ; Janchen *Cist. Österr.-Ungarns* in *Mitt. naturw. Ver. Univ. Wien* VII, 53 = *Cistus angustifolius* Jacq. *Hort. vindobon.* III, 53 (1776) = *H. angustifolium* Pers. *Syn.* II, 79 (1807) = *H. tomentosum* Dun. in DC. *Prodr.* I, 279 (1824) = *H. serpyllifolium* Dun. in DC. l. c. 280 (1824) ; non Mill. = *H. vulgare* var. *tomentosum* Benth. *Cat. pl. Pyr.* 88 (1826) ; Koch *Syn.* ed. 1, 81 ; Gren. in Gren. et Godr. *Fl. Fr.* I, 169 = *H. vulgare* var. *serpyllifolium* Lej. et Court. *Comp. fl. belg.* II, 182 (1831) ; Rouy et Fouc. *Fl.*

Fr. II, 296, pro « forme » = *H. vulgare* var. *discolor* Reichb. *Fl. germ. exc.* 714 (1832) = *H. variabile* var. *discolor* Spach in *Ann. sc. nat.* 2me sér. VI, 362 (1836) = *H. vulgare* var. *genuinum* subvar. *discolor* Willk. *Ic. et descr. pl.* II, 113 (1856) = *H. Chamaecistus* var. *tomentosum* Asch. *Fl. Prov. Brandenb.* I, 67 (1864) ; Fiori *Nuov. fl. anal. It.* I, 531 = *H. Chamaecistus* var. *vulgare* subvar. *tomentosum* Burn. *Fl. Alp. mar.* I, 155 (1892) = *H. Chamaecistus* var. *serpillifolium* Fiori in Fiori et Paol. *Fl. anal. It.* I, 395 (1898) ; Th. Dur. in De Wild. et Th. Dur. *Prodr. fl. belg.* III, 357 = *H. helianthemum* var. *tomentosum* Asch et Graebn. *Fl. nordostd. Flachl.* 495 (1898) = *H. Chamaecistus* subsp. *nummularium* var. *tomentosum* Gross. *Cist.* 84 (Engler *Pflanzenreich* IV, 193, ann. 1903) = *H. vulgare* subsp. *nummularium* Thell. in *Bull. herb. Boiss.* 2me sér., VIII, 791 (1908) = *H. nummularium* var. *tomentosum* C. K. Schneid. *Handb. Laubholzk.* II, 351 (1909) = *H. Chamaecistus* subsp. *vulgare* Coutinho *Fl. Port.* 416 (1913) = *H. Chamaecistus* subsp. *nummularium* Vollm. *Fl. Bayern* 526 (1914) = *H. nummularium* var. *eu-nummularium* Beck *Fl. Bosn. Herceg.* in *Glasn. zemal. Mus. Bosn. Herceg.* XXX, 181 (1919) = *H. Chamaecistus* subsp. *nummularium* var. *discolor* Murr *Neue Uebers. Farn-und Blütenpfl. Vorarlb. und Liechtenst.* 201 (1923) = *H. nummularium* subsp. *vulgare* Hayek *Prodr. fl. penins. balc.* I, 493 (1925) = *H. nummularium* subsp. *eu-nummularium* Issler in *Bull. soc. bot. Fr.* LXXXI, 56 (1934).

Hab. — « Pâturages immédiatement au-dessous de la forêt de Valdoniello » (Fliche in *Bull. soc. bot. Fr.* XXXVI, 359). A rechercher.

Feuilles vertes à la face supérieure, tomenteuses-incanes à la face inférieure. Fleurs médiocres à pétales jaunes; sépales internes tomenteux ou glabrescents entre les nervures, celles-ci souvent pourvues de poils fasciculés allongés.

« Fliche s'est borné à signaler l' « *Helianthemum vulgare* » dans la localité ci-dessus indiquée. Nous reproduisons l'attribution variétale qui a été donnée à cette plante par Rouy et Foucaud (l. c. 298)[1]. » (J. B.).

†† 1102. **H. hirtum** Mill. *Gard. dict* ed 8, n. 14 (1768) ; Pers. *Syn.* II, 79; Gren. in Gren. et Godr. *Fl. Fr.* I, 169; Rouy et Fouc. *Fl.*

1. Nous n'avons pas trouvé dans l'herbier Rouy ni dans les collections de Foucaud (in herb. Bonaparte) d'échantillon de la plante récoltée par Fliche. M. l'Inspecteur des Eaux et Forêts Role a bien voulu consulter pour nous l'herbier de Fliche — qui appartient à l'Ecole nationale des Eaux et Forêts de Nancy — et nous a fait savoir qu'il ne renferme aucun exemplaire d'*Helianthemum* recueilli en Corse. (R. Lit.).

Fr. II, 303 ; Coste *Fl. Fr.* I, 150 ; Gross. *Cist.* 90 (Engler *Pflanzenreich* IV, 193) = *Cistus hirtus* L. *Sp.* ed. 1, 528 (1753).

Hab. — Maquis de l'étage inférieur. Avril-mai. ♃. Très rare. Ste-Lucie de Porto-Vecchio (Coust. !, V-1910, in herb. et herb. R. Lit.).

La plante découverte par Cousturier appartient au forma **erectum** Gross. [*Cist.* 90 (1903) = *Cistus hirtus* Cav. *Ic. et descr. pl. rar.* II, 37, t. 146 (1793) = *Cistus majoranaefolius* Gouan *Herbor.* 36 (1796). = *H. aureum* Thib. et var. *teretifolium* Pers. *Syn.* II, 78 (1807) = *H. majoranaefolium* DC. *Fl. fr.* V, 625 (1815) = *H. Lagascae* Dun. in DC. *Prodr.* I, 281 (1824) = *H. hirtum* var. *aureum* Dun. in DC. l. c. (1824)= *H. hirtum* var. *erectum* Willk. *Ic. et descr. pl.* II, 123, t. 147, f. 1, 2 et 3 (1856) = *H. hirtum* var. *erectum* subvar. *latifolium* et subvar. *angustifolium* Rouy l. c. (1895)].

Espèce méditerranéenne occidentale (péninsule ibérique, France méridionale, Algérie) non encore signalée en Corse. Nous l'avons recherchée en vain (V-1932) aux alentours de Ste-Lucie de Porto-Vecchio.

1103. H. salicifolium Mill. *Gard. dict.* ed. 8, n. 21 (1768) ; Pers. *Syn.* II, 78 ; Gren. in Gren. et Godr. *Fl. Fr.* I, 167 ; Rouy et Fouc. *Fl. Fr.* II, 290 ; Coste *Fl. Fr.* I, 149 ; Gross. *Cist.* 104 (Engler *Pflanzenreich* IV, 193) = *Cistus salicifolius* L. *Sp.* ed. 1, 527 (1753) = *H. denticulatum* Thib. in Pers. *Syn.* II, 78 (1807) = *Cistus micranthus* Viv. *Fl. lib.* 28 (1824) = *Cistus sanguineus* Host *Fl. austr.* 56 (1831) ; non Lag. = *Aphanantherum salicifolium* Fourr. in *Ann. soc. linn. Lyon* nouv. sér., XVI, 340 (1868). — Exsicc. Mab. n. 348 ! (col du Teghime) [Herb. Burn.].

Hab. — Garigues, rocailles des étages inférieur et montagnard. Avril-mai. ①. Disséminé. Montagnes du Cap (Salis in *Flora* XVII, Beibl. II, 74) ; col du Teghime (Mab. ! exsicc. cit. et ex Parl. *Fl. it.* V, 607) ; au-dessus de Furiani (Salis l. c.) ; Olmi-Capella (Mars. *Cat.* 23 ; Mab. !, 20-IV-1866, in herb. Bor.) ; col de Tenda, au-dessus de Pietralba, garigues, 1200 m. (Briq. !, 13-V-1907, in herb. Burn.) ; bords du Golo à Ponte-Leccia (Le Grand in *Bull. soc. bot. Fr.* XXXVII, 19) ; environs de Corte (Vanucci !, 1836, in herb. jard. Angers) ; pentes de l'Alpa Mariuccia, près Corte (Aylies ! ex R. Lit. et Sim. in *Bull. soc. bot. Fr.* LXVIII, 102) ; Ajaccio (Maire !, IV-1841, in herb. Deless. ; ex Gren. l. c. 168 ; Boullu in *Bull. soc. bot. Fr.* XXIV, sess. extr. XCVIII).

« Les échantillons corses appartiennent au var. **macrocarpum** Willk. [*Ic. et descr. pl.* II, 90 (1856) ; Gross. l. c. 104], à capsule ovoïde, mesurant environ 5-6 × 3·4 mm. en section longitudinale, égalant les sépales ; plante généralement rameuse au collet, à rameaux couchés, à inflorescence courte. » (J. B.).

+ 1104. **H. aegyptiacum** Mill. *Gard. dict.* ed. 8, n. 23 (1768) ; Bertol. *Fl. it.* V, 372 ; Willk. *Ic. et descr. pl.* II, 94, t. 124 B ; Gross. *Cist.* 106 (Engler *Pflanzenreich* IV, 193) = *Cistus aegyptiacus* L. *Sp.* ed. 1, 527 (1753) = *H. inflatum* Moench *Meth.* 233 (1794) ; Parl. *Fl. it.* V, 608. — Exsicc. Mab. n. 347 ! (le Pigno) [Herb. Bor., Burn., Laus.].

Hab. — Garigues des étages inférieur et montagnard. Avril-mai. ①. Très rare. Cap Corse : à gauche du col du Teghime (Mab. in *Feuille jeun. nat.* VII, 110) et au Pigno (Mab. ! exsicc. cit. et ex Parl. *Fl. it.* V, 609 ; Billiet in *Bull. soc. bot. Fr.* XXIV, sess. extr. LXVIII). — Environs de Corte (Aubry ex Salis in *Flora* XVII, Beibl. II, 75 et ex Mut. *Fl. fr.* I, add., 430).

« Espèce facile à reconnaître par le calice scarieux et la capsule ballonnée : les pédicelles se recourbent vers le bas et non vers le haut comme dans l'*H. salicifolium.* — Les localités corses se rattachent à l'aire orientale de l'*H. aegyptiacum* par l'intermédiaire de la Sardaigne, de la Sicile et de l'Italie méridionale. » (J. B.).

FUMANA Spach

+ 1105. **F. ericoides** Gdgr. in sched. *Fl. select. exsicc.* Magnier n. 201 (? 1883) [1] ; Pau *Not. bot. fl. Esp.* II, 12 (1889) ; Heldr. in sched. *Herb. graec. norm.* n. 1119 ; Halacsy *Consp. fl. graec.* I, 135 ; Gross. *Cist.* 127 (Engler *Pflanzenreich* IV, 193) ; Janchen *Cist. Österr.-Ungarns* in *Mitt. naturw. Ver. Univ. Wien* VII, 106 et in *Österr. bot. Zeitschr.* LXIX, 20 = *Cistus Fumana* β L. *Syst.* ed. 12, 367 (1767) ? ; Lamk *Encycl. méth.* II, 21 = *Cistus calycinus* L. *Mant.* II, 565 (1771) ? ; Willd. *Sp. pl.* II, 1190, p. p. ; Lois. *Fl. gall.* I, 314 = *Cistus fumana* var. B et C (?) Vill. *Hist. pl. Dauph.* III, 698 (1789) = *Cistus ericoides* Cav. *Ic. et descr. pl. rar.* II, 56, t. 172 (1793) = *Cistus Fumana* var. A Desf. *Fl. atl.* I, 414 (1798) = *Helianthemum fumana* β

---

1. La combinaison nouvelle *Fumana ericoides* donnée par Gandoger sur une étiquette imprimée du *Flora selecta exsiccata* de Magnier est certainement antérieure à celle de Pau, mais nous n'avons pu en préciser la date (la distribution en a sans doute été faite en 1883), car l'étiquette ne porte que celle de la récolte : 26 décembre 1882. (R. Lit.).

DC. *Fl. fr.* IV, 816 (1805) = *Helianthemum Fumana* var. *calycinum*
Pers. *Syn.* II, 76 (1807), p. p. = *Helianthemum calycinum* Willd.
Enum. hort. berol. 570 (1809), p. p. ? ; non Dun. = *Helianthemum
ericoides* Dun. in DC. *Prodr.* I, 275 (1824) = *Helianthemum Fumana*
var. *majus* Benth. *Cat. pl. Pyr.* 85 (1826) ; Vis. *Fl. dalm.* III, 147 =
Helianthemum Fumana var. *ericoides* Cambess. *Enum. pl. ins. balear.*
in *Mém. Mus. hist. nat.* XIV, 215 (1827) ; Fiori in Fiori et Paol. *Fl.
anal. It.* I, 392 et *Nuov. fl. anal. It.* I, 527 = *Helianthemum Fumana*
Salis in *Flora* XVII, Beibl. II, 74 (1834) ; Bertol. *Fl. it.* V, 357, p. p. ; non
Mill. = *Helianthemum Fumana* var. *brevifolium* Moris *Fl. sard.* I, 208
(1837) ; Parl. *Fl. it.* V, 655 = *F. Spachii* Gren. in Gren. et Godr. *Fl.
Fr.* I, 174 (1847) ; Burn. *Fl. Alp. mar.* I, 163 ; Rouy et Fouc. *Fl. Fr.*
II, 315 ; Coste *Fl. Fr.* I, 152 = *F. coridifolia* Chaten. ex Rouy et
Fouc. l. c., 316 (1895), pro syn. = *Helianthemum coridifolium* Cou-
tinho *Fl. Port.* 417 (1913) ; Samp. *List. esp. herb. portug.* 50 = *F. vul-
garis* subsp. *ericoides* Br.-Bl. ap. Br.-Bl. et Hatz in *Jahresb. nat. Ges.
Graub.*, Neue Folge, LVII, 47 (1917). — Exsicc. Soleirol ann. 1824,
n. 722 !, sub : *Helianthemum Fumana* (Ostriconi) [Herb. Coss., Req.].

La nomenclature proposée pour cette espèce par Chatenier (in herb.,
sec. Rouy et Fouc. l. c.), puis reprise dans le genre *Helianthemum* par
Coutinho (l. c.) n'est pas admissible. En effet, Villars (l. c. 699) n'a pas
appliqué d'une façon positive à la plante le nom de *Cistus coridifolius*.
« Les deux dernières variétés [du *Cistus fumana*], dit-il, mériteraient
peut-être de faire une espèce qu'on pourrait appeler *C. coridifolius.* »

Hab. — Garigues de l'étage inférieur. Avril-mai. ♃. Très rare et
non revu récemment. Près Bastia (André !, 1854, in herb. Deless.) ;
Ostriconi (Salis in *Flora* XVII, Beibl. II, 74 ; Soleirol ! exsicc. cit.).

« Diffère du *F. vulgaris* Spach par les feuilles des rameaux florifères
graduellement raccourcies, presque cylindriques, les pédicelles fructifères
plus grêles, toujours plus longs que les feuilles et le port érigé. » (J. B.).
La plante corse appartient au var. **typica** Jah. et Maire [*Cat. pl. Maroc*
II, 505 (1932) = *F. ericoides* forma *typica* Pau l. c. (1889) ; Gross. l. c.],
à feuilles entièrement glabres, non ciliées aux marges, à fleurs médiocres.
— « Les deux variétés *genuina* Rouy et Fouc. (l. c.) et *ericoides* Rouy et
Fouc. (l. c.) correspondent à deux variantes dans la longueur et le rappro-
chement des feuilles que l'on peut observer parfois sur le même individu. »
(J. B.).
Il serait peut-être plus correct d'envisager le *F. ericoides* comme une
sous-espèce d'une espèce collective (*F. vulgaris*), ainsi que l'a fait M. Braun-
Blanquet (l. c.). L'existence d'un type de transition observé au Maroc près

de Tétouan [*F. ericoides* var. *transiens·*Font Quer et Maire ap. Maire in
Bull. hist. nat. Afr. N. XXII, 280 (1931)] militerait en faveur de cette
interprétation.

1106. **F. thymifolia** Spach ex Webb *It. hisp.* 69 (1838) ; Verlot
Cat. pl. Dauph. 43 ; Burn. *Fl. Alp. mar.* I, 164 ; Murb. *Contr. fl. nord-
ouest Afr.* I, 25 ; Halacsy *Consp. fl. graec.* I, 136 ; Gross. *Cist.* 129
(Engler *Pflanzenreich* IV, 193) ; Janchen in *Österr. bot. Zeitschr.*
LXIX, 25 = *Cistus thymifolius* L. *Sp.* ed. 1, 528 (1753), ed. 2, 743
= *Cistus glutinosus* L. *Mant.* II, 246 (1771) = *Helianthemum thymifo-
lium* Dum.-Cours. *Bot. cult.* III, 130 (1802) ; Pers. *Syn.* II, 79 =
Helianthemum glutinosum Benth. *Cat. pl. Pyr.* 85 (1826) = *Helian-
themum glandulosum* Presl in *Isis* XXI, 275 (1828) = *F. viscida*
Spach *Hist. nat. vég.* VI, 12 (1838) ; Gren. in Gren. et Godr. *Fl. Fr.* I,
177 ; Rouy et Fouc. *Fl. Fr.* II, 312 ; Coste *Fl. Fr.* I, 151 = *Fumanopsis glutinosa* Pomel *Mat. fl. atl.* 9 (1860) = *F. glutinosa* Boiss. *Fl. Or.*
I, 449 (1867).

M. Pau (in *Mem. mus. cienc. nat. Barcel.* Ser. Bot., 1, 26) est d'avis
que le *Cistus thymifolius* L. ne correspond pas au *Fumana thymifolia* des
auteurs récents, mais à un *Helianthemum* du groupe de l'*H. pilosum* (L.)
Pers. Ainsi que l'a parfaitement montré le prof. Maire (in *Bull. soc. hist.
nat. Afr. N.* XXIV, 203), il n'existe « aucun motif suffisant pour changer
l'interprétation devenue classique du *C. thymifolius* L. »

Hab. — Rochers, garigues de l'étage inférieur. Mars-juill. ♃. Disséminé sous les deux variétés suivantes.

α. Var. **laevis** Gross. *Cist.* 130 (Engler *Pflanzenreich* IV, 193, ann.
1903) = *Cistus laevis* Cav. *Ic. et descr. pl. rar.* II, 35, t. 145, f. 1
(1793) = *Helianthemum laeve* Pers. *Syn.* II, 78 (1807) = *Helianthemum viride* Ten. *Prodr. fl. nap.* p. XXXI (1811) et *Fl. nap.* I, 299,
t. 47 = *Helianthemum juniperinum* et *H. viride* Dun. in DC. *Prodr.* I,
275 (1824) = *Helianthemum glutinosum* var. *juniperifolium* et var.
laeve Benth. *Cat. pl. Pyr.* 85 (1826) = *F. viscida* var. *thymifolia*
(« *um* »), var. *juniperifolia* (« *um* ») et var. *laevis* (« *e* ») Gren. in Gren.
et Godr. *Fl. Fr.* I, 175 (1847) = *F. viscida* var. *juniperifolia*, var. *viridis* et var. *laevis* Willk. *Ic. et descr. pl.* II, 160 (1856) = *F. glutinosa*
var. *viridis* Ball *Spic. fl. marocc.* in *Journ. Linn. soc.* XVI, 348 (1877-
78) = *F. glutinosa* var. *juniperifolia*, var. *viridis* et var. *laevis* Willk.
in Willk. et Lange *Prodr. fl. hisp.* III, 744 (1880) = *F. thymifolia*

var. *viridis* Burn. *Fl. Alp. mar.* I, 164 (1892) = *F. viscida* var. *thymi-folia* et *F. viscida* forme *F. Barrelieri* Rouy et Fouc. *Fl. Fr.* II, 313 (1895), incl. var. α-δ = *F. glutinosa* subsp. *laevis* Pau in *Bol. soc. arag. cienc. nat.* ann. 1918, 210 = *F. thymifolia* forma *laevis* Janchen in *Österr. bot. Zeitschr.* LXIX, 25. — Exsicc. Soleirol n. 700 !, (« montagne d'Ostriconi »), sub : *Helianthemum thimifolium* (sic !) [Herb. Coss.].

Hab. — « Montagne d'Ostriconi » (Soleirol ! exsicc. cit.) ; Corte (Soleirol !, sub : *Helianthemum laevipes,* in herb. Deless.) ; Porto-Novo, entre Porto-Vecchio et Bonifacio (Revel. in Mars. *Cat.* 24, specim. in herb. Bor. !) ; maquis de Rotonda, près Balistra (R. Lit. !, 22-VII-1906) ; Bonifacio (N. Roux !, 27-V-1874, in herb.) ; la Trinité (Brugère !, 19-IV-1914, in herb. Burn.) ; près de l'étang de Ventilegne, côté S. (Brugère !, IX-1915, in herb. Burn.).

« Feuilles relativement longues, aiguës, les inférieures vertes, glabres ou faiblement ciliées, les supérieures ± velues-glanduleuses ; stipules des feuilles caulinaires moyennes plus courtes qu'elles.
« On peut distinguer 2 formes extrêmes : forma **viridis** Gross. (l. c.), à feuilles épaisses, très· enroulées, rigides, et forma **juniperina** Gross. (l. c.), à feuilles moins épaisses, non ou à peine enroulées, moins rigides, plus larges. » (J. B.).

β. Var. **vulgaris** Briq., nov. comb. = *Helianthemum thymifolium* et *H. glutinosum* Pers. *Syn.* II, 79 (1807) = *Helianthemum glutinosum* var. *vulgare* et var. *thymifolium* Benth. *Cat. pl. Pyr.* 85 (1826) = *F. viscida* var. *vulgaris* (« e ») Gren. in Gren. et Godr. *Fl. Fr.* I, 174 (1847) ; Rouy et Fouc. *Fl. Fr.* II, 312 = *F. viscida* var. *genuina* Willk. *Ic. et descr. pl.* II, 159 (1856) = *F. glutinosa* var. *genuina* Willk. in Willk. et Lange *Prodr. fl. hisp.* III, 743 (1880) = *F. glutinosa* forma *vulgaris* (« e ») Batt. in Batt. et Trab. *Fl. Alg.* (Dicotyl.) 102 (1888) = *F. thymifolia* var. *glutinosa* Burn. *Fl. Alp. mar.* I, 164 (1892) ; Gross. *Cist.* 130 (Engler *Pflanzenreich* IV, 193) = *F. thymifolia* forma *glutinosa* Janchen in *Österr. bot. Zeitschr.* LXIX, 25. — Exsicc. Soleirol n. 720 ! (Bonifacio) [Herb. Coss.] ; Kralik n. 483 ! (Bonifacio) [Herb. Bor., Coss., Deless., Rouy] ; Mab. n. 350 ! (Bonifacio) [Herb. Bor., Burn.].

Hab. — Entre Aleria et Ghisonaccia (Soulié ex Coste in *Bull. soc. bot. Fr.* XLVIII, sess. extr. CXVIII) ; Porto-Vecchio (Salis in *Flora*

XVII, Beibl. II, 74) ; commun aux environs de Bonifacio (Soleirol !
exsicc. cit. ; Kralik ! exsicc. cit. ; Mab. ! exsicc. cit. ; Mars. *Cat.* 24 ;
Fouc. et Sim. *Trois sem. herb. Corse* 110 ; Briq. !, 5-V-1907, in herb.
Burn. ; et nombreux autres observateurs).

« Feuilles moins étroites, toutes ± velues-glanduleuses, à stipules
presque aussi longues qu'elles dans la région moyenne des tiges.

« Les formes de passage vers la variété précédente, à feuilles d'un vert
grisâtre, les inférieures souvent presque glabres, en tout cas églanduleuses, ont été distinguées par M. Grosser (l. c.) sous le nom de forma *Barrelieri*. Cette forme cadre bien avec la description donnée par Tenore de
l'*Helianthemum Barrelieri* Ten. [*Prodr. fl. nap.* p. xxxi (1811) et *Fl. nap.*
IV, 314], ainsi qu'avec le *Fumana viscida* var. *Barrelieri* Willk. [*Ic. et
descr. pl.* II, 160 (1856) = *F. glutinosa* var.;*Barrelieri* Willk. in Willk. et
Lange *Prodr. fl. hisp.* III, 744 (1880)], mais la plante de Barrelier (« *Chamaecistus angusto Thymifolio, hisp.* » Barr. *Ic.* f. 416) paraît se rapporter
à la variété précédente, car Barrelier dit expressément (l. c. 50) : « A su-
periori discrepat foliis glabris, laete virore nitentibus. » L'erreur d'identification de Tenore a eu la fâcheuse conséquence que l'*Helianthemum
Barrelieri* a été interprété différemment selon que l'on s'est basé sur la
description de l'auteur italien ou sur le « synonyme » de Barrelier cité
par lui. » (J. B.).

1107. **F. laevipes** Spach *Hist. nat. vég.* VI, 14 (1838) ; Gren. in
Gren. et Godr. *Fl. Fr.* I, 174 ; Rouy et Fouc. *Fl. Fr.* II, 314 ; Coste
Fl. Fr. I, 151 ; Gross. *Cist.* 128 (Engler *Pflanzenreich* IV, 193) ; Jan-
chen in *Österr. bot. Zeitschr.* LXIX, 26 = *Cistus laevipes* L. *Sp.* ed. 2,
739 (1762) = *Cistus glaucophyllus* Lamk *Fl. fr.* III, 162 (1778) =
Helianthemum laevipes (« *levipes* ») Moench *Meth.* 232 (1794) ; Willd.
Enum. hort. berol. I, 570 = *Cistus glaucus* Salisb. *Prodr.* 368 (1796) =
Fumanopsis laevipes Pomel *Mat. fl. atl.* 9 (1860). — Exsicc. Mab.
n. 349 ! (Santa Manza) [Herb. Bor., Burn.].

Hab. — Garigues, rochers de l'étage inférieur. Avril-mai. ♃. Calci-
cole. Rare. Environs de Sᵗ-Florent aux Strette (Mab. in Mars. *Cat.*
24 ; Briq. !, 25-IV-1907, in herb. Burn., Sᵗ-Y. !, in herb. Laus. ;
R. Lit.) et au Monte Silla Morta (Aylies !, 20-V-1920, in herb. R.
Lit.) ; Santa Manza (Mab. ! exsicc. cit. et ex Parl. *Fl. it.* V, 652 ;
Briq. !, 6-V-1907, in herb. Burn. et Deless., Sᵗ-Y. !, in herb. Laus.) ;
« Bonifacio » (Shuttl. *Enum.* 6).

VIOLACEAE

VIOLA L.

1108. **V. odorata** L. *Sp.* ed. 1,934 (1753), excl. var. β et γ; Gren. in Gren. et Godr. *Fl. Fr.* I, 177 ; Rouy et Fouc. *Fl. Fr.* III, 24, excl. « formes » et subsp. ; Coste *Fl. Fr.* I, 155 ; W. Becker *Zur Veilchenfl. Tirols* 4, *Viol. eur.* 3 = *V. Martii* Schimp. et Spenn. in Spenn. [*Fl. frib.* I, 1086 (1825)] subsp. *odorata* Kirschl. *Not. Viol. vall. Rhin* 6 (1840) et *Fl. Als.* I, 79 = *V. hirta* var. *odorata* Fiori in Fiori et Paol. *Fl. anal. It.* I, 405 (1898), p. p. ; Fiori *Nuov. fl. anal. It.* I, 542.

Hab. — Bois, garigues, rocailles dans les étages inférieur, montagnard et subalpin. Mars-mai. ♃. Environs de Bastia : San Martino di Lota, Cardo, St-Antoine, Montserrato (Chab. in *Bull. soc. bot. Fr.* XXIX, sess. extr. LIII) ; col du Teghime (Thell., IV-1911, notes manuscr.) ; Monte Sant'Angelo de la Casinca, balmes, 1000 m. (Briq. !, 1-VII-1913, in herb. Burn.) ; cime de la Chapelle de Sant'-Angelo, falaise N., calc., 1100 m. (Briq. !, 13-V-1907, in herb. Burn.) ; Francardo, *Quercetum Ilicis* dégradé au-dessous des rochers de Sambugello, calc., 300 m. (R. Lit.!, 3-IV-1928); Monte San Pedrone, gorges à l'ubac, 1700 m. (Briq. !, 4-VII-1913, in herb. Burn.) ; Monte Pollino, versant N., calc., 450-650 m. (Briq., 11-V-1907, manuscr.) ; vallon d'Asti Corbi, près Corte (Aylies !, 12-III-1920, in herb. R. Lit.) ; vallée de la Restonica, près Corte (Thell., IV-1911, notes manuscr. ; Aylies ! 8-III-1920, in herb. R. Lit.) ; col de Sorba, versant de Ghisoni, pineraie, 1500 m. (Briq. !, 10-V-1907, in herb. Burn.) ; Carrosaccia, près Ajaccio (Thell., IV-1911, notes manuscr.).

La distribution exacte du *V. odorata* dans l'île reste à déterminer, cette espèce ayant été fréquemment confondue avec le *V. alba* subsp. *Dehnhardtii*; ainsi nous n'avons pas tenu compte des indications fournies en particulier par Salis (in *Flora* XVII, Beibl. II, 73), Requien (in *Giorn. bot. it.* II, 110) et de Marsilly (*Cat.* 24).

† 1109. **V. sepincola** Jord. *Observ.* VII, 8 (1849), emend. W. Becker in Hegi *Ill. Fl. M.-Eur.* V-1, 643 (1925) = *V. suavis* W. Becker in *Beih. z. bot. Centralbl.* XXVI, Abt. 2, 7 (1909) [*Viol. eur.* 7], pro sp. collect. ; non Marsch.-Bieb. — Exsicc. Kralik n. 488!, sub: *V. odorata* (Bonifacio) [Herb. Coss., Deless.].

Hab. — Jusqu'ici avec certitude dans les deux localités suivantes :
Francardo, *Quercetum Ilicis* dégradé au-dessous des rochers de Sambugello, calc., 300 m., en compagnie du *V. odorata* (R. Lit. ! 3-IV-
1928, fl., *Nouv. contrib.* fasc. 2, 21) ; Bonifacio (Kralik ! exsicc. cit., fr.).
— Signalé dans l'île sans précision de localité par Mutel (*Fl. fr.* I,
430, sub : *V. odorata* var. c. = *V. suavis* Bieb.), d'après Soleirol.

Doivent probablement se rapporter à cette espèce des échantillons
récoltés par J. Briquet au Monte San Pedrone, gorges à l'ubac,
1700 m. (4-VI-1913, pl. stér. — herb. Burn.) et dans la vallée d'Asinao, berges ombragées d'un torrent, 1300 m. (24-VII-1910, fr. —
herb. Burn.).

Espèce très polymorphe voisine du *V. odorata*, mais distincte par ses
stolons courts, assez épais, souvent souterrains, ses feuilles ayant leur
plus grande largeur dans le tiers inférieur (et non vers la moitié), ses stipules plus étroites, à franges allongées, la corolle nettement bicolore,
blanche jusqu'au tiers ou au milieu, l'éperon en général plus court, la
capsule plus grosse.

Les matériaux corses très insuffisants dont nous disposons ne nous
permettent pas d'attribuer une valeur taxonomique exacte à ces plantes.
W. Becker avait identifié nos échantillons récoltés à Francardo au **V. tolosana** Timb. (*Et. fl. Aquit. Genre Viola* in *Soc. imp. Méd., Chirurg. et Pharm.
Toulouse*, ann. 1853, 6). Cette Violette, encore mal connue, doit probablement constituer une race (ou une sous-espèce) distincte du type de
Jordan. D'après la description de Timbal et d'après les divers spécimens
que nous avons examinés, le *V. tolosana* diffère surtout du *V. sepincola*
Jord., sensu stricto, par ses feuilles plus larges, à sinus basilaire plus
ouvert, ses stipules à franges plus longues, égalant la largeur de la stipule dans sa partie moyenne, sa corolle très odorante, à gorge très ou-
verte, à pétales supérieurs non contigus même à la base, les latéraux
glabres. La valeur de ces caractères ne pourra être vérifiée que par une
étude comparative minutieuse, dans la nature et en culture, des formes
occidentales du *V. sepincola*.

††1110. **V. alba** Bess. *Primit. fl. Galic.* I, 171 (1809); W. Becker
in *Ber. bayr. bot. Ges.* VIII, 2, 257 ; Hayek *Prodr. fl. penins. balc.* I,
502.

« Espèce voisine du *V. odorata*, mais distincte par ses stolons épigés non
radicants, les feuilles à sinus basilaire élargi et surtout par les stipules
lancéolées-linéaires bien plus étroites, à franges relativement plus longues. » (J. B.).

En Corse seulement la sous-espèce et la variété suivantes.

++ Subsp. **Dehnhardtii** W. Becker in *Ber. bayr. bot. Ges.* VIII, 2, 257 (1902) = *V. Dehnhardtii* Ten. *Ind. sem. hort. neap.* ann. 1830, 12 ; *Syll. fl. neap.* 117 et *Fl. nap.* V, 332, t. 219, f. 2 ; W. Becker *Viol. eur.* 22 = *V. odorata* var. *Dehnhardtii* (« *Dehnhartii* ») Boiss. *Fl. Or.* I, 458 (1867), p. p. = *V. scotophylla* Chab. in *Bull. soc. bot. Fr.* XXIX, sess. extr. LIII (1882) ; Le Grand ibid. XXXVII, 18 = *V. hirta* var. *Dehnhardtii* (« *Denhardtii* ») Arc. *Comp. fl. it.* ed. 2, 296 (1894) = *V. odorata* subsp. *V. Dehnhardtii* (« *Denhardtii* ») Rouy et Fouc. *Fl. Fr.* III, 28 (1896) = *V. hirta* var. *Dehnhardtii* Fiori in Fiori et Paol. *Fl. anal. It.* I, 404 (1898) et var. *alba* Fiori l. c., quoad pl. cors.

Hab. — Bois, maquis, garigues, rocailles, rochers des étages inférieur et montagnard, s'élevant jusque dans l'étage subalpin vers 1500 m. Mars-mai. ♃. Répandu.

« Diffère de la sous-espèce **scotophylla** W. Becker [*Viol. exsicc.* II. Lief., ann. 1901, n. 28 et in *Ber. bayr. bot. Ges.* VIII, 2, 257 (1902), incl. var. *virescens* = *V. alba* Gren. in Gren. et Godr. *Fl. Fr.* I, 177; Rouy et Fouc. *Fl. Fr.* III, 28 ; W. Becker *Viol. eur.* 19 = *V. scotophylla* Jord. *Pug.* 16 (1852) = *V. virescens* Jord. in Bor. *Fl. Centre* ed. 3, II, 77 (1837)] par les feuilles à limbe de forme plus étroite, en général convexe vers le sommet, çà et là cependant acuminée, les stipules encore plus longuement frangées [1], la corolle ± odorante. » (J. B.).

La plante corse — comme celle de toute l'Europe méridionale, de la Tunisie et de l'E. de l'Algérie — appartient au var. **eu-Dehnhardtii** R. Lit., nov. nom. (= *V. Dehnhardtii* Ten. l. c., sensu stricto) [2].

On peut distinguer deux sous-variétés :

++ α[1]. Subvar. **Tenorei** R. Lit., nov. nom. = *V. Dehnhardtii* Ten., sensu stricto = *V. alba* subsp. *Dehnhardtii* var. *Tenorei* Briq., nom. nud. in sched. herb. Genev. et in mss. — Exsicc. Reverch. ann. 1878, sub : *V. odorata* ! (Bastelica) [Herb. Burn.] ; Reverch. ann. 1885, n. 500 !, sub : *V. scotophylla* Jord. (Evisa) [Herb. Deless., R. Lit.] ;

1. Dans les var. *eu-Dehnhardtii* et *atlantica* ; beaucoup plus rarement à franges très courtes (var. *gomarica*). (R. Lit.).
2. Deux autres races existent au Maroc : var. **atlantica** Br.-Bl. et Maire [in *Bull. soc. hist. nat. Afr. N.* XIV, 73 (1923)], à feuillage sombre — rappelant celui du subsp. *scotophylla* var. *scotophylla* — à corolle très odorante, d'un beau rose-lilacé, concolore, à pédoncules pubescents, à capsules velues (et non glabrescentes ou brièvement pubescentes) et var. **gomarica** Emb. et Maire [in Jah. et Maire *Cat. pl. Maroc* 1!, 506 (1932)], différent du var. *eu-Dehnhardtii* et du var. *atlantica* par les stipules lancéolées, presque glabres, à franges très courtes et peu nombreuses, pourvues de rares cils très courts.

Kük. It. cors. n. 633 !, sub : *V. alba* var. *scotophylla* (Corbara) [Herb. Deless.] .

Hab. — Très commun dans le Cap Corse, depuis Luri jusqu'à Furiani (Chab. in *Bull. soc. bot. Fr.* XXIX, sess. extr. LIII) : Ersa (Houard !, 8-IV-1909, in herb. Deless.) ; vallon de Giunca, entre les cols de Cappiaja et de la Serra, près Rogliano, maquis, 300 m. (Briq. !, 7-VII-1906, in herb. Burn.) ; Monte Fornello, maquis, 500 m. (Cavill. !, 27-IV-1907, in herb. Burn. et herb. Laus.) ; entre Luri et Spergane, châtaigneraies, 100 m. (Briq. !, 26-IV-1907, in herb. Burn.) ; de Pino au col de Santa Lucia, maquis, 200-400 m. (Briq. !, 26-IV-1907, in herb. Burn.); Sisco (Chab.!, 23-III-1881, sub: « *V. puellarum* Chab. », in herb. Deless.) ; Cardo (Clarinval !, in herb. Req.; Chab. !, 22-III et 5-IV-1881, sub : « *V. alba* var. *puellarum* Chab. » et « *V. puellarum* Chab.* », in herb. Deless.) ; cote 503, à l'W. de Cardo, maquis (St-Y. !, 17-IV-1907, in herb. Laus.); vallon du Fango, près Bastia (Moq. !, 15-XI-1852, in herb. Req.); « Bastia » (Romagnoli!, 1851, in herb. Req.); Serra di Pigno (Houard!, 11-IV-1909, in herb. Deless.); col du Teghime, versant de Bastia et de St-Florent, maquis, 400-500 m. (Briq. !, 23-IV-1907, in herb. Burn., St-Y. !, in herb. Laus.) ; Monte Sant'Angelo de St-Florent, maquis (Briq. !, 24-IV-1907, in herb. Burn., St-Y. !, in herb. Laus.) ; — Biguglia (Pœverlein !, 28-IV-1909); Monte Asto, au-dessus de Pietralba, rocailles, 1500 m. (Briq. !, 17-V-1907, in herb. Burn.) ; col de San Colombano, *Quercetum Ilicis*, 600 m. (Briq. !, 19-IV-1907, in herb. Burn., St-Y. !, in herb. Laus.) ; entre Novella et le col de San Colombano, garigues, 500-600 m. (Briq. !, 19-IV-1907, in herb. Burn. et Deless.) ; garigues au-dessus de Palasca, 600 m. (Briq. !, 19-IV-1907, in herb. Burn.) ; Monte Grosso de Calenzana (Soleirol !, in herb. Req.) ; Capo Veta (Soleirol !, in herb. Req.) ; Evisa (Reverch. ! exsicc. cit. et ex Le Grand in *Bull. soc. bot. Fr.* XXVII, 18, sub : *V. scotophylla* Jord.) ; Barchetta, *Quercetum Ilicis*, rive droite de la Casacconi, 110-150 m., et à droite de la route de Campile, *Quercetum Suberis*, 100-150 m. (R. Lit. ! *Mont. Corse orient.* 90, 82 et *Nouv. contrib.* fasc. 2, 21) ; Morosaglia, châtaigneraie au-dessus de Riberosse en contre-bas de la route de Ponte-Leccia, 820-840 m. (R. Lit. ! *Mont. Corse orient.* 75 et *Nouv. contrib.* fasc. 2, 21) ; châtaigneraie près Croce, 750 m. (R. Lit. *Mont. Corse orient.* 75 et *Nouv. contrib.* fasc. 2, 21); rive droite du Fiume Alto, un peu en amont du pont d'Orezza, *Quercetum Ilicis* à *Buxus*, 360 m. (R. Lit. ! *Mont. Corse orient.* 43 et *Nouv. contrib.* fasc. 2, 21) ; base du Monte Tre Pieve, maquis rocheux, 1070 m. et falaise du Tre Pieve, 1100-1250 m. (Briq. !, 2-VII-1913, in herb. Burn. ; R. Lit., 20-VIII-1930) ; cime de la Chapelle de Sant'Angelo, rochers calcaires, 900-1100 m. (Briq. !, 13-V-1907, in herb. Burn.) ; Monte Pollino, rocailles calcaires, 450-650 m. (Briq. !, 11-V-1907, in herb. Burn.) ; châtaigneraie près de la fontaine de San Cervone, N.-E. d'Erbajolo, 900 m. (R. Lit. *Mont. Corse orient.* 75 et *Nouv. contrib.* fasc. 2, 21) ; au-dessous de San Pietro, *Quercetum Suberis* à droite de la route de Pancheraccia à Olivella, 350 m. (R. Lit. *Mont. Corse orient.* 85 et *Nouv. contrib.* fasc. 2, 21) ; entrée de la vallée de la Restonica, près Corte (Thell., IV-1911, notes manuscr. ; Aylies !, 20-III-1918, ex R. Lit. et Sim. in *Bull. soc. bot. Fr.* LXVIII, 103) ; défilé de l'Inzecca, rocailles (Briq. !, 8-V-1907, in herb. Burn.) ; Vico (Req. !, I-1849, in herb.) ; entre Vizzavona et Bocognano (Thell., IV-1911, notes manuscr.) ; Tavera, châtaigneraie près de la fontaine, 550 m. (R. Lit. ! *Nouv. contrib.* fasc. 4, 9) ; Bastelica (Req. !, VII-1847, in herb. ; Reverch. ! exsicc. cit.) ; montagne de Pozzo di Borgo (sec. W. Becker *Viol. eur.* 24 ; Wilcz. !, IV-1900, in herb. Burn. ; R. Lit. !) ; Ajaccio (Req. !, III-1849, in herb.) ; entre le col de St-Georges et Grosseto, maquis, 690 m. (R. Lit. ! *Nouv. contrib.* fasc. 4, 9) ; Solenzara (Houard !, 12-IV-1909, in herb. Deless.) ; sables au bord de la Solenzara, rive gauche, un peu en amont du pont de Calzatojo, 100 m. (R. Lit !, 28-III-1934) ; vallée de la Solenzara, talus de la route entre les ponts de Calzatojo et de Ghiadole, 90 m. (R. Lit. !, 28-III-1934) ; Zonza, châtaigneraie, 800 m., et au bord du Prunetto, un peu en amont du pont de Zonza, rocailles vers 720 m. (R. Lit. ! *Nouv. contrib.* fasc. 4, 9) ; forêt de Zonza au pont de Pelsa, 885 m. (R. Lit. ! l. c.) ; forêt de l'Ospedale (Req. !, III-1850, in herb. ; Revel. !, 3-V-1857, sub : « *V. scotophylla* Jord. ? », in herb. Bor. ; R. Lit. ! l. c.) ; Porto-Vecchio (Req. !, V-1850, in herb.), notamment au bord du Stabiacco (Revel. !, 2-III et 20-IV (fr.) 1857, sub : « *V. scotophylla* Jord. ? », in herb. Bor) ; « Tallano » (Req. !, IV-1850, in herb.) ; vallon Cioccia, près Cagna, 350-400 m. (St-Y. !, 21-VII-1910, in herb. Laus.) ; Bonifacio (Req. !, II et III-1850, in herb.).

Plante $\pm$ pubescente, en particulier sur les pétioles (hérissés dans les feuilles estivales) et sur le limbe ; limbe foliaire ové-ogival.

Nous n'avons observé en Corse que la forme à fleurs violettes, forma
ionantha Hayek [*Prodr. fl. penins. balc.* I, 502 (1925), pro subforma =
V. Dehnhardtii var. *violacea* W. Becker in *Beih. z. bot. Centralbl.* XXVI,
Abt. 2,23 (1909) [*Viol. eur.* 23] = *V. alba* subsp. *Dehnhardtii* subvar.
violacea R. Lit. et Sim. in *Bull. soc. bot. Fr.* LXVIII, 103 (1921)].

++ α². Subvar. **Cadevallii** R. Lit., nov. comb. = *V. Cadevalli* Pau in
Bol. acad. cienc. Barcel. ser. 3, II, fasc. 13, 62 (1896) = *V. Dehnhardtii*
var. *Cadevalli* W. Becker in *Österr. bot. Zeitschr.* LVI, 187 (1906) =
V. Dehnhardtii forma *glaberrima* W. Becker in *Beih. z. bot. Centralbl.*
XXVI, Abt. 2, 24 (1909) [*Viol. eur.* 24], p. p., excl. syn. *V. Jauber-
tianae* Marès et Vig.

Hab. — Plus rare que la sous-variété *Tenorei*, croissant le plus
souvent en petites colonies parmi celles de cette dernière. — Monte
Sant'Angelo de St-Florent, maquis, 200 m. (Briq. !, 24-IV-1907, in
herb. Burn. et Deless.) ; garigues au-dessus de Palasca, 600 m. (Briq. !,
19-IV-1907, in herb. Burn.) ; bois de Pineto, près du pont de la route
de San Lorenzo à Francardo, 250-260 m. (R. Lit. ! *Mont. Corse orient.*
86 et *Nouv. contrib.* fasc. 2, 21) ; Cima Pedani, pentes calcaires,
Quercetum Ilicis dégradé, au-dessus de la Bocca Serna, 700-800 m.
(R. Lit. ! *Mont. Corse orient.* 67 et *Nouv. contrib.* fasc. 2, 21) ; Monte
Pollino, *Quercetum Ilicis*, calc., 400 m. (R. Lit. ! *Mont. Corse orient.*
35 et *Nouv. contrib.* fasc. 2, 21) ; vallée de la Solenzara, talus de la
route entre les ponts de Calzatojo et de Ghiadole, 90 m. (R. Lit. !,
28-III-1934).

« Plante entièrement glabre, généralement plus petite, à limbe foliaire
souvent plus largement ové. » (J. B.). — Le subvar. *Cadevallii* est relié
au subvar. *Tenorei* par des formes de passage (plantes à pétiole glabre,
à limbe ± cilié au bord, à surface munie de cils très épars) ; nous en avons
observé notamment dans la vallée de la Solenzara.

W. Becker (l. c.) indique comme synonyme du *V. Dehnhardtii* forma
glaberrima le *V. Jaubertiana* Marès et Vig. [*Cat. pl. Baléar.* 37, pl. IV
(1880)], de Majorque (notamment de la Gorch Blaou, sa localité classique), plante qui paraît bien différente et constitue très probablement
une espèce autonome du groupe *alba*.

++ 1110 × 1109. **V. multicaulis** Jord. *Pug.* 15 (1852), ampl.
= **V. alba × odorata.**

Hab. — Très rare ou peu observé. Jusqu'ici seulement au Monte
Pollino, gorges rocailleuses du versant N., calcaire, 450-650 m.
(Briq. !, 11-V-1907, fl. et fr. stér., in herb. Burn.).

« Plante très luxuriante, s'écartant du *V. alba* par les feuilles à limbe plus largement ové, les stipules plus larges, les stolons plus abondants et plus longuement traçants, différant du *V. odorata* par les feuilles en partie plus ovées-ogivales, les stipules plus étroites, plus longuement frangées, les stolons non ou à peine radicants. — Nos échantillons croissaient au milieu des *V. odorata* et *V. alba* subsp. *Dehnhardtii.* Ils ressemblent absolument à ceux de nombreuses provenances continentales du *V. multicaulis.* Les caractères distinctifs de la sous-espèce *Dehnhardtii* disparaissent d'une façon si complète dans l'hybride, qu'il serait illusoire de vouloir le distinguer par un nom particulier. On sait d'ailleurs qu'à l'intérieur de la sous-espèce *scotophylla* du *V. alba,* les caractères propres aux races *virescens* et *scotophylla* deviennent absolument méconnaissables dans les produits hybrides. » (J. B.).

††1111. **V. collina** Bess. *Cat. pl. hort. Crem.* 151 (1816); W. Becker *Viol. eur.* 27 = *V. hirta* var. *alpina* Gaud. *Fl. helv.* II, 197 (1828) = *V. hirta* var. *collina* Kittel *Taschenb. Fl. Deutschl.* ed. 2, 935 (1844) ; Fiori in Fiori et Paol. *Fl. anal. It.* I, 404 et *Nuov. fl. anal. It.* I, 540 = *V. hirta* var. *umbrosa* Neilr. *Fl. Nieder-Oest.* II, 770 (1859) ; non *V. umbrosa* Hoppe, nec Fries = *V. hirta* var. *canescens* Godet *Suppl. Fl. Jura* 23 (1869) = *V. hirta* subsp. *V. collina* Rouy et Fouc. *Fl. Fr.* III, 23 (1896).

Hab. — Forêts de l'étage montagnard. ♃. Signalé uniquement dans la forêt de Vizzavona sur les pentes du Monte d'Oro (Andreánsky in *Mag. Tud. Akad.* XLIII, 605).

Espèce dépourvue de stolons, voisine du *V. hirta* L., mais s'en distinguant surtout par ses stipules plus étroitement lancéolées, longuement frangées, à franges égalant la largeur de la stipule ou la dépassant même, pubescentes (et non à franges glabres ou peu ciliées), par ses fleurs plus petites, faiblement odorantes (et non inodores), ordinairement d'un bleu pâle, à éperon plus court.
Bien qu'elle ne soit pas invraisemblable, l'indication de M. Andreánsky mérite confirmation.

††1112. **V. hirta** L. *Sp.* ed. 1, 934 (1753) ; Gren. in Gren. et Godr. *Fl. Fr.* I, 176 ; Rouy et Fouc. *Fl. Fr.* III, 20, excl. subsp. I-III ; Coste *Fl. Fr.* I, 154 ; W. Becker *Zur Veilchenfl. Tirols* 10, *Viol. eur.* 31, *Viol. asiat. et austral.* III in *Beih. z. bot. Centralbl.* XXXVI, Abt. 2, 22 = *V. Martii* Schimp. et Spenn. in Spenn. [*Fl. frib.* I, 1086] subsp. *hirta* Kirschl. *Not. Viol. vall. Rhin* 6 (1840) et *Fl. Als.* I, 70, excl. nonnull. synon. = *V. hirta* subsp. *euhirta* var. *typica* Fiori in Fiori et Paol. *Fl. anal. It.* I, 404 (1898).

Hab. — Signalé dans les localités suivantes : Calanche [de Piana]
(Petit in *Bot. Tidsskr.* XIV, 245) ; Vico, châtaigneraie au-dessus du
couvent de Saint-François (Fliche in *Bull. soc. bot. Fr.* XXXVI, 359) ;
forêt de Bavella entre Zonza et le col, abondant sur les rochers granitiques humides (Maire in Rouy *Rev. bot. syst.* II, 66).

Nous n'avons pas vu d'échantillons de cette espèce provenant de
Corse. Il se pourrait que les indications ci-dessus se rapportent au *V.alba*
subsp. *Dehnhardtii.*

V. ambigua Waldst. et Kit. *Descr. et ic. pl. rar. Hung.* II, 208 (1804),
ampl. Gams in Hegi *Ill. Fl. M.-Eur.* V-1, 642 = *V. hirta* subsp. *V. ambigua* Rouy et Fouc. *Fl. Fr.* III, 23 (1896).

Espèce étrangère à la flore corse signalée sans précision de localité par
Mutel (*Fl. fr.* I, add., 430), d'après Soleirol,sous le nom de *V. hirta* var. *e*
= *V. campestris* Marsch.-Bieb. Il s'agit d'un type sarmatique [subsp.
campestris Gams in Hegi *Ill. Fl. M.-Eur.* V-1, 643 (1925) = *V. ambigua*
Waldst. et Kit. l. c., sensu stricto; W. Becker *Viol. eur.* 41 et *Viol. asiat.
et austral.* III in *Beih. z. bot. Centralbl.* XXXVI, Abt. 2,27 = *V. campestris* Marsch.-Bieb. *Fl. taur.-cauc.* I, 171 (1808)], représenté par une autre
sous-espèce dans les Alpes — du Tyrol aux Alpes maritimes—[subsp.**Thomasiana** (Perr. et Song.) Gams]. L'indication du *V. campestris* dans l'île
est due soit à une confusion avec le *V. hirta*, soit plutôt avec le *V. alba*
subsp. *Dehnhardtii.*

V. rupestris Schmidt *Neue Abh. böhm. Ges.* I, 60 f. 10 (1791) ; W. Becker *Viol. eur.* 46 = *V.arenaria* DC. *Fl. fr.* IV, 806 (1805); Gren. in Gren.
et Godr. *Fl. Fr.* I, 178; Coste *Fl. Fr.* I, 155 = *V. Allionii* Pio *Diss. Viol.*
20 (1813) = *V. Schmidtiana* Roem. et Schult. *Syst.* V, 363 (1819) = *V.
canina* var. *calcarea* Reichb. *Pl. crit.* I, 60 (1823) = *V. canina* subsp.
coerulea var. *Allionii* Kirschl. *Not. Viol. vall. Rhin* 10 (1840) = *V. sylvestris* var. *arenaria* Kirschl. *Fl. Als.* I, 83 (1852) = *V. silvatica* var. *arenaria*
Asch. *Fl. Prov. Brandenb.* I, 72 (1864) = *V. silvestris* subsp. *V. arenaria*
Rouy et Fouc. *Fl. Fr.* III, 16 (1896) = *V. canina* var. *arenaria* Fiori in
Fiori et Paol. *Fl. anal. It.* I, 403 (1898) = *V. canina* var. *rupestris* Fiori
Nuov. fl. anal. It. 1, 540 (1924).

Indiqué en Corse sans précision de localité par Robiquet [*Rech. hist.
et stat. Corse,* 49 (1835)], d'après l'herbier du Dr Serafini. Dans l'herbier
Delessert (ex herb. Hall. f.), parmi une part du *Viola nummulariifolia*
récoltée par Ph. Thomas « in summis montibus Corsicae », il existe un
exemplaire du *V. rupestris* Schmidt se rattachant au var. **arenaria** Beck
[*Fl. Nieder-Öst.* II, 1. Abt., 519 (1892) = *V. arenaria* DC. l. c., sensu
stricto = *V. Allionii* Pio l. c. = *V. arenaria* var. *genuina* et var. *Allionii*
Ducomm. *Taschenb. schweiz. Bot.* 89 (1869)]. Cette Violette n'a jamais
été retrouvée dans l'île et il est probable qu'il y a eu mélange d'échantillons d'autre provenance. Bien que le *V. rupestris* existe dans les Alpes
maritimes et dans l'Apennin toscan, nous croyons qu'il doit être exclu
de la flore corse.

1113. **V. sylvestris** Lamk *Fl. fr.* II, 680 (1778), p. p. ; Kit.
in Schult. *Oesterr. Fl.* ed. 2, I, 423 (1814) ; Reichb. *Pl. crit.* I, 80,
t. XCIV ; Beck *Fl. Nieder-Öst.* II, 1. Abt., 521 ; Briq. *Fl. Vuache* 55 ;
Rouy et Fouc. *Fl. Fr.* III, 13 ; W. Becker *Zur Veilchenfl. Tirols* 14 ;
Coste *Fl. Fr.* I, 156 = *V. canina* var. *silvatica* Fries *Nov. fl. suec.*
ed. 2, 272 (1828) ; Fiori in Fiori et Paol. *Fl. anal. It.* I, 403 = *V. ca-*
nina subsp. *sylvatica* Kirschl. *Not. Viol. vall. Rhin* 8 (1840) = *V. sil-*
vatica Fries *Mant.* III, 121 (1842) ; Gren. in Gren. et Godr. *Fl. Fr.*
I, 178.

« C'est à tort que Fries [*Novit. fl. suec.* ed. 2, 272 (1828) et *Mant.* III,
121 (1842)] a cité le *V.silvatica* comme ayant été publié déjà en 1817 dans
son *Flora hallandica* (p. 46, et non pas 64 comme l'a dit Fries en 1842
et comme l'écrivent après lui presque tous les auteurs). Dans le *Flora
hallandica*, Fries a décrit le *V. silvatica* sous le nom de *V. Ruppii* (non
V. Ruppii All. !). Le nom de *V. silvatica* ne remonte qu'à 1842. » (J. B.).

Hab. — Forêts, maquis, rochers et rocailles fraîches, bord des
eaux depuis l'étage inférieur jusque dans l'étage alpin, 1-2000 m.
Mars-juill., suivant l'altitude. ⚄. — Deux sous-espèces.

I. Subsp. **Reichenbachiana** Tourlet *Cat. pl. Indre-et-Loire* 61
(1908) ; Perr. *Cat. pl. Savoie* I, 82 (1917) ; Br.-Bl. in *Ann. Conserv. et
Jard. bot. Genève* XXI, 41 (1919) ; Jah. et Maire *Cat. pl. Maroc* II,
507 = *V. silvestris* auct., sensu stricto; W. Becker *Viol. eur.* 49, *Viol.
asiat. et austral.* IV in *Beih. z. bot. Centralbl.* XI, Abt. 2, 43.

« Feuilles cordées, ovées-acuminées, les inférieures plus larges, à
pointe obtuse, glabres ou glabrescentes, les supérieures plus étroites, plus
acuminées ; stipules linéaires-lancéolées, ± densément frangées. Appendices des sépales courts, surtout les supérieurs, s'oblitérant sur le fruit.
Corolle à pétales oblongs-allongés, ne se recouvrant pas par les bords ;
éperon allongé, droit, ordinairement violacé et aussi coloré que les pétales,
non échancré-sillonné. » (J. B.).

α. Var. **vulgaris** Kirschl. *Fl. vogéso-rhén.* 59 (1870) = *V. canina*
subsp. *sylvatica* var. *vulgaris* Kirschl. *Not. Viol. vall. Rhin* 8, f. 1
(1840) = *V. sylvestris* subsp. *nemorum* var. *micrantha* Döll *Rhein. Fl.*
652 (1843) = *V. sylvestris* var. *sylvatica* Kirschl. *Fl. Als.* I, 83 (1852)
= *V. Reichenbachiana* Jord. in Bor. *Fl. Centre* ed. 3, II, 78 (1857) ;
Loret et Barr. *Fl. Montp.* I, 77 = *V. silvestris* var. *micrantha* Neilr. *Fl.
Nied.-Oest.* II, 772 (1859) = *V. silvestris* var. *Reichenbachiana* Crép.

Man. fl. belg. ed. 3, 94 (1874) ; Briq. *Fl. Vuache* 55 = *V. silvatica* var. *micrantha* Lange in Willk. et Lange *Prodr. fl. hisp.* III, 697 (1878) ; Coutinho *Fl. Port.* 418 = *V. silvestris* var. *typica* Beck *Fl. Nieder-Öst.* II, 1. Abt., 521 (1892) ; Halacs. *Consp. fl. graec.* I, 138 = *V. silvatica* subsp. *Reichenbachiana* Corbière *Nouv. fl. Norm.* 77 (1893) = *V. silvatica* var. *Reichenbachiana* Gaut. *Cat. fl. Pyr.-Or.* 97 (1898) = *V. canina* var. *silvatica* forma *Reichenbachiana* Fiori in Fiori et Paol. *Fl. anal. It.* I, 403 (1898) = *V. canina* var. *silvestris* Fiori *Nuov. fl. anal. It..* I, 540 (1924). — Exsicc. Burn. ann. 1904, n. 67 ! (Bocognano) [Herb Burn.].

Hab. — Répandu dans l'île entière.

« Plante développée, généralement très caulescente, à feuilles (au moins les caulinaires) assez longuement acuminées; pétale éperonné long de 15-22 mm. » (J. B.).

†† II. Subsp. **Riviniana** Tourlet *Cat. pl. Indre-et-Loire* 61 (1908) ; Holmboe *Stud. veget. Cypr.* 129 (1914) ; Perr. *Cat. pl. Savoie* I, 81, excl. forme *V. arenicola* ; Br.-Bl. in *Ann. Conserv. et Jard. bot. Genève* XXI, 41 ; Jah. et Maire *Cat. pl. Maroc* II, 507 = *V. Riviniana* Reichb. *Pl. crit.* I, 81, t. XCV (1823), sensu ampl.

« Feuilles cordées, largement ovées, les inférieures parfois presque réniformes, généralement très obtuses, souvent un peu pubescentes, les supérieures plus larges et moins acuminées que dans la sous-espèce précédente, ordinairement plus épaisses ; stipules des feuilles inférieures densément et longuement frangées. Appendices des sépales tous plus développés que dans la sous-espèce I, persistants sur le fruit. Corolle à pétales obovés-oblongs se recouvrant plus ou moins; éperon volumineux, généralement blanchâtre, parfois violacé et de la même couleur que les pétales [1], un peu courbé, échancré-sillonné.

« W. Becker, après avoir admis le *V. Riviniana* comme espèce distincte, s'est rallié à l'opinion de ceux qui y voient un membre de l'espèce collective *V. sylvestris* [*Zur Veilchenfl. Tirols* 14 (1904) et in *Allg. bot. Zeitschr.* XI, 27 (1905)]. Plus récemment l'auteur est revenu à sa première manière de voir [2]. Nos observations en Corse confirment celles que nous avons faites depuis bien des années sur le continent et qui établissent d'une

---

1. La plante à éperon blanc ou blanchâtre ou d'un blanc jaunâtre peut être désignée sous le nom de forma **bicolor** R. Lit. [= *V. Riviniana* var. *bicolor* Le Gr. *Troisième fasc. pl. rar. ou nouv. Berry* 15 (1892)], celle à éperon violacé de même couleur que les pétales sous celui de forma **concolor** R. Lit. (= *V. Riviniana* var. *concolor* Le Gr. l. c.). (R. Lit.).

2. Par exemple dans les *Violae europaeae* (1910) et dans les *Violae asiaticae et australenses* (1924). [R. Lit.].

façon positive l'existence de formes intermédiaires non hybrides entre les
V. sylvestris et *Riviniana*. Nous ne pouvons que répéter ce que nous disions
déjà en 1894 (*Fl. Vuache* 55, 56) : « Si on trouve fréquemment des colonies
à caractères tranchés et nets, ce n'est pas une raison pour négliger celles,
aussi nombreuses dans certaines régions, qui présentent des caractères
ambigus et intermédiaires. On a voulu tirer de la stérilité ± évidente de
certains pieds de *V. silvestris* un argument en faveur d'une hybridité normale
entre les *V. silvestris typica* et *V. Riviniana* et, partant, d'une autonomie
spécifique de cette dernière espèce (Bethke *Ueber die Bastarde der Veilchen-
Arten*, Königsberg 1882, p. 15 et suiv.). Mais nous avons vu entre les
V. silvestris typica et var. *Riviniana* des formes intermédiaires fertiles,
et on sait que les fleurs vernales des violettes sont fréquemment stériles.
Il est donc correct de considérer le *V. silvestris* et le *V. Riviniana* comme
des races non encore isolées d'un même type ». — W. Becker a attribué
la formule *Riviniana* × *sylvestris* à quelques plantes de nos récoltes :

1906. — Rochers au bord du lac Melo, 1800 m., 4 août, jeunes fr.

1907. — Cap Corse : col du Teghime, versant de Bastia, 400 m., 23 avril,
fl. — Berges des marais entre Alistro et Bravone, 10 m., 30 avril, fl. ;
berges du Fiume Orbo près de Ghisonaccia, 10 m., 2 mai, fl.

Dans la première et les deux dernières de ces localités, les deux parents
présumés manquaient ; nous avons affaire à des formes ambiguës auto-
nomes si fréquentes dans l'Europe occidentale (*V. vicina* Martr.-Don., *V.
Riviniana* var. *intermedia* Le Gr., etc.) et que d'autres observateurs ont
aussi relevées en Corse, p. ex. au Coscione (Mme Gysperger in Rouy *Rev. bot.
syst.* II, 119, sub : *V. vicina*). » (J. B.).

Certains caractères assignés aux *V. sylvestris* (sensu stricto) et *Riviniana*, p. ex. ceux relatifs aux appendices calicinaux, ne paraissent pas
toujours d'une grande constance. M. Fouillade, excellent connaisseur des
Viola, nous faisait remarquer à ce propos que dans le *V. sylvestris* forma
rosea Neum., Wahlst. et Murb. (= *V. Bertoti* Souché), plante qui se
ressème dans son jardin, « les appendices calicinaux restent parfois bien
distincts sur certains fruits et sont complètement oblitérés sur d'autres. »
Et il ajoutait : « Plusieurs auteurs assignent au *V. Riviniana* des fleurs
moitié plus grandes qu'au *V. sylvestris*. C'est souvent exagéré. D'après
les mensurations que j'ai faites de nombreuses fleurs, le *sylvestris* a fréquemment des fleurs atteignant 18 mm. ; chez certains *Riviniana* non
douteux elles ne dépassent guère 20 mm., mais paraissent nettement plus
grandes, surtout parce que les pétales sont plus larges. »

M. J. Clausen [*Chromosome number and the relationship of species in the
genus Viola* in *Ann. of bot.* XLI, 679 (1927)] a montré que les *V. sylvestris*
et *Riviniana* diffèrent par le nombre de leurs chromosomes : le premier
possédant dans l'haplophase 10 chromosomes, le second 20 [1] ; ce qui
conduit l'auteur à considérer ces deux types comme spécifiquement distincts. La différence de nombre des chromosomes est évidemment un

---

1. Ces nombres reconnus par l'auteur pour l'haplophase, sur des échantillons
de provenance danoise, viennent d'être confirmés par notre élève Mlle Debry
qui a étudié les métaphases somatiques dans de nombreux spécimens récoltés
en Dauphiné, en Corse et dans l'W. de la France.

caractère important, mais à notre avis ce n'est pas là un critérium absolu pour attribuer l'autonomie spécifique à deux plantes affines. Nous sortirions du cadre de cet ouvrage si nous voulions discuter cette question.

On peut distinguer en Corse les deux variétés suivantes.

╀╀ β. Var. **macrantha** Döll *Rhein. Fl.* 652 (1843), sub : *V. sylvestris* subsp. *nemorum* var. *macrantha* ; Neilr. *Fl. Nieder-Oest.* 772 = *V. canina* var. *macrantha* Wallr. *Sched. crit.* 503 (1822) ; Ging. in DC. *Prodr.* I, 298 = *V. Riviniana* Reichb. *Pl. crit.* I, 81, t. XCV (1823) ; Bor. *Fl. Centre* ed. 3, II, 78 ; Lorèt et Barr. *Fl. Montp.* I, 76 ; W. Becker *Viol. eur.* 53, *Viol. asiat. et austral.* IV in *Beih. z. bot. Centralbl.* XL, Abt. 2, 53 = *V. canina* var. *Riviniana* Mert. et Koch *Deutschl. Fl.* II, 264 (1826) ; Fiori *Nuov. fl. anal. It.* I, 540 = *V. canina* var. *silvatica* subvar. *Riviniana* Fries *Nov. fl. suec.* ed. 2, 273 (1828) = *V. canina* subsp. *sylvatica* var. *Riviniana* Kirschl. *Not. Viol. vall. Rhin* 9 (1840) = *V. silvatica* var. *macrantha* Fries *Mant.* III, 121 (1842); Lange in Willk. et Lange *Prodr. fl. hisp.* III, 697 = *V. silvestris* var. *Riviniana* Koch *Syn.* ed. 2, 91 (1843) ; Kirschl. *Fl. Als.* I, 83 ; W. Becker *Zur Veilchenfl. Tirols* 14 ; Briq. *Fl. Vuache* 55 = *V. sylvatica* var. *grandiflora* Gren. in Gren. et Godr. *Fl. Fr.* I, 178 (1847) ; Caruel in Parl. *Fl. it.* IX, 160 = *V. sylvatica* subsp. *Riviniana* Syme *Engl. bot.* II, 19, t. 173 (1864) ; Corbière *Nouv. fl. Norm.* 77 = *V. silvatica* var. *Riviniana* Asch. *Fl. Prov. Brandenb.* I, 72 (1864); Boiss. *Fl. Or.* I, 459 ; Hartm. *Handb. Skand. Fl.* ed. 11, 225 ; Asch. et Graebn. *Fl. Nordostd. Flachl.* 500 = *V. canina* var. *silvatica* forma *Riviniana* Fiori in Fiori et Paol. *Fl. anal. It.* I, 403 (1898) = *V. silvestris* forme *V. Riviniana* Rouy et Fouc. *Fl. Fr.* III, 14 (1896). — Exsicc. Reverch. ann. 1879, sub : « *V. sylvatica* Fries ? » ! (Coscione) [Herb. Burn.] ; Burn. ann. 1904, n. 62 ! et n. 63 ! (forêt de Vizzavona) [Herb. Burn.].

« Plante élevée, très caulescente, à feuilles basilaires et caulinaires très développées. Fleurs relativement grandes, à pétale éperonné long d'environ 18-25 mm. » (J. B.).

Hab. — Répandu dans l'île entière, peut-être plus fréquent que le var. *vulgaris*, avec lequel il croît assez souvent associé.

╀╀ γ. Var. **nana** Briq. in Burn. *Fl. Alp. mar.* V, 24 (1919) = ? *V. canina* var. *minor* DC. *Fl. fr.* V, 617 (1815), *Prodr.* I, 298, p. p. =

V. canina var. *pygmaea* Gaud. *Fl. helv.* II, 199 (1828), p. p. = *V. cala-bra* Huet *Pl. neap.* ann. 1852, n. 272 !, sine descr. = *V. canina* subsp. *sylvatica* var. *vulgaris* lusus *alpestris* Kirschl. *Not. Viol. vall. Rhin* 9 (1840) = *V. silvatica* var. *nana* Ducomm. *Taschenb. schweiz. Bot.* 89 (1869) = *V. silvatica* var. *pygmaea* Lange in Willk. et Lange *Prodr. fl. hisp.* III, 697 (1878) = *V. silvestris* forma *pusilla* Beckhaus *Fl. Westfal.* 187 (1893) = *V. silvestris* var. *microsoma* Briq. *Fl. Vuache* 56 (1894) = *V. canina* var. *silvatica* subvar. *Riviniana* forma *dimi-nuta* Gortani *Fl. friul.* II, 177 (1906) = *V. silvestris* var. *pseudo-canina* Lüscher *Fl. Kant. Aargau* 17 (1918) = *V. silvestris* forma *pygmaea* Gams in Hegi *Ill. Fl. M.-Eur.* V-1, 635 (1925). — Exsicc. Soleirol n. 9577 !, sub : *V. canina* (Monte Grosso) [Herb. Coss.].

Hab. — Monte Asto, au-dessus de Pietralba, rocailles, 1500 m. (Briq. !, 15-V-1907, in herb. Burn.) ; entre le col de San Colombano et Palasca, rochers, 600 m. (Briq. !, 19-IV-1907, in herb. Burn.) ; Monte Grosso de Calenzana (Soleirol ! exsicc. cit.) ; au-dessus de Loreto-di-Casinca, sentier du Monte Sant'Angelo, châtaigneraie, 700-750 m. (R. Lit. !, 15-VIII-1930, fr.) ; entre Carcheto et Brustico, talus humides (Briq. !, 2-VII-1913, fr., in herb. Burn.) ; cime de la Chapelle de Sant'Angelo, falaise N., calc., 1100 m. (Briq. !, 13-V-1907, in herb. Burn.) ; vallée de la Restonica, près Corte (Thell. !, 24-III-1909, in herb. Conserv. bot. Genève) ; Foce de Vizzavona, garigues (St-Y. !, 4-V-1911, in herb. Burn.).

« Possède comme la race précédente des sépales à appendices dévelop-pes, des feuilles non acuminées et un éperon élargi-sillonné, blanchâtre, mais elle en diffère par son port très réduit, les entrenœuds inférieurs extrêmement raccourcis de telle sorte que la plante paraît subacaule ; feuilles toutes ou presque toutes subbasilaires, petites, ovées, mesurant 5-15 × 6-12 mm. de surface, très glabres ; pédoncules dépassant les feuilles, longs de 3-7 cm. Fleurs relativement petites ; pétale éperonné long de 10-17 mm.

« C'est à tort que Rouy et Foucaud (*Fl. Fr.* III, 15) ont confondu cette variété avec le *V. arenicola* Chab. [in *Bull. soc. bot. Fr.* XVIII, 196 (1871) = *V. silvestris* forma *V. areni-ola* Rouy et Fouc. l. c. (1896)] [1]. Ce der-nier, d'après les beaux échantillons provenant de la forêt de Fontaine-

---

1. Une pareille confusion a été faite par Perrier de la Bâthie (*Cat. pl. Savoie* I, 82) qui rattache cette Violette au *V. silvestris* comme « forme » — au sens de Rouy et Foucaud, — de même pour M. Gams (in Hegi *Ill. Fl. M.-Eur.* V-1, 636) ; ce dernier attribue à son *V. silvestris* forma *arenicola* Chab. le synonyme de *V. silvestris* var. *microsoma* Briq. (R. Lit.).

bleau que nous avons reçus du Dr Chabert, n'appartient pas au *V. sylvestris*, mais est identique au *V. rupestris* Schm. var. *glabrescens* Neum. [*Över. Fl.* 274 (1901)]. Il ressemble en effet au *V. sylvestris* var. *nana*, mais s'en distingue facilement par les stipules elliptiques-oblongues et les sépales oblongs, bien plus larges, obtusiuscules et non pas linéaires-lancéolés, longuement acuminés.

« Le var. *nana* est une race montagnarde qui correspond sans doute au *V. canina* subsp. *sylvatica* var. *vulgaris* lusus *alpestris* Kirschl. (*Not. Viol. vall. Rhin* 9) et au *V. silvatica* var. *alpina* Godet ined. [« On en trouve sur les hautes sommités une forme réduite (par ex. à Chaumont) qu'il ne faut confondre ni avec le *V. arenaria* DC. ni avec le *V. canina* L. » Godet *Fl. Jura* 72 (1853)]. Les échantillons de Godet (in herb. Deless.) cadrent avec ceux de Corse et de Savoie. Plus tard, Ducommun a reproduit la note de Godet pour caractériser un *V. silvatica* var. *nana* Ducomm. [*Taschenb. schweiz. Bot.* 89 (1869)], de sorte que le nom imposé par ce compilateur doit maintenant être conservé. — Des formes très semblables ont été distribuées par Huet sous le nom de *V. calabra* et doivent être rattachées à la même race [1]. W. Becker (notes manuscr.) a rapporté le *V. silvestris* var. *nana* de la Suisse et de la Savoie au *V. silvestris*, les échantillons de la même variété provenant de Corse au *V. Riviniana*. Cet embarras s'explique par les caractères ambigus du var. *nana* (corolle petite du var. *vulgaris*, éperon, sépales et feuilles du var. *macrantha*), mais la disposition subacaule des tiges et la réduction des feuilles permettent de le distinguer de l'une comme de l'autre variété. » (J. B.).

Le var. *nana* est relié au var. *macrantha* par des formes de transition insensible chez lesquelles les entrenœuds inférieurs deviennent plus allongés (p. ex. dans divers échantillons récoltés à la Foce de Vizzavona par notre très regretté ami A. Saint-Yves — in herb. Laus.). C'est à une de ces formes qu'appartient le *V. insularis* Gren. et Godr. [*Fl. Fr.* 1, 178 (1847) — non 185; Janka *Viol. eur.* 4, in *Term. Füz.* V = *V. sylvatica* var. *insularis* Ces., Pass. et Gib. *Comp. fl. it.* 809 (1886) = *V. silvestris* subsp. *V. insularis* Rouy et Fouc. *Fl. Fr.* III, 15 (1896) = *V. canina* var. *insularis* Fiori in Fiori et Paol. *Fl. anal. It.* 1, 403 (1898) et *Nuov. fl. anal. It.* 1, 540] dont nous avons vu un échantillon authentique de Bernard (Coscione, 1843, in herb. Mus. Paris).

+ 1114. **V. canina** L. *Sp.* ed. 1, 935 (1753), p. p.; Hayne *Arzneigew.* III, t. 3 (1813); Burn. *Fl. Alp. mar.* I, 171; Rouy et Fouc. *Fl.*

---

1. Dans la synonymie du var. *nana* nous avons ajouté un certain nombre de noms ne figurant pas dans le manuscrit de J. Briquet, mais qui paraissent devoir se rapporter à cette variété. — Les *V. canina* var. *minor* DC. (l. c.) et var. *pygmaea* Gaud. (l. c.) sont décrits par leurs auteurs d'une façon tellement sommaire qu'il est impossible de savoir par ces seules descriptions si les plantes se rattachent au *V. sylvestris* ou au *V. canina*, espèces qu'ils confondaient. Le *V. canina* var. *minor* DC. est représenté dans l'herbier du Prodromus par un échantillon — provenant de la vallée d'Eyne (Pyrénées-Orientales) — qui se rapporte apparemment au *V. sylvestris* var. *nana* et par un autre — incomplet — qui pourrait être une forme réduite de *V. canina*. Quant au *V. canina* var. *pygmaea* Gaud. il comprend dans l'herbier de l'auteur 3 plantes différentes: le *V. sylvestris* var. *nana*, le *V. rupestris*, enfin le *V. ambigua* subsp. *Thomasiana* ! (R. Lit.).

Fr. III, 4, p. p. ; W. Becker *Viol. asiat. et austral.* II in *Beih. z. bot. Centralbl.* XXXIV, Abt. 2, 384 ; Gams in Hegi *Ill. Fl. M.-Eur.* V-1, 619.

En Corse les deux sous-espèces suivantes.

† I. Subsp. **canina** J. D. Hook. *Student's fl. Brit. Isl.* 45 (1870) ; Gams in Hegi l. c. 620 = *V. canina* Reichb. *Pl. crit.* I, 60 (1823) ; Gren. in Gren. et Godr. *Fl. Fr.* I, 180, excl. syn. et var. β ; Burn. et Briq. in *Ann. Conserv. et Jard. bot. Genève* VI, 147 ; W. Becker *Zur Veilchenfl. Tirols* 14 ; Schinz et Keller *Fl. Schw.* ed. 2, I, 336 ; W. Becker *Viol. eur.* 55 = *V. canina* subsp. *coerulea* var. *Reichenbachii* Kirschl. *Not. Viol. vall. Rhin* 10 (1840) = *V. canina* subsp. *Reichenbachii* Kirschl. *Fl. Als.* I, 80 (1852) = *V. canina* subsp. *V. canina* Rouy et Fouc. *Fl. Fr.* III, 5 (1896), p. p. = *V. canina* var. *typica* Fiori in Fiori et Paol. *Fl. anal. It.* I, 402 (1898), excl. syn. *V. calabrae* Huet = *V. canina* subsp. *typica* W. Becker *Viol. asiat. et austral.* II in *Beih. z. bot. Centralbl.* XXXIV, Abt. 2, 386 (1917) = *V. canina* subsp. *eu-canina* Br.-Bl. in *Ann. Conserv. et Jard. bot. Genève* XXI, 39 (1919); Hayek *Prodr. fl. penins. balc.* I, 506 = *V. canina* var. *ericetorum* Fiori *Nuov. fl. anal. It.* I, 539 (1924). — Exsicc. Kük. It. cors. n. 158 ! (Calacuccia) [Herb. Deless.].

Hab. — Points humides ou ombragés de l'étage subalpin, rare. Mai-juin. ♃. Col de l'Ondella, bords ombragés d'un torrent sur le versant S., 1300 m. (Briq. !, 26-VII-1906, in herb. Burn.) ; Calacuccia (Kük. in *Allg. bot. Zeitschr. Syst.* XXVI-XXVII, 43 et exsicc. cit. !) ; îlots et bords du Golo entre Sidossi et le ponte Alto (Audigier ex Fouc. in *Bull. soc. bot. Fr.* XLVII, 86 ; R. Lit. in *Bull. acad. géogr. bot.* XVIII, 82) ; lac de Nino (Romagnoli ex Fouc. l. c.) ; forêts du Fiumorbo (Salis in *Flora* XVII, Beibl. II, 73). — Le *V. canina* a été signalé aussi entre Bastelica et le vallon d'Ese (Req. in *Giorn. bot. it.* II, 110).

« Tiges couchées ou ascendantes. Feuilles ovées, ovées-oblongues, ± cordiformes, à marges convexes aboutissant à un sommet obtus. Stipules 3-5 fois plus courtes que le pétiole. Pétales médiocres, obovés. Eperon jaunâtre ou blanc, atteignant jusqu'au double de la longueur des appendices calicinaux, généralement plus court que dans la sous-espèce II. Capsule obtuse, apiculée au sommet. » (J. B.).

†† II. Subsp. **Kochii** Kirschl. *Not. Viol. vall. Rhin* 12 (1840),

Fl. Als. I, 81 = *V. montana* L. *Sp.* ed. 1, 935 (1753), p. p. et *Fl. suec.*
ed. 2, 305 (1755) ; Reichb. *Fl. crit.* I, 84 ; Burn. et Briq. in *Ann. Conserv. et Jard. bot. Genève* VI, 150 ; W. Becker *Zur Veilchenfl. Tirols*
15, *Viol. eur.* 57 = *V. Ruppii* All. *Auct. ad syn. meth. stirp. hort.
taurin.* 84 (1773-74) ; All. *Fl. ped.* II, 99, t. 26, f. 6, et herb. p. p. =
V. canina var. *montana* Fries *Nov. fl. suec.* ed. 2, 273 (1828) = *V.
stricta* Fries *Mant.* II, 52 et III, 124 (1832-42) ; Koch *Syn.* ed. 2, 93 ;
Kern. in *Oesterr. bot. Zeitschr.* ann. 1868, 74 [non vel vix Hornem.
Hort. hafn. II, 958 (1815), nec *Fl. dan.* t. 1812] = *V. canina* var.
macrantha Fries *Mant.* III, 122 (1842) = *V. canina* var. *macrantha*
et *V. stricta* Gren. in Gren. et Godr. *Fl. Fr.* I, 180 (1847) = *V. canina*
var. α subvar. α¹ *latifolia* et var. β *Ruppii* Burn. *Fl. Alp. mar.* I, 172
(1892) = *V. canina* subsp. *V. canina* var. *macrantha* et forme *V. nemorum*, subsp. *V. stricta*, subsp. *V. Schultzii* et subsp. *V. stagnina* forme
V. Kutzingiana Rouy et Fouc. *Fl. Fr.* III, 6-10 (1896) = *V. canina*
subsp. *montana* Dahl in Blytt *Handb. Norges Fl.* 507 (1906) ;
Br.-Bl. in *Ann. Conserv. et Jard. bot. Genève* XXI, 40; W. Becker *Viol.
asiat. et austral.* II in *Beih. z. bot. Centralbl.* XXXIV, Abt. 2, 386.

Hab. — Monte Asto, au-dessus de Pietralba, pelouse humide près
de la neige fondante, 1500 m. (Briq. !, 15-V-1907, in herb. Burn.) ;
bord du lac de Nino, graviers d'un torrent (Gysperger !, 9-VII-1906, in
herb. Deless.).

« Tiges érigées ou ascendantes. Feuilles plus allongées, plus étroites,
plus rétrécies vers le sommet ; stipules plus longues, atteignant du quart à
la moitié du pétiole dans la région moyenne des tiges, arrivant parfois
à dépasser la longueur du pétiole dans les feuilles supérieures. Pétales
plus grands et plus allongés. Eperon d'abord verdâtre, puis blanc, généralement 2-4 fois plus long que les appendices des sépales. Capsule plus
aiguë au sommet.
« Nos échantillons appartiennent au var. **turfosa** Kirschl. [*Not. Viol.
vall. Rhin* 13, f. 10 (1840) = *V. Einseleana* F. Sch. in *Arch. de Fl.* 1re part.
352 (1854-55) = *V. montana* var. *Einseleana* W. Becker ap. Burn. et Briq.
in *Ann. Conserv. et Jard. bot. Genève* VI, 152 (1902) : W. Becker *Zur
Veilchenfl. Tirols* 15], réduit, à entrenœuds inférieurs très courts, à
feuilles petites presque toutes basilaires, à pédoncules allongés dépassant
longuement les feuilles, à éperon long, droit ou courbé et pointu. » (J. B.).
La plante récoltée par Mme Gysperger au lac de Nino est identique à
celle du Monte Asto.
Le *V. Schultzii* Bill. [Fl. Gall. et Germ. exsicc. cent. I, n. 7 (ann. 1836),
introd. cent. 3, 4 et in *Flora* XXIII, 121 (1840) ; F. Sch. *Arch. Fl. Fr.
et All.* I, ann. 1842-48, 41] a été indiqué en Corse, sans précision de loca-

lité, par Cesati, Passerini et Gibelli [*Comp. fl. it.* 805 (1886)]. Cette plante
constitue une variété du subsp. *Kochii* : var. **Schultzii** Kirschl. [*Not.
Viol. vall. Rhin* 13 (1840) = *V. canina* var. *Schultzii* Fiori in Fiori et Paol.
Fl. anal. It. 1, 402 (1898) = *V. montana* var. *Schultzii* W. Becker *Veilch.
bayer. Fl.* 25 (1902) = *V. canina* subsp. *montana* var. *Schultzii* W. Becker
Viol. asiat. et austral. II in *Beih. z. bot. Centralbl.* XXXIV, Abt. 2, 387
(1917)], à corolle d'abord d'un jaune pâle puis blanche, à éperon recourbé,
bifide.

« Nous avons avec E. Burnat longuement exposé l'histoire du *V. montana* dans un mémoire (l. c.) auquel nous renvoyons le lecteur. La valeur
subspécifique du *V. montana* ne fait plus pour nous aucun doute après
étude des nombreuses formes de passage non hybrides qui le relient au
V. canina. Les Règles de la nomenclature (art. 49) nous obligent à adopter
le nom proposé par Kirschleger, auteur qui a d'ailleurs bien circonscrit le
groupe du *V. montana*. Ainsi que l'a fait observer Fries (*Mant.* 122) la
sous-espèce *Kochii* est, à l'intérieur du groupe *canina*, l'analogue de
la sous-espèce *Riviniana* dans le groupe *sylvestris*. Mais le parallèle n'est
valable qu'en ce qui concerne la grandeur des fleurs. La variation est au
contraire divergente en ce qui regarde les feuilles (plus amples et moins
acuminées dans le *V. sylvestris* subsp. *Riviniana*, plus étroites et plus
aiguës dans le *V. canina* subsp. *Kochii*). » (J. B.).

† 1115. **V. arborescens** L. *Sp.* ed. 1, 935 (1753) ; Gren. in Gren.
et Godr. *Fl. Fr.* I, 182 ; Rouy et Fouc. *Fl. Fr.* III, 3 ; Coste *Fl. Fr.* I,
155 ; W. Becker *Viol. eur.* 66 = *V. suberosa* Desf. *Fl. atl.* II, 313
(1800) [= var. *serratifolia* DC.] = *V. trifida* Roem. et Schult. *Syst.* V,
390 (1819).

Hab. — Corse, sans localité précise (DC. *Prodr.* I, 299 — « α *lineari-
folia* ») [1].

L'indication de de Candolle a été reproduite par divers auteurs (Duby
Bot. gall. I, 64 ; Willk. et Lange *Prodr. fl. hisp.* III, 699 ; Gillet et Magne
Nouv. fl. fr. ed. 1, 46 ; Arc. *Comp. fl. it.* ed. 1, 77 et ed. 2, 298). Le *V. arborescens*, à ce que nous sachions, n'a jamais été revu dans l'île. Etant donné
que la plante existe en Sardaigne (environs de Sassari) et aux Baléares,
nous n'osons l'exclure de la flore corse.

†† 1116. **V. palustris** L. *Sp.* ed. 1, 934 (1753) ; Godr. in Gren. et
Godr. *Fl. Fr.* I, 176 ; Rouy et Fouc. *Fl. Fr.* III, 35 ; Coste *Fl. Fr.* I.
154 ; W. Becker *Veilch. bayer. Fl.* 15, *Viol. eur.* 68, *Viol. Schw.* 57,
Viol. asiat. et austral. II in *Beih. z. bot. Centralbl.* XXXIV, 407 =
V. palustris var. *vulgaris* Ging. in DC. *Prodr.* I, 294 (1824).

---

1. L'herbier du Prodromus ne renferme aucun échantillon de provenance
corse de cette espèce.

Hab. — Pozzines dans l'horizon supérieur de l'étage subalpin et dans l'étage alpin, 1500-2100 m. Juin-juill. ♃. Localisé dans les massifs du Rotondo et du Renoso. — *Massif du Rotondo* : pozzine du lac de Nino, 1743 m. (Briq. !, 6-VII-1908, in herb. Burn., et ex W. Becker *Viol. eur.* 69 ; Le Brun in *Le Monde des pl.* XXXI, n. 73, 3 ; R. Lit. !, 7-VIII-1930) ; haute vallée de la Restonica, entre les bergeries de Grotello et le lac Melo, pozzine vers 1500 m. (R. Lit., 31-VII-1932) ; pozzines du lac Melo, 1800 m. (R. Lit., 21-VIII-1919 et 31-VII-1932). — *Massif du Renoso* : pozzine au-dessus des bergeries de Porciolelli, N.-W. du Monte Niello, 1700 m. (Briq. et Wilcz. !, 16-VII-1913, in herb. Burn.) ; pozzine près de la fontaine du Monte Rosso, au-dessous du col de Nivata (Monte Renoso), 2100 m. (R. Lit. et Malcuit *Massif Renoso* 111, 133) ; pozzine du lac de Vitellacu — « Vitelaca », — 1777 m. (R. Lit. ! — 16-VII-1907 — *Voy.* II, 32 [Herb. Bonaparte, Burn., R. Lit.] ; R. Lit. et Malcuit l. c. 106, 111, 133) ; pozzine au-dessous de Bocca di Rina, 1900 m. et au lac supérieur de Rina, 1880 m. (R. Lit. et Malcuit ! l. c. 111, 133) ; plateau des Pozzi du Renoso et plateau de Sampiero, 1800 m. (R. Lit. et Malcuit ! l. c. 111, 133).

Le *V. palustris* des pozzines corses est une forme altitudinale réduite — plante de 2-4 cm., à rhizome délicat, à feuilles atteignant 1 × 1,5 cm. de surface, à pédoncule court et épais, à fleur très petite — analogue à celle distribuée par Bourgeau (Pl. Esp. 1851, n. 1086) de la Sierra Nevada et que nous avons observée au dessous du glacier du Corral de Veleta[1] [forma **minor** W. Becker *Viol. Scha.* 59, in *Nouv. mém. soc. helv. sc. nat.* XLV, mém. 1 (1910) = *V. palustris* var. *minor* Nym. *Consp. fl. eur.* I, 79 (1878), nom. nud. = *V. palustris* race *V. Bourgaei* Rouy *Fl. Fr.* X, 373 (1908) ; R. Lit. *Voy.* II, 33]. La plante de Vitellacu — et sans doute aussi des autres localités corses où nous ne l'avons récoltée qu'en fruits — constitue une variation albiflore. Nous n'avons vu nulle part dans l'île d'individus marquant des transitions à la forme typique du *V. palustris*, comme il en existe dans la Sierra Nevada.

1117. **V. biflora** L. *Sp.* ed. 1, 936 (1753) ; Gren. in Gren. et Godr. *Fl. Fr.* I, 182 ; Rouy et Fouc. *Fl. Fr.* III, 37 ; Coste *Fl. Fr.* I, 156 ; W. Becker in *Beih. z. bot. Centralbl.* XXVI, Abt. 2, 319 et XXXVI, Abt. 2, 39. — Exsicc. Soleirol n. 692 ! (M^te Grosso de Calenzana) [Herb. Coss., Req.] ; Kralik n. 484 ! (M^te Incudine) [Herb.

---

1. Cf. R. Lit. et Malcuit *Massif Renoso* 133.

Bor., Coss., Deless., Rouy] ; Kralik sub : *V. biflora* ! (Coscione) [Herb. Rouy] ; Burn. ann. 1900, n. 110 ! (M^te Cinto) et n. 335 ! (M^te Renoso) [Herb. Burn.] ; Burn. ann. 1904, n. 64 ! (Pointe Grado, au- dessus de Vizzavona) et n. 65 ! (M^te d'Oro) [Herb. Burn.].

Hab. — Bord des ruisseaux — parfois dans l'eau [1], — pelouses humides, points humides des hêtraies, pozzines, vernaies, cavités rocheuses, rochers et rocailles humides dans les étages subalpin et alpin, descendant parfois jusque dans l'horizon supérieur de l'étage montagnard (p. ex. dans une pozzine atypique à la fontaine de Padu- lelli, le long du sentier menant de la Bocca di Craciella à Zicavo, 1110 m., cf. R. Lit. *Pozzines Incudine* 18). Mai-août, suivant l'alti- tude.♃. Répandu dans les massifs centraux (Cinto, Rotondo, Re- noso, Incudine). Non signalé avec certitude dans le massif du San Pedrone (cf. R. Lit. *Mont. Corse orient.* 168) ; paraît manquer dans le Cap, le massif de Tenda, ainsi que dans ceux de l'Ospedale et de Cagna.

1118. **V. nummulariifolia** (« *nummulariaefolia* ») Vill. *Prosp. hist. pl. Dauph.* 26 (1779), p. p., quoad pl. Alp. mar. et *Hist. pl. Dauph.* II, 633 (« *nummularifolia* All. »), p. p., quoad pl. Alp. mar. ; All. *Fl. ped.* II, 98, t. 9, f. 4 (« *nummularifolia* ») ; Burn. *Fl. Alp. mar.* I, 180 ; Rouy et Fouc. *Fl. Fr.* III, 57 ; Coste *Fl. Fr.* I, 158 ; W. Becker in *Beih. z. bot. Centralbl.* XXI, Abt. 2, 293 = *V. nummularia* Gren. in Gren. et Godr. *Fl. Fr.* I, 186 (1847). — Exsicc. Soleirol n. 691 !, sub : *V. nummularifolia* β *minima* DC. (« In alpibus Corsicis ») [Herb. Coss., Req.] ; Req. sub : *V. Nummulariaefolia* ! (M^te Renoso) [Herb. Coss., Deless.] ; Kralik n. 485 ! (M^te Renoso) [Herb. Coss., Deless., Rouy] ; Kralik sub : *V. nummularifolia* ! (M^te Rotondo) [Herb. Coss., Rouy] ; Reverch. ann. 1878, sub : *V. nummulariaefolia* ! (M^te Re- noso) [Herb. Burn.] ; Burn. ann. 1900, n. 285 ! (M^te Rotondo) et n. 359 ! (M^te Renoso) [Herb. Burn.] ; Burn. ann. 1904, n. 66 ! (M^te d'Oro) [Herb. Burn.].

Hab. — Graviers, rocailles, éboulis, rochers, plus rarement ver- naies, de l'étage alpin, 1850-2620 m. Juin-août. ♃. Localisé dans les massifs du Rotondo, du Renoso et de l'Incudine. — *Massif du Ro-*

---

1. Observé par J. Briquet (27-VI-1908, fr. — in herb. Burn.) dans le ruisseau affluent du lac de Creno, 1298 m. : la plante croissait dans l'eau à la façon d'une espèce aquatique, avec des feuilles flottantes.

tondo : Monte Rotondo (Salis in *Flora* XVII, Beibl. II, 73 ; Seraf. ex
Bertol. *Fl. it.* II, 709, specim. in herb. Req. ! sub : « *V. pyrenaica* » ;
Soleirol ! ex Bertol. l. c. et in herb. Req. (ann. 1822) et Deless. ; Gussone ex Bertol. l. c. ; Bernard !, VII-1841, in herb. Deless. ; Kralik !
exsicc. cit. ; Req. !, VII-1847, in herb. et ex Bertol. l. c. X, 476 ; Fabre !,
3-VIII-1851, in herb. Req. ; Doûmet in *Ann. Hér.* V, 192 ; Mars. *Cat.*
25 ; Fouc. !, 18-VII-1898, in herb. Bonaparte ; Briq. *Rech. Corse* 21
et Burn. ! exsicc. cit. ann. 1900 ; Soulié ex Coste in *Bull. soc. bot. Fr.*
XLVIII, sess. extr. CXVIII ; R. Lit. ! in *Bull. acad. géogr. bot.* XVIII,
88 ; et nombreux autres observateurs) ; près du lac du Pozzolo (R.
Lit. ! in *Bull. soc. sc. hist. et nat. Corse* XLII, 227) ; au-dessus du lac
de Capitello et pentes de la Punta la Porta (Burnouf ! — 4-VIII-1876,
in herb. Rouy — ex Rouy et Fouc. *Fl. Fr.* III, 58 ; Briq. !, 4-VIII-
1906, in herb. Burn. ; R. Lit. ! in *Bull. soc. sc. hist. et nat. Corse* XLII,
227) ; près du lac Cavaccioli, 1850-2500 m. (Briq. !, 6-VIII-1906, in
herb. Burn. ; R. Lit. !, 1-VIII-1932) ; Monte d'Oro, surtout sur le
versant E. (Salis l. c. ; Soleirol ex Mut. *Fl. fr.* I, 123, specim. in
herb. Mut. ! ; Jord. !, 1840, in herb. Bonaparte ; Mars. l. c. ; Burn. !
exsicc. cit. ann. 1904 et ex Briq. *Spic.* 150 ; R. Lit. !, VII-1929 et
VIII-1930). — *Massif du Renoso* : Monte Renoso, 2200-2357 m.
(Req. in *Giorn. bot. it.* II, 110 et exsicc. cit. !, VII-1847 ; Kralik !
exsicc. cit. et ex Rouy et Fouc. l. c. ; Revel. ex Bor. *Not.* III, 3 et
in Mars. l. c. ; Reverch. ! exsicc. cit. ; Fouc. !, 24-VII-1898, in herb.
Bonaparte ; Briq. *Rech. Corse* 26, 27 et Burn. ! exsicc. cit. ann. 1900 ; R.
Lit. ! in *Bull. acad. géogr. bot.* XVIII, 88 ; R. Lit. et Malcuit ! *Massif
Renoso* 56, 73), autour du sommet et au col de Fontana Bianca, ver-
sant du lac de Vitellacu, 2200 m. (R. Lit. et Malcuit l. c.) ; la Cagnone
(Jord. ex Caruel in Parl. *Fl. it.* IX, 173 et ex Rouy et Fouc. l. c., specim.
in herb. Bonaparte et herb. Laus. !). — *Massif de l'Incudine* : Monte
Incudine, versant N., pelouses rocailleuses et vernaies, 2000 m.
(Briq. !, 25-VII-1910, in herb. Burn.) ; Piana di Renuccio (Lutz in
Bull. soc. bot. Fr. XLVIII, sess. extr. CXLIX — localité douteuse,
sec. Maire in Rouy *Rev. bot. syst.* II, 55).

« De Gingins [in DC. *Prodr.* I, 301 (1824)], suivi par Rouy et Foucaud (*Fl. Fr.* III, 58), a cru devoir distinguer la plante corse sous le nom
de *V. nummulariaefolia* var. *minima.* Ainsi que l'a fait observer avec
raison M. de Litardière (*Voy. Corse* II, 32), il n'y a aucune différence

entre les *V. nummulariifolia* de la Corse et des Alpes maritimes. Les échantillons nains que l'on peut choisir parmi d'autres relativement plus grands, dans l'un comme dans l'autre territoire, sont des formes purement individuelles. » (J. B.).

Le *V. nummulariifolia* a été découvert en Corse par Boccone en 1677 (*Viola alpina, minima, Nummulariae folio* Bocc. *Mus. piant.* 163, t. 127) ; il fut retrouvé en 1787 par Labillardière (sec. specim. in herb. Prodr., sans indication précise de localité).

1119. V. corsica Nym. *Syll.* 228 (1855) ; Deb. *Not. pl. nouv. rég. médit.* II, 67 ; Rouy et Fouc. *Fl. Fr.* III, 56 ; Coste *Fl. Fr.* I, 158 ; non Jord. ex Bor. *Not.* I, 4 (1857), nom. subnud. = *V. calcarata* Moris *Stirp. sard. elench.* I, 6 (1827) ; non L. = *V. calcarata* var. *Bertolonii* Duby *Bot. gall.* I, 65 (1828) = *V. Bertolonii* Salis in *Flora* XVII, Beibl. II, 73 (1834) ; Gren. et Godr. *Fl. Fr.* I, 761, in erratis ; non Pio (1813) [quae = *V. heterophylla* Bertol. *Rar. It. pl.* dec. 3, 53 (1810)] = *V. valderia* Mut. *Fl. fr.* I, 123 (1834), p. p. ; non All. = *V. cenisia* *heterophylla Moris *Fl. sard.* I, 218 (1837) = *V. insularis* Gren. et Godr. *Fl. Fr.* I, 185 (1847) ; non Gren. et Godr. l. c. 178 = *V. gracilis* β *insularis* Terrac. var. *Bertolonii* Terrac. in *Nuov. giorn. bot. it.* XXI, 327 (1889) = *V. gracilis* Caruel in Parl. *Fl. it.* IX, 187 (1890), p. p., quoad pl. cors., et *V. nebrodensis*, quoad pl. sard. = *V. calcarata* var. *corsica* Fiori in Fiori et Paol. *Fl. anal. It.* I, 407 (1898) et *Nuov. fl. anal. It.* I, 544 = *V. calcarata* subsp. *V. Bertolonii* W. Becker in *Beih. z. bot. Centralbl.* XVIII, Abt. 2, 362 (1905). — Exsicc. Kralik sub : *V. Bertolonii* ! (montagnes de Bastia) [Herb. Coss.] ; Mab. n. 351 !. sub : *V. heterophylla* Bertol. (Pigno) [Herb. Bor., Burn.] ; Exsicc. soc. linn. Seine marit. n. 693 ! (Mᵗᵉ Fosco, leg. Marchioni) [Herb. Charrier].

Hab. — Garigues, rocailles, rochers dans les étages montagnard et subalpin, 900-1300 m. Avril-juill. ⚥. Localisé et assez abondant dans la chaîne du Cap Corse, du Monte Alticcione jusqu'au Pigno (Thomas !, 1823 — « colline de Villa », — in herb. Laus. ; de Pouzolz in *Mém. soc. linn. Paris* IV (1826), 562 — environs de Bastia ; — Salis in *Flora* XVII, Beibl. II, 73 ; Romagnoli !, 27-V-1838 — Pigno, — in herb. Req. ; Bernard !, VI-1841 — « Cap Corse », — in herb. Req. ; Kralik ! exsicc. cit. ; André !, 15-VI-1856 — Pigno, — in herb. Burn. ; Mab. in Mars. *Cat.* 25 et exsicc. cit. ; Deb. !, 29-IV-1869 — Pigno, — in herb. Bonaparte ; Gillot in *Bull. soc. bot. Fr.* XXIV, sess. extr. LX, LXI, specim. in herb. Rouy ! — Monte Fosco; — Billiet ibid. XXIV, sess. extr. LXIX — Pigno, — specim. in herb. Pellat ! ; Chab. ibid. XXIX, sess. extr. LIV, specim. in herb. Bonaparte et Deless.! — Monte Stello, 17-V-1881, Monte Capra, Monte San Leonardo, Serra di Pigno, IV et VI-1881 ; Br q. ! 16-VII-1910 — Monte Stello, Bocca Rezza, — in herb. Burn. ; R. Lit. !, 20-V-1913 — Monte Canneto; — et autres observateurs).

Indiqué aussi au « Monte Coscione » par Boullu (in *Ann. soc. bot. Lyon* XXIV, 66) dans la liste des « plantes corses qui manquent généralement sur le continent français » : « *V. Bertoloni* Salis (*insularis* Gren.) », mais il s'agit certainement d'une confusion avec le *V. insularis* Gren. et Godr. *Fl. Fr.* I, p. 178, non p. 185.

« Espèce spéciale à la Corse et à la Sardaigne, voisine des *V. hetero-phylla* Bertol. emend. W. Becker et *V. nebrodensis* Presl emend. W. Be-cker, mais suffisamment distincte par les feuilles caulinaires très étroites, les stipules à lobe médian allongé, étroit et subentier, les pétales arrondis et courts et surtout l'éperon droit extrêmement développé, atteignant deux fois la longueur des pétales. » (J. B.).

1120. **V. tricolor** L. *Sp.* ed. 1, 935 (1753) ; Gren. in Gren. et Godr. *Fl. Fr.* I, 182; Rouy et Fouc. *Fl. Fr.* III, 40 ; Coste *Fl. Fr.* I, 156.

Hab. — Cultures, friches, prairies, rocailles, garigues, forêts dans les étages inférieur et montagnard — et jusque dans l'étage subalpin (subsp. *bellidioides*). Avril-août, suivant l'altitude.

Espèce extrêmement polymorphe, comprenant en Corse les cinq sous-espèces suivantes.

I. Subsp. **arvensis** Gaud. *Fl. helv.* II, 210 (1828) ; Gams in Hegi *Ill. Fl. M.-Eur.* V-1, 601 = *V. arvensis* Murr. *Prodr. stirp. gott.* 73 (1770) ; Wittrock *Viol. stud.* I, 80 (in *Acta Hort. Berg.* II, ann. 1897) ; W. Becker *Viol. eur.* 91, *Viol. asiat. et austral.* V in *Beih. z. bot. Cen-tralbl.* XL, Abt. 2, 73 = *V. tricolor* var. *arvensis* DC. *Prodr.* I, 303 (1824) ; Wahlb. *Fl. suec.* 547 ; Caruel in Parl. *Fl. it.* IX, 199 ; Fiori in Fiori et Paol. *Fl. anal. It.* I, 408 et *Nuov. fl. anal. It.* I, 545 = *V. tri-color* forme *V. arvensis* Rouy et Fouc. *Fl. Fr.* III, 44 (1896) = *V. ar-vensis* subsp. *arvensis* W. Becker in *Mitt. thür. bot. ver.* XIX, 48 (1904). — Exsicc. Kralik n. 486 !, sub : *V. tricolor* (Porto-Vecchio) [Herb. Coss., Deless., Rouy] ; Reverch. ann. 1878, sub : *V. tricolor* ! (Bastelica) [Herb. Burn.] ; Reverch. ann. 1879, sub : *V. tricolor* ! (Cos-cione) [Herb. Burn.] ; Reverch. ann. 1885, n. 499 !, sub: *V. tricolor* var. *insularis* Reverch. (Evisa) [Herb. Deless.].

Hab. — Répandu dans les étages inférieur et montagnard.

« Annuelle ou bisannuelle. Feuilles inférieures suborbiculaires, créne-lées, les moyennes et les supérieures ovées-oblongues ou oblongues, ± crénelées-dentées, glabrescentes. Stipules pinnatifides, à lobe moyen oblong ou lancéolé, ± crénelé. Corolle égalant les sépales ou un peu plus longue qu'eux.

« Cette sous-espèce de grandeur moyenne (le plus souvent haute de 15-40 cm.), à fleurs médiocres, se présente comme on sait sous une foule de formes dont la valeur systématique reste pour nous très douteuse et dont les caractères sont très inégalement héréditaires. Après examen sérieux d'abondants matériaux, nous avons jugé prudent de renoncer à identifier les échantillons corses avec les nombreuses formes qui ont été décrites sur le continent. On a indiqué dans l'île les *V. variata* Jord. (Fouc. in *Bull. soc. bot. Fr.* XLVII, 86) [1], *Deseglisei* Jord. (Rouy et Fouc. *Fl. Fr.* III, 46) [2], *agrestis* Jord. (Rouy et Fouc. l. c.), *ruralis* Jord. (Rouy et Fouc. l. c.). — W. Becker a d'abord rapporté (notes manuscr.) les exsic-cata cités ci-dessus et plus tard nos récoltes personnelles au *V. Kitaibe-liana* Roem. et Schult., probablement pour des raisons d'ordre géogra-phique. Ces dernières ne devraient cependant pas primer les caractères morphologiques ! » (J. B.).

†† II. Subsp. **minima** Gaud. *Fl. helv.* II, 210 (1828) ; Gams in Hegi *Ill. Fl. M.-Eur.* VI, 600 = *V. Kitaibeliana* Roem. et Schult. *Syst.* V, 383 (1819) ; W. Becker *Viol. eur.* 92, *Viol. asiat. et austral.* V in *Beih. z. bot. Centralbl.* XL, Abt. 2, 76 = *V. micrantha* J. et C. Presl *Del. prag.* I, 27 (1822) = *V. tricolor* var. *hirta* Ging. in DC. *Prodr.* I, 304 (1824) = *V. tricolor* var. β Bertol. *Fl. it.* II, 719 (1835) = *V. tricolor* var. *Kitaibeliana* Ledeb. *Fl. ross.* I, 357 (1842) ; Boiss. *Fl. Or.* I, 466 ; Fiori et Paol. *Fl. anal. It.* I, 408 ; Fiori *Nuov. fl. anal. It.* I, 546 = *V. tricolor* var. *tenella* Griseb. *Spic.* I, 237 (1843) = *V. pallescens* Jord. *Observ.* II, 10 (1846) = *V. nemausensis* Jord. l. c. 18 (1846) = *V. tri-color* var. *pallescens* et var. *mediterranea* Gren. in Gren. et Godr. *Fl. Fr.* I, 182, 183 (1847) = *V. Foucaudi* Savat. in *Bull soc. sc. nat. Char.-Inf.* ann. 1877, 73 ; Lloyd et Fouc. *Fl. Ouest* 50 = *V. nana* Sauzé et Maill. *Fl. Deux-Sèvres* II, 429 (1878) = *V. tricolor* forme *V. Kitaibeliana*

1. Déjà recueilli au Pigno, sur Farinole, par Mabille — 21-V-1866, in herb. Bor. (R. Lɪᴛ.).
2. Indiqué ultérieurement par M. Rónniger in *Verhandl. zool.-bot. Ges. Wien* LXVIII, 235 (vallée de la Restonica, près Corte). (R. Lɪᴛ.).

Rouy et Fouc. *Fl. Fr.* III, 47 (1896) = *V. arvensis* var. *Kitaibeliana*
Halacsy *Consp. fl. graec.* I, 145 (1901) = *V. arvensis* subsp. *Kitaibe-*
liana W. Becker in *Mitt. thür. bot. Ver.* XIX, 42 (1904) = *V. tricolor*
subsp. *arvensis* var. *Kitaibeliana* Maire et Petitmeng. *Et. pl. vasc.*
Grèce (1906), 39 (1908) = *V. tricolor* subsp. *Kitaibeliana* Schinz et
Kell. *Fl. Schw.* ed. 3, I, 366 (1909) = *V. arvensis* forma *Kitaibeliana*
Beck *Fl. Bosn. Herceg.* in *Glasn. zemal. Mus. Bosn. Herceg.* XXX,
201 (1919).

Hab. — Plus rare que la sous-espèce précédente. Pointe Golfidoni,
N. de Luri, rocailles du sommet, 500 m. (Cavill. !, 27-IV-1907, in herb.
Burn. et herb. Laus.) ; Monte Asto et Monte Grima Seta, rocailles,
1500 m. (Briq. !, 15-V-1907, in herb. Burn.) ; entre Pietralba et le col
de Tenda, châtaigneraies, 900 m. (Briq. !, 15-V-1907, in herb. Burn.) ;
col de Bonasa sur Bonifatto, 1134 m. (Houard !, 5-VIII-1909, in herb.
Deless.) ; Albertacce, champs cultivés (Maire in Rouy *Rev. bot. syst.*
II, 66) ; col de San Quilico (Fouc. et Sim. *Trois sem. herb. Corse* 83,
Sim. ! in herb. Bonaparte) ; vallée de la Restonica, rocailles en amont
du pont du Dragon, 1120 m. — forma ad subsp. *arvensem* vergens
(R. Lit. !, 30-VII-1932) ; St-Pierre [de Venaco] (Kralik ex Rouy et
Fouc. *Fl. Fr.* III, 48, specim. in herb. Rouy !) ; entre Alistro et Bravone, talus herbeux humides (Briq. !, 30-IV-1907, in herb. Burn.,
St-Y. !, in herb. Laus.) ; entre le col de Sorba et Ghisoni, châtaigneraies, 800 m. (Briq. !, 10-V-1907, in herb. Burn., St-Y. !, in herb. Laus.);
entre Ste-Lucie de Porto-Vecchio et la Trinité, parties sèches des prés
marécageux — forma ad subsp. *arvensem* vergens (Briq. !, 7-V-1907,
in herb. Burn.).

« Annuelle. Feuilles et stipules analogues à celles de la sous-espèce
précédente, mais plus petites. Fleur petite, à corolle plus courte que les
sépales. Plante généralement basse (5-15 cm.) et grêle. — Passe à la sous-
espèce précédente par des formes intermédiaires diverses. » (J. B.).

† III. Subsp. **bellidioides** R. Lit., nov. comb. = *V. parvula*
Tineo *Pl. rar. Sic. pug.* 5 (1817) ; Caruel in Parl. *Fl. it.* IX, 202 ;
W. Becker *Viol. eur.* 95, *Viol. asiat. et austral.* V in *Beih. z. bot. Cen-*
tralbl. XL, Abt. 2, 83 = *V. tricolor* var. *bellioides* DC. *Prodr.* I, 304
(1824) = *V. tricolor* var. *parvula* Presl *Fl. sic.* I, 134 (1826) ; Gren.
in Gren. et Godr. *Fl. Fr.* I, 183 ; Fiori in Fiori et Paol. *Fl. anal.*
It. I, 408 et *Nuov. fl. anal. It.* I, 546 = *V. arvensis* β Lois. *Nouv.*

not. 11 (1827) et *Fl. gall.* ed. 2, I, 133 = *V. tricolor* var. x Bertol. *Fl. it.* II, 719 (1835) = *Mnemion tenellum* Webb *It. hisp.* 68 (1838) = *V. Tezensis* Ball *Spic. fl. marocc.* in *Journ. Linn. soc.* XVI, 350 (1877-78) = *V. arvensis* subsp. *bellidioides* Lojac. *Fl. sic.* I, 141 (1889) = *V. tricolor* subsp. *V. parvula* Rouy et Fouc. *Fl. Fr.* III, 49 (1896) = *V. arvensis* subsp. *parvula* W. Becker in *Mitt. thür. bot. Ver.* XIX, 42 (1904). — Exsicc. Soleirol sub : *V. tricolor* N *bellioides* ! (in montibus Corsicae) [Herb. Coss., Req.] ; Soleirol n. 154 ! (M^{te} Grosso) [Herb. Deless., Req.] ; Soleirol n. 154 ! (M^{te} Rotondo) [Herb. Mut.] ; W. Becker Viol. exsicc., VI Lief, 1905, n. 155 ! (col de la Rinella, au-dessus de Calacuccia, leg. Bicknell et Pollini) [Herb. Bonaparte, Burn.].

Hab. — Rocailles, pelouses dans l'étage subalpin. Disséminé. Monte Grosso de Calenzana (Soleirol ! exsicc. cit. et ex Bertol. *Fl. it.* II, 720) ; haute vallée de l'Asco, rive droite, près des bergeries de Manica, 1300 m. (Briq. !, 27-VII-1906, in herb. Burn.) ; près de la bergerie d'Urcula, au-dessus de Corscia, 1700 m. (Briq. !, 6-VIII-1906, in herb. Burn.) ; col de la Rinella, 1600 m. (W. Becker ! exsicc. cit., leg. Bicknell et Pollini, 19-IV-1905) ; près du lac de Nino (Aellen !, 1-VIII-1932) ; Monte San Pedrone, près des bergeries de Fajalto, 1500 m. (R. Lit. ! *Voy.* I, 9) ; Monte Rotondo (Soleirol ! exsicc. cit.), au-dessus des bergeries de Timozzo (Burnouf in *Bull. soc. bot. Fr.* XXIV, sess. extr. LXXXVI, specim. in herb. Rouy !; Gillot !, 7-VI-1877, in herb. Rouy) ; Coscione (Soleirol ex Boiss. *Voy. midi Esp.* II, 73).

« Annuelle. Feuilles et lobe médian des stipules étroits et subentiers. Fleur très petite, à corolle minuscule plus courte que les sépales courts et subaigus, ou égalant à peine ces derniers. Eperon plus court que les appendices des sépales. Plante généralement naine et assez velue, parfois plus allongée et glabrescente. » (J. B.).

Terracciano [in *Nuov. giorn. bot. it.* XXI, 321, 326 (1889)] sépare la plante corse du *V. parvula* Tineo sous le nom de « *V. tricolor* β *parvula* var. *bellidioides* (Dub.) ». Cette distinction ne nous paraît pas fondée.

†† IV. Subsp. **eu-tricolor** Syme *Engl. Bot.* ed. 3, II, 35 (1864) = *V. tricolor* var. *grandiflora* Hayne *Arzneigew.* III, t. 5 (1813) = *V. tricolor* var. *vulgaris* Koch *Syn.* ed. 1, 8 (1835) et ed. 2, 94 = *V. tricolor* subsp. *tricolor* J. D. Hook. *Student's fl. Brit. Isl.* 46 (1870) ; Schinz et Kell. *Fl. Schw.* ed. 2, I, 337 (1905) = *V. tricolor* subsp.

vulgaris Oborny *Fl. v. Mähren* 4 Teil, 1142 (1886) ; Gams in Hegi *Ill. Fl. M.-Eur.* V-1, 602 = *V. tricolor* forme *V. saxatilis* Rouy et Fouc. *Fl. Fr.* III, 41 (1896), p. p. = *V. tricolor* L. emend. Wittrock *Viol. stud.* I, 54 (1897).

Hab. — Signalé près de Casamaccioli et à Evisa (Ronn. in *Verhandl. zool.-bot. Ges. Wien* LXVIII, 236 : « *V. tricolor* (L.) Wittr. f. *typica* Wittr. »). A rechercher.

Annuelle ou bisannuelle, beaucoup plus rarement vivace. Corolle grande dépassant largement le calice, mesurant de 1,5 à 2,5 cm. Eperon mesurant de 3 à 5 mm. de long, tantôt dépassant sensiblement les appendices du calice (1 fois 1/2 aussi long qu'eux), tantôt à peine plus long.

†† V. Subsp. **subalpina** Gaud. *Fl. helv.* II, 210 (1828) ; Gams l. c. 603 = *V. saxatilis* Schmidt *Fl. boëm. inch.* III, 60, t. 320 (1794) = *V. tricolor* var. *alpestris* DC. *Prodr.* I, 303 (1824) ; Gren. in Gren. et Godr. *Fl. Fr.* I, 184, et var. *bella* Gren. = *V. tricolor* var. *saxatilis* Koch *Syn.* ed. 1, 87 (1835), ed. 2, 94 ; Fiori in Fiori et Paol. *Fl. anal. It.* 1, 408 et *Nuov. fl. anal. It.* I, 546 = *V. alpestris* Jord. *Observ.* II, 34 (1846) et *V. flavescens* Jord. l. c., *V. Sagoti* Jord. l. c., *V. monticola* Jord. l. c. 37 = *V. contempta* Jord. *Pug.* 24 (1852) = *V. lepida* Jord. *Pug.* 28 (1852) = *V. peregrina* Jord. in Bor. *Fl. Centre* ed. 3, II, 82 (1857) = *V. tricolor* var. *montana* Celak. *Prodr. Fl. Böhm.* 482 (1874) = *V. polychroma* Kern. in *Sched. fl. exsicc. austro-hung.* II, 89 (1882) = *V. tricolor* forme *V. saxatilis* Rouy et Fouc. *Fl. Fr.* III, 41 (1896), p. p. = *V. alpestris*, *V. tricolor* subsp. *zermattensis* et subsp. *monticola* W. Becker in *Beih. z. bot. Centralbl.* XXVI, Abt. 2, 343, 344 (1909) [*Viol. eur.* 98, 99].

Hab. — Signalé uniquement dans les marais de Quenza (sec. W. Becker *Viol. eur.* 100). A rechercher.

Plante bisannuelle ou vivace, dépassant souvent 20 cm. de haut. Corolle comme dans le subsp. *eu-tricolor*, mesurant 2-3,5 cm. Eperon plus allongé, 5-6 mm. de long, presque 2 fois aussi long que les appendices du calice.

CACTACEAE

OPUNTIA Mill.

Les deux espèces suivantes sont cultivées et complètement naturalisées dans l'étage inférieur :

O. monacantha Haw. *Suppl. pl. succ.* 81 (1819) ; Hegi *Ill. Fl. M.-Eur.*

V-2, 689, f. 2113 = *Cactus Opuntia* L. *Sp.* ed. 1, 468 (1753), p. p.[1] = *O. vulgaris* Mill. *Gard. dict.* ed. 8, n. 1 (1768), p. p.[1]; Britt. et Rose *Cact.* I, 156 = *Cactus monacanthos* Willd. *Enum. hort. berol.* Suppl. 33 (1813).

O. Ficus-indica Mill. *Gard. dict.* ed. 8, n. 2 (1768) ; Britt. et Rose l. c. 177 ; Hegi l. c., f. 2112 = *Cactus Ficus-indica* L. *Sp.* ed. 1, 468 (1753) = *Cactus Opuntia* Guss. *Fl. sic. prodr.* I, 539 (1827); non L. = *O. vulgaris* Ten. *Syll. fl. neap.* 239 (1831) ; non Mill., nec auct. plur. = *O. ficus-barbarica* Berger *Monat. Kakteenk.* XXII, 181 (1912).

L'*O. monacantha* fructifie toujours bien plus abondamment que l'*O. Ficus-indica* ; il diffère surtout de ce dernier par ses articles d'un vert gai (et non d'un vert glauque), à aréoles munies d'1 ou 2 fortes épines — parfois plus — et de nombreuses soies glochidiées brunâtres persistantes (et non ordinairement sans épines, à soies glochidiées rares et promptement caduques).

1. Cf. Wein in Fedde *Repert.* LXXVI, 140-141 (1934).

TABLE DES FAMILLES ET DES GENRES

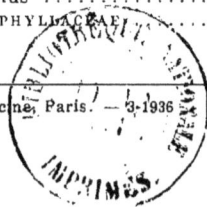

1271. — Imp. Jouve et Cie, 15, rue Racine, Paris. — 3-1936

PAUL LECHEVALIER, Éditeur, 12, Rue de Tournon, PARIS

ENCYCLOPÉDIE ÉCONOMIQUE DE SYLVICULTURE

MÉMOIRES DE LA SOCIÉTÉ DE BIOGÉOGRAPHIE

www.ingramcontent.com/pod-product-compliance
Lightning Source LLC
Chambersburg PA
CBHW070548200326
41519CB00012B/2150